143

新知
文库

XINZHI

Viruses :
More Friends Than Foes

Simplified Chinese translation arranged with World Scientific Publishing
Co. Pte. Ltd., Singapore.

病毒

是敌人，更是朋友

［德］卡琳·莫林 著
孙薇娜 孙娜薇 游辛田 译

生活·讀書·新知 三联书店

图书在版编目（CIP）数据

病毒：是敌人，更是朋友 /（德）卡琳 · 莫林著；孙薇娜，孙娜薇，游辛田译. —北京：生活 · 读书 · 新知三联书店，2021.9
（新知文库）
ISBN 978－7－108－07124－8

Ⅰ. ①病… Ⅱ. ①卡… ②孙… ③孙… ④游… Ⅲ. ①病毒学－普及读物 Ⅳ. ① Q939.4-49

中国版本图书馆 CIP 数据核字（2021）第 048030 号

责任编辑 唐明星 张 璞
装帧设计 陆智昌 康 健
责任印制 宋 家
出版发行 生活 · 讀書 · 新知 三联书店
（北京市东城区美术馆东街 22 号 100010）
网 址 www.sdxjpc.com
图 字 01-2018-0412
经 销 新华书店
印 刷 北京市松源印刷有限公司
版 次 2021 年 9 月北京第 1 版
2021 年 9 月北京第 1 次印刷
开 本 635 毫米 × 965 毫米 1/16 印张 31
字 数 369 千字 图 25 幅
印 数 0,001－6,000 册
定 价 69.00 元
（印装查询：01064002715；邮购查询：01084010542）

新知文库

出版说明

在今天三联书店的前身——生活书店、读书出版社和新知书店的出版史上，介绍新知识和新观念的图书曾占有很大比重。熟悉三联的读者也都会记得，20 世纪 80 年代后期，我们曾以“新知文库”的名义，出版过一批译介西方现代人文社会科学知识的图书。今年是生活·读书·新知三联书店恢复独立建制 20 周年，我们再次推出“新知文库”，正是为了接续这一传统。

近半个世纪以来，无论在自然科学方面，还是在人文社会科学方面，知识都在以前所未有的速度更新。涉及自然环境、社会文化等领域的新发现、新探索和新成果层出不穷，并以同样前所未有的深度和广度影响人类的社会和生活。了解这种知识成果的内容，思考其与我们生活的关系，固然是明了社会变迁趋势的必需，但更为重要的，乃是通过知识演进的背景和过程，领悟和体会隐藏其中的理性精神和科学规律。

“新知文库”拟选编一些介绍人文社会科学和自然科学新知识及其如何被发现和传播的图书，陆续出版。希望读者能在愉悦的阅读中获取新知，开阔视野，启迪思维，激发好奇心和想象力。

生活·讀書·新知三联书店

2006 年 3 月

目 录

序

在过去的数十年里，我有幸认识了一些划时代的学术巨星。就像站在巨人身边一样，我怀着仰慕和敬畏之心，观察他们的一言一行，也跟着他们做出了一些成果。本书讲了一些这样的研究经历，但是开篇似有“反对病毒”之意，这和我的出发点并不一致。我们平日里提到病毒，往往会有“病毒是危险可怕的生物”这样的认知，并觉得它们具有破坏性、威胁性，仿佛十恶不赦。然而事实另一面却是，病毒某种程度上成就了我们，形成了我们的生活环境，促进了万物的生长和发展。我们每个人的基因里甚至都有病毒！我们几乎从未关注过病毒与微生物的正面意义，对它们的积极贡献充耳不闻。亲爱的读者，阅读本书，你们将接触到病毒世界那不为人知的一面。希望你们阅读时，会觉有趣而不险恶，且不必太过深究学术问题，在保持轻松阅读的同时又感受到一点点挑战，享受追踪最新科学发现的乐趣，并对未来抱有期望。

每位读者通过阅读本书都会对所了解到的病毒知识感到惊讶：地球上到处都有病毒的身影——海洋，花园，树木，我们的身体如肠胃、大脑甚至产道。病毒与我们息息相关，影响我们的健康状况和精神与情绪（恐惧、勇气、忧郁）状态，以及所有的行为方式甚至会做出某些决定，就连肥胖也与病毒相关。试想一下，正是在数百万年以前，类 HIV 让我们人类得以演化，可以不需要产卵来传宗接代，很神奇吧？希望大家在阅读本书的过程中会时不时地被深深吸引住，我在写此书时也常有这样的体验。

我研究致病病毒并教授相关知识已经超过 40 年了，我了解 HIV 和艾滋病，虽然这不是本书的重点，但我相信绝大多数病毒导致的疾病其实是人为因素，是由贫困、卫生条件差、人口流动或不良习惯造成的。

通过本书，各位读者将对组成我们人类家园的微观世界进行一次探索。如果放在今天，歌德和克利斯朵夫·马洛笔下的浮士德医生很可能就是个分子生物学家或病毒学家，毕竟“病毒生态圈”囊括了整个地球，甚至整个宇宙！如果歌德知道病毒的存在与重要性，他很有可能会给病毒写颂歌。

事实可能相差无几，歌德笔下的“人造人”让《浮士德》接近我们如今分子层面的知识水平。生命的起源是什么？终结又是什么？生命的发展和创新又是如何做到的？这毫无疑问是拜病毒所赐，以及病毒“偷工减料”的特性。《浮士德》里的“吵闹的猕猴，头尾相连地坠入坟墓”也与病毒有关，虽然文学作品与现实不完全一致。不过猕猴的确是非常奇特的生物，它们在 1300 万年前就开始携带类 HIV。

读者朋友无须从头读起，完全可以挑选本书中的几章，乃至随便翻阅都可以。如果有一些章节涵盖了太多学术细节导致阅读不顺畅，那么大胆地跳过去就好。附录有词汇表和参考文献便于读者深入探寻自己感兴趣的内容。

在写此书过程中，我努力展示了科学进步的历程，挖掘科学家日常科研活动背后的动力。从见证人和旁观者的角度讲述一些亲身经历，希望在科学研究中具有一定的代表性和普适性，而不仅仅是我个人工作情况的总结。有些地方的评论会很尖锐，但我并不抱怨或心生憎恨。恰恰相反，我对我所经历的、错过的和至今仍促使我前行的一切表示好奇。有些故事可能类似于侦探小说，趣味性强；有些故事则偏向哲学探讨。所以，读者朋友，你尽可以挑选自己喜欢的章节来读。

我的一位同事曾这样评价本书的德语版：这是一本三合一的书，包含了科学家的侦探故事、数十年科学发展的通俗解说，以及哲学探讨。我不是一个哲学家，但是科学引领我们去遐想、去反思。德国作家兼制片人亚历山大·克鲁格在他近日发表的一篇评论文章里则是持完全相反的态度，他认为我写了一本睡前读物，就如他 5 岁的时候喜欢听奶奶讲的那种。这样看来，你可能会有两种反应，要么你看着看着就睡着了，要么就一读不能释卷。本书并不仅仅是写给同行或者相似领域的学术同人看的，更是写给学生和各行各业的人来读的。读者完全可以略过那些专业性较强的科学论述。你将读到各种故事，有剖宫产，有荷兰大饥荒及饥荒对新生儿的影响，等等。你知道病毒有“视力”吗？在郁金香的故事里，你会发现病毒是有史以来第一起金融危机的根源！即便是经济学家也能从本书中了解到一些意想不到的事实。

我要感谢谁呢？我要感谢我遇到的所有人，不仅仅是学术巨人们，我要感谢每一位给他人带来灵感、传授知识的人。一直以来我都非常喜欢聆听科研局外人的一些看法和见解，并从中受益匪浅。

我在多年来与诸多个人和组织打交道的过程中，获益颇丰。这些情况互相交织，难以一一细说。我得到过非常多的支持，有我的父母、学校、相关大学、资助机构、各种奖学金、科研机构，以及整个社会。他们陪伴我走过整个研究历程，让我找到自己的目标和方式。值得一提的是，他们资助了我的科学研究项目，关于病毒和肿瘤的研究可算得上是世界上最昂贵的兴趣爱好了。

在我的研究历程中，我总是和年轻人频繁互动。激励和帮助年轻人，对我而言不仅仅是项任务，更充满了乐趣，时常有成功发现的美好经历。正是这些年轻人帮我保持年轻，使我思想不僵化。最后一点我要说的是，强大的对手让我更强大。在遇到这类对手时，我一度不知道该怎么办。幸好我听从了一位同事的建议："藏在下水道里，盖上盖子"，努力发表优秀文章——这将拯救你的一生！

我是在美国伯克利大学工作时决定从物理学转到分子生物学方向的，学生基金会对于我这个突然的转变给予了耐心和慷慨的支持。当时校园里正在闹学生运动风潮，引发了诸多不便，是学生基金会的大力支持使我的学术转型梦想成真。这个决定是我做过最困难的决定之一，在当时，分子生物学仍是一个未知领域，甚至没人能告诉我分子生物学是干什么的。然而我拒绝了所有人的建议，决心成为一名研究工作者、一名科学家。德国柏林的马克斯·普朗克分子遗传学研究所给予我很大的支持，让我能在那以后的20年里从事独立的科学研究，并有幸做出一些关于病毒和癌症的创新发现。虽然现实比预想的困难得多，但这些足以让我能在未来施展拳脚。在那个年代，马克斯·普朗克分子遗传学研究所里的女性科学家屈指可数，有点儿像卡拉扬领导下的柏林爱乐乐团，又或是天主教教堂——几乎全是男性。马克斯·普朗克分子遗传学研究所当时的所长海因茨·舒斯特在一个公开演讲中说，马普所和前面提到的那两个知名团体一样，都有一个例外：柏林爱乐乐团里有一位非常年轻的单簧管女演奏家，叫萨宾·梅耶；天主教教堂里有圣母玛利亚。我很幸运能得到他的大力支持和称赞。

我很感谢苏黎世大学给我的支持，让我在那里进行了多年的研究。我不是医生，却被任命去担任医学教职并且成为迄今唯一一个女性所长。这个决定在当时很不一般，那时候，性别平等还没有今天这么普及。一位了解现实情况和人际关系的朋友曾严肃地劝告我说："公开场合别说话。"很显然不是所有人都认同性别平等。现在想想，我当时不应该那么锋芒毕露。

我很感谢位于德国哥廷根的马克斯·普朗克生物物理化学研究所的曼弗雷德·艾根，感谢他无数次慷慨地邀请我去参加 RNA 冬季年会。这是一个在瑞士科洛斯特举行的举世闻名的年会。本书中不少想法的讨论最初就是在该年会上发起的。书中会提到，艾根认为病毒是研究生物进化的一个非常好的实验模型，也正因为此，作为一个逆转录病毒学家的我才被邀请参加年会。我对艾根渊博的知识和远见非常钦佩。有趣的是，他经常在会上提一些问题，让演讲者不知所措。其实，他问的也就是一些关于反应动力学、数字和交互作用参数的简单计算而已。

感谢地处柏林和普林斯顿的高等研究院的邀请和支持。那里互相激励的学术氛围让我受益良多，产生的奇思妙想可以借由大量的讨论不断发展和完善，这真是个前往遥不可及的思想境界的奇妙旅程。我教课的时候喜欢板书，粉笔和黑板让我想起普林斯顿学堂里热烈而自发的讨论。我深深记得约翰·霍普菲尔德和弗里曼·戴森的板书。在提到神经元网络或者量子力学时，他们总是会提出刁钻古怪、令人意想不到的问题。戴森给了我一个关于写此书的建议：大家关心的是人会怎么样，而不是遗传学本身。我接受了这个建议。

我想对我的学生、同事、论文合作者致以特别的感谢。我在书中诸多章节里都提到他们，他们让我保持年轻活力。他们中的绝大多数对科学充满热忱，以至于往往忽视了职业规划，以及未来计划。我们共度了很多美好的时光，这在我的一生中至关重要。

我也想对菲力克斯·布吕克先生表达谢意，他从一个年轻科学家的角度，对此书的德文版和英文版提出了许多建议，对文中许多数字、事实、人名、文献引用和更新做了一一核实。我还要感谢乌里克·卡勒－施坦威，她从非专业视角提出了很多建议，不断鼓励我写下去。我也想感谢已过世的阿尔弗雷德·平高德，他时常会对我的想法提出异议。我还要感谢史蒂夫·铂尔曼，他是出版此书德文版的德国 C. H. 贝克出版社的编辑，感谢他能接纳我的写作风格。最后，感谢保罗·乌利帮我编辑了本书英文版的初稿。

我的癌症研究经历发生了两次转折，这是件令人悲伤的事。我要携此书向海因茨·舒斯特致敬，他是柏林马克斯·普朗克分子遗传学研究所的奠基人之一。他对我的研究充满热情，且鼎力支持。他是一位很慷慨的朋友，亦是我的好友。也向住在苏黎世的保罗·格雷丁格致敬，他不是一位科学家，一直抱憾对科学知之甚少，希望来生可以研究科学。保罗是艺术智囊团的一分子，他对我说过一句难忘的话：如果有人窃取了你的研究成果，这对你而言是一种褒奖；最重要的是——别参加同僚的会议，多参加一些非同行的会议，那会更有趣。他说的一点儿没错。他们陪伴我，与我分享各种想法和思路。他们启发我，让我的生活充满喜悦，令我对自己更有信心。

我不得不与他们惜别，但始终难以忘怀，写本书时也念念不忘。

卡琳·莫林

于柏林及苏黎世，2016 年

第 1 章

病毒：并非如你所想象

病毒：一个成功的故事

“病毒”这个字眼通常会引起人们的反感：“啊，赶紧把它弄走”，或者“当心啊，它们会传染，你会因此得病的”，本书将给你讲述病毒的另一面：它们本身其实要比它们的恶名好很多。本书主要讲述病毒好的、令人惊讶的一面，从本质上讲病毒是朋友，不是敌人！

病毒学中一切都是崭新的，很多旧观念在不知不觉中慢慢地转变了过来。当今，病毒学研究的重点更多地放在其有益功效上，而不再注重研究病毒如何使人患病。病毒是生物进化的驱动因素，引领创新，是生命的起源——或者它们从宇宙洪荒之时就存在了。在整个生物进化过程中，病毒构成了我们人类，调控着基因的功能。那么问题来了，究竟什么是病毒？它们从何而来？病毒是死的还是活的？它们何时并且如何导致我们生病？亲爱的读者朋友，在读完本书后，你就可以回答出以上这些问题，你还可以回答出更多问题，比如：还要不要下海游泳？亚太地区生产的婴儿模型会不会致

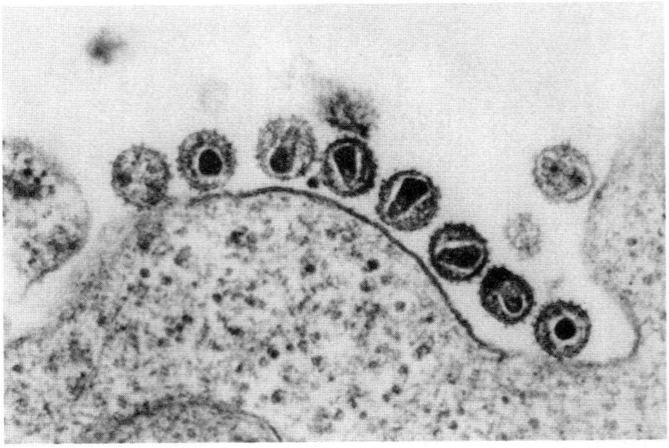

通过电子显微镜可见，艾滋病病毒颗粒排列在细胞表面

癌，以及应不应该被销毁？因为植物病毒的存在，是不是要对各种沙拉说“不”？

在阅读本书的过程中，你会学到一些关于生命的知识——人类细胞的核心和基因；你将了解病毒是如何促进我们适应环境的；你将面对病毒是否对我们的自由意志有贡献这样的哲学问题；你将会了解我们与细菌和蠕虫的关系，以及病毒如何取代了有性繁殖；你将懂得是病毒“发明”了所有物种的免疫系统，并且给细胞提供了抗病毒的防御机制。你会很轻松地掌握这些知识，觉得出乎意料地容易，并且其中也包含我自己的一些设问与见解。比如，病毒在癌症进展和基因治疗中起到了什么作用？“跳跃基因”真的创造了天才吗？你知道病毒可以“看”到东西吗？——可以，病毒可以识别蓝色！此外，你还将读到一些与病毒有关的真实事例，比如拯救病害中的栗子树、郁金香上的条纹图案、蓝色矮牵牛花上的白色花纹的由来（没错，它来源于病毒），等等。

2009年，正值达尔文诞辰200周年之际，我和柏林高等研究所的一些同事共进午餐，闲谈中我问他们是如何看待“生命起源”这个问题的。他们中有哲学家、历史学家、社会学家和律师，那么这些人的看法是什么呢？“可能是宇宙大爆炸带来的吧？至少肯定不是亚当和夏娃。”他们这样回答，言语中流露出对神创论的蔑视，但更多的是困惑与无助。一位研究人员总结道：“既然是你来问这个问题，那么答案一定和病毒有关吧。”没错，这正是我所想的：病毒自生命诞生之初就存在了，或者说至少在很早很早以前就对生命的诞生有所贡献。

医学史上对病毒的记述一边倒，即把它描述成各种疾病的根源。不过这的确是我们认识病毒的过程。由于缺乏有效的治疗手段，绝大多数由病毒导致的疾病都无药可救，这铸就了病毒的坏名声。千百年来，人们对病毒感染束手无策。脊髓灰质炎、麻疹、瘟疫和流感造成了各种灾难，毁灭了文化，决定了战争的结果，破坏了城镇，并让大片土地上的人口骤降。事实上，我们无须把病毒感染和细菌感染区分开来。根据最新的研究成果，作为细菌的鼠疫杆菌和病毒一样致命，这种致病性是由寄宿在细菌内部的一种病毒——噬菌体——调控的结果。

许多欧洲城市都矗立着人类抗击瘟疫的纪念碑，比如在维也纳，那里的黑死病纪念碑在今天成了一个很受欢迎的集会点。威尼斯的圣玛利亚教堂则提醒我们不要忘记 1347 年暴发的黑死病、人们对传染病的恐惧，以及那场瘟疫中的幸存者。威尼斯每年都要举办异彩纷呈的贡多拉赛会作为纪念，可以说至今这座城市还未从那场浩劫中完全恢复过来。再来说美洲，西班牙殖民者征服了玛雅人，其实麻疹帮了很大的忙。玛雅人从未接触过麻疹病毒，没有免疫力，因此麻疹对他们来说是致命的。然而玛雅人也复仇了——通过对他们的征服者传染梅毒，以致梅毒随后在欧洲传了个遍。近代，第一次世界大战的结局在一定程度上是由流感大暴发决定的，这场流感可能造成了高达上亿人死亡。自 1981 年起，HIV 在全球造成了大约 3700 万人死亡，而且每年都有约 200 万患者递增。

直到最近的 100 年，我们才能够把病毒和细菌区分开。最简单的方法是看它们的大小：在大多数情况下（的确有一些例外），病毒比细菌小。病毒需要哺乳动物、植物或细菌等宿主细胞来进行复制。与之不同的是，细菌可以独立自主地进行复制。现在的病毒不能自主复制，但很可能在久远的过去可以。此外，细菌和病毒都可以导致疾病，抗生素能够消灭细菌，但是对病毒无效。如果医生给被病毒感染的患者开抗生素，那通常是为了避免可能的细菌复合感染。许多关于病毒的书把病毒描述成疾病的根源——我在德国柏林和瑞士苏黎世的大学任教期间就是这么教学生的，一连教了许多年。但此刻，我打算在本书里讲些别的。

恰恰相反，病毒的另一面需要给予更多的关注。从 20 世纪初开始，在新技术的帮助下，病毒学已经产生了本质的变化。病毒曾被认定是人、动物甚至所有生物的敌人，但我们现在了解到，病毒不仅对生命的起源有贡献，并且从生命诞生的那一刻开始一直到今天，对生命的发展进化都有帮助。在过去的差不多十年间，我们对病毒以及细菌的认识产生了翻天覆地的变化。随着新方法、新实验手段和全新的、更加敏感的检测技术的出现，我们发现病毒不仅仅是病原。每年全世界有约上千万架次航班，运载乘客数十亿人次，飞机舱内的空气仅仅是经过循环处理，没有用昂贵的消毒器消过毒，然而病毒并没有四散传播导致更多的疾病，这难道不该让我们感到惊讶吗？其实，大多数的病毒和其他微生物对宿主是无害的——这点我们一定要记住。

病毒无处不在，它们是地球上最古老的生物体，也是数量最多的生物体，具体数字我会在后面提到。人类自诞生起就进入了这个存在了数十亿年的世界，我们是后来者，在地球上居住还不到几十万年。很多生物因为不能应对那些早已存在的微生物，都已消亡了，活下来的那些和微生物建立了互相依存的关系。我们不清楚到底有多少人死于疾病——尼安德特人是不是其中之一？重要的一点是，当共存关系失去平衡，因恶劣的卫生状况、迁徙、城市人口过多、森林消失、水源断绝、各种污染或者接触了其他携带未知病毒的物种（如人畜共患病）等生存环境改变的时候，疾病就会产生。对于习惯了和微生物共存的物种来说，微生物对它们并没什么影响；对于不熟悉微生物的物种来说，微生物则可能导致疾病。我们人类大多数的疾病都是自己造成的，这是一个很重要的论断！一个最简单的例子就是我们常说的“感冒”，因人类体温的变化让一些病毒比在正常情况下复制得更快，从而导致鼻炎或者感冒这样的疾病。通常情况下，我们和周围的环境处在一个很好的平衡中，只有当这种平衡失去控制或者遇到新的环境，我们才会生病。也就是说，给予了病毒一个复制的机会，从而让我们觉得很难受。

21 世纪伊始，就给了我们一个惊喜。两篇科学论文刷新了我们的认识观：一篇论文表明，病毒占据了人类遗传物质——基因组的一半；另一篇揭示了微生物在我们体内和我们周围大量存在的事实。两篇论文都是用了 20 世纪末研发出来的新技术——测序，这是一种测定像我们人类基因组这样的大型基因组序列的技术。第一篇论文发表于 2001 年，讲述了测定人类基因组序列的过程，包括全部的 32 亿个碱基对（人体中核苷酸的重要组成部分）。发表这篇论文的研究项目结构庞大，开销也很惊人，达数百万美元之巨。此前，没人猜得到人类基因组的主要部分是什么。现在我告诉你，是病毒。我们的基因组大约一半是病毒，或者是与病毒相关的序列、截断了的病毒，或是和我们共存了数百万年的病毒的化石。其他物种的基因组里也有病毒序列，有的占比高达85%。那么上限是多少？后面会提到。更令人惊讶的是，上面提到的这些与病毒相关的元件可以在基因组里移动、跳跃，于是我们的基因组也因此处于不断的变化中。另一个让人惊讶的发现是，地球上所有物种的基因组都是相互关联的。在基因层面上，所有的物种都是亲戚，比如：苍蝇和别的昆虫，藻类和浮游生物，蠕虫、酵母、细菌、植物、真菌与人类，当然也包括病毒，毕竟是病毒给我们提供了如此多的基因。

人类基因组计划（HGP）研究联盟比较了许多物种的基因组，在《自然》杂志上发表了研究成果，这是我读到的最长的文章之一。

利用新的研究方法，我们对地球上的病毒数目进行了估算。结论是，病毒比天上的星星还要多：10^{33} 个，细菌是 10^{31} 个。相比之下，天上有（根据目前掌握的资料）10^{25} 个星星，地球上的人还不到 10^{10}（100亿）个。如此看来，我们才是微生物世界的入侵者，而不是反过来。很显然，我们的身上和周围环境存在大量的微生物，包括细菌、古细菌、病毒和真菌。我们的消化道中有以千克计的细菌和病毒，但它们并不导致疾病。恰恰相反，它们帮助我们消化各种营养物质，甚至一些人类必需的营养物质。没有它们的帮助，我们就无法吸收这些养分。这些病毒和细菌遍布于我们的皮肤、口腔、生殖器、脚趾、指（趾）甲和产道（女性），可以说人体每个地方都由特殊的细菌和病毒组成。微生物普遍存在，这一令人惊讶的结论来自前不久的“人类微生物组计划”（HMP），这是一个旨在研究人体微生物的大规模的分析测序项目。从某种意义上说，它是人类基因组计划的延续。“微生物组”（ Microbiome ）是一个新词，它指的是所有微生物基因组序列的总和，而不局限于某个样本中的某个微生物，即微生物组计划研究的原则是“研究整体”。

第二篇划时代的论文发表于2010年，掀起了对于微生物组功能的研究热潮，其中包括对人类消化道、营养、疾病与健康关系的研究，以及很多重要的问题诸如肥胖、自闭症、抑郁症和焦虑症，等等。其中的一个问题正和我们的饮食有关——什么是健康食品？健康食品对于日本人和意大利人来说是一样的吗？我们还不知道答案。实际上，这也涉及病毒：病毒在海洋中广泛存在，每盘沙拉都含有病毒，而且它们在细胞内部，无法用水冲掉。不过别担心，这些病毒大多数是无害的。还是那句话：病毒无处不在，细菌和其他微生物也是如此，而这与疾病无关。以上的知识都是人类在21世纪初才获取的，再次证实新的基因测序技术功不可没。同时，基因测序技术的相关费用在过去的十年中持续降低，操作起来也越来越快捷。

人可以说是一个超级有机体，是一个完整的生态系统。健康的人体由10^{13}个人类细胞组成，可以说是人的“本我”。除此以外，还有10^{14}个细菌以及是该数字十倍到百倍的病毒依附在我们身上。一个人的基因组由2万至2.2万个（人类）基因组成，另外还有数百万个微生物的基因。这类基因的数量比我们自己的基因数目要高出约350倍。这些微生物遍布于我们的胃肠道和皮肤上。于是有人问，是不是要每天洗个澡来清除皮肤上的微生物，对此我不赞同。这些微生物对人体是有益的，保护我们不受外来微生物的侵害。

令人难以置信的是，病毒和细菌的基因序列甚至进入了人类的基因组。作为人，我们的身体有多少是真正属于自己的？我写这本书就是在试图帮助尽可能多的人回答这个问题。

细菌被称为人类的第二基因组，这个结论是科学界普遍认同的。我们可能还应该把病毒当作我们的第三基因组。此外还有数以百万计的真菌，它们是人类的第四基因组吗？那么古细菌呢？它们的确也有贡献啊。

持续交战并不是我们这个生态系统的特点，我们不通过杀戮，而是通过逐步形成平衡的共存关系来实现进化。“交战”这个字眼应被摒弃，一旦我们破坏平衡，情况就会恶化。在大多数情况下，生病是自己“作”的，病毒和细菌仅仅是见机行事，它们会利用异常的情况，趁着宿主虚弱的时候占点儿便宜——我认为这个说法已经够激进的了，而“交战”的说法是不能接受的。

另一个新奇的发现是巨病毒，比如拟菌病毒（Mimivirus），是我们遇到过的体积最大的病毒了，甚至比很多细菌都要大。这类病毒甚至可以被称为许多小型病毒的宿主。它们确有一些类似细菌的性质，而并不像其名字——在“模拟”细菌。于是，区分病毒和细菌的界限就不十分明确了；相反，病毒和细菌打成了一片。这样一来，所有我们已知的对病毒下的定义都已过时。那么我们该如何定义病毒？如何界定生物和非生物之间的界限呢？

大爆炸之后

宇宙大爆炸发生在大约 140 亿年前。这是宇宙的起点，不是生命的开始。宇宙自大爆炸起就一直在膨胀。约 45 亿年前，太阳出现了，随着小行星和岩石的堆积，我们的太阳系也慢慢成形。岩石和气体在重力作用下聚集起来，形成更重的元素。它们碰撞并聚集在一起，形成了围绕着太阳旋转的行星。今天，绝大多数的小行星都无法穿透地球的大气层。晚上，我们偶尔可以看到这些小行星光彩夺目地划过天际，只有体积大到一定程度的小行星可以到达地球

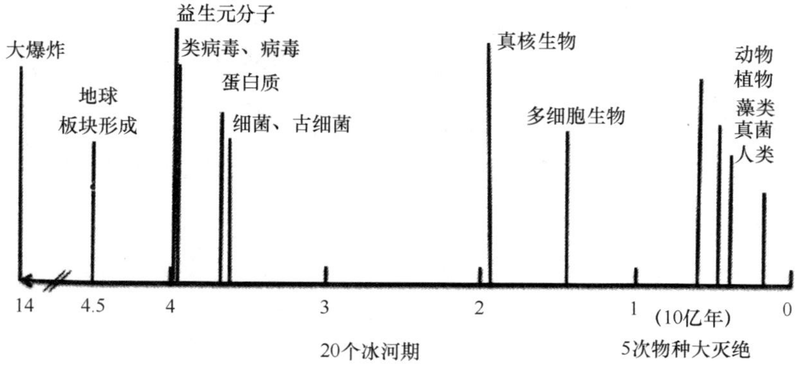

地球发展时间轴

表面。这些小行星给我们带来了很多元素周期表中的元素。于是有种说法——我们是由“星尘”组成的，多么有诗意啊。

氧元素和铁元素很难在碰撞中形成，它们的形成需要超新星爆炸所提供的巨大能量。我一直想弄清楚，铁元素是如何进入人体血红蛋白的中心位置的。我的“珍奇柜”里收藏了一块陨铁（我的“珍奇柜”中收藏了各种有意思的东西，有不少鹦鹉螺、贝类、石化树、琥珀和珊瑚化石。遗憾的是，我没办法收集病毒化石，尽管我很乐意这么做），以满足我的好奇心。人们在委内瑞拉北部的坎波·德尔·塞罗地区（Campo del Cielo，字面意思是“陨铁的天堂”，多么名副其实的名字）曾发现过一块陨铁，黝黑而沉重。虽然我没办法证明，但我相信它是陨石（来自小行星的物质）的一种，即含铁量大的陨石。有人说这块陨铁有 5 亿年的历史，还有人认为它具有神力，可以治病——这就有些荒唐了。最近，我还把一罐可口可乐放入了“珍奇柜”中，为什么这么做？等一下你就知道了。

通过学习，我们熟悉了一些行星的名字：水星，金星，地球，火星……木星很大，离地球更远一些，它自身的重力作用让周围的小行星不能彼此聚集在一起，从而形成了“小行星带”，里面有着数千颗小行星。这条小行星带也被称为“宜居带”，因为一些科学家认为那里可能有外星生物存在。其中的一颗小行星尤其有意思，名字是“谷神星”。人类的太空探索机构于2014年宣布在谷神星上发现了云层，这意味着谷神星上有水存在，继而引发“这颗小行星可能是由水构成的”的猜测。据我们所知，水是生命的重要组成部分——那么，谷神星上会有生命存在吗？如果我们能找到答案，我们就能更好地了解人类的起源。RNA（核糖核酸）、病毒和细菌，我期待这就是答案，也是我想搜寻证实的。

地球上的水从何而来？这是一个有意思的问题，而且到现在还没有被解释清楚。有没有可能是类似于谷神星这样的“脏雪球”，在灰尘的帮助下水凝结成冰，从外太空给我们带来了水？从航天器上看，我们的地球是蓝色的，因为地球表面2/3的部分都被水覆盖着。来自外太空的“脏雪球”真的有那么大，以至于能够带来地球上所有的水吗？天体物理学家安娜·弗莱贝尔（Anna Frebel）通过计算得出，今天每一罐可口可乐都含有5%的化石水，这些水可以追溯到140亿年前的宇宙大爆炸。这就是我把可口可乐放入“珍奇柜”的原因。

大约40亿年前，一颗大小和火星类似的恒星与太阳发生了碰撞，剥离出来的物质形成了月球——这是学界主流的说法。从那时起，月球以每年3.8厘米的速度缓慢离地球远去。月球决定了我们的昼夜更替，从一开始的每天6小时增加到现在的每天24小时。月球对地球上的生命起源十分重要。火星离太阳过于遥远，金星则因为离太阳太近而炎热无比，地球则刚刚好。木星是我们的保镖，因为它比地球重约300倍，它的引力作用可以把宇宙中的各种碎片物质吸引开，让它们远离地球。迄今为止我们都很安全，然而地球一直面临着被某颗小行星击中的危险。事实上，科学家预测在2029年，一颗叫毁神星（Apophys）的小行星可能会撞击地球。最近的一些测算研究表明，它可能会和地球擦肩而过。

地球上的生命开始于约38亿年前，和宇宙大爆炸相比晚了近100亿年。当时地壳的形状和今天的很不一样，地球的内部完全是熔融的，地壳就在上面悬浮着。直到今天，地质板块仍在缓慢移动中，美洲和欧洲的距离每年增加约2.5厘米。亚洲的板块碰撞造就了喜马拉雅山脉，这个碰撞至今还在进行，并可引发强震。显然，大量活火山也是板块运动的杰作。在大陆板块相互挤压的地点，海底被撕裂开，形成海底火山并迸发出大量岩浆，岩浆在海底迅速冷却固化，形似高高耸立的烟囱。这些在海底兀立的“烟囱”也被称作“热液喷口”，或是“黑烟囱”。海底火山不断释放着黑色的颗粒和烟雾，由于水深所带来的高压，热液喷口附近的水温可达400℃。正是在这种地方，生命从无到有，慢慢开始繁衍。一般认为，在海平面以下200米到更深的地方，阳光无法到达，所以能量不由太阳提供。取而代之的是，各种化学反应提供的能量使早期生命成为可能。的确如此，在没有光照的情况下，化学能是生命早期的发动机。许多科学家认为，正是在那里，类似RNA这样的第一个生物分子出现了。RNA的组成部件，也就是核苷酸，其实挺复杂的。另外一些科学家据此反驳说，拥有如此复杂的结构怎么可能是第一个生物分子呢？针对这个疑问，我们可以通过在实验室里模拟生物分子的形成过程来解释。近代化学家约翰·大卫·萨瑟兰德（John David Sutherland）在实验室中合成了生命所需的三大要素（核酸中的核苷酸、蛋白质中的氨基酸和脂肪中的脂肪酸），而他仅仅使用了一个反应容器和一些常见的化学物质：氰化氢（HCN）、硫化氢（H_2S）、磷（P）、水

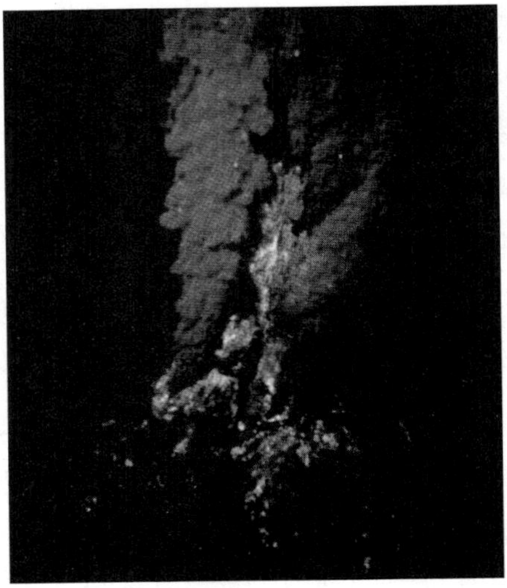

海底热液喷口，即“黑烟囱”是深海中的火山，生命就在此诞生

（H_2O）以及提供能量用的紫外线。萨瑟兰德还说，一些矿物质可以大大加快这种合成过程，以锌或铜做催化剂可以加速这种“前生物化学反应”。由此看来，所有的生物材料可能在某一刻同时出现，这个起源一定很简单——我相信这一点。

替代亚当和夏娃

早期生命给自己创造了适宜的生长环境，不仅仅是适应已有的环境，而且为自己的繁衍创造了一些必要条件，尤其是氧气。通过光合作用，地球上氧气的含量大大增加，取代了早先在大气中占绝对优势的甲烷。氧含量的增加是哺乳动物呼吸的必要条件。大约在22亿年前，整个地球进入冰期，然而生命依旧存在。它们藏匿在什么地方？是在温暖的火炉边，还是在海底热液的喷口旁？是什么保护它们免于灭绝？可以想象，生命也许诞生于严寒之中而不是温暖的环境里。早期生命可能存在于冰晶中，随着液体四散流淌，一些分子最终形成了 RNA 这样的生物大分子——这种理论也收获了一部分拥护者，因为在一些冰晶中人们发现了 RNA 的存在。科学家也在研究一些 RNA 的模型，看看在实验室的冰箱内低温长期存储后，RNA 是否发生了改变、突变或者某种进化。在海底“黑烟囱”附近，生命迅速地发展：20 亿年前的海里就有细菌和单细胞生物了，藻类丛生；6 亿年前，海绵、水母和蠕虫出现了；5 亿年前出现了硬壳贝类、珊瑚和长满牙齿的生物，接着出现了所谓的寒武纪生命大爆发，物种急剧增加，第一个脊椎动物出现了；3 亿年前，身上有着斑点纹路的腔棘鱼出现了。腔棘鱼曾一度被认为已经灭绝，但 1999 年在南非，一位博物馆馆长在渔网里偶然发现了它。腔棘鱼的基因组已被测序，这使我们可以了解并重新解析物种“从鳍到腿”的进化过程。这可是从基因中得到的结论啊！约 2.5 亿年前，地球上只有一个超级大陆，叫“泛古大陆”。同时发生了一次物种大灭绝事件，这让人担心此类事件是否会再次发生。

6500 万年前的一场大灾难导致 90% 的生物灭绝。肇事者是一颗小行星，或者说是一块巨大的陨石，其体量和喜马拉雅山差不多大，它击中了墨西哥的尤卡坦半岛。位于德国不来梅的海洋研究中心（MARE）从海底钻探取回的样本为这次碰撞提供了切实证据。样本显示，一个 15 厘米厚的黑色岩石层具有火烧和沾染灰烬的痕迹。于是，这个岩层被确定为“K-T 层”，它是地质结构中位于白垩纪演化到晚些的第三纪的过渡阶段。

世界各地都可以找到这样的 K-T 生物灭绝层。K-T 层中的铱元素陡然增加，也就是所谓的“铱异常”，被认为是地球受到外星物体撞击的一个有力证据。在尤卡坦半岛坠落的小行星造成了一场可怕的海啸，浪高达 100 米，同时日光被终年不散的灰尘阻挡，暗无天日，恐龙因此而灭绝。恐龙的灭绝给地球上其他小型动物增加了生存的机会，比如小鼠。小鼠是杂食动物，什么都吃，这让它们更容易存活下来，可以藏身在地下的洞穴内。最后，该轮到我们了！500万年前，猴子进化了出来。黑猩猩是和人类最相近的物种，和我们的基因组有98.4%的相似性。是什么把人类和黑猩猩区别开来的？我们不仅有更强大的大脑，而且具有特殊的基因和基因组合，这增加了人体的复杂性——下文还会提到这点。320万年前，在非洲东部，出现了人类最早的祖先露西。（根据最新发现，440万年前，“人类最早的祖先”阿尔迪就早于露西出现了。——译者注）

170万年前，直立人出现了，他们走出非洲，可能会制造并使用火。他们会说话吗？不知道。后来，直立人也灭绝了。20万年前，智人在非洲出现，并迁徙居住在整个欧亚大陆，一直持续到6万年前。尼安德特人生活在距今20万年前，到约4万年前灭绝。他们为什么会灭绝，是因为饥荒、病原体、寒冷还是气候变化？他们在洞穴里留下了许多壁画，也给现代人类的基因组添加了一些基因。在这里我敢说，我和许多报刊专栏作家对此颇为惊讶不一样，我并不感到吃惊。我也不相信尼安德特人和今天的人们一样，长期受到抑郁症的折磨。对了，有谁知道抑郁症的基因序列吗？

距今1.2万年前，猎人和采集者开始定居下来，成为农民。然后我们的祖先开始饮用牛奶，或者至少说，大部分人开始喝牛奶了。有一部分人，比如我，到今天都不能适应喝牛奶。要消化牛奶，我们体内的一个基因需要有一个突变。牛奶保护人们不受维生素D缺乏症的困扰——这对于生活在地球北部光照较少地区的人来说，是一个选择性优势。此时，最后一个冰河期结束了，人类从西伯利亚徒步来到了美洲，这就是美洲文明的开端。

家畜和人类的近距离接触导致疾病从动物传染给人类，又称人畜共患病。直到今天，这还是最常见的人类传染病的病因。例如，携带某些猴子体内病毒的“野味”进入人类的食物链，从而导致人类免疫缺陷病毒（HIV）的产生；埃博拉病毒则源于果蝠。在过去的250万年里，出现了约20次冰河期，冰川间期气候比较温暖。冰河期产生的一个原因是地球绕太阳公转的轨道每10万年发生一次变化。由此，更容易记住冰河世纪发生的时间：45万年、35万年、25万年、15万年和5万年前。迄今最后一次冰河期约在1.2万年前结束。此外，地球的两极会以2.4万年为一个周期反转，气候也会受此影响。不过科学家预计，人类将在3.9万年后再一次迎来冰河期，届时地球两极也会发生反转。目前，没有任何一个数学模型可以解释地球天气的快速变化——不过，既然历史上出现过冰河期，那么全球变暖可能也曾经发生过。

最初的生命是病毒

“万物的源头肯定既小又简单。”这个说法似乎很合理，不过也仅仅是一种说法而已。细菌或古细菌的基因组约由100万个核苷酸组成，这对于原始生命来说实在是太过巨大了。我正是这么想的。原始生命肯定比这更小、更原始，也许只是几个分子的混合物，就像达尔文提出的“温暖的小水塘”，现在经常被引用。作为最初的生物分子，这些核糖核酸（RNA）可能就是生命之树的开端。巨病毒的发现，有力地支持了巨病毒是最初的生命这一观点，不过这略有偏颇，毕竟它们的个头儿太大了，不可能是最原始的生命。最初的核糖核酸在某种意义上说是一种裸露的病毒，更确切地说，是一种类病毒。这种核糖核酸类病毒至今还和我们的细胞息息相关（我在后面会详细阐述）。

病毒在很早很早以前就在地球上存活了，它们遍及每一个生命，无一例外。病毒不是从实验室逃出去或者是通过传染病传播开来的，因为这都不能解释病毒在全球范围内广泛存在的原因。毕竟，地球上有约 180 万种已知的生物，而未知生物却有其 10 倍之多，这还没把细菌算进去。包括我在内的研究人员不停地搜寻，怎么也找不到一个没有病毒的地方。我没见过一个没有病毒的生态系统——或许有一个，那就是秀丽隐杆线虫（*C. elegans*）。该线虫有着最强悍的抗病毒系统！因此，它肯定曾遭遇过病毒，因为病毒防御系统就来自病毒本身。

达尔文对生命起源的看法是什么？他十分谨慎，1871 年给一位朋友、时任伦敦基尤皇家植物园的负责人约瑟夫·达尔顿·胡克（Joseph Dalton Hooker）的一封信里，写道："人们常说，产生第一个生物所需的所有条件现在就有，这是有可能的。但是如果（啊，这个如果是多么牵强！）我们设想有一些温暖的小水塘，里面有各种各样的氨和磷酸盐，有光、热、电等的存在，蛋白质可以很容易地经化学反应合成，然后再进行更复杂的变化。如果这种情况发生在今天的话，这些蛋白质、简单的生物什么的，马上就会被吞噬吸收掉。所以说（现在的环境）不可能是最初生命形成时的样子。"所以，生命起源不太可能在今天重现。我们不知道原始地球上的环境是什么样的。但达尔文也说过："我们不能排除地球上所有物种有着同一个起源的可能。"作为一名曾经的物理学家，我强烈赞同这一观点。

我在近年发表了一篇题为《病毒是我们最古老的祖先吗？》的论文［于 2012 年发表在《欧洲分子生物中心刊》（*EMBO Report*）上］。这篇文章被刊登在"意见"专栏，因为标题的结尾有一个问号，意味着我们也不知道答案是什么。很快，一位读者给我写了一封电子邮件，告诉我费利克斯·代列尔（Félix d'Herelle）和他的同事约翰·伯登·桑德森·霍尔丹（John Burdon Sanderson Haldane）（后文中会提到此两人）于20世纪20年代各自发表过论文，阐述病毒可能就是生命的起源。那时候赫勒尔刚刚发现噬菌体，即细菌的病毒。两位科学家很快就做出推测，认为可以自我复制的病毒就是达尔文所说的生命的最初起源。我赞同他们的远见卓识，然而与他们同时代的人们强烈抵制这一观点。

每年，《边缘》（*The Edge*）杂志的宣传专员约翰·布罗克曼会向顶级科学家们询问一个年度问题，该问题和未来有关。2005年的年度问题是："在现今这个充满不确定性的时代里，什么是顶尖思想家相信但无法证明的？"如果问我的话，我就会回答——"病毒是生命的起源"。

这就需要定义病毒到底是什么。

追溯病毒史

什么是病毒？首先，病毒这个词来源于拉丁语，原意是植物的汁液、黏土或毒药。

我的一位美国纽约州立大学石溪分校的同事——艾卡德·维默（Eckard Wimmer）一直从事脊髓灰质炎病毒的研究。这是已知最小的感染人类的病毒，仅仅含有3326552个碳原子、492288个氢原子、1131196个氧原子、98245个氮原子、7501个磷原子和2340个硫原子。因为可以写出病毒的分子式，维默认为只要该病毒在细胞外，那就是一种化学物质。如果病毒进入细胞，那它就不再仅仅是一种化学物质了，它可以自我复制并繁殖。这种双相式的生命形式非常独特。那么可能有读者会问，人类是不是也仅仅是化学物质呢？答案为"不是"。

大约在120年前，科学家在实验中发现，传播病毒可以导致疾病。把受到污染的烟叶的滤液滴到正常的烟叶上，会导致后者发病。这是俄罗斯植物学家德米特里·伊凡诺夫斯基（Dmitri Ivanovsky）于1892年首次发现的。然而他一直坚信这是由于细菌引起的，致使发现病毒的功劳被记在荷兰微生物学家马丁努斯·拜耶林克（Martinus Beijerinck）的头上，尽管连拜耶林克自己也认可伊凡诺夫斯基的工作成果。拜耶林克推广了“病毒”一词的使用，以便把病毒和体积更大的细菌区分开来。细菌无法通过张伯伦滤菌器，只有体积更小的病毒可以通过。1898年，弗里德里希·吕弗勒（Friedrich Loeffler）和保罗·弗罗施（Paul Frosch）几乎同时发现了一种可以在牛群中传播口蹄疫的传染性小颗粒。这种病毒会传染给奶牛，具有极强的传染性。正因为这样，世界上第一个研究口蹄疫的研究所建立在波罗的海的一个半岛上，以最大限度地远离人口密集地区。然而，海风仍足以把病毒从那里散播出去。这个研究所以上述两位先驱者的名字命名，叫吕弗勒－弗罗施研究所（LFI），是整个欧洲此类研究所中规模最大的。几年前研究所重新对公众开放，吸引了众多好奇心强的访客，以至于附近交通都堵塞了。研究所里的灭菌釜（autoclaves）非常巨大，足以给整头牛消毒。

长久以来人们对病毒有着一些想当然的理解，比如：所有的病毒都很小，是纳米级的小颗粒，只能用电子显微镜检测，滤网拦不住它们；内部要么含有RNA要么含有DNA，外部是类似于二十面体那样的对称的蛋白结构；不能自我复制，寄生，需要靠细胞来复制；不能进行蛋白质合成，需要宿主细胞提供能量。还有，病毒主要生活在特定宿主中，有时候可以使用宿主的原料形成一层外衣，外衣上通常还有一些分子受体用于和特定宿主细胞结合；病毒是病原体，会导致疾病，十分危险；病毒从宿主细胞窃取基因，出卖并滥用宿主细胞使自己的后代受益；它们善于伪装，像特洛伊木马一样。总而言之，病毒是敌人。

最近几年我们发现以上看法几乎都是错的。病毒的体积并不总是很小，有时候可以比许多细菌还要大；病毒本身可以作为其他病毒的宿主，它们可以比纳米颗粒大许多，也可以小许多，另外它们并不总是颗粒状的。病毒的体积跨度很大，最大的和最小的可相差一万倍；病毒有很多种形态，有着多达十几种不同类型的基因组和千差万别的复制策略；病毒拥有的基因数量少至 0（惊讶吧！）多至 2500——相比之下，人类只有 2 万个基因，仅仅比病毒多 10 倍而已。类病毒没有一个基因，不过通常科学家不把类病毒当作病毒，它仅仅由核酸组成，没有蛋白质或者正相反，只有蛋白质没有核酸。朊病毒就是后者，它们通常来说也不被认为是病毒，但是我还是想把它算作病毒。有一些病毒完全没有自己的基因，所有的基因都是从外部获得的。多 DNA 病毒（poly-DNA-viruses，PDVs）就是这样的植物病毒，非常奇特，这种病毒还可以“告诉”我们一些进化过程中的趣事。再来说内源性病毒，它们从不离开宿主细胞，一些在人类基因组中跳来跳去的原病毒也是如此。以上两种病毒没有外衣，不能从一个细胞跑到另一个细胞中去，也就是所谓的“被锁住的病毒”。

病毒的一个可能有意义的定义是：病毒是可移动的遗传元件。的确，病毒需要能量，但能量不一定来自宿主细胞，化学能也行。在暗无天日的海底，“黑烟囱”提供的化学能促进了生命起源。病毒的生长需要一个微环境，一定的隔离性，和以黏土作为催化剂——比如达尔文所说的“温暖的小水塘”。在那里，生命起源所需元件的浓度都比较高。这种最初的容器可能就是脂质包，虽然我们并不知道这算是早期的病毒还是早期的细胞。最开始的时候，病毒和细胞之间并没有明显的界限；相反，它们形成一个连续的统一体。特别是最新发现的巨病毒，更加打破了这个界限：巨病毒长相几乎和细菌一模一样，它们甚至带有通常被认为只在细菌中存在的关键标志，即合成蛋白质的元件。一般来说，生命的定义是具有合成蛋白质的能力。因此，这些“准细菌”的病毒代表了病毒和细菌间的过渡物种，介于非生命与生命之间。巨病毒的发现完全改变了我们对病毒的看法，让我们更倾向于认为病毒有生命。在对病毒的极简定义中，包含了“病毒无法合成蛋白质”这一条，而合成蛋白质是生命的特征。然而，巨病毒几乎可以合成蛋白质！

哪里有生命，哪里就有病毒。病毒可以对基因进行很多操作：吸收、传递、变异、重组、插入、删除和混合。它们的复制过程容易出错，这对于病毒和宿主来说都有新意。肿瘤病毒可以从人体细胞中提取基因，并且在复制的过程中产生突变，从而增强它们的致癌性。反过来也成立：它们可以给细胞传递基因，增加新的特征，有时候有益，有时候则有害：病毒可以把致癌基因带给细胞从而导致癌症发生；它们也可以引入基因从而治愈癌症。进入细胞的基因数量要多于从细胞提取出来的数量。病毒不会导致“战争”或者“军备竞赛”，这些负面描述是不正确的，说病毒和它们的宿主打乒乓似乎更合适。微生物和其他所有宿主之间的水平基因转移，造就了复杂的基因组。这就是为什么人类的基因组包含了来自各种不同生物的基因。每种生物都从别的生物那里获取了许多基因，其中最多的来源于病毒。病毒是迄今为止最庞大的基因库，有着世界上最多的基因序列，而其中绝大多数几乎从未被使用过。病毒比细胞有更多样化的基因，它支持了病毒比细胞来源更久远这个论断（下文对此有更加详细的阐述）。

我们对病毒的了解有多久？让我们来追溯一下。35 年前 HIV

在人群里扩散，迄今为止造成3700多万人死亡。100多年前，在第一次世界大战期间，流感大暴发造成了多达1亿人死亡。麻疹由欧洲的殖民者带入墨西哥，造成玛雅文明的灭亡。中世纪时，鼠疫杆菌在整个欧洲肆虐，造成2500万人死亡，约占当时欧洲三分之一的人口。再往前推600年，也就是公元543年，查士丁尼大瘟疫摧毁了罗马，并在地中海地区蔓延开来，一直到君士坦丁堡，最严重的时候每天有约6000人病亡。公元前400年，修昔底德记录下了雅典伯罗奔尼撒战争时期的一场不知名的疾病，病原可能是埃博拉、水痘、麻疹或其他病毒，抑或鼠疫杆菌。3500年前，一名埃及法老患了小儿麻痹症。一种由脊髓灰质炎病毒引起的病症，他的墓碑上还刻着他跛腿的肖像。距今25万到3万年前，尼安德特人患有类似逆转录病毒导致的疾病，此后他们就灭绝了。再往前则是一段历史记载的空缺。值得一提的是，科学家在兔子身上发现了一种类似于HIV的病毒，即RELIK病毒，它可以追溯到1200万年前。

其他类似HIV的病毒可以追溯至420万年前生活在马达加斯加群岛的狐猴（猴子的近亲）身上。此前，没人预料到HIV这样的病毒已经存在了如此长的时间，而且它们居然是可以遗传给下一代的。

在过去的10年里，古生物学这个新兴学科在普林斯顿和伦敦一直是研究的大热门。科学家在蝙蝠、猪和猴子的基因组中发现了5000万年前的埃博拉病毒序列。另外，在人身上发现了博尔纳病毒序列，马身上则没有。然而如果马染上博尔纳病毒就会生病，人则没事。因此我们发现，内源性的病毒序列以及它们的产物可以保护机体免受相应病毒的侵害。这些RNA病毒通常不应该被整合到我们的基因组中，但它们利用一些非法机制做到了。这里说的非法机制指一些细胞分子学小花招，比如外源性的逆转录酶等。人类内源性的逆转录病毒（HERV-W）对我们人类的胎盘也有贡献，它和HIV比较相似，在约3000万年前进入我们的基因组。据估算，其他内源性逆转录病毒在1亿至3500万年前就存在于我们的基因组中了，其中有一些还是完整病毒，可以形成病毒颗粒，不过基本上不具有传染性。逆转录病毒存在的历史可能比我们估算的还要久远，因为经过漫长演变，已经和病毒相差很远了。柏林自然历史博物馆收藏的一个恐龙标本显示该恐龙生活在约1.5亿年前，被一种类似于麻疹的副黏病毒感染，从而发生骨营养不良，导致骨骼变形。这种疾病现在依然存在，被称为佩吉特综合征。

我们可以追溯病毒在过去2亿年里留下的足迹，但是再往前的话，探索之旅只得到此结束。由于随机突变，病毒的基因就淹没在“喧嚣的背景声”中了。内源性逆转录病毒化石可以作为病毒曾经存在的证据。新发现的腔棘鱼，一度被认为已经灭绝，迄今在地球上存活了3亿年，它的基因组异常稳定，也携带逆转录病毒的化石。

尽管如此，利用一些小技巧，我们可以找到更早期病毒的线索。我们今天可以在阿米巴变形虫中发现巨病毒，也可以在巨噬细胞中找到它，这两种细胞类型在8亿年前就开始各自独立发展，因而科学家认为它们在独立进化之前就已经被感染了。要继续寻找8亿年之前的证据几乎是不可能的。这距离38亿年前的生命起源中间有一段巨大的空白。在生物化石中，病毒可以算是最古老的。真正令人惊讶的是类病毒，它们有类似病毒那样的结构，在今天仍然存在着——不仅仅以类病毒的形式，还能够以核酶或类似环形RNA的形式，在当今所有人的细胞中存在。它们可以追溯到没有遗传密码的时代——大约35亿年前。我曾发表过一篇论文，试图基于当代的病毒来重建生命的进化历程。该论文题目是《关于进化，当代病毒能告诉我们什么》，刊登这篇文章的杂志编辑为了保险起见，在后面加上了“个人观点”。这篇论文在2013年发表于《病毒学文献》（*Archives of Virology*）杂志。

15年前，人类基因组第一次被完整测序，《法兰克福汇报》在整整一个版面印满了代表生命的字母，仅有的四个字母A、T、C、G反复出现，没有一处停顿，也看不出有单词、句子和段落。这个版面后来获奖了，它清楚地表明了我们对人类基因的了解程度——仅仅是字母而已。所有的一切还都有待解析。“文本分析”至今还在继续。这些字母究竟代表什么？人类基因组里有32亿对字母，对应了2万个基因。然而，基因仅仅占据了基因组的2%。余下的那些占绝大多数的字母是干什么用的？它们也是遗传信息？还是如人们常说的“垃圾DNA”，还是别的什么？让我先告诉你答案：它们主要是用来调节基因表达量的。为了理解所有的细节，科学家可能还要忙活上50年。这个繁重的任务被立项了，称作ENCODE项目，即“DNA元件百科全书”项目（Encyclopedia of DNA Elements）。

以下是一些值得我们记住的基因数据：HIV这样的病毒有10个基因，噬菌体有70个，细菌有3000个，人类有2万至2.2万个，香蕉有3.2万个——什么？比人类的基因数目还要多？没错，吃惊吧！然而香蕉并不比我们聪明。这甚至一度被称为悖论：随着生物物种复杂性的增加，基因组的大小或者基因的数量并不随之增多。人类的基因数不是最多的，但是我们有最长的基因，而且更重要的是，我们的基因可以被更好地组合（通过剪切机制，下一节会谈）来增加整体复杂性。在这方面，我们胜过所有其他已知物种。最后一个数据是，病毒的一个基因约由1000个核苷酸组成。

在继续阅读本书之前，我希望每位读者记住下面这两个单词，或者至少记住它们的缩写：RNA 和 DNA。大家只要记住它们，再加上一点额外的信息就好了。RNA 和 DNA 是大分子，是基因片段的遗传信息的载体。主要的遗传信息通常用 DNA 编码，只有病毒也可以使用 RNA 或者 RNA 和 DNA 的混合体来记录遗传信息。DNA 也被称作“生命分子”。它所拥有的双螺旋结构是众所周知的，看起来就像一个螺旋形的楼梯，两条扶手（链）被中间台阶一样的横杠（堆叠的碱基）连接起来。双螺旋（双链）结构在 1953 年被詹姆斯·杜威·沃森（James D. Watson）和弗朗西斯·克里克（Francis Crick）发现。他们是英国剑桥大学的两位年轻、大胆而又雄心勃勃的科学家。在沃森的传世著作《双螺旋》的第一句话里，沃森将克里克形容为“从不谦逊”。他们渴望获得诺贝尔奖，也的确做到了。当时，罗莎琳德·富兰克林（Rosalind Franklin）为二人提供了重要的信息，她使用 X 射线衍射分析提出了一个结构模型。她的确曾告诉沃森和克里克，他们起初发现的模型是错的，是不是应该里外翻转一下？沃森在他的畅销书中讲述了双螺旋结构发现的曲折经过。美国剧作家安娜·齐格勒（Anna Ziegler）创作的《第 51 号照片》侦探舞台剧，讲述了富兰克林的 X 射线照片是如何促成这一重要发现的，以及她当时对自己做出的重要贡献并不知情。由于富兰克林常年从事 X 射线实验，她在很年轻的时候死于癌症，令人扼腕。很少有人提及莫里斯·威尔金斯（Maurice Wilkins），他是富兰克林所在研究部门的主管（虽然富兰克林不这么认为），也分享了诺贝尔奖。威尔金斯从一位慷慨的瑞士同事那里得到了大量经过提纯的 DNA，这是他用于结晶的重要原材料。后来威尔金斯被卷入政治丑闻中，因此没有得到广泛的认可。

DNA 是双链结构，而 RNA 是单链结构，因而更加灵活，像根绳子一样。RNA 更容易发生变化，这对病毒产生新的序列非常重要。克里克提出了分子生物学中心法则，用来描述遗传信息在细胞里的流动方向：从DNA到RNA再到蛋白质。有人说，克里克的思想并不是教条主义的，但由于是他起了这个“中心法则”的名字，他就已经被贴上了教条主义的标签。DNA占据分子生物学家的思潮达半个世纪之久，而现在研究RNA又逐渐流行起来。RNA在进化上早于DNA出现，所以中心法则反过来应该也成立：RNA也可以变成DNA。这正是我们从病毒身上学到的。所以，亲爱的读者，你几乎不再需要懂更多的分子生物学知识就能读懂本书。你可以跳过很多细节，本书最后面的术语表同时方便你进行查询检索。

水手和结绳

有一次，我坐“丽莉玛琳号”三桅帆船航行，横跨波罗的海。一日早上，一名水手送给我一个惊喜的礼物：一段绞接过的绳子。他把两截绳子绞接在一起，做成一个我可以在病毒学课上用的演示道具。他跟我说，绞接绳子需要一些技巧，是他在行船守夜打发无聊时间中琢磨出来的。有一本书叫《绞接与打结》，书里就介绍了这些航海途中的艺术。我认为，分子生物学领域中可以有一本同样重要的同名书。绞接在某种意义上是打结的反义词。当水手要通过滑轮拉起帆的时候，打的结会形成阻碍，而绞接的绳子则不会，拉起来又快又无阻力。在分子的世界里，这个原则同样适用。双链DNA会转录出单链RNA，后者是僵硬的DNA的一个灵活的复制品。RNA——像绳子一样，可以通过剪切的过程缩短，正如绳子可以被剪开，丢掉一部分，再把剩下的两头绞接起来，同时避免了打结。丢弃的部分可长可短，现在我告诉你另外一个秘密：人类基因中的这种可丢弃部分的数量最多，这使我们比任何其他动物都要复

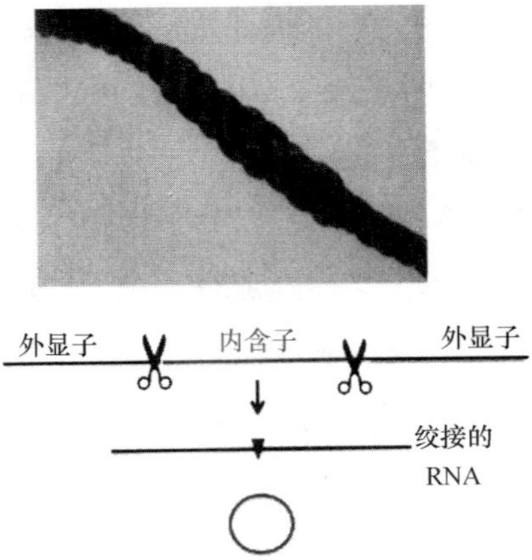

RNA 的无结剪接（剪切和连接）可以让外显子以不同的组合形成具有高度复杂性的新基因，而内含子则会被删除掉

杂。它是我们的独特之处，毕竟，人类是“造物的巅峰之作”。

我们的基因可以被分为两部分，一部分叫外显子，它们是可被翻译成蛋白质的部分；另一部分叫内含子，它们是处于外显子之间的部分，在 RNA 的剪切和连接的过程中被移除。人类基因平均有 7 到 9 个外显子，每两个外显子之间有一个内含子。可以想象一下花园的栅栏，有木板和中间的间隙——分别对应了外显子和内含子，尽管外显子和内含子之间的间隔没有那么规律。此外，有一些内含子可以很大（想象一下栅栏上的门）。

外显子和内含子组合起来有很多种方案，通常来说内含子都会被丢弃。内含子并不是像栅栏上的间隙那样是“空”的。那么它们包含了什么信息呢？它们虽然不编码蛋白质，但会指挥调节蛋白质的产生。它们含有调控信息，决定蛋白质在何处与何地产生。也就是说，内含子控制着外显子。科学家过去认为外显子更加重要，但是今天，外显子被认为依赖于内含子。根据科学定义，外显子“编码”（coding）蛋白质，而内含子“不编码”（non-coding，nc）。作为重要的调控 RNA，已知的非编码 RNA 的种类迅速地在增加，最近又新发现了十几种。因此，读者们，请记住“非编码RNA”（ncRNA）这个名词。对应的DNA被称作“非编码DNA”（ncDNA），它们转录产生非编码RNA。我觉得特别有意思的一件事是，人类和病毒在剪接上是并列的世界冠军。为什么病毒也是？因为它们从很少的开始，制造出了如此多的可能！（病毒是我们的先祖！）那位水手在送我礼物的时候，并不知道这后面有多复杂的背景。

我们举个例子来说明如何从一个单一的包罗万象的“信息”来产生许许多多的信息。看下面这个英文单词，通过移除和组合，你可以分离出多少单词？ supercalifragilisticexpialidocious（中文意思是无比奇妙的）——这还不是最长的英文单词，只是最出名的长单词。通过删除一些字母（不改变顺序）我们可以得到以下单词：super（超级），supercilious（傲慢的），perfidious（不忠的），precious（宝贵的），serious（严肃的），superficial（肤浅的），fragile（脆弱的），pallid（苍白的），series（系列），focus（专注），等等，还有许多，读者朋友可以自己尝试一下。这个例子告诉我们，病毒可以只在一个基因内部剪接。通过不同的途径，我们和病毒都学会了尽可能地利用我们自己的遗传资源。这种复杂性是人类复杂性的根源，也是病毒复杂性的根源，这也是我对水手的礼物非常感激的原因。

病毒有生命吗

病毒不是没有生命的——起码不像石头或者晶体那样毫无生机。有人把这个看法简化后说，任何比病毒小的都是无生命的，比病毒大的则是有生命的。所以病毒就在分界线上：死的或是活的，或者两者兼有。我不认可临界点或者存在一个尖锐的分界线的说法；相反，从一个个独立的生物分子直到细胞，存在着连续的过渡。在生命起源的时候，RNA 病毒是最大的生物分子了，从那时起它们就一直存在。

“生命是什么？”是物理学家埃尔温·薛定谔在 1944 年提出的问题，它也是薛定谔一本著作的名字，此著作激励了整整一代物理学家投身于生物学研究。生命遵循热力学原理和能量守恒定律。活细胞的一个特征是存在有结构的熵减现象。熵是一个物理学概念，简单来说是描述“无序的程度”。打个比方：如果我什么都不管，我的书桌会变得越来越凌乱；然而，如果我攒足精力来清理一番，书桌就会变得整洁有序。生命和热力学第二定律符合以下这个规律：营养和能量使有序的生命成为可能。诚然，薛定谔所问的是生命的法则，不是生命的起源。

我认为美国国家航空航天局（NASA）对生命是什么一定有个很好的定义，因为 NASA 正在努力寻找地球以外的生命。他们肯定知道自己在找什么。杰里·乔伊斯（Jerry Joyce）对此颇有贡献，他当时在加利福尼亚州的索尔克研究所（Salk Institute）工作时，在试管中制造出能自我复制的 RNA，而且该 RNA 可以变异和进化。这是他以自己的方法来“重现生命起源”。也许，他的成果激起了 NASA 的灵感，NASA 给生命的定义是：一个能复制自我的系统，携带遗传信息，并能够进化。（我甚至会省略“遗传信息”这个因素，因为结构信息同样可以进行演化。没错，我指的就是类病毒。）

我们可以拿苹果和病毒进行类比。桌上的苹果不能复制自己，变成两个；病毒也不能。苹果需要泥土，长成苹果树后才能结果子。苹果有生命吗？那么病毒呢？达尔文是怎么说的来着？他把生命发源处描绘成一个“温暖的小水塘”，认为一开始什么都很原始；但此外他什么也没有预测。病毒需要小水塘，或者起码一个试管，一个能够提供复制所需的养料的环境，以及容纳后代的空间。病毒的确不复杂，病毒比石头有活力，没错，不过石头可从来就没活过。令人惊讶的是，有些病毒可以聚集起来，呈现出对称的准晶体结构，从而极端稳固且耐热，从这个角度来说它们更像石头。异常的晶体结构甚至可以继续衍生下去，和复制过程很相似。我们大脑中的一些蛋白质就会有这样的表现，比如朊病毒。所以蛋白质也是病毒吗？我们很快会知晓答案。

细菌通常被认为是有生命的微生物，它们可以通过细胞分裂的方式复制自己，更重要的是，它们能够合成蛋白质。合成蛋白质的能力是区分有生命物质和无生命物质的重要分水岭。细菌也需要从外部获取营养，因而它们也无法完全做到自给自足。此外，细菌一点儿也不原始。世界上不存在所谓的“生物永动机”，那种不需要能源供给的生物系统是不存在的。但是能量并不一定要来自细胞，可以是化学能，就像暗无天日的海底深处那些热液喷口一样。

最令人惊讶的是，研究人员发现巨病毒含有蛋白质合成所需的部件，因此巨病毒与活细菌非常接近，可以被称为“准细菌”。巨病毒又被称作“拟菌病毒”，因为它们似乎在模拟细菌的一切。和细菌一样，这些巨病毒是其他一些更小的病毒的宿主——小一点的病毒在体积大的病毒内部进行复制。这些发现让传统病毒学家大为光火，因为所有现有的对病毒的定义或者约定俗成的分类方法对巨病毒都不适用。巨病毒在 2013 年被发现，《自然》杂志上的评论文章说，该病毒的发现让病毒获得被讨论是不是生命的资格，而且病毒应该在生命之树的底层。对此，拟菌病毒的发现者也是这么认为的。在生命之树的最底层，那里还没有细胞，也没有拟菌病毒——它们和病毒相比都过于巨大，因此不可能代表生命的起源。早期病毒很可能不需要细胞——这个想法很大胆，正如我的推测“病毒首先出现”一样。如今的病毒需要细胞，不过这很可能是长期进化的结果。事实上，类病毒这样裸露的 RNA 可以无需细胞进行复制和进化。它们从一开始就不需要细胞。类病毒可以在乔伊斯的试管中做所有的事情，一点儿也不依赖于细胞的存在。它们也可以被称为“裸病毒”。

病毒是遗传信息的发明者也是提供者，它们建造了我们人类的基因组。我相信这是正确的，我认为再怎么强调也不为过，这是我的信念。

病毒肯定对细胞的形成有所帮助——证据确凿，无可争议。到了今天，病毒成了寄生虫，依赖于细胞。寄生虫可把自己一部分的职责交给宿主，从而比独立存活或者在宿主细胞外生存具有更少的基因。现有的研究手段只能让我们去检测那些依赖宿主细胞生存的寄生病毒。进化，不仅仅让简单变得复杂，也可以反过来进行，复杂的系统同样可以变得简单：它们可以丢掉一些基因，功能转移，变得特异化。根据所处环境的不同，可以增加或放弃一些功能——线粒体就是一个好例子（详见本书第 12 章）。

病毒如何与宿主细胞进行交流？有一类细胞没有细胞核，比如包含了细菌和古细菌的原核生物。另外的一类具有细胞核，叫真核生物，包含了昆虫、蠕虫、植物、哺乳动物，等等。它们都是病毒的宿主，不过宿主为细菌的病毒有一个特别的名字，叫噬菌体。然而，我们没有必要把病毒和噬菌体区分开来。对于宿主来说，它们的行为非常相似。它们的“生命周期”或“复制周期”有几个特征：病毒通过感染进入宿主，之后可以潜伏、整合、复制和（或）裂解。潜伏——宿主往往对此毫不知情，它是一个慢性或者长期的状态。疱疹病毒就是这样藏匿在神经元中，可达数年之久。很多植物病毒可以永久潜伏下去，从不产生外壳，从不活跃（或产生毒性），于是和植物细胞一起繁殖下去。噬菌体以整合前体的形式潜伏在细胞内，这被称为“溶原态”。此外，逆转录病毒和别的一些DNA病毒可以整合到宿主基因组中去。这样宿主细胞就多了几个基因。然而，病毒整合也可能导致毒性，产生诱变作用，于是对宿主细胞有害。在面对压力（比如环境改变）的时候，噬菌体和病毒都可以将宿主细胞裂解掉，从而释放成千上万个子代病毒。这和我们面对没有足够空间或食物这种压力时的情形是一样的。去医院看牙也可能有类似的效果，疱疹病毒从它们的藏匿之处跑出来，散布到嘴唇上，形成病灶。

请记住这条普遍规律：外部入侵，要么被整合，要么在压力下崩溃。就算对整个社会来说也是正确的。

病毒会不会毁掉宿主，把我们都杀死，从而导致人类灭绝？不，那只是个童话故事，实际上是不会发生的。从进化的角度来说，这是无稽之谈。因为如果病毒这么干了，它们同时也毁灭了它们赖以生存的根基，它们自己也会随之灭亡。如果大多数的宿主消失了，变得十分稀少，那么病毒就无法找到新的宿主。因此，如果宿主匮乏，病毒就会做出调整以适应新的宿主类型。“人畜共患病”的危险也在于此。人畜共患病指的是，人和患病动物接触后，染上了从未患过的病。在所有的现有宿主完全灭绝前，病毒会做出新的调整，从寄生变为共生，共生往往是互惠互利的，这对病毒和宿主都有益处。如果病毒帮助宿主更好地生存，那同时也增加了病毒自身以及后代的存活概率。共同进化可以让病毒来势不那么猛烈，毒性不那么强。这一般存在两种可能：要么宿主产生更强大的抵抗力，要么病毒变得无害。后者可以通过将病毒序列在宿主基因组中内源化达到。我们的基因组里布满了内源化的病毒，堪称前任病毒的墓地。下文会详细介绍病毒的内源化。

许多病毒在进化过程中，对宿主的危害越来越小。比如，埃博拉病毒就与蝙蝠（它们的主要宿主）达成了这样的协议。严重急性呼吸综合征（SARS）病毒也是如此。在猴子之间传播的猴免疫缺陷病毒（SIV，在人之间对应的是 HIV）也不再会导致猴子生病。如果我们等待足够久的话，我们也许可以和 HIV 达成友好协议？我猜会的，只不过那样的话我们就真的得等太久了。

第 2 章
病毒：它们如何让我们生病

病毒书写历史

消灭天花病毒是医学史上最具里程碑意义的事件之一。正因为人们已学会使用疫苗来对抗天花病毒，现今水痘已不可能再次暴发。英国医生爱德华·詹纳发现接种牛痘病毒可以为人体提供对天花的免疫能力，于 1796 年在他儿子（并非詹纳之子，而是他家园丁之子——译者注）身上证实了这种疫苗的效果，从而拯救了不计其数的生命。詹纳提出了制造疫苗的原理：接种一种相似却只能造成较轻症状的病毒来预防危险的病毒。与天花病毒相比，牛痘病毒正是一种有效的减毒疫苗。可以说，天花病毒已经绝迹。

现在世界上只有美国和俄罗斯的少数几个实验室存有天花病毒样本。可是实验室的安全防护措施在面对生化恐怖袭击的时候，到底有多安全？ 2001 年，美国发生一起炭疽热病毒恐怖袭击，在造成多人死亡后，当局忙不迭地开始在各地搜寻几十年前生产的天花病毒疫苗。制备这些疫苗的病毒是在极不安全的情况下从患病动物的皮肤上采得，将其仅仅稀释 5 倍则是为了增加剂量。为了应对可能发生的情况，我在苏黎世大学附属医院的诊断科迅速开发出了检测天花病毒的方法。我们把关于病毒序列的一些必要的信息传到网上，任何人都可以免费阅读。当时，人们担心在达沃斯召开的年度世界经济论坛上，与会者可能会遭到生化袭击。我们为此做了应对天花病毒的一系列反应预案并进行了演习。在演习中，我们穿着和达斯汀·霍夫曼主演的《恐怖地带》里那样的防护面具和防护服。根据预案，操作流程应在负压舱中进行以确保安全，这样做可以防止病毒扩散出去。然而，由于一位同事疏忽大意，错误地开启了一个阀门，整个负压舱塌了下来，一片狼藉。所幸，那届论坛上我们始终没有收到任何安全警报，全世界对于生化袭击的恐惧也被日渐淡忘了。

20 年前，我亲历了柏林最后一个天花病毒的病例。患者被隔离在检疫大楼里，楼外有许多警察坐在高高的椅子上时刻监视着所有的出口，防止病人逃脱。与此同时，在隔壁的罗伯特·科赫研究所（德国疾病防控机构——译者注）里，唯一一位具备天花检疫技能的医师正在忙碌——小心地打开鸡蛋壳、给鸡蛋接种病毒、孵育病毒。这在当时是唯一可行的检疫方法。由专家编导的科教电影《病毒王国之寂静杀手》描绘了天花疫情暴发的情景。我在柏林的大学里教授病毒学这门课的时候，总会在最后一节课给学生放映这部引人入胜的电影，即便是在周日，很多学生依然会前来观看。电影的后半部分模拟了一次在柏林暴发的天花疫情。

西班牙流感，又称 1918 大流感，是由另一种在今天看来仍令人恐惧的流感病毒引发的。此流感暴发于第一次世界大战结束前的 1918 年，持续发威到 1920 年，造成了至少 2000 万（另一说高达 1 亿）人死亡。这种流感病毒在第一次暴发的 80 多年后，也就是 2005 年才从患病士兵的检测样本和一名埋葬在阿拉斯加州永冻土中的因纽特女性身上分离出来。在实验室里复苏的 H1N1 病毒毒株甚至可以感染实验动物。这些病毒实验不单单对技术本身有很高的要求，同时也让人感到十分紧张，遭到一些公共媒体的批评。科学家想知道究竟是什么让这种流感病毒如此致命，尤其是对于年轻男子。在 H1N1 病毒的基因组中，存在鲜有的几种特殊序列，可以增强病毒对肺细胞的亲和力并以此提高致病能力。（特殊的基因序列还引发了聚合酶、核蛋白或红细胞凝集素上的变化，但究竟哪种变化增强了病毒毒性，目前仍有争议。）引发那次全球性疫情的几个重要因素，包括战争、饥饿、潮湿的环境、寒冷的天气、身体受创、恶劣的卫生条件，以及过于拥挤的避难所和野战医院。这些因素再加上病毒本身，导致了那场巨大的灾难。毋庸置疑，人类自己也是灾难的成因之一。

再来说说猪流感，它的流行始于 2009 年的墨西哥，罪魁祸首是区别于西班牙流感的另一种 A 型流感病毒的 H1N1 亚型。世界卫生组织（WHO）宣布此次猪流感为流行病，并评定为“全球性的危机”。在墨西哥等国家，人们通常不会仅仅因为发热就去医院问诊，所以没人知道真实感染率到底是多少。因此，疑似患病与死亡的比例很可能也是错误的。据估计，真实死亡率在 5% 左右，远低于报道的 50%。这个比率与常见的季节性流行病的病死率相差无几，所以这次世界卫生组织的警报有些夸大。尽管如此，由于非常多的国家出现了疫情，仍然算得上是一次大流行病。疫情暴发后，相关的防控举措迅速落实，疫苗也很快投产。但这对于西方世界来说，反应还不够快，等到一切都准备好了的时候，疫情已基本结束。南半球的人们对于政府免费提供的疫苗也不是很感冒，没人认真对待猪流感这件事情。那时候我在国外，很可能是在一个网吧中，被传染了猪流感病毒。到家后我感觉糟透了，于是我取消了从苏黎世前往柏林的既定行程。这样做一来可以防止把病毒传播给其他人，二来避免了成为新闻头条：一名病毒学教授传播了致命病毒。后来经我所在的诊断科检测，我的判断是正确的，我的确得了猪流感。

造成禽类流感的流感病毒原本不会传染给人，恰恰是科学家的实验，使它们获得了传染给人的能力。我们知道，给禽流感病毒引入必要的突变导致它们可以感染人的实验一共有两次，一次是在美国，一次是在荷兰。为什么科学家要冒着如此大的风险做这样的实验？当时，要不是从事这项研究的科学家天真地准备立即公布他们的实验结果，我们都不知道有人竟然做了这样的实验。也就是在那时，研究资助机构才敲响了警钟，并颁布了一个禁令：在 6 个月内中止研究和发布结果。6 个月后，实验结果才被允许发表，但是不能公开实验细节。这样就不能轻易重复该实验，这可是一个把病毒从对人类无害变成有害的危险实验啊！

在此之前，还有一项科学研究被临时叫停，不过是由科学家自行中止的。那是在 1975 年的阿西洛马会议前夕，科学家们暂停了 DNA 重组技术（一种通过组合基因片段来合成新基因的技术）的使用和利用病毒来对抗癌症的基因疗法。即使在今天，为了避免感染病人的生殖细胞，在治疗过程中病毒的复制依然不被允许，因为这可能引起病毒传播给下一代的风险。这一限制一直都被严格地遵守着。于是我们说，基因疗法是安全的——但正因如此，疗效相当有限。如果可以允许病毒的复制，那么疗法会有效得多。目前，其他可能的措施也在探索中。

对流感病毒的研究禁令可以总结为：不能双重使用。也就是说，公开发表的研究不能被用于以下两个潜在目的，即科学研究和生化恐怖袭击（或其他滥用）。省略技术细节之后，操纵流感病毒的研究成果才得以发表。这些略去的细节并非琐碎，恰恰相反，它们表明在该病毒基因的13500个碱基中，4个位置的突变就足以使病毒“人源化”，从而将病毒在人群中传播。这才是最大的威胁。令人惊讶的是，一些流感毒株已经携带了这4个突变中的3个——也就是说，再有一个突变，它们就能感染人了。危险真实存在，因此我们已经设立了一个名为“岗哨”的全球（实为瑞士国内——译者注）监测系统来调查各地的流感疫情，并用每年检测到的流感毒株信息来指导生产来年的流感疫苗。疫苗仍然多用鸡蛋来制备，每枚鸡蛋产出一剂疫苗，于是每年我们需要数十亿个“无特定病原体”（SPF）鸡蛋。目前来说，只有达菲和瑞乐砂这两种药物可以对抗流感，种类远少于针对艾滋病治疗的药物。达菲一时间炙手可热，世界各地对流感心存畏惧的政府纷纷购置，存放在仓库中以备不时之需。达菲的保质时间则由一条相当奇怪的法律决定：保质期以分装时算起。表现出耐药性的病毒已经在斯堪的纳维亚地区出现。在日本，达菲似乎导致年轻人自杀率上升。但无论怎样，我们都不能小看流感。我得过一次流感，不是那种由鼻病毒引起的常见感冒，我病得非常重，半昏迷到甚至记不清我的冰箱里面有没有达菲了。达菲只在感染初期才有效，原因很简单：感染初期体内的病毒量很小。顺便说一句，用过的纸巾不应该被扔到桌子旁的纸篓里，而应扔到一个带盖子的垃圾桶里。任何人，无论是多么重要或者不可替代，得了流感都应该回家休息，而不是仍然在岗工作，传播病毒。

全球病毒预测计划（官方网址是www.globalviral.org）是一个系统性监测各种病毒的工程。谷歌公司还以一种令人惊讶的方式参与了预测：如果流感开始暴发，那么人们就会更频繁地在互联网上搜索“流感”字样。这样一来，“谷歌流感趋势”已经多次有效地预测出美国 100 多个城市的流感疫情，而且警报在流感暴发前数周就能发出。谷歌真是相当聪明！

长期以来，我们认为埃博拉病毒，从理论上讲可能成为人类潜在的危险。虽然从 1976 年至 2013 年的 24 次埃博拉疫情总共造成约 1500 人死亡，但幸好它一直没有扩大成全球流行病。每次疫情都局限在非洲西部一些很小的范围内。即便是这样，造成的恐惧仍足以让人们逃离疫情地，包括一些医务工作者。医务工作者的风险最大，因为几乎有一半的患者死于内出血，一不小心就会被传染上。患者病得非常严重，以前人们觉得他们不可能再出去传播病毒，但这种看法在 2015 年被彻底改变了。人口流动性的显著增加，使除医院外，市场、学校等其他拥挤的场所越来越多。2015 年埃博拉疫情没有像以往那样局限在一个地方出现，它蔓延到几内亚、塞拉利昂和利比里亚 3 个国家，造成了约 3 万例感染者，其中 1.1 万人死亡。造成如此大范围传播的原因有二：一是缺少医院，缺乏医疗救护，迫使患者家属承担起照顾患者的责任，从而染上病毒；二是送葬的传统，死者的尸体和体液具有高度传染性，这是造成参加葬礼的人被传染的主要因素。通过宣传教育，第二点还是有可能被改变的。

目前，针对埃博拉病毒并没有任何有效的疗法，只有输液可以维持体征，而输液需要大量的无菌针头。被隔离观察的人也很害怕，他们担心在长达 30 天的隔离观察期内被传染上病毒。痊愈的人具有对病毒的抵抗力，可以去帮助其他患者。对于痊愈患者，我们也会检查他们的血样来寻找可能的保护性抗体。如今研究机构正在开发一些疫苗，但成本很高，除非遇上紧急情况，在日常研发中进展缓慢。埃博拉病毒由蝙蝠和“野味”这些自身不会得病的携带者传播。携带者包括狗、猪和啮齿类动物，它们在世界各地都有分布，可能具有传染性。埃博拉病毒序列内源化是健康的携带者和潜在传播者的特征之一。内源化的意思是，病毒序列被整合进宿主动物的基因组中（详见下文）。

出乎意料的是，人们发现埃博拉病毒可以藏匿在大脑这样的器官内，并在病人康复的几个月后引发严重的脑炎。首个类似的病情发生在一名女护士身上，她感染了埃博拉病毒后康复了，过了6个月，突发脑炎，医护人员在她的大脑中检测出了病毒。此外，病毒也能在康复了的男性患者的精液中存在至少4个月。所以，研发出疫苗在应对未来的埃博拉疫情时可能至关重要。

德国与埃博拉病毒有一些渊源，埃博拉病毒和原发于德国的马尔堡病毒非常相似。位于德国马尔堡附近的杰特贝林公司在20世纪60年代进口了一些类人猿，由此引发了几起动物管理员感染病毒的事故。据统计，大约有30人被感染，其中1/3的人死亡。40年后，电视节目主持人冈瑟·乔希邀请幸存者和科研专家参加了一档脱口秀节目。当他们登场的时候，场上响起了经久不息的掌声。长期以来，一直有人在讨论这种病毒被恐怖分子当作生化武器使用的可能性，然而，由于目前尚无有效的保护和治疗措施，这种病毒对恐怖分子自己也有很大的危险，因此不太可能被用作武器。基于马尔堡在这方面研究的传承，如今马尔堡 & 吉森大学运营着一个最高生物安全等级（BSL4）的实验室（即人们通常所说的P4实验室）。此外，柏林的罗伯特·科赫研究所也于2015年新开设了一个同样等级的高防护实验室。目前，整个欧洲只有6个与之级别相同的实验室（截止到2015年底有23个——译者注）。因此，德国能为新出现的危险病原体和疾病的研究做出很大贡献。众所周知，病毒很少会灭绝，因此我们必须警惕它们卷土重来。

严重急性呼吸综合征（SARS）的研究也必须在最高生物安全

等级实验室中进行。引起非典的冠状病毒，不止一次地从实验室中泄漏出来。最令人不安的是 2014 年巴黎巴斯德研究所发布的消息：30 个装有非典病毒样本的容器在存放处，也就是液氮箱里不翼而飞。出于公共安全方面的考虑，新闻发布的时候并没有直接这么说，这样大家也就不知道那些东西有多危险。我猜想，可能是某个工作人员需要为新的样本腾出存放空间，于是就做了下整理，就这么简单。要知道，液氮箱里永远塞满了样本，令人生厌，常常会不经意翻出一些许多年前的老样本。有时候，老样本的确有用，甚至能开辟一个新的研究领域。早先从逆转录病毒中发现的一个癌基因 JUN 就是一个活生生的例子。我所在研究所的会议室里有一个冰箱，一次我去清理，发现了一罐放了超过 7 年的黄油——那可是我们每天都会去看的地方啊！我猜测，巴斯德研究所的那些样本可能安全地存放在蒸汽灭菌器中，这是符合规定的——不过就算是找回来也不能用于研究了。我在自己位于苏黎世的生物安全实验室里曾发现墙上居然有一个洞，不过幸好我们的橱柜都是无菌的，而且房间内的气压小于外界大气压，所以实验室内的物质不容易跑出去——不过真是好尴尬啊。

我在苏黎世大学附属医院工作的时候，一天夜里，一位护士来到我的办公室，怀里捧满了样本试管。原来，医院里安置了一名菲律宾来的飞行员，可能患有非典，于是我有点儿慌了。马上，我给一位在汉堡热带医学研究所的同事打电话，寻求建议。他一开始没接电话，我一直等到半夜，直到他结束一场关于非典的电视节目录制后回来。他口述了一份试剂清单和用于高敏感度实验室测试的 PCR（聚合酶链式反应，解释见下文）引物。柏林恰巧从那周开始提供其中几种新型试剂。我认为订购全部所需的试剂太耗时，医院里那个高危患者实在是等不起。于是我提议带着样本乘飞机去汉堡，并在汉堡做分析。后来通过世界快递公司（WC），我们在无须亲自陪同的情况下把样本空运了过去。我们很仔细地包装好了样本，用了差不多10层容器，像俄罗斯套娃一样一层一层地套起来装好。从机场骑自行车来的快递员来到我这里的时候，我们还剩最后一层包装没有裹起来。为了避免耽搁时间，我偷偷地把最后那层包装藏在我实验室大衣的口袋里，然后直接把样本送了出去。当晚，汉堡研究所的实验人员告诉我，检测结果是阴性的，那名患者并没有得非典，这让我们长出了一口气。还有一次，一名非典患者抵达德国法兰克福后立刻被成功隔离并治疗直到康复。与此前加拿大和新加坡的经历不同，这次并没有引起疫情的暴发。究其原因，很可能在于准军事化行动的使用，诸如每日检查汇报相关人员的体温，等等。世卫组织对全球性危险疫情十分警觉，这对应对疫情也很有帮助，比如频繁发布报告和提供每日健康建议等。随着研究深入，我们再一次发现蝙蝠是很多病毒的宿主，包括埃博拉病毒。蝙蝠常常高密度地群体活动，其中得病的会死亡，而不得病的则会传播病毒——有点类似于人类那些对病毒具有抵抗力的幸存者。有些人认为蝙蝠的免疫系统有独到之处，尤其是它们体内干扰素的含量非常高，因而它们极少生病。临床治疗中已经开始使用蛋白酶抑制剂来治疗非典，类似的方法在治疗艾滋病中也大获成功。在阿联酋的一次突发疫情中，一位酋长与他的儿子还有许多平民都患病死亡。那次疫情很可能是由骆驼传播的，该病毒在荷兰鹿特丹的伊拉斯谟医疗中心被分离鉴定出来。通常来说，人们用分离鉴定出病毒的地域来为病毒命名，所以这个病毒一开始被叫作EMC病毒，但现在它有了一个正式名称：中东呼吸综合征冠状病毒（MERS冠状病毒）。从那之后，这个病毒的感染率持续上升。2015年，韩国的一家医院暴发了一次短暂的MERS疫情：由于缺乏护士，患者家属轮流照顾病人，于是病毒在家属中传播开来，所幸后来疫情很快就被扑灭。我最后要特别提到的是，控制住 SARS 疫情的手段是传统的卫生准则和准军事化管理章程，花哨的疫苗或者疗法并没有派上用场。

有一天，我的同事亚历克斯到我办公室对我说："我病得快死了。"我突然想起病毒教科书上麻疹的照片（我并不是一名医生），然后对他说，你得了麻疹。没错，他刚在乌克兰参加完他祖母的生日宴会，网上说那里暴发了麻疹疫情。由于政客们不确定疫苗能起多大作用，整整那一代人都没有被强制接种麻疹疫苗。当时，我们单位给每个员工都检测了麻疹抗体，并给没有接种过疫苗的人马上补种。可以说，亡羊补牢，犹未为晚。但是，亚历克斯并没按照他被告知的那样去医院，他坐电车回家去了，结果传染了一个孩子，所幸他俩后来都痊愈了。这还不算夸张，有一个未接种疫苗的儿科医生，在自己的诊所里把麻疹传染给了许多前来看病的孩子。这件事引起了一场大争论，即儿童医护从业者应不应该强制接种麻疹疫苗。全世界每年有约 170 万人死于麻疹，很多父母出于对疫苗副作用的担忧从而拒绝为孩子接种疫苗（有报道称自闭症是其中的一种副作用，但这是错误的）。对成年人来说，麻疹尤其危险，它会导致包括脑炎在内的多种并发症。麻疹创造了历史，它让一些岛屿上人口锐减，加速了玛雅文明的衰退，左右了查理曼大帝的征战结局，加速了罗马帝国的灭亡。麻疹也影响动物的生存，有人可能还记得，北海（位于大西洋，靠近挪威）里许多海豹因此而灭绝。

对麻疹疫苗的担忧给我们上了一课——疫苗接种这个过程需要人们的信任、提高认识和正确的信息导向。曾经的一则新闻使人们对接种疫苗的好感大打折扣：美国特情局在巴基斯坦农村地区以采集血样的名义来搜寻本·拉登的藏身之所。这一事件使拒绝疫苗接种的人数在接下来的几年内大大上升。

诺如病毒不是很致命，但是极具传染性，一点点病毒颗粒就足以引起感染。20 世纪 90 年代，名为“德国”的一艘邮轮是第一艘暴发疫情的海上邮轮。它在波罗的海的诺伊斯塔特港出海——我从小在那儿长大。一时间，新闻报道猜测疫情起因，黄黑色的隔离旗帜升了起来，任何人都不准出入那艘邮轮。我给我苏黎世大学附属医院检验科的负责人打电话，得知罪魁祸首的确是诺如病毒。船上的饮用水被污染了。这其实是一个潜在的很普遍的威胁，因为这种情况可能发生在任何一艘邮轮上，而且容易导致年长体弱的乘客死亡。现在，每一个船员都须知道发生这种情况该如何处理——将被感染的乘客完全隔离起来。一家靠近苏黎世、收治患者的医院也因此被隔离了好几天。在另外一起事件里，法兰克福的一辆夜行火车因为载有受到诺如病毒感染的儿童而被隔离了起来。虽然我现在乘坐火车的时候还会选择六座小隔间，但以后也许就不会了。

那么蜱虫呢？如果你去看病，医生一时间诊断不出来，那你有没有被蜱虫咬过这件事就可能很关键。如果你被咬了，那么要尽可能把蜱虫保存下来，给医生拿去做诊断。蜱虫可能传播一种导致莱姆病的名为伯氏疏螺旋体（Borrelia burgdorferi）的细菌，也可能传播一种名为森林脑炎（TBEV）的病毒。细菌感染可以使用抗生素治疗，而病毒感染则无药可治。至于感染源，可以通过检查咬你的蜱虫确认。蜱虫咬的地方附近会有一圈红斑，但这并不总会引起人们的注意。在普林斯顿，所有人都知道并会谈论蜱虫的危害。有一天，著名学者约翰·霍普菲尔德（约翰·霍普菲尔德人工神经网络之父）搞了个恶作剧：他假装疯疯癫癫的，然后跟人抱怨说他家花园里有一只鹿，鹿身上总有蜱虫，于是传染给了他，每次被咬后，他就吃点抗生素以确保安全。如果你突发严重头痛却找不到原因，想一想有没有可能是被蜱虫咬了。顺便提一句，如果你在夏天时去奥地利度假，就要提前打好强制性接种的蜱虫疫苗。奥地利的首席病毒学家很清楚政府为什么要提出这种要求——他自己就是一位蜱虫专家。

导致新疫情的病毒往往是已知的，只是经常在意想不到的地方被检查出来。有这么一个例子，一群被病毒感染的乌鸦在纽约上空飞着飞着就摔落下来了。短短几年后，一种名为“西尼罗河病毒”（WNV）的病毒就肆虐了整个美国。正如其名，这种病毒并不源自纽约，而是来自尼罗河西侧的非洲国家，通过以色列飞往美国的航班传播了过去。蚊虫叮咬染病的鸟类后，再把病毒传给人类，导致脑炎。的确，航班是传播病毒最快的方式。只需 24 小时，病毒就可以通过飞机上的空调系统到达世界各地。

一有疫情暴发，公众就会抱怨当局的卫生部门没有采取预防措施，或者行动太慢。可是我们总是会遇到新出现的病毒，让我们无法及时应对。寨卡病毒就是其中一种，2016 年初在美洲暴发前，我听都没有听说过。几十年来，寨卡病毒只感染了居住在乌干达“寨卡”树林的猴子。但是在 2016 年，它漂洋过海蔓延到了 32 个国家，因此世卫组织宣布寨卡病毒疫情为全球公共卫生紧急事件。寨卡病毒导致了巴西一名新生儿罹患小脑症和脑炎，可能是通过性传播的。此外，越是贫困的人群受到的影响越大。现已知两种类型的蚊子可以传播寨卡病毒，一种是埃及伊蚊（同时可能传播疟疾，又称黄热病蚊子），另一种是白纹伊蚊，这与登革热和黄热病的传播途径类似。要阻断病毒的传播，可以使用杀虫剂杀灭蚊虫，或用特定的细菌去感染蚊子以阻断病毒的复制，还可以使蚊子不能繁殖后代。不过，这些方法要实施起来难度相当之大。携带病毒的白纹伊蚊已经抵达南欧诸国，这种蚊子耐受严寒，并可在各种水坑中繁衍生息。这是一次新的疫情，但显而易见，这不是最后一次。

以艾滋病病毒为例

大约30年前，我在法国普罗旺斯度暑假。一个清晨，我给柏林的同事虞塔打电话。我说："虞塔，我看到媒体报道了一个美国实验室的事故，死了一个研究艾滋病病毒的实验员。别做艾滋病病毒的实验了，立马把所有东西都扔到蒸汽高压釜里去，灭掉所有病毒样本。这可是人命关天的事啊！"对此她并不同意，回答道："我就不能先把实验做完吗？我会小心的。"这就是科学家的典型反应。我还记得我和虞塔透过离心管观察病毒样本时，在实验室所有制备的病毒样本中，只有HIV样本是混浊不清的。我们当时真是冒着生命危险而不自知。有一次坐飞机去国外，我把一管病毒样本交给空姐，请她帮忙放置在冰箱中，她的手边就是提供给乘客的食物。当然试管是盖好盖子的，所以并没有任何风险，但是现在想来还是后怕。虞塔甚至在实验室里给一个同事做了艾滋病病毒检测，如果结果是阳性那该怎么办？那时候，艾滋病检测阳性就跟被判了死刑一样。

对人类来说，最常见的死因就是传染病。每年，德国有6万人，全世界一共有8000万人死于各种传染病，艾滋病每年导致200万人死亡，并另有近200万人被感染。相比之下，每年全世界有820万人死于癌症。20世纪70年代末，人们认为使用抗生素就可以控制传染病。但随着艾滋病的出现，这种乐观情绪很快转变成悲观、害怕甚至惊恐。和541年东罗马帝国的查士丁尼大瘟疫的情形相比，这种恐惧有过之而无不及。当时，人们对于艾滋病病毒一无所知，它如何传播、感染途径是什么、如何诊断和治疗都毫无头

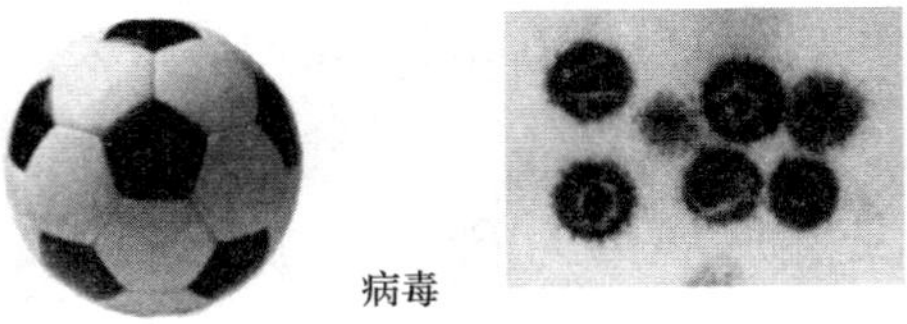

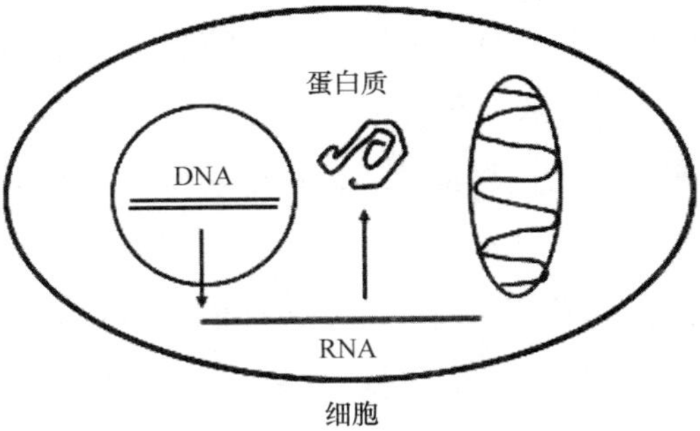

上图：足球和逆转录病毒都是二十面体。逆转录病毒可以通过抑制免疫系统导致艾滋病的发生，然而它曾经帮助人类胎盘的形成，以至于我们不需要产卵来生育后代
下图：在含有细胞核和线粒体（前体为细菌）的细胞中，DNA 是基因组，RNA 是合成蛋白质的信使

绪。幸运的是，就在那个年代，分子生物学和基因技术这些新技术刚好被研发出来，可以帮助我们去研究疾病。那是分子克隆的黄金时代，DNA 片段重组、高敏感的聚合酶链式反应等技术让科学家得以在试管中扩增并监测极微量的遗传物质，这促成了医学史上最难以置信的成就。如果要说有什么缺憾的话，那就是到现在还没有把艾滋病疫苗开发出来。随着人们对艾滋病病毒认识的加深，病毒的基因组很快就被测序，此后病毒可以在实验室里培养扩增。这些都为研究人员和制药公司进行大规模药物筛选、建立可靠的诊断测试，以及监测血库安全提供了便利。与此同时，超过 30 种药物已被批准用于抗艾滋病。近来，美国一些男同性恋者专用的桑拿房开始提供一种迅速出结果的 HIV 诊断测试，以判断潜在性伴侣是否已被感染。这种测试耗时很短，缺点则是并不完全可靠。自我检测的成功推广降低了感染人数。在今天的不少西方国家，不会让患者因负担不起治疗费用死于艾滋病，医疗保险承担了治疗花销——每年高达 2 万美元。不过即使是在发达国家，给穷人提供医疗救助依

旧是个难点。治疗多重耐药性HIV感染的方法是同时使用3种药物，称为“HAART”（高活性抗逆转录病毒疗法）或“三联疗法”，也为其他传染病和癌症治疗提供了新思路——只要有足够多种类的药物。这样一来，艾滋病患者可以过上与常人几乎无差别的生活，其预期寿命与健康人群相仿：在西方国家约为75岁。在很多欠发达国家和地区，确诊后生存时间约为11年，其原因通常是只有双联疗法（ART，抗逆转录病毒疗法），以及接受治疗偏晚。在西方国家，患者可以过正常的家庭生活并诞下未被艾滋病病毒感染的宝宝。“以防代治”这个口号的意思是，如果患者严格遵守治疗方案，那就不会感染他人。暴露前预防（PrEP）和暴露后预防（PEP）自2012年启动以来取得了巨大的成功，产生了“几乎治愈”的良好效果。暴露后预防的药物需要在暴露后几小时到最晚24小时内服用，时效性因不同的药物略有差异。患者在接受治疗的同时也是对未被感染的伴侣的预防，这样一来，未被感染的人就可以保持健康。在未来出现有效疫苗之前，这可能是我们能够采取的最好措施了。从患者体内完全清除病毒这一雄心壮志，也就是治愈艾滋病，以目前的科技水平还达不到。病毒不停地在变异，并藏匿在药物无法到达的地方。通过三联疗法，病毒载量可以从每毫升血液10亿个颗粒降到约20个颗粒，实际上可能更低。这是基于前文提到的高敏感度PCR基因扩增技术的诊疗手段的检测极限。

病毒载量的显著减少引发了这样的问题：治疗成果显著的患者到底还会不会有传染性？如果不具有传染性，那意味着性行为过程中的预防措施不再是必要的了——于是引起了广泛讨论。一个有意思的现象是，瑞士是第一个讨论这个问题的国家，而恰恰瑞士国民比任何别的国家的人都更注重安全问题。这个讨论引起了全世界范围内的争议，但最终还是被广泛接受了。因此，人们不必再将自己的状况，尤其是艾滋病的感染情况告知自己的伴侣。但这样做的前提是患者严格服从配合治疗，但在实际情况中，这个前提条件往往被忽略。

2013年，巴黎的巴斯德研究所为庆祝艾滋病研究35周年举办了一个研讨会。发现HIV的诺贝尔奖得主弗朗索瓦丝·巴尔－西诺西（Françoise Barré-Sinoussi）邀请世界各地的研究人员前来参会。研讨会上来了一位著名的“局外人”，他叫吕克·蒙塔尼耶（Luc Montagnier）。作为当时发现HIV的研究部门的领导，他也分享了2008年的诺贝尔生理学或医学奖。好笑的是，参会的蒙塔尼耶已经完全舍弃了对艾滋病病毒的循证疗法和医学研究，转而投身于使用天然植物提取物的“替代医学”。这种方法，在科学界普遍被认为不可接受。

会议上使用的投影再一次展示了病毒的第一张电子显微镜照片，这真是一张颇具历史意义的照片。从这张照片中，人们可以看到在病毒蛋白酶的作用下，病毒如何改变内部结构，从而在离开被感染的细胞后成熟。这个步骤可以利用蛋白酶抑制剂来阻断，药物疗效显而易见。未成熟的病毒则不具有传染性。这张电子显微镜照片之所以具有历史意义，是因为当时罗伯特·加洛（Robert C. Callo）在位于美国贝塞斯达的国家健康研究所将这张照片发表出来的时候，标榜是自己拍摄的照片。然而，这张照片正是弗朗索瓦丝向我展示的她自己拍摄的两张照片中的一张。科学界不断抗议促成了一个最终调查决定：由于工作中出现的混乱，“错误”的照片才被发表出来，一些参与此事的人随后移民别的国家，但是记者们可不愿意就这么了结。加洛是从吕克·蒙塔尼耶的实验室要去了病毒，吕克·蒙塔尼耶也慷慨地向其他研究人员提供了样本。在加洛实验室制备的病毒混合样本中，出现了一个有意思的病毒，而这个病毒其实正是蒙塔尼耶分离出来的毒株。一般来说，病毒学家是绝不会制备病毒混合样本的；相反，他们会从混合样本中分离、提纯出一个个毒株。然而，混合样本在当时的确出现了。后来法国政府和美国政府达成最终协议，双方将共享这个专利。毕竟是加洛发现了可以使病毒在细胞培养基中生长的重要的生长因子（白介素-2），这对于诊断及测试手段的研发非常必要。艾滋病病毒在目前所有已知病毒中具有最快的突变速度，在所有分离出来的毒株中，没有两株是相同的。在加洛发现的毒株中，有几个不一样的点突变，这一点被律师用作辩护的重点，然而这并不能证明是加洛完全独立分离并发现了毒株。于是加洛被学界攻击了达10年之久，导致他没有获得诺贝尔奖，就算他在发现病毒后立即在《科学》杂志上发表了3篇优秀论文也于事无补。此外，加洛发现了人类T细胞病毒HTLV-1，这种病毒仅仅与HIV有一点点相关，并且在日本流行。加洛的一位朋友把加洛比作一个足球运动员：如果输了，没关系，继续投身下一局。事实上，加洛来巴黎参加了这次庆祝活动。这还没完，后来在巴尔的摩人类病毒学研究所召开的年会上，召集人肯尼迪女士主持了一个“几乎就是诺贝尔奖宴会”的盛宴为加洛庆祝。所有与会者分摊了那次宴会的开销。

如今，治疗的进展已经足够鼓舞人心了吗？有意思的是，尽管我们有那么多针对艾滋病治疗的药物——比用于其他任何病毒或者疾病的都要多，开发新的药物仍然是必不可少的。近年来最成功的药物是整合酶抑制剂。这款2015年上市的新药，其作用机制是阻止病毒从宿主细胞中跑出来，而其他绝大多数的药物则是阻止病毒的复制。还有一种特别的治疗手段则是诱导病毒从药物无法到达的藏身处跑出来，然后再收拾它们。这场战斗的口号是“铲除病毒”，又叫“冲击并剿灭病毒”。就是说，首先诱导产生更多的病毒，随后再进行治疗。这种先让感染恶化再治疗的手段，听起来的确有点冒险。

由于美国前总统比尔·克林顿的承诺，抗艾滋病药物在非洲的价格大幅下降，一名患者每年的治疗开销仅需数百美元。然而，这也使制药企业对研发新药积极性不高。这些被政府大量补贴的药物被从非洲走私贩卖到别的国家，使制药企业的市场份额严重受损。如今，这类抗艾滋病药片通常有两种颜色，一种浅蓝，一种深蓝。你可以从这不同的颜色判断药片的来源。它们的疗效一样吗？对此我也不清楚。

病毒的耐药性仍然是接受治疗者的心头大患。艾滋病病毒由 1 万多个核苷酸组成，并在 24 小时内可以完成一轮复制，并产生约 10 个突变。对病毒复制所必需的酶，科学家将其命名为“逆转录酶”，负责将病毒 RNA 转录成双链 DNA，而这个过程很容易出错。因此，在病毒扩增的过程中，产生并积累了很多突变体，从而不再受药物控制。在一个病人体内总存在着一群不同的病毒，我们称之为准物种。这群病毒十分相似，但并不完全相同。针对这些在一种治疗中残存下来的病毒突变体，我们需要用另一种治疗方案或者新的药物组合。如果把一种治疗方案转换为另一种，原来的病毒则可能在几周内迅速增多。这个现象让第一次发现它的科学家们大为惊讶。西方国家现在大多使用三联疗法，四合一的药物也很快会面世，注射一次效果可以维持 3 个月的针剂也在初步试验中。注射液的容积目前还较大（4 毫升），而且注射的时候会有点儿疼。

艾滋病在世界范围内的情况是怎样的？是不是和研究报告的结果一样？联合国艾滋病规划署（UNAIDS）为联合国专注于艾滋病防治的官方组织，定期发布这些数据。现在全球有约 3700 万人呈 HIV 阳性，2100 万人确诊被感染。从 2013 年的数据来看，每年新增 200 万病例。2013 年有 150 万人死于艾滋病，这个数字是 10 年前的 1/10。同时有 1500 万名患者接受了治疗，还有 2200 万名患者仍在等待治疗的机会。治疗可以将病毒载量降低到检测不出来的水平，使患者不再具有传染性也不会传播病毒。这样的患者在美国有 30%，在英国和瑞士高达 60%，在俄罗斯只有 11%。近 1/4 的新发感染者是 15 岁到 24 岁的年轻女性。在非洲，这些年轻女性没有机会提高自己的生活水平，于是就成为“甜心爹地”的妓女。一项新的措施已经启动，即给在学校里接受教育的女孩子以现金奖励，通过给她们钱来阻止卖淫，并允许她们购买想要的手机。

与之类似的是，当地通过现金奖励（12.5 美元）来促进男性做包皮环切术，这使感染率降低了约一半。我记得大约 30 年前，在首次提出推行包皮环切术的时候，不少人都笑出声来，因为这不仅仅听起来像个救火方案，还意味着所有的研究都宣告失败了。

目前，我们的目标是“拯救儿童”，在非洲几乎整整一代人都被艾滋病病毒感染了的情况下，拯救下一代尤为关键。没有一个新生儿应该被感染。在西方国家，孕妇在分娩过程中发生的感染会被视作医疗事故。只要怀孕的妈妈在分娩过程中接受治疗，母婴传播（MTCT）是完全可以避免的。不过，将其治疗覆盖到所有被感染的孕妇仍有困难。人们很难记得美国前总统小布什提出的 ABC 方案：禁欲，忠诚，使用避孕套。对于公共卫生工作者来说，将知识转变成行动是最大的困难。禁烟或者改变饮食习惯就已经够困难了，更别说性行为了。

最糟糕的是，在美国，许多 HIV 感染者并不知道自己已经被感染了。130 万例感染者中就有 20 万例是这样的情况，近一半的新增感染由性行为造成。不幸的是，新感染的患者具有高度传染性。当前，唯一有效的策略是及早治疗，但这么做的前提是，你要知道自己已经被感染了！另一个严重的问题是病人不能很好地配合，大约一半接受治疗的病人并不按时服药，导致他们仍具有传染性。有关艾滋病的教育是必要的，它对预防 HIV 感染有很好的效果。

我们希望到 2020 年能达到这样一个状况：90 : 90 : 90，即 90% 的患者被诊断出来；90% 的患者得以接受抗病毒治疗；90% 的患者的病毒载量在检测范围以下。总体来说成功治疗 72% 的患者，这样的话就不会发生传染给伴侣的情况，全球大流行也可能会停止。在 2016 年非洲的一些国家（如博茨瓦纳）已经有了成功的经验。这个雄心勃勃的计划重在控制病毒载量，让所有 HIV 携带者体内的病毒都降低到检测范围以下。我们能在 2030 年制服艾滋病吗？我们的预期是这样。原则上应该是可能的，毕竟主要任务是提供抗病毒药物、普及防治教育、提高卫生条件并改善医疗系统，总的来说就是钱的问题。

柏林病人和密西西比婴儿——治愈艾滋病？

柏林的夏洛特医学院采取了一种特殊的治疗方法成功治愈了一名艾滋病患者。该患者因同时患有淋巴瘤，需要接受骨髓移植治疗。为此，医院精心挑选了一个特殊的供体，此供体天生抵抗 HIV。医院希望借此可以让这位“柏林病人”获得对 HIV 的免疫力从而痊愈——结果事实也是如此。大约 15% 的欧洲人携带一种细胞表面受体的天然突变，这种突变使 HIV 不能感染人体细胞。（该细胞受体是趋化因子受体 CCR5，这种突变由于缺少了 32 个氨基酸，因而叫作 CCR5delta32。）科学家猜测，可能这个突变也是中世纪黑死病幸存者存活下来的原因。于是他们掘开了一些幸存者的坟墓，对残骸进行测序分析——然而，结果表明这种推测很可能是错的。

骨髓移植并用抗HIV的淋巴细胞取代患者自身的淋巴细胞的疗法大获成功。幸运的柏林病人汤姆·布朗被功能治愈已达10年之久。所谓“功能治愈”，是患者的病毒载量低到检测不到，症状得到缓解。更好的做法是进行“病毒根除”，即彻底治愈而不是缓解症状。然而随后的8次重复实验均以失败告终。给艾滋病患者应用这样的疗法是很不容易的，因为需要把患者的免疫系统完全清除掉，这个过程的风险很大。所以柏林病人的个例充其量是新疗法的一个样例。更多的疗法通过阻断或者敲除CCR5受体（通过沉默RNA技术）来阻止病毒进入细胞内。事实上，我们并不需要这个细胞受体，没有它也可以正常生活。

另一个几乎痊愈的病例是密西西比婴儿。由于疗法本身并没有毒性，该患儿在出生后30小时内立即接受治疗。患儿接受了19个月的抗逆转录病毒治疗。同时还有另外19个婴儿也接受了相同的治疗来控制病毒，用专业术语来说叫“治疗后对照组”。可是效果并不理想，4年后病毒数量又升了上来。另一个患儿已经被功能治愈超过12年，所以我们希望残留病毒可以得到终身控制。（标准是：将病毒载量降低5个数量级直到每毫升血液不超过50个病毒分子。）

当前，有一种新的治疗方法正在研究中，这种新型技术是用CRISPR/Cas9这种分子剪刀将整合到患者基因组中的HIV剪切掉，细节会在后文详述。这种疗法需要做两件事：一是要选择一些细胞通过病毒载体的手段在体外进行基因治疗，然后回输到患者体内；二是对残留的感染HIV的细胞进行治疗，解决“最小残留疾病”，毕竟没有一种疗法是百分百有效的。这样的研究和治疗会非常昂贵，谁能支付得起？在哪里开展？非洲呢？即使面临这样或那样的问题，各方也开始大肆炒作该疗法。甚至有一个名为《治愈艾滋病》（*Cure HIV*）的杂志因此而发行——真是推波助澜。还有一种新颖的疗法，即通过一种叫伏立诺他（Vorinostat）的药物激活患者体内藏匿着的病毒，使抗病毒药物可以发挥作用。测试这种疗法的研究项目名为“挑战”，这真是名副其实的挑战，听起来就挺冒险，因为首先要增加病毒的数量，然后再消灭它们。此外，还有一个项目正在研究所谓的“优秀调控者”，目的是找出可以调控病毒的机制。接受这些疗法的试验者，其免疫系统有一个共同的特征（拥有HLA-B57 基因）值得深入研究。一个名为 VISCONTI（治疗中断后调控者的病毒学和免疫学研究）的研究项目正在进行。研究的一个主要结论是越早治疗越好，看起来好像很简单。

还没有 HIV 疫苗？

30 年来的疫苗研发工作带来什么结果了？结果是依然没有疫苗，在经历过众多错误期待后，没人敢再做什么预测。在 HIV 最初被发现的时候，分子生物学家觉得很快就能制造出疫苗来。用来参考的模型是乙型肝炎病毒（HBV），可以用一种表面分子来促进抗体结合到病毒上，从而抑制病毒的传染力和复制能力。在这种新技术中，病毒表面蛋白是使用 DNA 重组技术，用酵母或者细菌来产生。比照着乙肝病毒的研究方案，HIV 病毒颗粒表面的蛋白序列被选择用来研发疫苗，该蛋白序列的详细信息也在几个月内就被搞清楚了。然而后续实验发现，这种策略对 HIV 并不管用，尽管HIV 和乙肝病毒还是比较相似的。原因是乙肝病毒的基因组更加稳定，它是一条几乎完整的双链 DNA，严严实实地裹在病毒颗粒中。而 HIV 的基因组则是一条单链 RNA，具有高度可变性，到目前为止所有尝试建立完备HIV基因组的努力均以失败告终。病毒学家的预测与实际进展相差甚远，所有参与的人至今都对此感到羞耻，毕竟HIV和乙肝病毒的差别是当时所有研究人员所共知的。研制出来的抗病毒表面蛋白疫苗也不是完全无效，它的确可以中和实验中所用的HIV，但在实际治疗中却很可能是无效的。其原因在于HIV并不只有一种，而是有很多很多种，组成了一个准物种，并且还能迅速演变，这使得对抗单一毒株的疫苗“英雄无用武之地”。

无独有偶，澳大利亚发生过一桩无心插柳柳成荫的“免疫接种”事件。一些患者的凝血功能不足，接受含有凝血因子8的血液制品输血。然而，当时他们并不知道这批血液制品是有问题的，被一种有缺陷的HIV污染了。这种HIV缺少一种名为致病因子（Nef）的重要辅助基因，因而它的复制非常缓慢，可以说能成为一种理想的疫苗。从以往的经验中，我们知道最好的疫苗设计就是改造出一种毒性减弱、复制缓慢的同种病毒，比如脊髓灰质炎疫苗。然而十几年后，一部分接受被污染了的凝血因子8血液制品的患者病倒了：病毒突变出快速复制的能力，取代了原有的复制缓慢的病毒，从而导致发病。这让病毒学家大为惊讶。

对于病毒颗粒表面蛋白的研究已经全面到无所不至，但研发疫苗还是不成功。病毒需要表面蛋白分子来寻找合适的宿主细胞，因此表面蛋白分子依旧是研究重点。目前还有一种新的研究方向，从病毒长期携带者体内的抗体上寻找突破口。这些长期携带者又称长期无进展者（LTNP）或优秀调控者（EC）。在实验室中，我们在这些感染病毒却有抵抗力的患者体内所有的抗体中，搜寻可以结合到HIV表面并起到中和效果的特殊抗体。在这场耗费大量人力、物力的搜寻研究中，少数几个抗体从20万个抗体中脱颖而出，进入新型疫苗的研发中。

在泰国早期的一场大规模临床试验中，16000名志愿者接种了代号为RV144的疫苗，并于2009年至2015年多次评估效果。从统计结果上看，效果一年比一年好。该疫苗采用“初次免疫—再强化”复合模式，使用金丝雀痘病毒载体（ALVAC）和病毒表面蛋白gp120（属于B类和AE类，使用蛋白单体而不是三聚体。后来发现表面蛋白会自发形成三聚体结构，所以当时这种疫苗并不是最优的）。这种疫苗成功地将感染风险降低了31%。当下，比尔和梅琳达·盖茨基金会赞助这种疫苗的衍生品种在非洲进行试验，有5400人接受试验，预期或者说希望能在2030年取得成功。

新技术和新的研究策略发现了“广谱中和抗体”（bnAbs）。通过连续的疫苗接种，就算其中的一种无效，整体很可能具有疗效。我们可以逐步地诱导患者的免疫反应，使之可以产生特异性的抗体来对抗HIV。这听起来像和移动打靶一样困难：靶不停地移动，HIV也在不停突变。英国正在进行一项临床试验，使用腺病毒相关病毒（AAV）表达bnAbs。美国哈佛大学的丹·H. 巴洛奇（Dan H. Barouch）教授也在测试一种名为“Ad-Env”的疫苗，这种疫苗是用改良过的腺病毒来产生多种HIV从而激发免疫反应，随后单一使用Env蛋白来增强免疫反应。

此外，还有一种“欺骗手段”正在研究中。这种方法并不使用病毒本身的表面蛋白，而是人工合成一种类似的抗原来诱导免疫反应。这种合成抗原比病毒表面蛋白更容易引起免疫反应，科学家期望患者被激活的免疫系统也能识别出HIV，效果也更好。这种技术在动物实验中经常成功地使用，但对HIV来说效果有待观察。于是，我们需要用一种可以“安全复制病毒”的疫苗来进行测试。要知道，能够进行复制的病毒只要不引起疾病，那就是最有效的疫苗。所以在此项研究中，可以使用改良过的疱疹巨细胞病毒，这样也就不会产生出完整的 HIV。让我们拭目以待吧，也许要 15 年？或者 30 年？暂时还不清楚。

“裸露 DNA”

20 世纪 90 年代的一天，我意外地接到美国宾夕法尼亚州莫尔文市的一份邀请。我早年曾在那里一家名叫森托科（Centocor）的公司当过几年顾问，指导癌症基因在诊断和治疗中的应用。森托科下属的阿波罗（Apollon）子公司，正在开展一个 HIV 疫苗研发项目。该公司邀请我去担任首席科学官（CSO），带领一个很小的团队来从事这项疫苗研发项目，并给我印制了一沓漂亮的名片。那时我在柏林的马克斯·普朗克研究所供职，于是我每个月休一周的假去美国。当然，远程办公的时间另算。这个项目背后的科学问题让我非常兴奋，我们的目标是制造一种由裸露的 DNA 组成的疫苗，在当时这是一种全新的技术。我们给受试者通过肌内注射来接种疫苗，其后疫苗里的 DNA 就会产生 HIV 的一部分蛋白质，引起感染和免疫反应。理论上说这会使接种者体内产生抗体。疫苗中的 DNA 含有多种复杂的基因，有的来自 HIV，有的负责扩增，有的来自别的毫不相干的病毒，甚至还有的来自细菌。这里堪称病毒学家的游乐场，也是一门艺术——其中的秘密在于如何扬长避短地选择、剪切和重组基因，从而合成一个人工病毒。这是个很大的挑战，其结果是不能有完整的致病病毒产生。在临床试验中，或者在美国边境海关检查中，病毒携带者应该被注明是接种了该种疫苗，而非感染了某种病毒。

在大批量生产这种 DNA 的时候，突然间我们发现，我们所有的样本、试管和试剂都被这种DNA污染了。某个地方有漏洞导致了该DNA泄漏。在安全实验室修复这个漏洞的时候，我们都已经通过空气—鼻—肺“接种了”疫苗。幸运的是，这种DNA疫苗是安全的！后来我们把它进一步改造成无活性的疫苗，这样我们的竞争对手就不能把它偷走或者仿制了。实际上，这是一种正常的行业预防措施，但在研究中实行得很少，我也是第一次遇到。

后来，这种DNA疫苗在瑞士苏黎世的一些HIV患者身上进行了测试。这是欧洲第一次基于DNA的疫苗试验，在数年内患者都没有产生不良反应，最重要的是，志愿者们都没有产生自身免疫反应。

然而，让我很意外的是，大学里的免疫学家们反倒出现了“严重的副作用”——也许是因为我们入侵了他们的领地？在我们开始治疗试验之前，我尝试过和他们开展合作，不过没有成功。而我在到苏黎世大学之前就已经发起了这个项目，如果将来有人想要避免一些麻烦的话，这个教训值得记住。

试验开始后，我们注意到一名患者其实感染的是另外一种HIV毒株，并不能被接种的疫苗识别。我们在发现这个问题的时候着实紧张了一阵，不过这其实并不是个问题，因为一期临床试验看中的是药物的安全性而不是疗效。尽管一期临床试验的目的并不是判断治疗是否有效，我们仍希望看到治疗是有效果的，能给患者提供一些保护。上面提到的这种DNA现在已经在美军中使用，只不过是和别的一些疫苗进行组合使用。这个方法特别有意思的地方在于“初次免疫—再强化”的模式，我们使用DNA来诱导初次免疫应答，再使用病毒来强化应答。由于病毒颗粒可以诱导出最好的免疫应答，我们使用改良过的腺病毒来呈现HIV的特征。DNA疫苗显然对免疫细胞起到了训练作用，把它们变成了能存活很久的记忆细胞，这个结果在我们的意料之外。用来强化免疫应答的病毒，有时候被设计含有罕见三联子，我们管这个做法叫“遗传密码子去最优化”，这样可以显著降低病毒的复制率。这种降低病毒活性的做法常用于生产疫苗，这样病毒就不足以致病了。为了注射 DNA 疫苗，我们不再使用注射针头，而使用一种类似手枪的装置，直接把 DNA 打到肌肉组织里去。我有一个这样的“手枪”，是生产商送给我的，放在一个红色天鹅绒里衬的安全盒中，看起来十分昂贵——然而我们觉得这种注射方式并非很有效，也许应该设计出更好的装置。我们的 DNA 疫苗的变体在全世界广泛使用，用于治疗流感病毒、呼吸道合胞体病毒、埃博拉病毒与新近发现的寨卡病毒所致的疾病。然而，仅仅使用 DNA 疫苗效率实在太低，需要结合别的疫苗一起使用。与病毒相反，癌细胞表面通常不会覆盖外源性蛋白，因此无法诱导免疫系统去识别这些靶点以产生抗体。因此，人们近来尝试刺激细胞免疫而不是产生抗体来治疗癌症，如通过扩增表达细胞因子的淋巴细胞等。我们在临床试验中给恶性黑色素瘤患者注射这样一种 DNA（可以生成白介素 -1），产生了一些效果（详见下文）。这种做法的理念就是促使机体自愈。

充当“女性避孕套”的杀菌剂

效果欠佳的口服抗 HIV 药物最近被开发成在女性阴道内局部应用的药物，以防止 HIV 通过性行为传播。全世界的女性都应该能够自己保护自己的安全，而不是把责任交给男性伴侣。虽然我们希望用杀菌剂在阴道中抑制微生物和 HIV，但是后来才发现我们对阴道微环境所知甚少。比尔和梅琳达·盖茨基金会主持的两项杀菌剂临床试验都在研发后期失败了，因为杀菌剂不但没有抑制 HIV，反倒加剧了 HIV 的扩增，试验也被提前终止。大名鼎鼎的比尔和梅琳达·盖茨基金会的研究实力众所周知，它的失败表明，我们现阶段掌握的知识十分不足。

2010 年，我和十几位欧洲科学家一起在南非的斯泰伦博斯市组织了一个关于艾滋病的全球交流课程，得到了 EMBO（欧洲分子生物学会）和我的项目资金的资助。这也是 EMBO 从欧洲走向世界的第一步。南非是全世界 HIV 感染率最高的国家。这次活动中有 60 名非洲青年参加，他们中的一些人一开始很犹豫，不愿意提出参会申请，也不敢把这个活动告诉别人——艾滋病是一个令人感到羞耻的话题。南非前总统塔博·姆贝基多年来一直宣称淋浴可以防止 HIV 感染。这个说法一定害死了不少人。

与会学生都很喜欢会议提供的带有 EMBO 标志的背包，互相争抢。我们能提供的也不多，因为在过海关的时候，背包莫名其妙地就少了一半，找也找不到。课程在斯泰伦博斯市一个治安较好的地方举行，由瑞典瓦伦堡基金会赞助。学生们不敢往返于斯泰伦博斯和开普敦之间，天黑后坚决不出门。出于治安问题，他们害怕在天黑后穿越当地的城镇。

在开普敦附近一个有约 100 万居民的镇子，当地人住在用纸盒、汽车轮胎或瓦楞铁搭起来的破旧棚屋下。我们估计那里有 50 个旱厕，几乎都在村子外，一个个彼此紧挨着的蓝色小屋就是。我们一行人去参加了镇上教堂举办的活动，没有去附近的葡萄庄园。教堂活动完全是关于艾滋病的——布道、祈祷、装饰和讨论。当地人看到我们这些外国人就走过来说“我们需要帮助”。当地的男人认为和处女接触就可以摆脱艾滋病——多么致命的错误观念！总的来说，我觉得我在那门课程上投入的时间和精力并没有取得什么效果。不过，活动搞得越大应该成功概率越大。

迄今为止所有的杀菌剂研究都失败了。南非最有希望的一个研究即由南非艾滋病研究项目中心开展的药物试验，也因为结果无法有效重复，以失败告终。这个研究最初在罗马举行的 EMBO 会议和国际艾滋病大会上宣讲时引起了巨大反响。另一项有关杀菌剂的研究即 PrEP-VOICE（HIV 暴露前预防类的）试验，在 1 万名女性志愿者身上试验后也不成功。至于其原因我们想都没有想到：不遵医嘱。超过 30% 的志愿者没有按处方服药，原因通常是受教育程度低，或是她们的生活水平过低，居住环境太差（基本的生活保障都做不到，怎么能好好配合试验呢？）。十几种抗菌剂试验的失败都可能与此有关。为了避免志愿者不规律服药，可以选择系统性的长效药物注射，这个方案与整合酶抑制剂的联合使用目前正在研究中。明尼阿波利斯的明尼苏达大学的阿什利·哈斯（Ashley Haase）指出，HIV 并不会直接感染阴道表层细胞，而是穿过细胞间隙，进入人体。由于病毒不停留在细胞内，细胞内药物对它们就无效了。而我们的复合制剂应该能对付它们。

这样看来，由于认知的不足，前期的一些试验在设计上都不完美。我们认为研究人员必须首先做好调查工作。HIV 必须在它们进入细胞之前被杀死。2016 年有两项阴道杀菌剂的试验正在进行中（名称分别为 CONRAD 128 和 MTN-030/IPM 041）。另外，多功能阴道环也在测试中，它有两个功能，一是避孕，二是防止 HIV 感染，目前的测试结果喜忧参半。

诱导 HIV“自杀”

我和我苏黎世的同事一起设计了一种治疗方案，希望能在 HIV 感染细胞之前将其杀死。在我们看来，应用阴道杀菌剂是最要紧的。2007 年我们在《自然生物技术》杂志上发表了研究结果，同期杂志上有一篇评论文章力挺我们的研究结果，用的就是“让 HIV 自杀”这个标题。在苏黎世大学建校周年庆典期间，校方印制了一些印有这条标语的明信片，放在有轨电车里让人们自行取用。然而，这并没有帮助我们将这个方法付诸实践，原因有二：一贵，二难。让病毒自杀的方法要使用到分子剪刀，这是一种名为 RNase H 的酶，可以剪断 DNA—RNA 杂交双链中的 RNA 链。在病毒 RNA 进入细胞后，会将遗传信息复制到 DNA 中去，随之这个 RNA 就没有用了，这个过程通常在细胞内进行。病毒本身就包含了前文所说的分子剪刀，一旦病毒入侵了细胞，这个分子剪刀就可以开工了。如果让这把分子剪刀在病毒复制之前就把病毒剪断，那么病毒就不能复制，也就来到病毒复制循环的终点，即“自杀”了。这里再多说两句：分子剪刀 RNase H 是 4 种病毒逆转录酶中唯一一种至今都没有靶向药物可对付的酶，因为细胞内部有太多类似的酶。让病毒“自杀”的要领是在它们进入细胞之前处理病毒颗粒，提供一小段 DNA 使之和病毒 RNA 形成双链结构，激活分子剪刀从而杀死病毒。我们在论文中正确地将这种效果描述为“DNA 灭活”，但是受到一位审稿人的激烈反对，他认为只有“RNA 灭活”这种说法才对。我们最终还是让步了。

我的一位同事利用凝胶作为载体，将 DNA 发夹引入雌鼠的阴道中。5 年后，我们发现这种凝胶被美国有关机构批准用于辅助性生活，以及用作气管医疗用具上的润滑剂。为了使数据更有直接可比性，比尔和梅琳达·盖茨基金会选择在一个标准实验中测试我们的药物。然而这个实验是针对细胞内 HIV 设计的，并不适合我们的药物。我从一开始就判断实验不会成功，但没法阻止，实验后来的确失败了。在一种特殊的免疫缺陷小鼠模型（SCID）上，这种

DNA 可以消灭 HIV，完全预防了感染，同时也使肿瘤大大缩小了。肿瘤病毒小鼠模型是研究 HIV 的特殊手段，因为 HIV 并不会感染小鼠。如今，缺乏合适的受试动物是个大问题，多年来我们只能在珍贵的猴子身上做实验。好在利用基因插入技术，新的小鼠模型正在研究中。我们把缩小肿瘤和预防 HIV 感染的结果写成一篇文章投给《自然生物技术》杂志，编辑要求我们在 4 周内补做实验，增加实验小鼠的数量以得到更准确的统计学数据。这可给我出难题了：文章的第一作者怀孕了，不想在实验动物房工作；另一个作者去了别的工作单位；其他的团队成员干脆拒绝参与动物实验；唯一愿意帮忙的技术员没有实验资格证。50 人的团队没有一个人能帮忙，于是我只好取消所有的计划，亲自上阵做实验——让我感到惊讶的是，这么多年不做实验，我竟没有忘记如何让小鼠服从并给它做注射。

与此同时，我们试图满足比尔和梅琳达·盖茨基金会提出的要求，即使 HIV 杀菌剂长期有效。有效期是杀菌剂的重要指标之一，我们监测 DNA 发夹在长期存储后和在精液中的状况以了解它的有效期。在汉堡的海因里希·佩特（Heinrich Pette）病毒研究所，我们在男厕所里放了一个容器，请求人们匿名捐赠精液。这方法很管用，堪称完美。只不过在我们准备提交研究结果的时候，我们被要求提交捐精者的名字和出具医院伦理委员会的书面批准，为此我们花了好几周才搞定——这在当时完全是个新的规定。（连粪便移植疗法的提供者，研究人员也得追溯回去并找到他们，请求他们在知情书上签字。）所以说，在没有书面同意的情况下，任何体液哪怕是一滴眼泪或者尿液，都不能随意拿走——因为体液中的基因的确可能被测序，从而获取大量的个人信息。

下一步该做什么？依据生产质量管理规范（GMP）生产出高

质量的DNA发夹非常困难，也极其昂贵。我去过一次俄罗斯、两次中国、一次非洲。在那里，谈论HIV仍然是一个禁忌，而且法律规定，生产DNA发夹必须严格遵守《药品生产质量管理规范》（GMP）（有些情况我认为是不必要的）——第三世界国家不允许走任何“捷径”，否则会有牢狱之灾。在我去中国的时候，一位委员会负责人因未严格遵守中国的相关法律法规而被判了死刑。这些法律法规在西方国家也有，因而一些西方国家的公司经常试图钻中国法律上的空子而到中国来运营。

HIV的起源和未来

一项最新研究分析了HIV的起源，结果令人惊讶。之前有一种说法，认为HIV是由被污染了的脊髓灰质炎疫苗产生的。一个专业委员会为此做了调查，调查结果是否定的，HIV“几乎不可能”源自用来生产脊髓灰质炎疫苗的猴子体细胞。

对于自1920年来在金沙萨积累的几百个样本的测序工作最近刚刚完成。HIV-1的一种亚型（不是最普遍的亚型，最普遍的是M型）可以追溯到1900年，在刚果首次发现。另一种亚型（O型）则可追溯到1920年，在刚果首次发现，这两种HIV亚型于1960年在金沙萨以前所未有的速度大肆传播。当地医院在诊治乙肝和性传播疾病的时候，会不会因为缺少无菌注射针头从而传播了HIV？ 20世纪20年代正是社会和政治改革时期，铁路在刚果北部和东南部的扩建可能也助长了HIV的传播。在从野外采集的6000多只猴子的粪便中，我们发现艾滋病从非人灵长类动物到人类的跨物种病毒传播独立地发生了4次，两次从黑猩猩到人（M型和N型），两次从大猩猩到人（O型和P型）。第一个O型HIV患者是一名挪威水手，于1964年确诊。O型和P型HIV患者主要集中在喀麦隆，距金沙萨有1000公里之遥。连通喀麦隆和金沙萨的刚果河不但运输了货物和旅客，也可能助长了病毒传播。

几种HIV亚型中，只有M型在全世界肆虐。起源是一名海地难民在金沙萨被感染了，然后他从金沙萨回到海地，之后又去了美国旧金山，于是把病毒传到了旧金山，最后传遍全球。其他类型的HIV主要聚集在非洲（C组）和俄罗斯（A组），源于两个独立的“创始者效应”，即由一个患者导致的区域流行。HIV-2的首次发现可以追溯到1940年，1985年重现，并经历了9次独立的从灵长类到人类的跨物种传播，所幸都没有流行开来。由此可见，艾滋病是由于和灵长类动物接触造成的——这令人十分担忧，因为在刚果民主共和国（DRC），80%的民众仍在食用野生动物，而20%的野生动物已被HIV感染。如今，有关部门已经在密切监控新增感染者，而各种新亚型的感染病例也在持续增加中。我们仍不清楚为什么只有M型造成了全球大流行。一位来自法国蒙彼利埃的专家马丁尼·皮特斯（Martine Peeters）认为，有很多因素凑巧组合在了一起，促成了HIV全球大流行。

那么，将来HIV会是怎样的呢？就科学研究而言，艾滋病已经不是个难题，HIV是被研究得最透彻的病毒了。美国国家卫生研究院（NIH）传染病研究负责人托尼·福奇（Toni Fauci）在2012年就提出过一个口号，要“消灭HIV和艾滋病”。我的一个同事说“我宁愿得艾滋病也不要得糖尿病”（老实说，我可不这么认为）。消灭艾滋病的主要目标是筛查出新感染的患者，这样可以在他们最具传染性的时候及早治疗。“预防性治疗”是一项重要成果，也许在未来某一天生产出疫苗之前，它会一直帮助我们对抗艾滋病。

伴随发生晚期癌症是艾滋病的另一个令人惊讶的特征，淋巴癌、宫颈癌和卡波西肉瘤（KS）最为常见。这些癌症是 HIV 和其他病毒（如乳头瘤病毒和疱疹病毒）相互协同引起的，HIV 本身不会致癌。人类 T 细胞白血病病毒（HTLV-1）是一个和 HIV 比较类似的病毒，会致癌，易传染，在日本引起过暴发性白血病。（避免母乳喂养可以有效防止疾病传播。）逆转录病毒是癌症研究的一个重点，它和癌症紧密相关。逆转录病毒给癌症研究者们上了宝贵的一课，我会在下文讲致癌基因的时候详细讨论。诺贝尔奖得主哈罗德·瓦姆斯现在成立了一个研究所，他是作为第一个研究逆转录致癌基因 *Src* 而获得诺贝尔奖的人。尽管接受了有效治疗，患者的免疫系统功能也有一定恢复，为什么他们还会得癌症，这个问题还有待研究。是不是还有更普遍的功能缺失？借此我们可以更好地研究癌症发展过程中免疫系统的作用。癌症发病率随着年龄增长而增加，即使未受 HIV 这样会抑制免疫系统功能的病毒感染也是如此。即使接受了治疗，艾滋病患者患癌症的概率也随年龄增长增加得更快——这究竟是为什么？

2013 年我在俄罗斯参加了一次研讨会，会议由美国国家卫生研究院赞助支持，主题是艾滋病和两种肝炎（乙肝和丙肝）的学术研究、诊断和治疗。在俄罗斯的监狱里，对艾滋病、结核病患的管理充斥着官僚主义。由于无法在社会上正常讨论艾滋病，他们通常用“结核病”来隐晦地指代艾滋病。尽管会议有同声传译系统，也有一些报告使用英语，但我找不到一个翻译员（来翻译那些我听不懂的报告）。后来我好不容易找到一个翻译，结果他拒绝帮我翻译我想知道的部分。我感觉这次过来开会完全是浪费时间。我很想了解俄罗斯的医疗系统，再找那些研究杀菌剂的负责人——门儿都没有。

于是，我在招待会上和一些懂点英文的学生聊了聊，他们负责给一些参会的医药企业站台。我了解到，根本没有人去企业展台那里参观——为什么？因为没有类似铅笔之类的小礼品赠送？或者不感兴趣？还是觉得负担不起艾滋病的治疗？疗程的价格连年飞涨，在西方社会就是这样。其中有一个学生去过德国基尔，会讲德语；另一个懂英语。他们说："我们完全不懂 HIV 或艾滋病是怎么回事。"多年前社会上曾经讨论过避孕套的好处，但是人们仍然羞于购买。同性性行为和毒品一样都是禁忌话题。当地有人和我说："我 14 岁的女儿不知道什么是 HIV。""艾滋病患者必须'回到'他们的出生地去。"治疗当然也几乎不存在。他们时不时地要说"我爱我的祖国"——为了取悦可能在监听他们的间谍？一个女学生更愿意到大楼外面去和我交谈。20 年前医疗都是免费的，但现在已经不免费了。不仅仅是俄罗斯的人们需要更多有关 HIV 的信息、诊断和治疗，中国和印度的人们也一样。

第 3 章
逆转录病毒和永生

逆转录酶——我的个人回顾

1975 年，在斯德歌尔摩举行的诺贝尔奖颁奖典礼上，一名记者向霍华德·特明（Howard Temin）提问，问他获奖的成果是什么。“我没办法解释，就算我说了，你也会在半分钟内听糊涂。”霍华德继续说，“不过你干吗不干脆在报道中写‘停止吸烟’呢？这可重要多了！”霍华德是一位积极的禁烟活动家，他甚至当着瑞典国王的面发表获奖感言时也提及禁烟。然而遗憾的是，他死于肺癌，即便他从未抽过烟。

霍华德连向外行解释他的重大发现的打算都没有。不过没关系，我来解释。我亲眼见证了整个过程。他发现了逆转录酶（RT），是 HIV 之类的逆转录病毒赖以复制的一种酶。在霍华德看来，和仅仅用来复制病毒相比，这个酶有着更重要的角色：它在人类基因组的构成中起到了重要作用。各种逆转录病毒扩增了我们的基因，改变了基因组的构成，但从未离开我们的细胞。如今甚至有研究认为，在从 RNA 到 DNA 的进化中，这个逆转录酶至关重要。

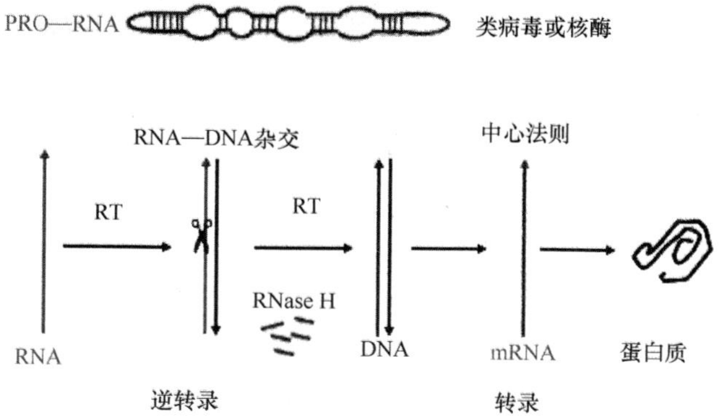

上图：原始的 PRO-RNA 是首先出现的生物分子。它含有发夹环结构，或许是我们最古老的祖先。我们如今了解的类病毒、核酶、环状 RNA，以及 piRNA 都与其有关

下图：逆转录病毒的复制和“中心法则”：“中心法则”指出生物学中信息的传递是从 DNA 到 RNA 再到蛋白质。而在逆转录病毒中，通过逆转录酶和分子剪刀 RNase H（消化 RNA—DNA 杂合链中的 RNA 分子），信息则是从 RNA 传递到 DNA，再到信使 RNA 和蛋白质

在我开始研究逆转录酶的时候，逆转录酶并不为人所知，而 45 年后的今天，它被认为是生物中最多可能也是最重要的蛋白之一。

我是怎样见证了逆转录酶的发现过程的？我博士论文的题目就是《逆转录病毒的复制过程》，其中很多细节我到现在依然记得很清楚。20 世纪 60 年代末，我从美国伯克利回到德国，寻找一个博士论文研究项目。那时候我鼓足勇气放弃继续研究的物理课题，转向了在当时还相对陌生的分子生物学，那时候学生运动导致的骚乱把学校搞得乌烟瘴气。

贡特尔·斯坦特是一位从柏林移居到伯克利的著名遗传学家，他在办公室里提到一个位于德国图宾根的马克斯·普朗克研究所，建议我去那里看看。我照做了，并且去的当天就找到了 3 个我感兴趣的研究课题，最终选择了一个我最感兴趣也最有可能在短时间内取得成果的课题。研究所附近的山岭美景，也是我做出最终决定的一个重要的非科学因素之一。在这个病毒学研究所里，我把

我在美国学到的分子生物学知识介绍给同事们。然而，一开始我就必须克服一个困难。我必须首先要给鸡注射禽类成髓细胞瘤病毒（AMV），这种病毒会导致血液疾病，然后再把病毒从活鸡体内分离出来。在具体操作中，我需要用一根皮下注射针头直接从鸡的心脏中抽血——这个方法在今天是不允许的。我的课题就是要研究这个病毒是怎样复制的。起初我的工作毫无进展，停滞了好几个月。后来有一天，在马普所著名的周一晚讲座上，我听到参加戈登会议归来的弗里德里希·布霍费尔说，霍华德发现了一种逆转录酶。大家不以为然，很多人揶揄道："他就这么一直说一直说。"考虑到我的项目毫无进展，于是抱着试试看的心理，我决定尝试检测一下逆转录酶。第二天早上 8 点，我去隔壁办公室拜访了一下 DNA 复制专家海因茨·沙尔勒（Heinz Schaller），请求他给我一些 DNA（而不是 RNA）的组成元件（包括一些带有放射性标记的元件）。这是和我之前的实验唯一的区别，然而也是很重要的不同。结果，我在鸡的心脏抽提物中发现了大量的病毒。当晚，沙尔勒和同事们聚在一起观察放射性检测仪上的测量结果，发现有非常多带放射性标记的病毒 DNA，量大到超过了计数器的检测上限。如果有正确的想法做引导，一个下午的实验就足以让人获得诺贝尔奖。但很不幸的是，我之前的想法并不正确，我寻找的酶是错误的，我去研究了 RNA 聚合酶而不是 DNA 聚合酶。一周之内，全世界的 DNA 元件被抢购一空。用于破坏病毒结构的非离子型洗涤剂也可以从加油站买到——这个消息被口口相传，于是很快洗涤剂也买不到了。全世界都在研究逆转录酶。

就连霍华德自己也不得不应对同事们的质疑，同事们都觉得 RNA 病毒使用 DNA 作为中间过渡简直不可能。霍华德对自己的实验结果深信不疑，并在此基础上更迈进了一步，预测病毒的

DNA 中间体可以插入宿主的基因组中去。他管这种 DNA 中间体叫“DNA 原病毒”。通过这种 DNA 原病毒的协助，RNA 病毒藏身于宿主的基因组中，从而促进病毒的生存。后来的“逆转录病毒”和“逆转录酶”也是得名于此。凭借逆转录酶的功能，这些内源性的病毒，以及类似的元件在我们的基因组中大肆扩张，几乎占据了一半的基因组。逆转录酶的功能远远不局限于此，我们下面接着说。

如何从 RNA 产生 DNA ？是不是需要多个步骤？答案是需要，而且要一种分子剪刀的参与。这种分子剪刀是一种核酸酶，名叫“核糖核酸内切酶 H”，或简称 RNase H。（详细地说，当病毒入侵细胞后，病毒 RNA 首先会被逆转录酶复制成 DNA，形成 RNA—DNA 的混合双链结构。到此 RNA 的任务就宣告结束了。为了形成更稳定的 DNA 双链结构，RNA 链需要被从混合双链中去掉，这时候 RNase H 就派上用场了。）

在马普所的时候，有一天吃中饭时我和一个叫沃纳·布森的学生聊了聊，他当时在研究小牛的胸腺组织。他常常会去屠宰场提取胸腺组织，然后从中提取出 RNase H。然而他并不知道这个酶有什么作用——事实上，那时候没人知道。几个月后，我想起这件事的时候突然意识到，这种分子剪刀类型的酶可以被病毒用来清除 RNA，所以我去做了实验。我向同事要了一些珍贵的带放射性标记的 RNA 来做实验，只要这些 RNA 被降解，我就知道 RNase H 的活性是怎样的了。（后来我发现，RNase H 会和逆转录酶结合在一起，像一个大分子一样联动。当逆转录酶将 RNA 复制成 DNA 的时候，RNase H 就会紧跟在后面把 RNA 降解掉，十分高效。）据此，我在攻读博士学位期间在《自然》杂志上发表论文，讲述我在研究逆转录病毒中对 RNase H 的新发现。其后，美国很多研究所邀请我去作报告，于是我也认识了很多的合作者，多到让我惊讶不已。所有的合作者都宣称对论文或者论文的构思有贡献——这让我明白了一个道理：好主意不缺追捧者。我也体会到了挫折，因为从那时候起，我几乎完全跟不上这个领域爆炸式的发展，其他人似乎总是比我的进展快。

这件事还让我习得另外一个经验。人们常常问我，科学家是怎样想到好点子或获得新发现的？这就是一个例子——和别的科学家一起吃中饭，边吃边问，倾听并学习。快餐除外。

彼得·杜斯伯格（Peter Duesberg）是一个极为杰出的病毒学家，我在美国加州伯克利大学念书的时候，他就是教员之一。他研究小鼠中的病毒，发现病毒中没有可以去除 RNA 的 RNase H，而我研究的是鸡身上的病毒。彼得认为，RNase H 并不存在于小鼠病毒中，我的观察结果仅仅是禽类病毒的一个特例。让我感到幸运的是，他发表了他的观点，而我作为一个年轻的学生，没有什么比证明一个世界闻名的大科学家出错更棒的事了。后来我们做了一辈子的朋友，他经常来柏林看望他的母亲，来的时候我们会一起开会，在小组讨论上论述 HIV 这个最重要的逆转录病毒的危害。我俩的观点几乎从来没有一致过。

多亏了艾芙琳细胞系，我才能够获得足量的小鼠病毒。艾芙琳细胞系是由一名叫艾芙琳的实验技术员建立起来的永生化细胞系，可以产生大量的病毒，供科研人员进行大量实验来解决科学难题。艾芙琳就其实验成果也发表了好几篇论文，然而她也付出了高昂的代价——因为需要反复使用移液器，她的手指关节受损严重。

后来，我去了柏林的罗伯特·科赫研究所，在那里我发现纯化的逆转录酶由两个亚基组成，这和大家的预期完全不同。在电泳图上，我们可以清晰地看到两个条带（一种在电场的作用下，分离蛋白质再染色的技术）。我不止一次地在冷泉港实验室的报告中听到很多著名学者提到我观察到的第二个条带，他们都认为它是来源于细胞（而不是病毒）的辅助因子——别的聚合酶都有这种现象，这个因子叫 sigma 因子。但是他们的结论基本上都靠推测，并没有基于实验。于是我鼓起勇气，联系到当时冷泉港实验室的主任吉姆·沃森，告诉他我的发现：在电泳图上，当大片段条带信号减弱的时候，小一点的那个条带的信号就会增强。这说明小一点的那个条带是降解产物，并不是宿主细胞的什么因子。如果添加一点蛋白酶（会促进蛋白降解），这个现象就会加速呈现出来。沃森回答说："你准备了幻灯片吗？明天给个报告吧。"我照做了。3 个月后我在柏林的罗伯特·科赫研究所里接到沃森打来的电话，我至今还在想他是怎么找到我的电话号码的。他说："你不是描述了逆转录酶的裂解现象，并说它被分裂成两个亚基吗？现在，我们做研讨会论文集的编辑部一下子收到 4 篇关于这个的论文。"再也没有人说"来自宿主细胞的 sigma 因子"了！也没有任何人提到我的研究成果！我的这些研究成果后来都发表在 1975 年的论文集上，有我的成果，也包括了别人"修正"后的研究结果。从那以后，沃森一直记得我的名字。在他 85 岁的时候，他还给我打电话，说"嗨，卡琳"，并邀请我一起吃龙虾大餐。沃森后来写了本书，书名是《不要烦人》，里面讲述了他成功的秘诀：永远不要当桌上最聪明的人，要坐在比你更聪明的人的旁边——所以我当时就做了正确的举动。

那时候，作为一个博士生，之前还是学物理的，我并不知道应该怎样分离出逆转录酶这样的东西。于是我在苏黎世的圣约瑟夫旅馆租了个房间静静思考（在床头桌子上还放了本《圣经》）。我获准在苏黎世大学查尔斯·魏斯曼（Charles Weissmann）所在的研究所旁观学习分离酶的过程。整个过程都在冷库中进行，我一边仔细观察技术人员的每一步操作，一边冷得浑身发抖——不过冷库是必要的，否则酶就会失去活性。魏斯曼当时在从细菌中分离一种 Q-beta 复制酶（在本书的第 12 章我会再次提到这个酶）。随后我就回到图宾根的马普所，开始从鸡的病毒中分离逆转录酶。我还从魏斯曼那里获得了一个重要的经验：要计算投入和产出，要了解数据的情况，测试投入产出的平衡。从那以后，我再也没有忘记要对我所做的一切进行量化分析。和魏斯曼一起，我们提出了病毒使用逆转录酶和 RNase H 来进行复制的一些模型，一起发表了论文——后来才知道我们所有的模型错得离谱！逆转录病毒的复制过程远远比我们想象的复杂得多，毕竟那是大自然不断试错的结果。多年后，德国著名的勃林格公司跟我联系，订购了大量的逆转录酶用于销售：所有的实验室都想用这个逆转录酶来从 RNA 制造 DNA。逆转录酶的两个亚基造成了很大的麻烦，但在存储过程中突然就被解决了——就在我的冰箱里解决了。我很幸运获得了大量的研究经费并用在柏林的研究所中。

大约 15 年后，也就是 20 世纪 80 年代初期，HIV 被鉴定出来了，它被称为最重要的逆转录病毒。我们也就是在那时候开始研究它的复制酶，包括逆转录酶和 RNase H。现在我正试图趁着病毒还在细胞外的时候，激活（而不是抑制）RNase H 这把分子剪刀，希望这最终能有疗效并且防止病毒的产生和传播。在研究刚开始的时候，我们尝试去制备单克隆抗体。单克隆抗体制造技术在当时刚刚被研发出来，由于单克隆抗体的高特异性，在对各种物质的纯化和研究中非常有用。产生抗体的第一步骤需要使用纯化过的逆转录酶对小鼠进行免疫接种。鼠笼上的“HIV－逆转录酶”的小标签在柏林的马普所里引起了不小的恐慌。一名从慕尼黑专程飞来处理此事的检察官甚至都没敢跟我握手——他怕这个病毒怕得不得了。在清洗了鼠笼后，我们把这个鼠笼挪到同一间动物房的另外一个地方，结果后来这件事闹得更大了。这个举动被认为是“隐藏证据”——完全胡扯嘛！为了平息争议，我后来被允许在地球轨道的卫星上，在微重力环境下制备这种逆转录酶和研究所里别的一些（核糖体）蛋白质。结果很令人失望，实验没奏效——很久之后我们才了解到，只有用药物把逆转录酶锁定在某种特殊的构象时才能够制备蛋白结晶。在我的实验中，蛋白构象过于不稳定，而设计治疗药物需要蛋白结晶。

在其后的研究中，我不止一次地对我的研究产生恐惧之心。在研究流感病毒、SARS 冠状病毒和癌症病毒的时候，这种恐惧不仅影响了我和我的同事，也让他们的同事和家人担忧。这种疑虑不无道理，确实曾经发生过好几起事故。比如，SARS 病毒曾经（3 次）从中国的一个高等级隔离实验室中泄漏；美国加州有过一次实验室青蛙（学名为非洲爪蟾）出逃并泛滥成灾的事发生。

逆转录酶是逆转录病毒的一项专长，完全出乎人们意料的是，没人觉得 RNA 要被转录成 DNA 来帮助病毒扩增，因为这完全站在生物学“中心法则”的对立面。中心法则告诉我们，生物合成的途径是从 DNA 到 RNA 再到蛋白质，其中的两个连续过程分别被称为“转录”和“翻译”。霍华德和大卫·巴尔的摩各自独立地证明了中心法则反过来也正确：DNA 可以从 RNA 合成。这个转录的逆向过程，就被称为“逆转录”；合成所依赖的酶也就叫作“逆转录酶”。（有意思的是，这个逆转录酶可以执行两种任务：从 RNA 合成 DNA，或者从 DNA 合成 DNA。这两者的区别在于，从 RNA 合成 DNA 的时候，在 DNA 合成完毕后，原始的 RNA 会被分子剪刀 RNase H 清除掉，于是最终产物是双链 DNA。）

遗传信息的逆向传播令所有人惊讶不已。因为这样一来 DNA 就可以被整合进宿主的基因组，像宿主本身的基因一样，随着宿主细胞的生存和分裂，一直流传下去。逆转录病毒通常来说不会裂解或者破坏它们的宿主细胞，它们会像“出芽”一样从宿主的细胞膜里跑出去。如果我们认为在进化过程中 RNA 先出现而 DNA 是后出现的，那么逆转录酶这个名字其实就起错了：从 RNA 到 DNA 的过程并不是一个“逆向”过程，而是“顺向”的。严格来说，正确的名字应该是“真正的转录酶”（real transcriptase）。有趣的是，这样一来，逆转录酶的缩写还是 RT——然而，并没有人对这种变化感兴趣。

说得夸张一点，目前所有物种的基因组都已经被我们测序过了，而最新的结果令人震惊：世界上居然存在着那么多的逆转录酶。大多数的生物都有逆转录酶——所有的真核生物（包括动物和植物）都有，古细菌有，细菌有，剪切体复合物中有，反转座子中有，在一种奇异的多微小嵌合体 DNA（msDNA）中有，在人和细菌的免疫系统中也有。仅仅在细菌中就有超过 1000 种不同的逆转录酶。它们都是干什么用的？在哺乳动物中，我们已经发现了反转座子，这些反转座子可以编码必要的逆转录酶，来对细胞的基因组进行“复制—粘贴”的操作。（在下文中也会提到，反转座子类似于简单的逆转录病毒。）对于这个发现有个有趣的故事：在 1978 年的一个学术会议上，一名与会者说在果蝇体内发现了逆转录酶。逆转录酶的共同发现者之一，大卫・巴尔的摩站起来说：“据我所知，果蝇体内并没有逆转录病毒。”很久之后我们才知道问题的真正答案——果蝇确实有逆转录酶，只不过并不是来源于逆转录病毒，而来自与之类似的反转座子。反转座子是逆转录病毒的前体或者说是截断了的“残疾”逆转录病毒，它们在果蝇体内广泛存在，而且含量很高。逆转录病毒实际上是反转座子的特例，只是碰巧先被发现了而已。

因此，我们发现逆转录酶不仅仅和逆转录病毒相关。噬菌体也是一种病毒，它的基因组里主要是DNA。我们可以想象一下，噬菌体最开始可能也有RNA，然后有一些类似逆转录病毒的特性，经过了漫长的进化后，只保留了DNA形式的基因组。如果是这样，我们就会期待能找到“逆转录噬菌体”（retrophages）——这个名字是我编出来的。尽管经过努力寻找，据我所知，只存在一种携带有逆转录酶的“逆转录噬菌体”（见下文）。

现在我们知道逆转录酶在生物学中是一个至关重要的酶，有可能就是它“创造”了DNA。在可追溯的1亿年里，它在进化中必不可少，包括构建了人类的基因组。我想，也许最初还存在一个更简单、更原始的前体逆转录酶。我强调逆转录酶的重要性不仅仅是因为我是研究这个酶的专家所以我对它有偏爱，而是在我开始研究它45年后我发现了更重要的证据：逆转录酶是全世界最丰富的蛋白质，甚至在海洋采样项目中，它也被认为是最丰富的蛋白质之一，它占据了浮游生物体内所有蛋白质的13.5%。这是为什么？答案是：逆转录酶、反转座子、“复制—粘贴”的进化机制是相通的，它们一起构建了所有物种的基因组，在生物系统中成为进化的驱动因素。逆转录酶是最重要的分子——紧随其后的就是RNase H。我将在下文详述。

用作分子剪刀的RNase H

我在一个影响力略小的期刊上发表过一篇文章，它是我所有论文中被引用最多的一篇。一般来说不是这样的，引用率是衡量论文质量的重要指标，看来它也会失灵。那篇论文讲了这么一件事，我在动物的逆转录病毒中发现了RNase H这个分子剪刀，随后在HIV中也证实了它的存在。（RNase H对逆转录病毒的复制至关重要。

从单链 RNA 到双链 DNA 的合成过程中，首先要形成 RNA—DNA 的混合双链，然后其中的 RNA 链要被去除掉，这里就需要 RNase H 的杂链特异性来进行切除。）20 世纪 90 年代的时候，有一天我接到一个电话，被问道："你有没有证明这个酶是病毒复制所必需的？做过实验进行验证吗？"给我打电话的人来自一家制药公司，他们对找到 RNase H 的抑制剂颇感兴趣。众所周知，药物研发是一个庞大的过程，开销巨大，制药公司只有在确定一个病毒的重要成分已经被实验验证后，才会开始进行药物开发。"那当然，"这是我的第一反应，"否则就不可能形成双链 DNA 了。在 RNA 被复制成 DNA 之后它就必须被清除掉。"我的这个回答其实并不完全可靠。如果对方追问有没有正式的证据证明的话，我还真拿不出来。在此之前，我从未想过我并没有掌握确凿的证据。如果一定要证明的话，我们就需要对 RNase H 进行突变筛选（这意味着破坏它的活性）来证明没有它的存在，病毒就不能复制了。这就是所谓的功能缺失型突变实验。可是我自己没办法做这个验证，因为实验需要将具有传染性的 HIV 的 DNA 克隆出来，诱导其突变并检测病毒突变后的传染性。这只能在最高生物安全等级的高密封实验室（P4 实验室）里进行。英国伦敦的惠康公司（Wellcome Co.）是唯一胜任的单位，我就给他们打了个电话，建立了合作关系。在进行诱导突变的时候，我们着重研究了大肠杆菌中的 RNase H 的已知序列。因为序列在进化中是保守的，我们很容易就找到了突变的重要位点。研究进展得很顺利。现在回顾这段往事时，我很好奇为什么当时我没有去想一想 RNase H 对细菌有什么好处？细菌和人类逆转录病毒到底有什么关系呢？在当时，我还不习惯像今天这样从进化的角度去考虑问题！（细菌和人类逆转录病毒有个共同点，就是在复制 DNA 的时候，都需要一个起始点，比如说从一小段 RNA 开始。在复制开始之后，这段 RNA 就会被 RNase H 移除掉。）

后来我坐飞机去了伦敦，与合作者一起撰写论文并提交给了学术期刊。我们的论文被期刊拒稿后，我们再次尝试，但还是被拒。于是我们的论文被一次又一次地拒绝，原因是每个审稿人都认定 RNase H 是至关重要的，和我当初的想法一样，没人觉得有必要去做出证明——这个观点被看作如客观事实一样。最后，我们的论文被《基础病毒学杂志》发表，这个杂志并不是行业内的顶级期刊。不过，尽管没有被顶级学术期刊接收，但这篇论文是我发表过的所有论文中最重要的一篇，也是被引用次数最多的一篇——这令人深思啊！

RNase H 的丰度很高，这可以解释为什么它没有相应的抑制剂。如果有的话，那么太多酶都会受到影响，反过来又会产生副作用。整合酶也属于这个家族。它们可以发挥分子剪刀的功效，同时也可以修复这些切口。这个“切”可不是比喻，而是切切实实地切断分子之间的化学键。它们都含有保守而非连续的氨基酸三联子结构 DDE（天冬氨酸—天冬氨酸—谷氨酸），来和镁离子结合。我也尝试通过序列比较的方法来寻找类似的蛋白。我没有去关注 DDE 三联子，那个尝试也不成功。后来晶体结构证明了 DDE 三联子和镁离子之间的关系，并且揭示了一个重要结论：蛋白质序列并不重要，但是蛋白质的折叠结构非常重要。这和艺术设计中的原则“形式遵循功能”是一个道理。

在我从瑞士苏黎世大学退休前，我在日本收到一份送别礼物：一个用环氧树脂做成的模型，里面用激光雕刻出 RNase H 的晶体结构，其中的序列信息是参考了《自然》杂志发表的论文。美国国立卫生研究院的罗伯特·克劳奇（Robert Crouch）特别为我定制了这个礼物，设计得非常美妙，深深地打动了我的心。现在你可以很轻松在市场上买到这样的模型，在里面刻上两个爱心，送给亲密的朋友，并不需要在《自然》杂志上发表文章，哈哈。

RNase H和胚胎

最近，科学家在人类身上也发现了没有逆转录病毒的RNase H。苏格兰爱丁堡的安德鲁·杰克逊和他的同事在研究一种人类遗传病，即艾卡迪综合征（Aicardi-Goutières Syndrome，AGS），该病的特征是智力发育迟钝。他们惊讶地发现，RNase H居然是导致疾病的罪魁祸首。这种酶在人体内的功能还不为人知，它由RNase H2A、B和C这三个亚基组成，三个亚基中只有一个具有活性。线粒体中还有另一种酶叫RNase H1，这使人联想到RNase H来源于细菌的可能性，毕竟人类的线粒体就来源于细菌。人类的基因组里一般是没有RNA的，如果在一些偶然的情况下RNA被插入我们的基因组内，就需要用RNase H来将它们清除掉。事实上我们发现，人类的基因组里有数百个这样的插入错误，说明这其实是一类经常会发生的事儿。RNase H这把分子剪刀把我们基因组中的插入错误剪切掉，净化基因组，从而防止遗传不稳定性的发生。如果不这样做（RNase H不发挥其应有的作用）就会导致我们患病，其中的一种就是艾卡迪综合征。现在研究基因组稳定性的专家也经常来参加RNase H双年交流会。

为什么HIV只需要一种RNase H，而我们人类居然需要三种？这背后有一个基本原则：越是高等的生物越是复杂。哺乳动物的RNase H还有别的职责，于是需要好几个不同的蛋白质来完成。只要其中有一个没能完成任务，就会带来致命的后果，比如“胚胎致死”。

哺乳动物的胚胎在发育过程中，很多蛋白复合体都起着举足轻重的作用，这是个很常见的现象。HIV 并没有胚胎，所以一个简单的 RNase H 就足够了。有一种叫 PIWI 的 RNase H 在生殖细胞中具有极为重要的基因沉默功能，它使得跳跃基因（可移动的反转座子）不表达。因此，PIWI 蛋白（和一些别的 RNA 一起）守护着人类基因组的完整性，让男性产生成熟的精子成为可能。

RNase H 可以通过模块化的方式和不同的蛋白质进行组合，从而具备多种多样的功能。这种酶与不同蛋白结构域的融合也可以产生新的功能。RNase H 本身只能对 RNA 进行剪切，但是在何时何地对哪些 RNA 进行剪切，则取决于与之结合的辅助因子。我们现在得知有十几种这样的辅助因子，其中只有一种是逆转录酶。逆转录酶拽着 RNase H 这个分子剪刀在 RNA 上移动，每当逆转录酶停下来的时候，RNase H 就会进行切割（RNase H 的催化活性低于逆转录酶的催化活性）。RNase H 的其他功能多得令人惊讶不已，几十年来我都在研究病毒中 RNase H 的功能，所以我的见解可能有局限性。在新的测序技术的帮助下，人们又发现了 RNase H 很多的新功能。美国伊利诺伊州厄巴纳市的科学家古斯塔沃・斯塔诺－阿诺勒斯（Gustavo Caetano-Anolles），最近根据基因测序的谱系学分析结果发表论述说，RNase H 在所有蛋白质中是最常见也是最古老的，甚至超过了逆转录酶。看到这个结果我自己都觉得很惊讶。只要是有核糖核酸的地方，就需要分子剪刀来进行修剪或做失活处理。这样的酶有很多种，比如 Drosha、Argonaut、Cas9、PIWI 等等。RNase H 和逆转录酶对于基因组的进化和保持完整性来说至关重要，对人类来说是这样，对别的物种也是一样。我这么说并不是因为这是我的研究项目，事实就是如此。

端粒酶和永生

我们能够永远活下去吗？人类最古老的梦想就是长生不老。这可能吗？是的，的确可能。的确有一些细胞可以永远活下去——这个事实也让我感到震惊。坏消息则是，这些细胞都是癌细胞。我们身体里所有的细胞都只有短暂的寿命，比我们个体的寿命要短多了。但是癌细胞就不一样了。几乎在任何一个生物实验室里，你都能找到“赫拉”（Hela）这种细胞，这种细胞迄今已经存活了60年。它是从一名患宫颈癌女性的肿瘤中提取培养的。这位患者的名字叫亨丽埃塔·莱克斯（Henrietta Lacks），不过一直被误称为海伦·朗格（Helene Lange，Hela就是这个名字的缩写）。她是一名非洲裔美国人，育有5个子女，享年31岁。她的肿瘤细胞在1951年的时候在实验室培养成功，以前类似的实验从未成功过。也许是因为这种肿瘤进展非常迅猛（所以易于培养）。现在，亨丽埃塔的后代突然提出抗议，说他们并不知晓前辈的这些细胞在被广泛使用。在2010年的时候，电视上播出了关于亨丽埃塔的节目，还有一本名为《亨丽埃塔·莱克斯的不朽生命》的新书上市。赫拉细胞系的基因组已被测序，亨丽埃塔的亲属担心公开的数据可能会泄露他们的遗传特征，甚至是他们携带着的遗传缺陷。然而在我看来，这些细胞在标准不一的培养条件下经过了约6000次传代，它们在各个实验室里极不可能仍然保持着一模一样的基因序列。肯定会有许许多多的基因组变异。我对癌细胞可以“永远”活下去感到惊讶——为什么不只是比患者体内的正常细胞活得稍微久一点？为什么能够一直活下去？肿瘤细胞是怎样活下来的？（当然是在实验室条件下，不过就算如此，也令人惊讶。）我们能不能从中学到些经验，让我们既能长寿又不会得癌症？在一次采访活动中，我被问了这样一个问题：“还有什么别的细胞可以永远活下去？”于是我在想，我们的生殖细胞可以从一代人传给下一代，这算不算永生？那么干细胞呢？它们能活多久？我们知道干细胞的生长需要特定的条件和环境，它们能活多久完全取决于外部的环境因素。缓步动物门的生物（类似于甲壳虫一样的小型动物）寿命也很长，在 −20℃的冰箱里可以存活超过 40 年。

癌细胞的一个重要特点是拥有端粒酶，这种酶是一种特殊的逆转录酶，英文全称为 Telomerase Reverse Transcriptase，简称“TERT”，中文全称是“端粒酶逆转录酶”。它们的工作地点在染色体的末端（也叫端粒），通过延长端粒来建立一个缓冲带，其在胚胎发育过程中十分活跃。延长端粒是一个很单调的重复过程，每次增加 7 个核苷酸，就这么一次又一次地增加下去。在个体出生后，细胞的每次分裂都会使端粒变短一点。其原因是在细胞分裂的时候，DNA 的复制系统需要一定的操作空间。每次细胞分裂的时候，端粒末端都会有一小段无法被复制，于是就丢失了。端粒一点点缩短，直到重要的遗传信息也丢失了——这可就危险了。一旦到了这个地步，染色体的末端会聚集在一起，相互粘着，随后细胞就会死亡。美国科学家芭芭拉·麦克林托克早就发现了这个现象，我们稍后还会提到她。那么，我们能不能用端粒的长度来预测寿命的长短？并不能，因为不同的细胞其内部的分子钟运行的速度不一样，有的快，有的慢，所以不同细胞的端粒长度也是不一样的。如果我们可以把端粒上被抹掉的部分补回来，那是不是说人就可以获得更长的寿命，停止细胞死亡呢？没错，这的确可行。只不过，停止死亡的细胞很可能就是肿瘤细胞——赫拉细胞就是这样的。肿瘤细胞的一个共性就是可以永远分裂下去。在肿瘤细胞里，端粒酶再次活跃起来，就像在胚胎中一样导致端粒长度的增加。阿基米德曾经说过——给我一个支点，我将撬起整个地球，在这个例子中，这个重要的支点不在染色体之外，而在可延长的末端。

我们也可以从另一个角度来思考，比如，能不能通过阻断端粒酶的活性来抑制肿瘤细胞的生长，从而生产出一种广谱的抗癌药物呢？回答是肯定的，在 90% 以上的肿瘤里，端粒酶都是活跃的，因而的确可以作为治疗靶点。很多研究正在进行中，比如法国巴黎的巴斯德研究所和美国的杰龙公司都有类似的项目处于研发中。

通过激活端粒酶，我们也可以验证某些特定细胞的寿命。于是这似乎可以被当作一种抗衰老疗法，从而让人永葆青春——比如消除皮肤皱纹。生物科技公司对生产这样的面霜很起劲儿，在电视广告上大肆宣称可以“激活端粒酶”。可是又有多少人真的理解这背后的含义？听起来很有科学范儿，尤其是广告代言人穿着白色实验服，鼓动人们去购买这种类似药物一样的商品——可这都是虚假的承诺。

长期以来，研究人员对端粒酶在癌症中的作用存在误解，因为大多数人类癌症的研究都使用小鼠作为动物模型，而端粒酶对于小鼠患癌过程一点儿作用都不起。这就涉及一个问题，即小鼠究竟是不是一个用来研究肿瘤的好动物模型？话又说回来，没有别的更好的动物模型可以取代小鼠。

美国旧金山的伊丽莎白·布莱克本（Elizabeth Blackburn）和她曾经的学生卡罗尔·格瑞德（Carol Greider）因发现端粒酶而获得诺贝尔奖，共同分享奖金的还有杰克·绍斯塔克（Jack Szostak）。绍斯塔克用一个实验证明了端粒受到保护是一个普遍现象（他一开始用的是四膜虫这样一种小型单细胞生物，后来也在酵母中、小鼠和青蛙身上得到了相同的结果）。最近他成立了一个“头脑风暴工厂”，让研究人员使用生物进化技术来超越自然进化。这种利用生物进化技术来优化化学产品的方法是由曼弗雷德·艾根（Manfred Eigen）最先提出的。绍斯塔克也在研究灌注脂滴的方法，该方法可以帮助人们了解液滴分裂的机制，以及细胞分裂的振荡波模型。

我们得知，诺贝尔奖颁发给了逆转录酶的发现（1975 年），之后又颁发给了端粒酶的发现（2009 年），诺贝尔奖两次颁发给两个如此相似的分子的发现，是很罕见的。也许人们当时并没有注意到它们之间的相似性吧。近来，越来越多的研究结果表明，端粒酶可以把 RNA 当作模板转录新的 RNA，也可以修复受损的 DNA——对于端粒酶来说这些功能挺出乎我们意料的。

我们建立了一种叫“伪结”的端粒结构，这种结构更加紧密，可以阻断端粒酶，从而达到抗癌的效果。在伊丽莎白·布莱克本的帮助下，我们在小鼠身上成功阻止了肿瘤（恶性黑色素瘤）的生长。汤姆·切赫（Tom Cech）帮助我们对端粒酶进行了分析。有一次我问了他一个蠢问题——我本应该知道答案的，到现在我还觉得很尴尬：端粒酶是不是一种 RNase H？答案是否定的，因为并没有 RNA 引物需要 RNase H 去清除。在 DNA 链的延长过程中，RNA 链需要保持原样，这样才可以被复制成新的 DNA。在延长端粒的过程中，一段含有 7 个核苷酸的 RNA 链（TTAAGGG）需要被复制约 1000 次。汤姆·切赫还跟我说，他认为逆转录酶比端粒酶更古老，因为所有的物种都有逆转录酶，但是端粒酶的功能更加特化，所以在进化后期才出现。我觉得反过来说也有道理。

有意思的是，昆虫进化出另外一种方法来保护染色体的末端，它们把转座子这一类的活动 DNA 短片段移动并绑定到染色体末端去。这有点类似于美容院里接头发的法子，头发本身并没有增长，只是接了一段上去。转座子携带有一种酶，叫转位酶，这种酶和端

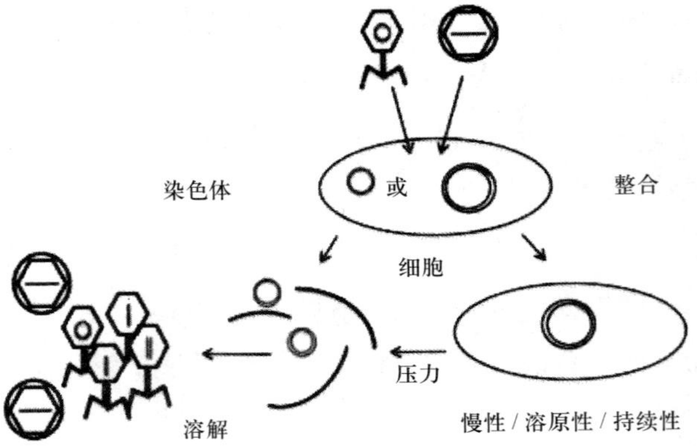

噬菌体或细胞内病毒的生命周期：噬菌体或者病毒的 DNA 以整合或者附加体（游离的）的形式存在，环境因素导致生命周期以慢性 / 溶原性 / 持续性的方式循环下去，抑或以由压力导致的，释放病毒后代为结果的裂解周期结束

粒酶、逆转录酶比较类似。它们的区别在于后两者固着在端粒上，而转位酶是可以四处活动的。于是有人问，端粒酶是退化了的转座子吗？我不知道答案是什么。不过可以肯定的是，为了保护染色体的末端不会随意被侵蚀掉，大自然中的生物进化出各种各样的保护机制，而每种机制都与逆转录病毒和它们的逆转录酶有关。

病毒成了细胞核？

真核生物都有细胞核，这是它们得名的原因。依此类推，没有细胞核的细菌就被称为原核生物。

细菌和真核生物的细胞通过共生化而融合。最著名的一个例子就是线粒体，它是内生而退化的细菌，从此再也不能离开细胞单独生存。它们把自己 90% 的基因转移到宿主细胞核里去，其中有些基因从此丢失了。线粒体一开始有 3000 个基因，后来只保留了大约 300 个。于是它们的功能高度专一化，变成细胞的发电厂，给细胞提供能量，而其他所需的一切都由宿主细胞供应。

由此我们可以看到一个规律，即共生化的同时减少基因数量以促进功能的专门化。类似的情况也发生在蓝细菌身上，它们被植物细胞吸收，作为叶绿体专门进行光合作用。这种情况在地球上只发生过两次，从细胞可以获得如此大的收益角度来看，共生化事件少得令人惊讶。

不过，共生化事件也有可能还发生过一次。我们尚不清楚真核生物的核是从哪儿来的，有可能就是病毒，比如痘病毒。即使是现在，逆转录病毒也可以以 DNA 原病毒的形式把自己整合到痘病毒中去。每次逆转录病毒感染一个细胞，就会发生一次病毒整合到细胞核内基因组中去的事件。疱疹病毒也可能是细胞核的源头，又或者是类似于乙肝病毒这样的伪逆转录病毒。伪逆转录病毒本身通常不会整合到宿主的基因组中去，但它可以帮助逆转录病毒或别的一些 DNA 片段插入宿主基因组中，从而导致更多的逆转录病毒整合事件发生。逆转录病毒以 DNA 原病毒的形式插入人类基因组，这一过程中留下的痕迹到现在仍然可以被检测出来。人类基因组上多至一半的部分都与逆转录病毒的整合有关。逆转录病毒组成了我们人类的基因组，可能细胞核也来源于它们吧？

到目前为止，我们还没有谈到第一批细胞是怎样产生的。科学家给这第一批细胞起名为“最近共同细胞先祖”［LUCA，Latest Universal Common（or Cellular）Ancestors］。病毒会不会是 LUCA 的前体？病毒可能不仅仅提供了细胞核，甚至还提供了整体细胞？

巨病毒的发现（下文会详细提到）让人们更加相信病毒作为细胞前体的可能。美国国立卫生研究院的尤金·库宁（Eugene Koonin）提出，如果真是这样，那就应该改名为“最近共同细胞先祖病毒”（LUCAV，V 代表病毒）。库宁认为 LUCAV 不是一个单一的病毒，而是由许多不同病毒组成的混合体，类似于曼弗雷德·艾根提出来的准物种的概念。然而艾根并不认同生命最开始的形式是病毒，也不认为病毒是生命进化伊始的重要驱动力。细菌是放大版的病毒吗？最近的研究分析支持这一观点，因为病毒的种类实在太繁多，从微病毒到巨病毒各式各样，巨病毒甚至比很多细菌都要大。美国加利福尼亚州的路易斯·维拉瑞尔（Luis P. Villarreal）一直支持尤金·库宁的这种观点，推行“病毒是生命的最早形式”这个概念，认为细胞是从病毒演化而来的。最早的细胞和病毒非常相似，它们都是由脂质膜形成的小包包，里面装着越来越多的生物分子。从病毒到细胞的转变并不突然，是循序渐进的不断演化，因此我们也没有必要武断地下结论说第一个简单的生命结构到底是病毒还是细胞。

用病毒来检测病毒——聚合酶链式反应

逆转录酶对于病毒复制和我们基因组中的“复制—粘贴”事件来说至关重要，同样，实验室中的日常研究也少不了它的身影。逆转录酶是聚合酶链式反应（PCR）这个扩增系统中重要的组成部分。在扩增过程中，基因序列在试管里以指数级倍增，可以看作病毒扩增的简化版。PCR 技术革新了整个诊断学领域，它是迄今为止最灵敏的核酸检测方法，可以检测微生物、病毒、细菌、肿瘤细胞、任何组织样本、化石、木乃伊、已灭绝的野牛的毛发，等等。甚至连单碱基突变都可以鉴定出来。这种检测技术非常迅捷，在很多场合被使用，包括常规体检、检测病灶状态和验证治疗效果，等等。扩增出来的 DNA 可以达到微克级别，足够在染色等手段的帮助下用肉眼看到结果。扩增的 DNA 还可以被送去做更多的分析（比如测序）。如果原始样本是RNA的话，稍做一点变化，只要使用逆转录酶产生DNA即可（和逆转录病毒的复制过程一模一样）。RNA的多少可以反映其产生的DNA的活性，这对生化研究和医学研究很有帮助。异常的表达可能预示着疾病，因此进行实时定量测量就十分重要。目前经常使用的一种检测技术被称为"实时定量聚合酶链式反应"（qRT-PCR）。"表达谱定量"这种技术可以测量细胞内所有基因的表达程度。这种技术具有极高的敏感性，例如在检测HIV的时候，可检测到的病毒载量可以低至每毫升20个病毒颗粒。很多媒体报道，这样低的病毒载量就代表"痊愈"，其实不然，仅仅是病毒载量低于检测极限而已。通过使用热稳定酶，扩增反应可以实现全自动化。技术的进步使得检测反应更快，特异性也更高。这种热稳定酶是在美国黄石国家公园里一个温度高达60℃的间歇泉中发现的。后来人们发现在很多温泉中都有这种酶的身影。在探索这种酶的过程中，有这么一个令人悲伤的故事（如果是真的的话）：一名研究人员在一个类似的温泉口附近尝试提取这种热稳定酶的时候，摔断了一条腿。科学家给这种酶起了个名字叫"Taq聚合酶"，其中的Taq指的是水生栖热菌（Thermus aquaticus）这种嗜热的细菌（并不是一种古细菌）。

上述这种检测方法非常敏感，即使是痕量的核酸也可以被检测出来，以至于无关的或者至少和疾病无关的核酸也被扩增出来。所以说超高的敏感性可能会适得其反，盲从它的结果有可能是错的甚至危险的。事实上，我们并不清楚少量的病原体或者癌细胞能不能被我们的免疫系统清除掉，也不清楚它们会不会导致疾病；但是PCR技术可以检测到它们，让我们凭空担心。

即便如此，PCR技术帮助我们找到了从安全仓试管中散逸出来的危险的HIV的DNA片段。由于当时我们就在研究开发一种基于DNA的HIV疫苗，我们所有人都通过空气“接种”了这种疫苗（前文我已说过）。后来我们通过PCR技术确认了DNA泄漏。另一个时间更近一些也更知名的例子是，在莱斯特（Leicester）的一个停车场的地下发现了英国国王理查德三世的墓。通过PCR技术，研究人员比对了从墓中提取的DNA和现今英国王室成员提供的DNA，确证墓主人是理查德三世。再如，使用毛发中的DNA就足以重建猛犸象的进化历史，从一些小的骨头样本中提取的DNA也可以用来重现原始人类的迁徙路线，我们甚至可以了解几千年前人类的食物是什么。利用PCR技术，从印度新德里或者中国北京的雾霾中也可以鉴定出微生物。PCR技术彻底改变了搜寻罪犯的方法，一小片体液的痕迹或者一根头发就足以识别一个人——这一切都归功于PCR技术。

需要说明的是，这个方法引起了一些争论，一些科学家声称他们才是第一发现者，只不过这个方法之前被人们遗忘了，后来又被“发现”了一次并改进了。然而，这个改进才是真正的突破。罗氏公司拥有PCR技术的专利并赚了很多钱，不过使用这种方法从事科学研究则是免费的。PCR的发明者是个有趣的人，其很多观点和做法在当时不被认同。他在希图公司（Cetus Co.）研究开发这项技术许多年后，公司给了他1万美元把他赶走了。随后希图公司把这项技术以3亿美元的价格（我听说是这样）转手卖给了罗氏公司。然而正义最后还是获胜了，这位古怪的发明家——卡利·穆利斯（Kary Mullis）于1993年获得了诺贝尔化学奖。有趣的是，在获奖感言中他不无遗憾地说，是这个诺贝尔奖毁了他和女友的关系。《纽约时报》的一篇文章评论了他的这个贡献：PCR技术把生物医学领域划分成两个时代，一个在PCR出现前，一个在其出现后。

第 4 章
病毒和癌症

疯狂的袋獾

先说一个重要事项：癌症不是传染病。这对那些接触癌症患者的人很重要——别害怕！

真的不传染吗？永远都不吗？有没有例外？遗憾地告诉你们，的确有：袋獾（“塔斯马尼亚魔鬼”）就是极少的例外之一。经过认真研究，我们现在知道为什么它们的肿瘤会传染了。袋獾经常互相狂野地撕咬，看起来跟魔鬼一样可怕。90% 的面部被撕咬过的袋獾后来都得了癌症。如今它们即将灭绝。不过令人惊讶的是，病毒等传染源至今都没有找到。袋獾会传播癌症的一个原因是，它们已经生病了。它们的免疫系统不能正常运转，所以在它们相互撕咬的时候，一只发病袋獾的细胞会被带到另一只身上（伤口上）却不被识别为外来细胞。免疫系统“容忍”了这些外来细胞，从而导致健康的袋獾发病。近来的测序分析表明，袋獾们彼此高度相似。通常来说，免疫系统会识别并排斥别的动物的细胞——在袋獾这里却不是。所以，肿瘤细胞在袋獾群体里传播，进而导致新的肿瘤出现。袋獾疯狂的撕咬行为造成了流血的伤口，于是肿瘤细胞可以直接进入血液系统。很快，肿瘤细胞就遍布全身，跟癌症转移一样。这意味着袋獾是一个罕见的特例，所有的癌症研究者都大大地松了口气。所以，一切照旧：癌症是不传染的。正常情况下不传染。

与袋獾情况有点类似的是接受器官移植而免疫抑制的人类患者。对于这些患者而言，外来的器官在正常情况下会被免疫系统认出并排斥。这是因为不同个体来源的细胞的表面分子互相不兼容，这种分子叫作“主要组织相容性复合体”（MHC）。为了让患者接受移植器官，使其能够存活并实现正常功能，需要抑制患者的免疫系统。这与袋獾的状况类似。

研究人员使用没有免疫系统的小鼠（称为裸鼠），作为研究癌细胞的动物模型。一个基因缺陷导致了小鼠缺少 T 细胞这一免疫系统的组成部分，同时也不长毛，这也是“裸鼠”得名的原因。和正常小鼠的不同之处在于，给裸鼠注射肿瘤细胞，细胞可以存活并长出肿瘤。这些外源性的肿瘤细胞可以来源于很不一样的物种，比如人的细胞。和别的癌症研究人员一样，我在实验室例行使用裸鼠。另一种特殊的实验室动物模型是 SCID 小鼠，它们也可以用来研究外源性的肿瘤细胞。SCID 指的是严重综合免疫缺陷，这是一种疾病，人类也会得（有点儿像艾滋病）。患这种疾病的患者需要在完全无菌的环境下生活，住在特制的帐篷里，避免受到感染。SCID 小鼠也很难繁衍下一代。我尚未考虑使用袋獾做动物模型来研究人类癌细胞，它们实在是太野性、太疯狂了。我们还知道另外两种在自然情况下会传播的肿瘤：一种会传染给狗（CTVT，犬类性传播病毒），通过性行为传播并感染性器官；另一种会传染给仓鼠——这两种都和袋獾的遗传病很类似。

逆转录病毒的致癌基因

病毒，特别是逆转录病毒，告诉了研究人员病毒是如何导致癌症的。这种逆转录病毒也被划分为肿瘤病毒，它们携带有致癌基因。于是很多研究逆转录病毒的科学家认为自身也在研究癌症，我自己的确是这么想的。很多这类的病毒只在实验室中存在，极少会在人身上找到。而且即使在人身上发现了，也要在几十年后，在其他会导致癌症的因素的协同作用下，最终导致癌症。然而，它们在别的动物身上会直接导致癌症，包括小鼠、猫、奶牛、猴子甚至植物。

我们已知大约 100 种来自病毒的致癌基因。它们都有一个共同的特点，那就是促进细胞生长。别的一些病毒基因，如果它们不促进细胞生长，或者甚至抑制细胞生长，就很容易被研究人员忽略。肿瘤病毒可以让细胞在培养皿中长成一堆一堆的形态，这种聚集点就是“小型肿瘤”。它们可以长到肉眼可见的大小。研究人员通过挑选最大的聚集点，来选择具有最强的促进细胞生长能力的致癌基因。在实验动物身上，最“厉害”的致癌基因会导致其形成最大的肿瘤。于是，这些病毒帮助了研究人员寻找最危险的癌症基因，在 40 年后的今天，它们是业界抗癌疗法最好的靶标，带来目前最有效的抗癌药物。那么，试管中的致癌基因在人类癌症中的作用究竟是什么，请看下文。

正常细胞在触碰到周围细胞时就会停止生长。在厨房中干过活儿的人都会了解这个现象，比如你的手指被刀划了一道，细胞会生长来愈合伤口，当细胞生长到相互接触了，生长就会停止。这个现象叫作“接触抑制”。肿瘤细胞中没有这个停止信号，于是只会一直长下去，相互重叠起来——这是肿瘤细胞生长的一个重要现象。

为了搞清楚肿瘤病毒的致癌基因从何而来，是源自细胞内还是细胞外，科学家进行了长期研究。为了回答这个问题，研究人员首先得了解病毒和细胞交换基因的机制，这个机制叫作“水平基因交换”。这是一个双向的基因交换过程：细胞内的基因会以病毒的形式跑出来，病毒也会以新发感染的形式把基因传到细胞中去。通过整合作用，新的病毒基因可以加入细胞的基因组，所以基因传递是双向的。一开始，病毒从细胞里获得的基因是很随机的。当实验人员专门去选择那些长得快的细胞或者肿瘤，我们就得到了获取特殊基因的病毒，这些基因可以给予细胞最大的生长优势——长得快是癌症的一大特征。另外一个现象也很管用：病毒的高突变率让促进生长的致癌基因更加有效。病毒的复制是它们容易变异的原因，因为复制时使用的是逆转录酶，这种酶很容易出错，是个“马大哈”。在复制过程中，每 10000 个核苷酸中会出现差不多 10 个错误，逆转录病毒的基因组正好有 10000 个核苷酸。高错配率是含有 RNA 的病毒的创新来源，而产生突变是病毒存活的伎俩之一。致癌基因的突变增加了它们的致癌性。使用 DNA 基因组的细胞，比如人类的细胞，开发出了纠错机制，在很大程度上避免了突变。这对我们来说是件好事，否则我们患癌症的概率就要大大增加了。细胞里的致癌基因通常用缩写 c-onc（或 proto-onc）表示。如果经过病毒突变，那就写为 v-onc（或 viral-onc），后者更厉害，功能更强大。所以说，致癌基因一开始是在细胞里的，后来被病毒调整过。

英国剑桥的桑哥测序中心进行了一个规模庞大的基因测序项目，在肿瘤细胞中寻找癌症基因。人类有 20000 个基因，其中有多少是癌症基因呢？研究人员鉴别出了数百个，有意思的是，致癌效果最强的往往就是之前被选择分离出来的病毒癌症基因。也就是说，是病毒而不是测序仪帮助我们找到致癌基因的。事实上，致癌基因是先在实验室肿瘤病毒中被鉴定出来，然后才在人类癌症中被发现的，而人类癌症中并没有病毒。现在有十几种致癌基因被作为治疗癌症的药物靶标，这方面的研究前景广阔。

病毒告诉我们是什么导致了癌症。现在我们知道，逆转录病毒产生了约 100 种致癌基因。那么，它们是如何导致癌症的呢？为了回答这个问题，我们需要先了解一下第一个致癌基因的发现历程，这个基因叫“肉瘤基因”（sarcoma 或简称 *Src*）。它是劳斯肉瘤病毒（RSV）的一部分，该病毒会导致鸡长肿瘤。下面我们就来回顾一下 *Src* 基因的发现过程。

肉瘤传奇

第一个肿瘤病毒的发现者佩顿·劳斯其实放弃了研究，他做了和伽利略·伽利莱一样的决定。伽利略为了活命，在接受质询中撒了谎，放弃了他的研究。而劳斯在同事们的压力下终止了他的癌症研究。同事们无法重复劳斯的研究结果，劳斯不光没有继续努力去解决问题，反而放弃了。大约 100 年前，劳斯发现鸡的癌症是可以像传染病一样传播的。他在纽约市洛克菲勒大学做研究的时候，有一个农民带给他一只长着巨大肿瘤的鸡。那个农民担心别的鸡会被传染。作为一个富有经验的病理学家，他给出的诊断是肉瘤。他把肉瘤分离出来，把细胞匀浆，过滤后把清液注射给了健康的鸡——结果长出了新的肿瘤。这满足了罗伯特·科赫的“第一定律”。该定律是 1880 年科赫提出的著名定律，说的是只有当患者身上分离出的物质可以导致一模一样的疾病时，才能认为这种物质导致这种疾病。劳斯当时认为那是一种“可滤过物质”，不是病毒。他在 1911 年发表了研究结果。与此同时，两位丹麦科学家维尔默·埃尔曼（Vilhelm Ellermann）和欧鲁夫·邦（Oluf Bang）在白血病研究方面也有了类似的发现，其结果于1908年发表。问题是，没人能够重复劳斯的研究结果。当时人们对病毒和癌症的遗传抵抗力一无所知。原因在于，劳斯的竞争者们用了别的品种的鸡，那些鸡对该致癌物质有抵抗力。在今天看来很简单，劳斯的运气不好，他也没注意到这个问题。

80年后，这同样的事也发生在我身上。当时我还不知道劳斯的难题。真讨厌！一连好几个月我都在试图分离逆转录酶，为此我需要在鸡身上培养一种白血病病毒，以此获得足够多的初始材料。然而，当我把实验室从图宾根的马普所搬到柏林的罗伯特·科赫研究所后，实验都失败了。鸡就是不生病，病毒就是不能复制。无可奈何之下，我只好从原来的供应商那里购买鸡，那是个在图宾根附近城堡里的农场。然后还要使用泛美航空将几千只刚孵出来几天的小鸡运到柏林来，那时候，西柏林是在东德统治下的一个独立的政治区域。使用了原来供应商提供的鸡之后，病毒感染就又成功了。在接种禽成髓细胞病毒（AMV）之后，鸡生病了，产生了很多——肉眼可见——的病毒。多年以后，对HIV的研究工作开始了。类似地，一开始科学家惊讶于有一些人对HIV有抵抗力：大约15%的欧洲人不会被HIV传染，其遗传免疫的原因是病毒进入受体有缺陷。

劳斯和他的同事们当时没有意识到使用了“错”的鸡品种。不过，就算他们知道这一点，对他们的工作也没什么帮助。因为如果那的确是个例外的话，他的想法就无法成立了，所以他放弃了。劳斯观察到肿瘤可在动物中传染这个现象，但是他没有意识到其中的重要意义。不过，后来人们还是称他为“肿瘤病毒之父”。第一个肿瘤病毒也是以他的名字命名的：劳斯肉瘤病毒（RSV）。1966年，他在87岁的时候获得诺贝尔奖，距他首次发现肉瘤病毒已经过去了 55 年。其实在 40 年前他就被提名，只是没有获奖。他创立了一种利用鸡胚绒毛尿囊膜（靠近鸡蛋小气泡室）培养病毒的方法，这种传统的方法至今仍被使用，生产数百万计的流感病毒疫苗就是用的这种方法——难以想象吧！ 20 世纪 70 年代的时候，我在柏林罗伯特·科赫研究所里，用这种方法检测水痘病毒：用一个小磨具打开鸡蛋壳，放入疑似感染的样本，闭合鸡蛋壳，孵育鸡蛋使病毒复制——在这种富有营养的环境里病毒会疯狂复制！

病毒癌基因蛋白 v-Src 有很多种功能，仅仅这一种蛋白就可以完成肿瘤形成过程中的多个步骤。与另一个比较类似的蛋白 c-Src 相比，v-Src 的末端略微短了一些，在总共 536 个氨基酸里缺失了 7 个。看起来这是个很小的区别，但是这短短 7 个氨基酸的缺失可以引起很大的后果：由于缺少结合在细胞膜内侧的能力，细胞生长变得不受控制，导致癌症。病毒总能找到简单的办法产生巨大的效果。蛋白末端哪怕只是缺失 1 个氨基酸也能造成巨大差异：细胞获得了转移能力。我们在实验里发现这个现象时，非常震惊，简直都不敢相信我们的结果。我们认为这是因为它不能与抑癌基因相结合所造成的，这个后果很严重，由于缺少了细胞与细胞之间的交互作用，癌细胞就能跑到别的地方去，造成癌症转移。另一个令我们备感惊讶的发现是，这 1 个氨基酸的缺失看起来微不足道，但它改变了上百种细胞功能。（我们通过分析转移细胞的表达谱证明了这一点。具体过程在后面的章节中详述。）

病毒启动子（长末端重复序列 LTRs）可以进一步增强 v-Src 的功效，引起这个致癌基因的过量表达——这是一种危险的剂量效应。启动子通常在指挥细胞中病毒的复制过程，越过细胞功能，这是病毒“自私”的行为。病毒启动子是生物学领域里面最强效的启动子。它们增强病毒基因的表达，用过量的致癌基因“促进”癌症进程。

它们是分子生物学实验室里用来表达基因最受欢迎的工具。

在 20 世纪 70 年代，约翰·麦克·毕晓普（John Mike Bishop）和他当时的博士后助手哈罗德·瓦姆斯（Harold Varmus）在美国旧金山，以 Src 蛋白为模型研究癌症。他们试图找出 *Src* 的起源，结果发现所有的物种里都有它的身影——小到果蝇，大到大象，而且完全没有癌症的正常细胞中也有。这简直就是一个谜，也许是在检测中出现了系统性的错误？于是他们撤回了论文。论文当时已被相关杂志社接收，即将发表，而且我在图宾根马普所的实验室成员都已经阅读过了。问题在于，当时的技术手段不足以把正常的 *Src* 基因和致癌基因区分开：致癌基因仅仅比正常的版本略短一点点，它们看上去是一样的。麦克和瓦姆斯解决了这个难题，在 1989 年因此获得诺贝尔奖。我在冷泉港实验室参加了他们的庆祝活动。麦克当时身着燕尾服、手持演讲稿——他平时作报告的时候从来不用讲稿的。瓦姆斯总是有着异于常人的精力——我记得他骑着自行车在欧洲各地参加学术会议，有一次下雨，他浑身湿淋淋地走进会场。这两人都访问过我在马普所的实验室，并且问我知不知道研究所旁边森林里的野猪，他们是在一本旅行指南中看到的——从来没人问过我这事。洛杉矶的彼得·沃格特（Peter Vogt）对他们的研究亦有所贡献，他提供了 RSV 的样本。柏林人彼得·杜斯伯格和史蒂夫·马丁（Steve Martin）做了一个重要的实验，结果显示基因改造失活的 *Src* 不会造成肿瘤，他俩现在加州的伯克利。这个实验提供了具有决定性的结果。彼得·杜斯伯格总是强调一些和主流学界相悖的观点，像魔鬼的拥护者一样（他让我想起了歌德《浮士德》中的梅菲斯特）。很多时候他都是正确的，但是否认 HIV 是造成艾滋病的原因，则就大错特错了。我还记得他站在柏林洪堡大学的讲台上，向数百名学生讲这个观点时的情景。我认为他想错了，危险而具有误导性。我和他争吵了很久，从未达成一致，但我们一直是朋友。

没有病毒却有致癌基因——矛盾吗

逆转录病毒即使没有致癌基因也会导致癌症。整合进宿主基因组内部的 DNA 原病毒对于宿主细胞来说十分危险。无论这种整合事件发生在 DNA 的什么地方，都是随机发生的，会导致"遗传毒性"，从而破坏我们的基因和基因组。生活方式和环境因素都是可能导致癌症的重要因素：吸烟、酒精、有毒物质、汽车尾气、污染、辐射和烟囱冒出来的烟（尽管现在已经不那么严重）。很多烟囱清洁工最后死于睾丸癌——这使我们第一次注意到环境中的致癌物质。最近，科学家还发现一些胃里的细菌可能致癌。目前，我们还不清楚所有的致癌因素。同样未知的是暴露在致癌物质中的时间、剂量依赖性，以及一些致癌因子的组合。

肿瘤病毒的确告诉我们致癌基因是如何导致癌症的。被研究得最彻底的 DNA 癌症病毒，会在动物中导致癌症，却一般不会导致人类患癌，这有点自相矛盾。比如，猴病毒（SV40）和多瘤病毒（PY）都和人类癌症没有关系，然而两者对帮助我们了解肿瘤恶性转化中的分子机制至关重要。原因很简单，我们有良好的细胞培养系统和动物模型。我们也从这些病毒中了解到，只在极少数情况下，它们才会导致肿瘤。在所谓的"非允许细胞"中，病毒不会复制，也不会将它们的基因组整合到宿主细胞中。在"允许细胞"中，病毒进行复制，然后裂解细胞，释放出病毒后代，但也不会导致癌症。而逆转录病毒致癌性的一个重要特征就是整合。甚至在没有致癌基因的时候，整合到宿主基因组中的病毒启动子

（一般用于确保病毒的表达）会调节整合附近的基因，影响它们的正常表达。过表达或者异常表达会导致基因的表达量不正确或者在错误的时间点突然表达了。对这个现象，有个专业术语叫“插入突变”（insertional mutagenesis）或者“下游启动”（downstream promotion）。最新研究发现，人类基因组中有很多“光杆病毒启动子”（solo-LTRs），它们是大约 1 亿年前逆转录病毒插入基因组的遗迹。我们的基因组里有将近 50 万个这样的光杆病毒启动子，原逆转录病毒的剩余部分早已消失不见。这有点儿吓人，研究人员现在正在研究它们是否仍能致癌。我们的细胞抵制并“沉默”了它们的活性，特别是在胚胎发育期间，以保障下一代的安全。然而这样就足够了吗?

研究人类癌症细胞时发现的一大悖论是：在没有癌症病毒存在的情况下，科学家在人类癌细胞里发现了很多逆转录病毒致癌基因。这听起来很奇怪，但后来科学家发现其实原因很简单：不管是由什么刺激——无论是化学致癌物质、香烟烟雾、遗传缺陷、生活方式、病毒致癌基因还是病毒启动子，肿瘤细胞生长得就是比正常细胞快。所以说，癌症的一大特征就是，细胞突变的基因会加速细胞生长。重要的是结果，不是原因（并不是由病毒引起的！）。

病毒和癌症

病毒会促使癌症的形成——但是它们从不单独行动。

以下几种截然不同的病毒家族都可以在人类中导致癌症。大约 15% 到 20% 的人类癌症是由病毒“协同”引起的。这里请让我强调“协同”这个字眼。

这些引起癌症的病毒包括：1. 人类 T 细胞白血病病毒（HTLV-

1,HIV 的远亲），它是一种罕见的逆转录病毒；2. 乙肝病毒（HBV，类逆转录病毒）和丙肝病毒（HCV，一种 RNA 病毒），它们都能导致肝癌；3. 两种人类乳头瘤病毒（HPV），它们导致宫颈癌和其他生殖器癌症；4. 疱疹病毒，比如 EB 病毒（EBV）会导致两种肿瘤，即在非洲肆虐的伯奇氏淋巴瘤（BL）和在中国肆虐的鼻咽癌，其也会造成单核细胞增多症，但这不是癌症；5. 卡波西肉瘤（又称人类疱疹病毒 8 型，HHV-8）。

要注意，HIV 不是癌症病毒，但它会与别的病毒和因子合作，间接地增加患癌症的风险。唯一已知的人类逆转录病毒是 HTLV-1。它在日本流行，导致传染病暴发，引起成人 T 细胞白血病（ATL），它在非洲则导致热带痉挛性截瘫（TSP）。在日本，这种病毒通过母乳喂养传播，通过教育母亲杜绝母乳喂养就可以避免把感染传给下一代。该病毒有一种名为 Tax 的特殊致癌基因，它与上文提到的和宿主细胞基因很类似的致癌基因不一样，但是功能差不多：它是一种转录激活因子，可以激活宿主细胞的基因表达，形成一个由转录因子和转录因子受体组成的有效化学循环。这种组合也可以促进细胞生长。Tax 基因在精原细胞瘤的形成中有一定作用。精原细胞瘤偏爱年轻男子，是一种非恶性肿瘤，常在新兵入伍的预防性体检中被检出。别的动物也会患白血病，如羊、奶牛和小鼠等。研究人员深入研究过一种小鼠乳腺病毒，这种病毒具有荷尔蒙依赖性，但是从未在人类乳腺肿瘤中发现它。很多人尝试证明这个病毒存在，纽约的索尔·斯皮格尔曼（Sol Spiegelman）做了这么一件出格的事，在发表文章时为了让数据更好看，他作图的尺度用了：个数 / 每 10 分钟（常规是个数 / 每分钟），企图蒙混过关。我们所有人都发现了这个伎俩！他的结果是错误的！据我们所知，没有癌症病毒会导致人类患上乳腺癌。

山羊、绵羊和马都会被逆转录病毒（羊关节炎脑炎病毒和马传染性贫血病毒）感染而生病，但通常不致死。有意思的是，我们至今还未发现可以传染给人的类似病毒。

会导致人类癌症的重要病毒有 HBV 和 HCV，它们引起肝癌。HBV 的基因组是双链 DNA 以及一些看似未补全的单链 DNA，它通过逆转录酶进行复制，和逆转录酶类似，于是得名“类逆转录病毒”。逆转录病毒和类逆转录病毒的主要区别在于病毒颗粒的内容：前者的是 RNA，后者的是 DNA。它们的复制模式很相似。HBV 一般不整合进宿主的基因组；一旦整合了，那就有基因毒性，致癌性很强。HBV 感染一般会伴随慢性肝炎，有时候也会受到生活方式或酗酒的影响而恶化。具有多种功能的致癌基因 X 蛋白能进一步导致癌症。HBV 导致肝细胞癌（HCC），和别的影响因素一起，在一些特定地区高发，比如在中国，就伴随着黄曲霉素的污染而高发。黄曲霉素是一种食物污染源，来自黄曲霉菌。第二次世界大战结束后，人们习惯把果酱上的真菌刮掉，把面包发霉的部分切掉（然后接着吃），但这不足以避免食物中毒。那时候因为食物短缺，人们只能尽可能少地丢弃食物。然而这种做法在今天看来是不可取的，这么做并不能去除霉菌的菌丝：所有被污染的东西都应该丢掉。乙肝疫苗是第一种同时可以预防两种疾病的疫苗：防止病毒感染和癌症。此外，它还是第一个重组疫苗，使用了酵母重组技术（将 DNA 片段组合在一起），并且对接种者没有任何危险。这一令人钦佩的成就由默克公司的传奇人物莫里斯·希尔曼（Maurice Hilleman）研发而成，此外，他还研发出十几种别的抗病毒疫苗。他没有获得诺贝尔奖，但是他的乙肝疫苗拯救了数百万人的生命。乙肝疫苗后来被作为研发 HIV 疫苗的模型，但迄今为止还没有成功。HIV 变异性很强，而 HBV 变异性不强。

20年前我在苏黎世理工学院上课的时候，问医学生："你们中有多少人接种过乙肝疫苗？""100人中只有几个人接种了。"我侄女去英国医院工作的时候，我给她带去了注射器和三联乙肝疫苗。当时没人关心这事，并普遍认为医务人员在工作中被感染是职业病。这种错误的观点现在已被纠正，所有医务人员都必须接种疫苗。每个人都应该接种乙肝疫苗，还要进行随访以确认存在免疫反应，如果没有则需要再次接种——特别是在长途旅行之前。

我们接着来说说丙型肝炎，这是一种较新的疾病，由丙肝病毒（HCV）导致，任其慢性发展会引发肝细胞癌。长期以来它被认为是"非甲型非乙型肝炎"病毒。科学家在公共研究的支持下找到了HCV，但是后续的研究被美国一家公司阻拦——这真是一个可怕的事件，直接推迟了重要研究成果的产生。人们对丙肝的传播途径尚不完全清楚。很多人不知道通过血液接触、使用针头甚至在医院里都可能被传染上丙肝。大约40年前，被污染的针头无意中导致了数百万埃及人感染丙肝，他们在接受三次抗血吸虫病的注射疗程中被感染。血吸虫病是一种寄生虫病，通过尿液在水域传播，埃及的尼罗河就被污染了。那次治疗成功地减少了血吸虫病，但由于重复使用未经消毒的注射器针头，致使丙肝流行了起来。尽管人们知道重复使用注射器针头可能带来的危害，但由于成本问题，很多地区还是在重复使用。现在肝癌发病率开始上升，埃及在肝脏移植方面也有很高的专业水平。针头污染事件也在东德发生过，大约3000位女性在接受抗猕因子（一种红细胞的特征蛋白）不相容治疗时，被传染了丙肝病毒。这种遗传特征会导致女性无法怀上二胎——歌德夫妇就是著名患者之一。没人愿意再提起1954年的"伯尔尼奇迹"：多名队员患肝炎——当时还不知道是丙肝病毒造成的。几十年后出现肿瘤的时候，人们才意识到真正的原因：队员们接受维生素注射，因为重复使用针头，导致多名队员感染丙肝。

两位丙肝病毒研究的先驱是纽约洛克菲勒大学的查尔斯·摩恩·莱斯（Charles M. Rice）和海德堡大学的拉尔夫·巴滕施拉格（Ralf Bartenschlager），他们发明了一种在试管中复制 HCV 的简化方法，即利用缺失部分基因序列的病毒，这样就可以在较低安全防范措施下进行药物筛选实验。近年来，不少新药可以在 3 个月内根除 HCV，即从病人体内将病毒完全清除掉。这种疗效对 HIV 防治来说仍遥不可及。毫无疑问，这是一个巨大的成功，即使治疗的开销达到 5.4 万美元。每位患者都应该能接受这种治疗，然而受到医疗保险政策限制，只有晚期患者能最终获得治疗。许多年来，干扰素疗法是唯一的也是效果欠佳的疗法。幸运的是，埃及患者可以得到每个疗程仅需 900 美元的药物。可是为什么丙肝在埃及仍然流行？大约 15% 的人口感染了丙肝。那是因为当地的一种习俗，即在理发店剃胡子，因此而被感染吗？足科医生提供的足部卫生保健服务在埃及可不流行，但在西方国家有一定的风险。目前，全世界大约有 1.7 亿人感染了丙肝病毒。莱斯和巴滕施拉格在 2015 年获得了罗伯特·科赫奖，他们一直号召开发出一种疫苗用以根除丙肝。也许这需要由学术界来开发，因为药品公司目前对利润丰厚的药物感到满意！

值得注意的是，即使没有其他因素，长期的炎症也会导致癌症。我们发现在动物皮下植入一块金属也会导致癌症。与之类似的是，假牙引起的永久性刮伤也可能导致癌症。我们都还记得自行车手兰斯·阿姆斯特朗（Lance Armstrong）的癌症，由于他长期骑自行车，长达数年之久，和坐垫的经常性摩擦可能导致他患上了睾丸癌。可见，肿瘤可能由长期的磨损造成。

现在来说乳头状瘤病毒，其属于乳多泡病毒一类，这类病毒包括乳头状瘤病毒、多瘤病毒和SV40病毒。它们像是病毒的原型，由正二十面体外壳和双链DNA组成。在2008年来自海德堡的哈拉尔德·楚尔·豪森（Harald zur Hausen）与另两位HIV研究人员弗朗索瓦丝·巴尔－西诺西和吕克·蒙塔尼耶共同获得诺贝尔奖的时候，人乳头瘤病毒（HPV）就开始受到很多关注。现在，很多年轻妈妈面临一个决定，即是否要让自己的女儿接种人乳头瘤病毒疫苗以避免特定种类的癌症。这种疫苗需要在有性生活之前接种，因为这种疫苗仅能起到预防效果，而病毒则可能在几十年后导致癌症。HPV患者有时候可以被检查出来，例如生殖器疣，但是很少会发展成癌症。别的一些因素，包括个人卫生、生殖器官感染甚至吸烟都会起到促进癌化的作用。在178种人乳头瘤病毒里，只有2种会导致癌症，它们是HPV-16和HPV-18。豪森建议，年轻男子也应该接种疫苗。HPV会导致阴茎、肛门、口腔和喉咙的癌症。全世界有5%的肿瘤是由它引起的。我们还不知道疫苗的效果如何，因为癌症需要几十年才会出现，然后我们才能知道疫苗到底有没有保护作用。我们现在建议年轻男子也要接种疫苗。[两种致癌的HPV，即HPV-16和HPV-18表达两种致癌蛋白，分别是E6和E7，它们是早期转录因子，可以抑制肿瘤抑制因子（p53和Rb），并刺激肿瘤生长。]

乳头状瘤病毒通常不会整合，但如果它们整合进细胞基因组，就会变得有基因毒性，产生危害。多瘤病毒会威胁到器官移植后免疫抑制的患者的生命。（尤其是BK或JC病毒会导致肿瘤，而SV40通常在动物体内比较活跃。）一般情况下，这些病毒不导致疾病：75%的人口其实都已经被感染了，但只有肾脏移植和伴随的免疫抑制才有可能激活病毒。只有1%的受感染细胞把病毒DNA整合到基因组中去，简直就是一场意外——这又对癌症的发展有帮助。许多年前，在用猴子细胞（非洲绿猩猩肾脏细胞）生产脊髓灰质炎疫苗时，猿类病毒 SV40 曾经污染过脊髓灰质炎病毒疫苗。这批疫苗是否会导致癌症是一个主要问题。该疫苗是给东欧国家的数百万俄罗斯人接种的。几十年来，他们一直在监测潜在的肿瘤发展。所幸这场灾难最后没有发生。

有一种看法认为，脊髓灰质炎病毒可能来源于类似于 HIV 的猴免疫缺陷病毒（SIV），对 HIV 的传播产生影响。但一个研究委员会认为这种看法不正确。

癌症每年导致约 1000 万人死亡，这个数字还在增长中，尤其是在贫穷国家。其中 10% 到 20% 的癌症病例与病毒有关。为了确定导致癌症的新病毒，传统的流行病学仍然十分有用。楚尔·豪森在牛排中找到了可能导致结肠癌的新病毒，尤其在阿根廷，那里的人们经常食用牛肉。阿根廷人喜欢把牛排切得很厚，烹饪时加热也不够，导致牛排中的病毒没被杀死。另一项流行病学研究显示，那些由于乳糖不耐受而喝牛奶喝得少的挪威人，更少会得乳腺肿瘤。牛奶中有会导致癌症的物质吗？现在下结论还太早。楚尔·豪森提到了这两种可能性，他之前在研究人类乳头瘤病毒的时候就说对了！

细菌等微生物引起的癌症近年来引起了人们的注意。幽门螺旋杆菌可能导致胃癌或食管癌，另一种由性传播的在细胞内部复制的细菌——沙眼衣原体（Chlamydia trachomatis）会促进卵巢癌的发生。这是柏林马普所的研究成果。它有危险的基因毒性，能阻止基因修复，防止细胞死亡——这都是有可能致癌的特征。有人认为抗生素可能间接促进了癌症。如果病人在接受化疗时还需要使用抗生素，可能会严重降低化疗的有效性，因为肠道里的细菌是有效的疗法所必需的，不应该用抗生素将其消灭掉。一位著名的肿瘤学家近来在学术会议上提出这么一个问题：有多少病人可能在我不知情的状况下被我的治疗方案害死？

那么，一种病毒只会导致一种疾病？不，不是这样的。一种病毒和许多因子会导致很多不同的疾病，这一事实经常引起误解。疱疹病毒 EBV 有多种表现方式，它可能引起伯奇氏淋巴瘤，导致非洲儿童患者的淋巴结肿大或中国患者的鼻咽癌。除了上述疾病，还有单核细胞增多症（一种腺体热，又称"接吻病"），实际上新的测序技术已经可以检测出这些病毒的遗传差异。单核细胞增多症在美国大学生中多发，它不是癌症，但也是由 EBV 病毒引起的。引发以上几种疾病的病毒，其基因组已被完整测序，之间的遗传区别也已被发现，它们确有不同。不同的辅助因子以及 Myc 蛋白都会促进这些肿瘤细胞生长。

HHV-8 是另一种人类疱疹病毒，也称为卡波西肉瘤相关疱疹病毒（KSHV）。早些年在旧金山，它在艾滋病领域掀起了轩然大波，因为这种病毒以前只在老年人中出现，而现在很多年轻男性也被感染了。HHV-8 促进血管生成，因此科学家研制了血管生成抑制剂，例如血管内皮生长因子（VEGF）抑制剂等。这类药物也可以帮助治疗别的肿瘤，因为肿瘤的生长需要新增血管来提供必要的营养。这种药物主要用于治疗卵巢癌，也可以用于治疗最终可能导致失明的视黄斑变性。可是这种需要花费 10 万美元的治疗方案饱受争议，而且通常只有短暂的效果。

HIV 并不会导致癌症，但是癌症通常伴随晚期艾滋病：HIV 和别的病毒会产生协同效应，例如：HIV 和 EBV 会共同导致淋巴瘤；HIV 和 KSHV 会共同导致卡波西肉瘤；HIV 和 HPV 会共同导致宫颈癌。在感染 HIV 的晚期，多种病毒会互相合作。免疫系统的作用十分重要。即使有抗逆转录病毒疗法，患者的免疫系统也很脆弱，并不足以防止癌症发生。那么老年人的免疫系统也是如此吗？的确，癌症发病率随着年龄增长而上升。我们在衰老中失去了什么？为什么无论是否感染了 HIV，癌症发病率都随年龄增长而上升？为了进一步研究这个问题，诺贝尔奖得主哈罗德·瓦姆斯指导成立了一个新的癌症研究所，瓦姆斯是致癌基因 *Src* 的发现者之一。

离奇的致命性

我至今还留着许多年前我母亲给我寄来的一张剪报。那是一则关于巴黎研究肿瘤病毒的年轻科学家意外死亡的新闻。那时我在柏林的马克斯·普朗克分子遗传研究所工作，研究病毒的致癌基因（如 *Myc*，*Myb*，*Mil/Raf*，*Ets*，*Erb-B2*，等等）。当时在巴黎的一个研究所里，已经有好几位科学家去世了。"这会发生在你身上吗？"忧心忡忡的母亲问道，问得合情合理。巴黎的一个调查委员会经研究后得出结论，因为所有的肿瘤都是不同类型的，所以不太可能有一个共同的因素导致死亡。每种肿瘤都彼此不同，于是我们不能确定研究人员的死因与研究动物肿瘤病毒 SV40 是否有着因果关系。肿瘤抗原（抗 SV40 的 T 细胞抗原）被排除在可能原因之外——也许搞错了？这件事距今有 40 年了。共同因子的作用很复杂：一个人也许是因为抽烟，或可能使用放射性材料或像溴乙锭这样的有毒材料（实验室中的常见试剂），或可能有基因突变——再加上 T 细胞抗原，这都可能会导致不同的癌症。我知道的就有好几例，我怀疑 T 细胞抗原对产生肿瘤和同行过早死亡有很大的影响。我一直警告我的学生，要谨慎对待 SV40 和 T 细胞抗原，即使这种病毒从不或者极少导致人类患癌。然而，实验室中的化学品含量要远远高于自然界。我总是担心实验室里的化学品是潜在的致癌物质，会导致癌症。举一个例子，用嘴控制移液（这种做法想都不要想）。我的一位同事得了口腔癌，他多年来一直用嘴控制移液的方法从事肿瘤病毒 SV40 的研究。这中间有没有联系？这些的确只是个例，我们并没有确凿的证据。后来，橡胶球囊（由于某种原因总是被做成红颜色）被开发出来替代嘴控移液法。现在我们有自动移液器，所以嘴控移液法被禁止了。

柏林一个研究所的研究人员汉斯·阿隆逊（Hans Aronson）在采用嘴控移液法的时候，不小心吸了一口白喉毒素，然后就去世了。他的妻子悲痛欲绝，设立了阿隆逊奖。有人告诉我，她很富有，鞋子上镶嵌着钻石，然而她永远无法从丈夫的死亡中走出来，最后绝食而亡。她的侄女在德国的大屠杀中幸存下来，并在我获得阿隆逊奖的时候出席了颁奖仪式，那是 1987 年。因为这个奖项完全是为个人的爱好设立的，而不提供研究经费，于是我用奖金买了一个有两个键盘和一个完整的脚踏板的小管风琴。几十年来，我连一点点练习的时间都没有，正如我在苏黎世大学开始工作的时候一个同事预测的那样。不过现在好了，我退休了，我可以再试试。

SV40 的 T 细胞抗原事件还有后续发展。它在动物体内导致肿瘤，因此被许多研究人员选中进行研究，希望能借此更好地理解癌症。对于一个基因，大家觉得找到它在癌症中的功能应该不太困难。1971 年，继太空计划成功之后，当时的美国总统尼克松在《国家癌症法案》中向癌症宣布了“战争”。他认为技术的进步会解决癌症问题，就像人类飞向月球一样。这促进了对 T 细胞抗原的研究。但是，尼克松错了。即使到了今天，我们还不清楚这一个基因行使多少种功能，可能有上百种。它几乎是全能的。最糟糕的是，我认为它在实验室中也会带来危险。

病毒是研究癌症的老师

逆转录病毒为研究人员揭示了寻找致癌基因的方向。50 年前分子癌症研究从此开始。我的研究团队也是其中的一部分。在一个中风病例上，我们发现了 7 个致癌基因蛋白，运气好得不得了——简直像童话故事。当时的情况是这样的：我在柏林组织了一个关于病毒和致癌基因的实验培训课程，课程受到欧洲分子实验室组织（EMBO）的支持，有 30 位来自欧洲各地和美国的学生参加。一位来自美国的与会者米特·施特兰德（Mette Strand）向我们介绍了生产单克隆抗体的技术，这项技术对于参会学生和我而言都是全新的。我们通过教学学会了这项技术，这也是如何取得进步的一种有趣的方式吧。

这项技术现在已是行业标准，甚至可以免费从大学的服务中心订购特制的单克隆抗体。它的原理是将两种细胞融合在一起：一种是永生肿瘤细胞系，来源于多发性骨髓瘤或者浆细胞瘤的肿瘤细胞；另一种是产生抗体的脾脏细胞，来源于免疫接种过的小鼠。这些被称为杂交瘤的融合细胞，需要经过筛选，挑选单个细胞再繁殖扩增。最终我们可以得到一群单克隆细胞，它们起初都来自同一个细胞，都产生同一种针对特定抗原的特异性抗体——这就是所谓的“单克隆抗体”。我们可以使用人的细胞而非小鼠的细胞，作为各种有高度特异性的癌症治疗的基础。这些疗法的英文名称都以“mab”结尾，表示其用的是单克隆抗体，这是当今最好的癌症治疗手段之一。

柏林的一位同事对这项新技术抱有极大的热情，像是为其他同事服务一样，她不停地制作出不同寻常的单克隆抗体，例如针对会导致昏睡病的锥虫的表面蛋白。我们试着针对一种致癌蛋白设计单克隆抗体，但是后来没成功。我们设计的单克隆抗体识别了蛋白的另一部分，可惜不是致癌的部分（该部分在物种间高度保守，不具备免疫原性）。但由于该抗体可以识别多种致癌蛋白的共同部分，我们可以把它当作一个筛选工具，像钓鱼一样把所有类似的蛋白都分离出来。在一个炎热的夏天，我们夜以继日地工作，分析了许许多多的致癌蛋白，以至于都没办法分析处理所有的信息。这在科学界十分罕见，我和同事们之后再也没有经历过类似的情况。

其间，我们发现了名为 Myc、Myb 或 Erb-B2，以及一种新的蛋白激酶 Mil/Raf。我们也设计了一个对照抗体，并把对照抗体的提供者列为我们 1984 年发表于《自然》杂志的一篇论文的共同作者。多年后，我在一个偶然的场合听说，这个人是从别人的冰箱里拿走那个抗体的。有一天，我在冷泉港等机场巴士，那个抗体的实际制作者就站在我旁边，他问我是怎么得到那个抗体的，还纳闷为什么我没有向他致谢。可是文章已经发表了，我没办法把他的名字加进去，也没法去掉另一个名字。我们新发现的蛋白激酶没有被学术界立刻接受，有人怀疑这会不会是一种细胞污染？不，我们开发的单克隆抗体纯化效率很高，我们的结果是正确的。（后来我们进一步证明，激酶突变后就失去了原有的功能，这足以说明问题了。）

新发现的 Raf 蛋白激酶参与了一个级联反应，就是说一个激酶向另一个激酶传递磷酸基团并使之激活。就像接力赛一样，Ras、Raf、MEK 和 ERK 是 4 名选手。ERK 是最后一棒的冲刺运动员，跨越细胞核膜屏障，把磷酸基团传递给 Myc（或者别的蛋白）这样的转录因子，随后激活或者关掉其他细胞基因和程序。这种通路是普遍存在的，并且可以根据第一个刺激条件的不同，调节很多现象，包括生长、衰老、产生激素、应激反应、闻气味甚至细胞死亡。我们可以把它比作电视天线，可以将任何程序传输到电视机上，然后我们在电视机上选择频道来收看特定的节目。

4名前后连续的“跑步健将”当然比只有一个传令官强，前者可以进行放大，更好地调节或中断，并更安全地传递信号。和生物学中其他的概念一样，结果取决于输入、环境、额外因素或者几种因素的相互作用。然而，Raf激酶是中心开关。Raf的结构看起来像一个闭合的贝壳，在激活后可以形成部分开放的贝壳结构（从c-Raf变成B-Raf），从而具有更强的致癌能力。B-Raf在多种癌症中活跃表达，包括超过半数的恶性黑色素瘤、卵巢癌、结肠癌、食道癌和乳腺肿瘤。在我们发现这种激酶的30年后，业界才成功制备了大约6种Raf的抑制剂。相当令人失望的是，患者的平均生存时间只有几个月。三联疗法应该更有效。此外，艾滋病的治疗经验告诉我们，多重疗法很有效，对于癌症也应使用多重疗法。最近，我遇到了我所在学院的一位前同事，他现在是皮肤学教授，成功地使用Raf抑制剂治疗了黑色素瘤。他说：“我不知道是你发现了它！我们研究Raf，但是你从来没跟我们提起这事。”没错，30年确实是很久很久以前了。

另一个在临床上很重要的致癌蛋白是Ras（Rat sarcoma，小鼠肉瘤），它在第12个密码子上有一个点突变。Ras在80%的人类癌症中都有重要作用，尽管制药界做出了巨大的努力，我们到今天还是没有看到它的抑制剂。然而，Ras有太多的调控靶点，如果直接抑制Ras可能会引起很多副作用。新的研究项目在大量资金的支持下已经开始。同样，乳腺癌中也有活跃的致癌基因可以作为治疗的靶点。HER-2/neu（又称为Erb-B2）是受体酪氨酸激酶，在25%的乳腺癌肿瘤中过表达从而致癌。针对这些病例可以使用昂贵的药物赫赛汀进行治疗。赫赛汀是个性化医疗的一个例子，对于昂贵的药物，只有在预期有效的时候，才给患者使用。人们现在几乎都忘记了 HER-2/neu 这个致癌基因最早是在鸟类红细胞增生病毒（AEV）中发现的。这种病毒的确和乳腺癌毫无关联，还是个有待破解的谜。

致癌蛋白 Raf 能产生两种相反的作用：激活细胞增长，或者使之停止。我们称之为“Raf 悖论”。我们认为，这种令人意想不到的两面性是由另一个激酶（Akt）和别的细胞因子造成的。这个研究结果被《科学》杂志接受了。但是文章的发表进度突然停了下来，原因是我们的一位前同事，去了纽约之后也向《科学》杂志提交了一篇论文，这就引起了麻烦，把我们文章发表的进度拖累了。我们听闻了一些关于那个同事和杂志社谈判的事情，不过没有真凭实据。我们实验的结果通过我的瑞士同事漂洋过海传到了纽约，他很喜欢在文章发表之前就跟朋友讲实验结果。这次是他在美国开会的时候，跟室友讲了我们的实验，然后就一直打电话沟通发表文章的事。这是一个有好结局的侦探故事——两篇文章最终以“背对背”的形式发表在《科学》杂志上，第二篇文章也把我列为作者。这是我争取来的！这件事给我们的教训是什么呢？要跟别人讲你的实验结果，如果幸运的话，你可以在《科学》上发表两篇署名的论文。

这件事的另一个教训和病人有关：“Raf 悖论”对治疗的后果有很大影响，我们是打算抑制细胞生长，但如果同时取消了细胞生长抑制呢？那么肿瘤就会长大，这和我们预期的完全相反。最近，一些研究者发表论文描述了一些新药在病人身上引起的危险的副作用，和我们所预期的、用细胞系展现的结果一样。他们没有提及我们之前的任何研究结果。这简直是一个新伎俩：有意忽略文献，并期待没被审稿人发现。如果成功了，那就会让你的研究结果看起来更重要，优先级更高。事实上审稿人经常发现不了。有一次我发飙了，当着在场的科学家们，我指责了报告人，跟他说我们的“Raf悖论”可以解释困扰他的问题。“我们曾经是朋友”，我是这么开始指责他的。我们认识了40年，我在一次私下的交谈中跟他讲了我们研究“Raf悖论”的结果，而他似乎“忘记”了我的两篇《科学》杂志论文的研究结果。会议主持人问我：“你到底想怎样？”我回答说：“正确使用我的成果。”主持人和报告人都很沮丧，但是别的与会者为我鼓掌，第二天还送给我巧克力并赞许我的勇气。其实这不是我的初衷，我当时仅仅是愤怒，也有一点点惭愧。很快，几家杂志社的编辑发起了著名的“学术不端行为”的讨论。现在，我们有文献检索的机器可以检测文献引用是否正确。制药行业似乎在使用这种机器，至少他们会给我发送所有以科研为目的的与Raf相关的试剂的信息，只是现在我再也不需要这些了。

Myc 蛋白和反应堆事故

另一类致癌基因的蛋白是转录因子，它们在DNA转录水平上调节细胞功能。最著名的一个蛋白是Myc，它是基因调控中的全能选手。

人的每一个细胞都包含了人类所有的基因，但只有少数是活跃的。定向分化，是为什么我们的身体有200余种细胞类型的原因。基因表达的激活可能出错：肿瘤病毒的致癌转录因子可以激活错误的细胞程序，从而导致癌症。Myc就是一个重要的例子。

为了研究Myc，我们需要用鹌鹑蛋培养病毒（从来没人向我解释，为什么要用鹌鹑蛋而不是鸡蛋）。动物房里的鹌鹑蛋经常会少掉一些——后来有人告诉我，鹌鹑蛋是比非洲犀牛角磨成的粉还要好的春药！有一次我们孵化了几百只蛋，把小鹌鹑们带到了柏林的孔雀岛上，安置在一个巨大的鸟笼里。我们带着一个巨大的盒子，里面装满了小鹌鹑，坐渡轮去了孔雀岛。整个孵化运输过程很顺利，于是岛上唯一合法居住的农夫们给了我一些大孔雀蛋，让我们试着去孵化。就为这，需要对我们的孵育箱进行改装，以适应孔雀蛋的大小。出于对这个有着“应用”价值实验的热情，研究所的车间迅速帮助我们改装了孵育箱。很遗憾的是，孵化孔雀蛋没有成功，有的蛋并没有被授精，剩下的则太干了。没有新孔雀，好悲伤！于是我们继续在鹌鹑蛋里研究 *Myc* 基因。

正常的 Myc 蛋白也就是 c-Myc，通过和基因的增强子结合，从而调控人类细胞中 15% 的基因。Myc 在很多肿瘤细胞中常常过度表达。异常调控或者不合时宜地表达 Myc 蛋白及其靶基因可能会促进肿瘤生长。Myc 是许多信号通路的最终目标之一，例如调节细胞功能的 Ras—Raf—MEK—ERK 通路。Myc 有两个组织特异性的版本，L-Myc 在肺部表达，N-Myc 在神经母细胞瘤中表达；后者是一种脑部肿瘤，其中 Myc 有 10000 倍的表达量上调，并且和非常迅猛的肿瘤生长相关。肿瘤蛋白的危险就在于错误剂量和错误的时间。这样的问题常见于核反应堆事故中遭到辐射的患者身上，辐射导致染色体断裂，进而导致血癌、白血病和淋巴癌。血细胞通过自己的重组酶对损坏的染色体进行修复，有时候错误的修复也会导致血液肿瘤。切尔诺贝利事故发生后，很多白血病患者都出现了染色体 8 和染色体 14 的错误组合，导致了 Myc 蛋白的过表达。这种错误组合缩写为 t（8，14），其中的 t 指的是染色体易位。另一种染色体易位 t（9，22）会导致慢性粒细胞白血病（CML），也就是常说的“费城染色体”，两个抑制生长的蛋白被截断后再融合，形成一个具有高度促进生长的致癌蛋白 Bcr-Abl，失去了原有的抑制功能——这也是核反应事故的结果。

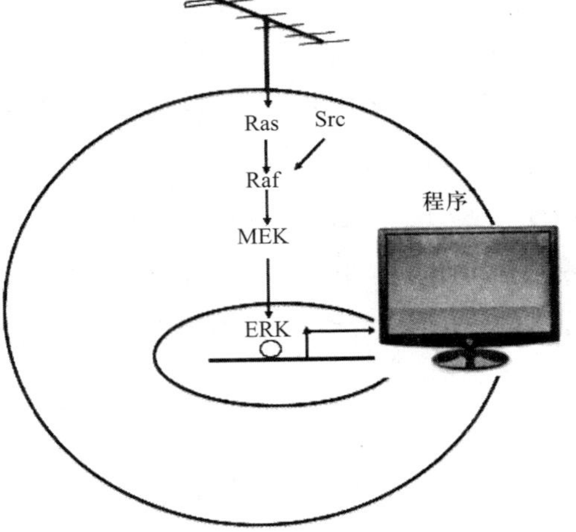

细胞内的信号传导通过 Src 或者 Ras、Raf、MEK 和 ERK 激酶的级联反应，来调控正常细胞中的基因表达和程序选择，然而在肿瘤细胞中该信号传导途径是失控的

对于慢性粒细胞白血病来说，幸运的是，一家瑞士公司开发出一种抑制剂——格列卫（Gleevec），它是一种"孤儿药物"（全球每年少于 10000 个新增病例）。那家公司随后又放弃了格列卫的研发。然而其中的一名员工尼克·莱登（Nick Lyden）在美国创立了一家拆分公司（凯尼蒂克斯制药公司），把格列卫推向市场并取得了巨大成功。格列卫不仅可以治疗慢性粒细胞白血病，也可以治疗胃癌等其他癌症。商业的成功促使瑞士母公司重新加入格列卫的市场！现在耐药病例越来越多，我们需要更多的药物。

人们怀疑 *Myc* 是伯奇氏淋巴瘤的主要致癌基因，但其实它只是一个辅助因素。30 年前，我被邀请去以色列参加一个淋巴瘤学术会议，讲我们关于 *Myc* 结合 DNA 及其基因调控功能的研究结果，这个会议由斯德哥尔摩的卡罗林斯卡研究所的乔治·克莱因（George Klein）主持。身为一个德国人的我，被一个从集中营逃出来的人邀请，感到这是件很荣幸的事。我因我们的研究成果得了一个奖，但是事情的后续发展并不愉快。评奖委员会不愿意把我合作者的名字写到获奖名单中去。我回去和同事分享了奖金，但是他并不开心，因为单单奖金并不能体现出应有的回报。更夸张的是，一个西雅图研究所的所长很生气，宣称是他的合作者首先做出结果的。碰巧的是，他和我坐同一辆出租车去参加那次会议。我们在不知道他们的研究结果的情况下，在《自然》杂志发表了自己团队的研究成果。然而，我那位受打击的同事在业界很有影响，他从此把我排除在 *Myc* 基因研究领域之外！柏林马普所的一位所长跟我说："重要的文章总是会带给你麻烦，而那些无聊的文章从来不会。"在我科研的后半生中，我体会到这个说法的确正确。顺便说一句，大多数论文都很无聊！

即使在没有 *Myc* 基因的情况下，一个整合到基因组的逆转录病毒同样可以导致癌症，通过自身的启动子来进行"下游启动"，激活未知的细胞基因表达。我们从对鸡的研究中发现，无论有没有 *Myc*，都会导致癌症。区别在于有 *Myc* 表达的肿瘤进展得很快，没有 *Myc* 表达的肿瘤进展得很慢。这个启动子插入事件是由一个基因治疗试验引起的，结果导致了癌症，并没有治愈癌症。那次，基因疗法试验对于 10 个患病儿童来说相当有效，但是其中的两个儿童后来得了白血病，因为病毒启动子激活了一个细胞基因，所幸病情被很好地控制住了。我们知道这种危险从理论上来说总是存在的，但是 10 个患者中就发生了两起，这么高的发生率令我们十分震惊！

针对 Myc 蛋白的单克隆抗体和别的一些药物，被一项国际淋巴癌研究选入淋巴癌的"Kiel 分类法"，以测试诊断效果。后来我被邀请去基尔大学担任教授，然而，那个女研究部长宁愿跟我讨论我蓝绿色的手提包（这是来自海边的人们最喜欢的颜色），也没有为处理污染废物提供资金——那些污染废物可能会把波罗的海污染了。大家别搞混了，我没有去基尔市区，也没有去我曾祖父的房子。我曾祖父的房子原本是一个研究所。另外，城里有一条街叫“莫林街”，和我一点儿关系都没有，它是为纪念我曾祖父而命名的。我曾祖父建造了港口、北海—东海运河（当今最繁忙的水路之一）和用于火车转接的铁路。我曾祖父理应得到这样的荣誉。

在 2012 年诺贝尔奖授予肝细胞研究和组织再生的时候，Myc 被间接地提到。Myc 是将成年体细胞逆转成积极分裂的多能干细胞所需的四个因子之一。然而，这与肿瘤细胞只有一线之隔，肿瘤细胞具有异常的生长特征，后文会再次提到这一点。Myc 可以促使细胞变得更“胖”——这是一个和细胞生长、体积增加相关的新特征。它会导致人体过重吗？我们不知道答案。

我们有针对 Myc 的药吗？在几年前我担任顾问的时候，投票反对一项药物筛选实验：一位荷兰同事挥舞着机票邀请我去费城，和森托科公司（也就是现在的强生公司）的同事见个面。他就是乔·希尔格斯（Jo Hilgers），人称“飞翔着的荷兰人”，说得没错。我那次是去评估致癌蛋白作为药物靶点的可行性。我的建议是“不要用药物”去抑制这些蛋白，因为它们在正常细胞中有太多重要的功能，如果被抑制的话风险很大。我对 Myc 的担忧是正确的：它对细胞——包括干细胞（我们现在才知道）——生长至关重要，不能用抑制剂去干扰。最近，L-Myc 被研究用来作为对肺癌的短期治疗靶点。这是一种短期的瞬时治疗，只有一个很小的治疗“窗口”，可能不会带来太多副作用。这种新的治疗理念现在被普遍接受。然而，我对 Raf 激酶的建议大错特错。我没想到，在上千种已知的激酶中，它可以被特异性抑制，因此我不认为它可以作为药物靶点。没人想到要给 Myc 或者 Raf 激酶申请药物靶点的专利，也没有想起来去做抑制剂筛选实验。现在，也就是 30 年后，市面上有了强力 Raf 抑制剂，尤其是针对那些在癌症中预激活的致癌 Raf。（可致癌的 B-Raf 和正常的 c-Raf 对癌症都很重要，因为它们会形成杂二聚体的形式，抑制剂的效果则无法预期。）新的药物是癌症治疗中的明星，并已经在临床中使用。别的一些激酶抑制剂在联合疗法中起到很积极的辅助作用。不过，Myc 抑制剂目前还没有。

所有的专利到今天都已经过期。我要澄清一点，和一些人想的不一样，我并没有因此致富，我也不应该从中获利，因为我的研究经费本就来源于公共资金。虽然我的贡献已很难有人记得，但我还是很高兴，因为我致力于癌症研究，并在征服癌症的战役中做出了一点点贡献。

肿瘤抑制和车祸

是什么导致肿瘤产生的？我们打个比方，如果把肿瘤比作一场车祸，那就有两种可能：要么太快，要么刹车失灵。无论如何，车子开得太快了——象征细胞的生长速度，而车祸就是肿瘤。刹车失灵类似于失去了“肿瘤抑制因子”。正常的细胞内有两套染色体，也就是说有两个一样的刹车系统。如果两个刹车都很快失灵，就会导致癌症，那么如果两个刹车中只有一个失灵，会发生什么？答案是会在年纪大的时候得肿瘤，而不是长一个进展缓慢的肿瘤。

这个问题被阿尔弗雷德·克努森（Alfred Knudson）解决了，他在费城附近的福克斯·蔡斯癌症中心分析研究视网膜母细胞瘤，这是一种眼部肿瘤。他发现得这种肿瘤的患者，要么是很年幼的儿童，要么是老年人。他对这两个极端感到很困惑。他发现，如果这个 *RB* 基因（他给它起名为视网膜母细胞瘤基因）在两条染色体上都有缺陷，那么幼童就会得肿瘤。如果出生时只有一条染色体上的 *RB* 基因有缺陷，那么患者会在年纪很大的时候得肿瘤，并且那时另一条染色体上的 *RB* 也产生了缺陷。因此，肿瘤的发生要么是显性的，要么是隐性的；要么早发，要么晚发。他提出“两次命中假说”，后来获得了拉斯卡奖。拉斯卡奖奖杯设计用了希腊胜利女神的形象，有两个翅膀，没有头。胜利女神原作雕像陈列在卢浮宫一个楼梯间的大厅里，因为体积太大，放不进展览室。苏黎世大学的主楼里也有一个复制品。放置这个复制品的意义，是不是想激励学生奋力争取科学界最大的奖项之一，即这个离诺贝尔奖只有一步之遥的拉斯卡奖？如果学生知道的话，那的确会是一个巨大的激励，但是我很怀疑学生们到底知不知道这个奖。他们也许会认识伊夫·克莱因（Yves Klein）设计的亮蓝色的胜利女神像，又或者连这个他们都不知道。

所以说，癌症的发生不是遗传的，如果只有一条染色体（上的某些基因）有缺陷，一个人仍然可以有着健康的外表，和健康人没什么两样。RB 蛋白一半的表达量足以抑制肿瘤长达几十年。额外的基因突变才会增加癌症的进展。值得注意的是，两倍的变化在生物中可能极端重要，就如这个例子一样，但是这个变化常常被忽视，因为人们觉得它太小了从而无关紧要！这是非常错误的——两倍的变化可能生死攸关！

p53 是另一个肿瘤抑制蛋白。它的蛋白结构类似于一只手，手指部分可以接触并检测到 DNA 上的缺陷，比如 DNA 链断裂或者错配突变。随后 p53 会激活报警程序，停止细胞生长，为 DNA 修复争取时间。

如果 DNA 上的错误不能够被修复，那么 p53 就会诱导细胞死亡。如果这两种安全防范措施都失败了，细胞就会发展成为肿瘤细胞。

肿瘤抑制基因是治疗癌症的基因疗法的关键。尽管癌细胞有多种生长途径，只要通过人造病毒的手段，表达完整的p53蛋白就可以抑制癌症。其效果惊人，也就意味着p53在癌症发展中非常重要。它肯定可以重置几十种缺陷使得癌细胞“正常化”。所以，基因疗法热衷于给癌细胞补充p53蛋白。中国广州的一位医生已经在网上说提供这种疗法。我还是建议大家再等一等，等到监管机构批准后，接受科学家或者医生提供的治疗。新加坡有好几个研究团队正在从事相关研究，其中包括来自英国的大卫·莱恩（David Lane）爵士——他是p53的主要发现者之一。

值得一提的是，许多病毒致癌基因之所以具有强致癌性，主要是因为它们能够与肿瘤抑制蛋白结合并将其消灭；因此它们有两重功效，在致癌的同时也可以对抗肿瘤抑制基因。这可以说是病毒赖以生存的策略，因为排除生长抑制因子之后，病毒致癌基因可以确保宿主细胞可以更好地生存，提供更多的病毒后代。这是一个互惠互利的机制。病毒可以更进一步，阻止细胞凋亡来为自己谋利。凋亡是一种程序性的细胞死亡。对于病毒来说，一个活细胞要好过一个死细胞。所以，许多病毒都有凋亡抑制因子，包括腺病毒、痘病毒、疱疹病毒，以及非常罕见的非洲猪瘟病毒——病毒的抗凋亡效果就是在非洲猪瘟病毒中发现的。病毒提供的抗凋亡作用可以导致癌症，令癌细胞从不死亡。

巴尔的摩的贝特·沃戈尔施坦（Bert Vogelstein）研究了人类肿瘤发展过程中的诸多阶段。他的研究使用结肠癌模型。他发现癌症发展需要30年之久！发展的过程可以分为几个阶段，每个阶段有许多致癌基因被激活，以及抑癌基因的缺失，前者有大约54个，后者有71个。多达8个致癌基因可以作为癌症进展的驱动因素。癌症进展的“动力”是那些携带突变的单个细胞，这些特殊的细胞和附近的细胞相比具有更高的增殖能力。因此，细胞群体一直在变化中，使治疗变得更加复杂。此外，每个患者会有自己特有的肿瘤，这就需要进行个性化治疗——也就是个体化医疗。

在肿瘤发生的前 7 年里，细胞首先过度增殖，形成特征性的息肉，也就是所谓的腺癌。同时，诸如连环蛋白（catenin）这样负责细胞之间接触的黏附分子也会发生变化。此后，小型息肉逐渐长大，激活促进细胞存活的 Akt 激酶，丧失了 p53 或者具有细胞特异性的“结肠癌缺失基因”等之类的肿瘤抑制基因，然后突变 Ras 或者 Raf 激酶之类的致癌基因导致癌症进展。贝特估计，整个癌症进展的过程需要 17 年的时间。在这之后的两年，肿瘤进展则会发生恶化和晚期癌转移，伴有促癌转移基因 *Met* 或 *mn23* 的表达。当癌细胞失去细胞间接触时，肿瘤就会渗透到血液系统里，向全身散布一个个的肿瘤细胞，这就是癌症转移的机制。总而言之，整个过程大约要 30 年。导致一个细胞获得生长优势的基因缺陷会加速产生下一个错误。那么，我们需要在什么时候开始治疗？什么时候需要去做诊断？

转移——细胞如何学会逃跑

早在肿瘤抑制基因引起广泛兴趣之前，伊丽莎白·加特福（Elisabeth Gateff）在几十年前就发现了一个肿瘤抑制基因。1998 年在德国海德堡，她因此方面所做的贡献，被授予梅登堡癌症研究奖。她给这个基因起名为“discs-large”。这个基因的缺失会导致果蝇胚胎缺陷，以及翅膀、腿和触须的发育异常。在我的实验室的一个研究项目里，我的团队偶然发现了这类肿瘤抑制蛋白中的一个，当时我们在研究一个名为PDZ的蛋白，它可以和致癌蛋白Src相结合。一开始我们计划抑制PDZ蛋白的功能，期待可以抑制肿瘤生长。然而，我们其实应当从这个蛋白的名字上意识到我们的错误，PDZ中D指的就是discs-large，这意味着PDZ实际上是个肿瘤抑制蛋白（P和Z也是类似的含义）。一种和肿瘤抑制因子对着干的抑制剂只会促进癌症，而不是抑制癌症。项目进行到一半的时候，我们和汉堡一家从事药物研发的公司共同获得了德国研究科技部（BMBF）的巨额资助，用以加强学术界和公司间的科研合作。为了避免失去政府资助，我们在讨论后重新定义了研究方向，变成"PDZ结构如何抑制肿瘤生长"——也许可以用药物刺激PDZ的功能？如果新生儿缺失这个蛋白，他们会患上兔唇综合征或者脊柱裂，这两种疾病都是因为细胞间相互接触的部位不能合拢造成的。这个基因的一个别名很好地描绘了这种疾病：独木舟（中间部位没有合拢）。类似地，保持细胞相互接触并防止生长的蛋白有约600种。疱疹病毒利用了这种细胞间的接触，从一个细胞蔓延到另一个细胞（疱疹的英文"herpes"原意就是"爬行，蔓延"）。许多人的嘴唇上都起过水疱，这就是由疱疹病毒引起的：疱疹病毒在压力促使下，从远处的神经节"爬"到了嘴唇上。

我当时在瑞士任教授，由于不在德国的研究所中从事研究，我几乎失去了这笔德国提供的研究经费。有人私下里向我建议，把这笔科研经费"和别人分享"。于是我在柏林最大的一所医院寻求合作，在"开门办公"的那天，我逮着人就问愿不愿意和我分享这笔研究经费，使得这个研究项目在一定程度上说是属于德国的。最终，一位医学院院长接受了我的邀请，他非常慷慨，没有要一点研究经费，还让我使用他的信笺头——柏林夏洛蒂医学院，作为后续通信地址。（"我信任你！"）他想和我进行科研合作，后来的确非常成功。

我们于1999年在《自然生物技术》杂志上发表了关于肿瘤抑制因子调节细胞膜受体的研究成果，其中涉及很多合作者。其中有一个从苏黎世回他的祖国澳大利亚了，并在作者名单中添加了几个澳大利亚同事的名字。当我有所抱怨时，他所在研究所的所长却向我表达想再多加几个名字的愿望，他认为这对于他们而言是一项荣誉。我们最终把那些人全都加进了作者名单，共有十多人。这些人我一个都不认识，到今天也不认识。在这个问题得以解决之前，我收到一封来自夏威夷的律师邮件。这位律师的委托人也声称其有作者署名权——他是一名学生，等待美国签证的时候在我的实验室待过。多年来我连一点儿他的消息都没有。他是怎么得知我们发表论文的事情的？这对我而言仍旧是一个谜。我宁愿不去找答案，只是把他加进了作者名单里。

PDZ肿瘤抑制蛋白和癌症蛋白Src相结合。如果缺失末端的一个氨基酸，PDZ就会丧失其抑制效果，细胞间失去联系，形成伪足这样像脚一样的结构来移动、逃跑并转移。在柏林马普所测序小组两名专家的帮助下，我们使用表达谱筛查技术，寻找转移细胞和非转移细胞之间的区别。表达谱筛查是一种分析研究所有转录本，也即转录组的一项技术。我们检测到有600个基因差异表达，数量之大令我们难以置信。接下来我会讲述这个工作的细节。

组和组学

马普所的一名生物信息学专业学生端坐在他的电脑前，对出入房间的人们毫不在意，桌上放着半空的饼干盒，桌下摆了一堆塑料瓶。他正在分析比对正常细胞和转移细胞的转录组。所有以“组”结尾的名词都包含一个研究样本中所有的组成部分，即所有的信使

RNA（转录组），所有的蛋白（蛋白组），所有的代谢物（代谢组），所有的激酶（激酶组），等等。这种研究方式的核心概念是“研究整体”，尤其是要把那些独立起来都完全不为人知的部分整合起来，联合分析，而不是做独立分析。（我的一位不是科学家的朋友不喜欢这部分内容，建议我把它删掉。读者们可以略过这部分。但如果一位年长的研究负责人想要理解年轻学生的对话，一些专业技术名词还是值得记住的。）

我们接着说。有一种机器可以胜任转录组学，它有个很好听的名字，叫“伊诺米娜”（illumina），它可以把所有的 RNA 转录成 DNA 然后进行测序。这是一台高通量的机器，可以产生并且存储序列信息。现在每所大学的研究所里都有这样的机器，通过它我们可以很容易地识别出已知的基因，未知的基因则需要用测序来发现。我们把这项技术称为“下一代测序技术”（NGS），因为它比上一代技术要新。为了减少统计错误，我们需要进行重复测序，也称为“覆盖率”——所以 10 次重复测序就对应了 10 倍的覆盖率。“基因组学”研究一个样本中所有的基因，DNA 被用“霰弹枪”或者“鸟枪”法打碎成许多小片段，然后再把碎片拼到一起成为“连续的片段”（contigs）——这是我们需要学的一个新词汇。随后，我们要把拼接出来的序列和“参考基因组”进行比对，做识别工作。“参考基因组”是科学家们都认同的一个样本或者基因组模板。官方公布的人类参考基因组的来源不是一个人，而是一个虚拟人。它由超过 20 位捐赠者的 DNA 组成，并在不断完善中。

两个“正常人”的基因组之间有超过 300 万个碱基差异——这就是 SNPs，即小型核苷酸多态性（snipps），是一种点突变。这个数字非常巨大——真的有那么多“正常”的差别吗？几乎每个基因组都有 0.1% 是不一样的——但这意味着什么？也许这并不意味着什么特别的，至少不表示有某种疾病。我们有很多工作要做，从中找出哪些差别可以作为疾病的指征。在将来的某一天，个性化医疗会找出致病基因——这可不是一项微不足道的工作。它们会是哪些基因？拿 Src 蛋白为例，我们研究了正常细胞和转移细胞之间转录组的差异。在显微镜下我们可以看到一个重要的区别：正常细胞可以形成腺泡一样的球形三维结构，而转移蛋白会让这种结构存在破损（这是一些消化性蛋白酶的功劳）。

序列分析表明，600 个基因在转移细胞中存在差异表达：在一些转移细胞中，一些基因的表达量增加了 10 倍、100 倍，甚至 100 万倍；而另一些仅仅增加了 1 倍。双倍的差异通常被认为无关紧要而被忽略，而我不这么想。我们的染色体有两个拷贝，如果 1 个缺失了，那么细胞在变成癌细胞的路上已经走了一半了。通过基因本体学（Gene Ontology）数据库或一些类似的数据库，利用电脑程序我们就可以识别出这 600 个基因。当排除那些在正常对照细胞中也出现的基因后，我们还剩下 435 个基因，可能是典型的促转移基因。其中一些基因对细胞迁移、附着或凋亡有作用；另有 17 个是转录因子，它们可以激活更多的基因。这太复杂了！会不会有一些基因彼此更有相关性？有没有主调控基因？许多人在寻找它们——我也在寻找。

另一个“组”是元基因组，指的是一个生物体内所有的基因组。一个非常流行的元基因组是微生物群落，它是人身上所有微生物的总和，包括胃里的、皮肤上的、女性产道里的微生物。同样有意思的微生物群落来源于土壤样本、污水、湖泊、海洋、活体动物的粪便或者化石，以及肺囊性纤维化患者的肺部。甚至有研究人员测序了北京的雾霾（含有微生物），还有人分析印度的恒河水为什么那么神圣（含有一些噬菌体，因而可以消灭一些细菌）。这些研究需要数百名生物信息学专家的参与，以及更好的计算机硬件加持。我认为，下一个研究热点可能是代谢组——代谢的所有组分。然后呢？激酶的激酶组？——我们已知有 1000 种激酶。我只研究过其中的 1 种，因此提出以下这个问题：把所有激酶放在一起研究，和单独研究一个特例，哪种研究方式更值得我们去做？答案是，两方面提供的信息都是必要的。

弗里曼·戴森（Freeman Dyson）是当代最好的数学家和物理学家之一，他虽然与诺贝尔奖擦肩而过，但是他帮助许多人得了诺贝尔奖。我在普林斯顿高等研究院的时候有幸认识了他。戴森曾写过一篇题为《鸟和蛙》的文章，文中讨论了对待一个研究项目乃至一般科学研究的不同的视角，从近处的跳跃，到远处的展望。这两种视角都是必要的，但研究人员通常更倾向于其中的一种。戴森认为自己是“蛙类”（也许是一种英式自谦？），他最著名的作品是《生命的起源》（*Origins of Life*）——为什么 origin 要用复数形式？为什么不止一种？我们稍后再说。

至于包含了所有病毒的病毒组呢？病毒尤其难以被发现和描述。在我们的基因组中，病毒到处都是，它们整合在了许多不同的位置，迄今为止只有那些在基因组的保守区域里的病毒才被认为是“有意义”的。我们只把基因组中保守的认为是重要的。然而病毒的整合位点通常并不保守，因此大多数病毒都被我们忽视了。近来，我们在人类基因组中发现了一些病毒，当我们得知它巨大的数量时都惊呆了——那是数百万的逆转录病毒“化石”。目前我们已了解 3000 种病毒，其中约 150 种会导致疾病，而在污水中我们发现了 50000 种病毒。别忘了，地球上有 10^{33} 种病毒和噬菌体！我们怎么可能把它们分析个遍？实在是太多了！所以我们可以集中研究那些致病病毒，调整到“青蛙视角”——不过这与本书的目的背道而驰，在本书中，我希望把读者的注意力引向所有那些不会让我们生病的病毒。然而这类病毒实在是太多了。

近来有一场关于如何处理测序结果的讨论，其中包含使用云端存储，然而其结论让我震惊：别保存测序结果，把它们扔掉！如果你之后还需要它们，那就再进行测序。重复测序要比在数据库中存储和查找快得多——天哪！

完全不同的癌症？

人类基因组的 98% 都是“空白”，只有 1.5%—2% 的部分编码蛋白质：“空白”是指那些不编码蛋白质的序列，比如内含子或者含有别的信息的序列，或者干脆就是“垃圾”。有些“空白”区间由功能失活的内源逆转录病毒组成。内含子是基因组上的一些特殊序列，它们可以通过剪切机制被移除，使得外显子可以形成各种各样的组合，从而大大丰富了人类的遗传复杂性。（内含子序列在 RNA 水平上，形成环或者套索结构，进而被剪切掉。）这种机制让蛋白序列的组合数量有了惊人的增长。然后，还有很多 DNA 序列表达具有调控作用的微小 RNA（microRNAs，缩写为 miRs），它们只有 20 个到 30 个碱基，而长非编码 RNAs（lncRNA，英文读作“link”RNA）则有数百个碱基。微小 RNA 与相关 RNA 结合并切断后者，这在白血病中有作用，目前是研究的热门领域。美国俄亥俄州一位肿瘤学家卡罗·克罗斯（Carlo Croce）在研究白血病中的染色体异常和癌症蛋白等课题时，意外发现了 miR-15 和 miR-16 的作用。卡罗·克罗斯是米尔德里德·希尔基金会癌症研讨会上的常客，也经常来作报告。米尔德里德·希尔是前德国总统夫人，也是一位医生，致力于资助德国的癌症研究——她自己因患结肠癌去世，但几十年过去了她的基金会依然存在。当年，我有幸获得了她基金会授予的最高奖项（奖金130万欧元），并接受她亲手授予的奖杯。但是遗憾的是，没人能够帮助她（我也无法帮助我的爱人对抗致命的癌症）。

卡罗·克罗斯与癌症研究人员建立了一个网络，对他如何检测到那些具有癌症特异性的微小RNA颇为保密，不过到现在，也就是几年后，全世界研究者都在研究miRs。对所有类型的非编码RNA即ncRNA（“非编码蛋白”），学界已经掀起了研究热潮。我们在癌症中发现了几千种ncRNA。肿瘤可以用多种不同的ncRNA的组合来定义。在癌症研究领域，miRs会不会取代致癌基因？那么本书之前所说的是不是全都错了？从某种角度来说的确是，在诊断领域中，miRs更容易被检测到——用以寻找癌症特异性miRs的芯片已经唾手可得。我们可以在血液、唾液、粪便中检测miRs，这意味着我们可以做到无创诊断取样。然而，一些miRs参与了前文所说的一些特异的致癌基因通路。Myc蛋白和肿瘤抑制因子p53就是两个例证。Myc蛋白通过miR-17-92激活许多别的基因的表达，其中包含*Raf*这样的致癌基因；如果把这些miRs删除，那么癌症就不会产生——这意味着miRs的重要功能，并且将来可以通过靶标这些miRs来开展癌症治疗。肿瘤抑制因子p53也是通过miR-34等miRs来行使功能的。

我们几乎能在任意一种你能想到的生物系统中检测到miRs，比如锥虫、细菌、植物、哺乳动物，哪儿都有。市场上有各种基于试剂盒的快速检测系统，用途广泛，从人类疾病的诊断，到判断养殖场的鸡是否“幸福”。miRs可以被用作生物标志物，以检测鸡的生存状态和健康水平。供应商现在就是这样向那些显然受过良好教育的农场主推荐的！

此外，病毒中也存在调控小 RNA。科学家在乙肝病毒和 HIV 中发现了调控小 RNA，但具体情况仍在激烈的争论中。miRs 可以调节病毒基因从早期（感染）到晚期的变化。（反义 RNA 也有这样的功能。）

小 RNA 还可以在癌症中对表观遗传效应产生影响。表观遗传的变化不会被记录在 DNA 中，这种变化也不由突变造成，而是小 RNA 调控的后果。它会导致 DNA 上的化学修饰，以对应环境因素的变化（通过在核苷酸上连接甲基团，或者乙酰化和改变 DNA 的包裹形态来修饰染色质等方法）。

表观遗传效应通常是短暂的，并不会传给下一代。环境因素包括生活方式、营养摄入、吸烟或饮酒、压力和疾病。这些因素会导致表观遗传的变化，产生特殊的（DNA）甲基化模式。这样的变化甚至可以用肉眼看到：Agouti 小鼠是一种特殊的小鼠品种，它皮毛的颜色可以指示环境中是否存在致癌物（见下文）。黑色皮毛代表健康状态，黄色皮毛则说明食物中含有致癌物！

癌症的诊断不再基于寻找基因突变或者致癌基因的过表达，而可以基于表观遗传的变化，这就需要新的诊断技术来判断甲基化修饰的模式（通过亚硫酸氢盐的转化），现已成为一门迅速发展的研究领域。

此外还有长非编码 RNA，它们的长度可以很长，可以在正常细胞和癌细胞中调节基因的表达。

最后很重要的一点是，我们需要记得奥托·瓦布格（Otto Warburg）的贡献。他试图解决癌症这个难题——也非常害怕死于癌症。他提出一个在当时离经叛道的理论，认为肿瘤细胞进行无氧呼吸，而不是有氧呼吸。因此在 1970 年他去世前，他在柏林受到了猛烈的学术攻击。甚至当时德国的花边报刊《图片时代报》也毫不犹豫地刊发了对他的嘲弄——这真是尴尬，因为他肯定是德国有史以来最伟大的生物化学家之一。瓦布格认为，肿瘤细胞通过无氧代谢通路产生能量，也就是在不需要氧气的情况下分解糖分。这种情形我们都很熟悉，当运动中氧气得不到充分提供时，就会发生肌肉酸痛。因此肿瘤细胞就有这种“肌肉酸痛”。治疗肿瘤细胞需要糖酵解抑制剂，现在正在开发中。瓦布格因为解决了发酵问题，于1931年获得诺贝尔奖。2011年，我在普林斯顿高等研究院参加研讨会的时候，见证了其癌症理论的重获新生，连续三个报告都认可了他对癌症的研究理念，并配以他的照片。肿瘤细胞的致癌突变和代谢变化造成了细胞的缺氧状况。瓦布格非常害怕死于癌症，他在柏林达勒姆的研究所旁，竟亲自生产牛奶和小麦。今天的马普分子遗传学研究所就在那里。据说，瓦布格只允许他的技术员处理他的食物。他是害怕食物中毒吗？有一些关于他和他的家人争执的奇闻逸事曝出，比如英国一家主流报纸刊发了他的死亡通告，而他却活得好好的。于是他起诉了那家报社，并成功拿到了赔偿，理由很简单，他是一个公众人物，而报社应该在做出报道之前核实消息来源才对。后来为了纪念他，柏林的独立研究小组被命名为“奥托·瓦布格实验室”。我曾经领导过这么一个研究小组，得到了极好的支持，在致癌基因领域发表了我最得意的论文——然而我并没有去继续研究肿瘤细胞不需要氧气的理论，我真的应当把这个课题当作对研究所的义务来完成。我偏偏就没这么做，十分尴尬。

23 and Me——我会得乳腺癌吗

我会得癌症吗？这个问题不仅萦绕在奥托·瓦布格的心里，也和我们每个人息息相关。那么答案是什么？我们可以一试：

普林斯顿高等研究院的一位同事告诉我一个名为“23 and Me”（23 和我）公司的事情，鼓励我对自己的遗传信息进行分析。公司名字中的 23 指的是每个人都有的 23 对染色体。然而我这个同事开始担心，并跟我说，如果分析结果不好的话可以联系另外一家公司，也许能获得更好的结果！事实上，最近这些公司需要达到质量控制标准，以保证它们的结果具有可比性。由于质控的问题，美国食品药品监督管理局（FDA）曾给 23 and Me 公司颁布了一个短期禁令，之后又取消了。一般来说，任意两个诊断实验必须在互相独立的情况下得到相同的结果才有意义。我在我的病毒诊断部门也建立了这样一个质控程序，包含大量的文书、操作流程、指南、员工培训和各种签字手续。文件堆起来有几米高——真是一项大挑战。

我在这种个性化医学服务中学到了什么，又该如何应对可能的负面结果？这是我想搞清楚的。我在 2011 年花了 200 美元对自己的基因做分析。到目前为止，还没有对整个基因组进行分析，只分析了一些相关的、可用现有芯片完成的基因区间：已经检测了 100 万个碱基，对应 200 种遗传病和 100 种有遗传倾向的特定疾病，为此提供了 5 毫升的唾液，放在公司提供的试管中。这可要费一些力气，因为你不能吃糖也不能用牙膏。用一个厚厚的盖子把试管盖上后，盖子里面会释放出一些防腐剂。连寄回公司的邮费也已经付好了。当然，用户需要同意自己的遗传信息被匿名地用于研究和统计。这就是这项分析服务如此便宜的原因。用户也不需要提供病史，所有的结果都来自基因分析。23 and Me 公司的负责人是谷歌发明人的一个亲戚。不过，纽约的朋友就不能参加这项分析，因为这在美国的某些州包括纽约州在内是被禁止的。为什么呢？是因为这种分析没有得到 FDA 的批准？还是存在太多的不确定性？还是用户拿到负面结果后可能有自杀的风险？我填写了我在普林斯顿的住址，4 周后我通过电子邮件获得了分析结果。阅读结果前设置了很多问题，问我是否准备好了解我患阿尔茨海默病和乳腺癌的概率，并告知我继续往下阅读时不要恐慌，还附有科学文献的引用。对于患乳腺癌的概率，我没有得到一个明确的答案，只看到统计结果。然而我发现我的 *Erb-B2* 基因并没有突变——这是 25% 的乳腺癌的特征。所以说这是个好消息。

我还被告知有另外一些因素未纳入考虑，比如“生活方式”。如果将来有更多的信息，可以进行更好的分析的话，我还会收到更新邮件。在过去的 5 年里，我一直在他们公司的邮箱列表中，持续收到他们提出的问题和信息。我得知我是玛丽·安托瓦内特（Marie Antoinette）的后代，也是斯堪的纳维亚半岛上勇敢无畏的北欧海盗的后裔。我的确有法国胡格诺特血统，出生在德国北部。他们没有发现我有犹太人基因，我和埃里克·坎德尔（Eric Kandel）聊起这件事的时候，他评论说“这对你不好”，然后放声大笑，让我难以忘怀。这些使我想起了《寻找记忆》这部电影的最后一幕，坎德尔是记忆研究领域最闪耀的研究者。他把海兔（一种蛞蝓，有点儿像水母）作为动物模型来研究记忆，因为这种生物有粗大的神经束。

我的眼压过高，胆固醇偏高，一些药物对我来说不适用。我不会像我父亲那样得肺气肿（他死于肺气肿），我得糖尿病的风险也很低。事实上，一切都很含糊，所谓的结论更像是各种风险发生的概率。因此我真的不知道什么是肯定的结论，不过经常做一些预防性的分析可能是件好事。弗里曼·戴森对他的整个家庭进行了测试，涵盖了 60 名家庭成员。也许由此我们可以发现他的天才基因，并找出谁继承了这个基因。到目前为止，已经有来自 50 个国家的 75 万名客户接受了测试，接受测试的人越多越好。

当我告诉我的朋友、亲属甚至保健医生，我对我的基因进行了分析，经常会得到这样的提问："谁想知道这些结果？"人们可能会感到害怕，保险公司也可能滥用这些信息——一切都那么可疑。但这是真的吗？人们也可能为此感到高兴，比如可以知道一种疗法对自己是否有效，或者是否有资格接受一种疗法——这需要基于基因信息做判断！医疗保险行业已经在这么做了：一个乳腺癌患者仅仅在被确认是 Erb-B2 受体突变携带者的时候，才会接受昂贵的赫赛汀的治疗。Erb-B2 受体突变仅仅在 25% 的乳腺癌患者中存在。无论如何，个性化医疗总会来临。诊断所需的一种测序仪器名为 MinION，只有两根手指大小，由牛津纳米孔技术公司出品，我在苏黎世大学的同事已经在用了。（MinION 有着全新的测序原理，它把核酸从测序芯片上的纳米孔中穿过来测序。各项参数非常灵敏，真是技术上的一大奇迹！）而且，它的价格只有几百美元，很快就会出现在每个医生的桌子上。

克雷格·文特尔（Craig Venter）创立了一个极其高效迅速的全基因组测序技术，他也是最先分析自己整个基因组的少数几个人之一。根据他的结果，他试图通过改变摄入营养来降低他的胆固醇水平。我觉得会有更便宜的方法来找到答案！詹姆斯·沃森也是最早的几个把自己全基因组测序的人之一，他有患癌症的风险；不过他已经 80 多岁了，对这个风险并不担忧。他没有讨论其他一些与他家庭相关的潜在基因问题。当我把从 23 and Me 公司拿到的分析结果给我的眼科医生看，跟他说我有几个基因突变和青光眼有关，他哈哈大笑。他根本没看那些结果，仅问我："你祖母或是别的家人有青光眼吗？"这才是他所关心的。

病毒和前列腺癌

病毒会导致前列腺癌吗？如果是真的那可真要掀起轩然大波了。然而，事实完全相反，这是一个假警报，前列腺癌与病毒无关。传言中所说的病毒是实验室污染造成的，把病毒归结于致病原因的过程需要一直注意避免污染。那些可以鉴定并研究病毒的实验室通常也充满了病毒，冰箱、冷冻机，甚至空气中都有，在使用移液管或者离心机时，病毒就可能四处传播。人们花了足足 6 年的时间，才最终确认病毒不会导致前列腺癌。我们有这么多新方法，但为什么还是花了那么长时间？这是一个讽刺。

当时被科学家怀疑导致前列腺癌的病毒是一种异嗜性小鼠逆转录病毒（XMRV）。如它名字中的“异嗜性”所指的那样，它不仅可以感染小鼠，也可以感染别的物种。人们在一些前列腺癌患者的样本中检测到了这种病毒。利用高敏感度的聚合酶链式反应（前文说过的 PCR），有时候甚至可以在健康人的样本中检测到这个病毒序列，只是欧洲来源的样本中从未检出——但是研究人员不但没有起疑心，反而简单地认定这是美国特有的一种流行病。由于 HIV 这样的逆转录病毒可以通过血液传播，所以当时就对献血实施了限制和管控。有些人认为可以用治疗 HIV 的抗逆转录病毒药物去对抗可能的罪魁祸首，也就是 XMRV，于是开始服用抗 HIV 药物。如果有效的话，那倒不失为一个好证据，但事与愿违。通常来说，病人的肿瘤细胞无法在实验室中培养，于是就移植到小鼠身上去生长。然后这些肿瘤细胞在小鼠身上增殖，并被分发到世界各地的实验室去做进一步的研究。然而，它们都感染上小鼠自身的病毒，于是全世界所用的细胞全都是被污染了的。从 1996 年到 2006 年，这整整 10 年里，大家都不知道有小鼠病毒污染这回事。科学界成立了一个委员会，来分析挖掘实验室的操作流程，试图搞清楚到底发生了什么。那真是一场噩梦——需要仔细查阅10年来所有同事的操作流程记录，单单这个想法就让我瑟瑟发抖。约翰·科芬（John Coffin）是最富有经验的逆转录病毒学家之一，他像福尔摩斯一样最终解决了这个问题："新"病毒是一种古老的动物病毒，并不是一种前列腺癌病毒，受污染的对照组细胞在全世界流传——可惜的是他没有因此获得诺贝尔奖。他发现了两个问题，一个是受污染的小鼠细胞，另一个是聚合酶链式反应引起污染从而带来的困扰。这是一个尴尬的故事，也很容易再次发生！病毒易于传播，也的确很难清除。有一次柏林的罗伯特·科赫研究所发生过一起事故，病毒通过空调系统污染了整栋大楼——虽然我得承认那是30年前的事了。类似的事情也发生在图宾根的马普病毒学研究所，导致整个研究所被关闭，整栋大楼需要全面消毒，我们只好去"休假"。如今，医院也有被污染的风险，近来有一艘邮轮也因被污染而隔离。船员们必须学着应对具有高度传染性的诺如病毒（noroviruses），这种病毒只要在厕所的空气中有几个颗粒就足以引起感染。

小鼠携带很多很多病毒。即使是近亲繁殖的"健康"的实验室小鼠也携带多达60种不同的病毒，野生的小鼠则可能再多10倍。除了病毒污染，PCR还可能呈现假阳性。有很多令人瞠目结舌的途径可以导致污染，再全的规章制度也难以防范：小鼠可能会逃跑然后藏起来，感染上新的病毒。柏林马普所的一名夜间值班人员闲得无聊，用奶酪驯化了一只实验室小鼠。当这只黑色小鼠产下灰色宝宝而不是通常的黑色宝宝时，我们才注意到这个事情。母鼠的受精是在鼠笼中发生的，这让大家松了一口气。想要知道发生了什么，在这件事中很容易，只要看颜色就好了，而别的污染情况则要复杂得多。

有这么一个“复杂”的案例：整个德国参与了寻找“海尔布隆杀手”的侦探行动。起因是需要搞清楚一桩谋杀案，警方从嫌犯的车门把手、卧室抽屉把手等地方用棉签提取了DNA。无论什么样本，高敏感的PCR检测系统都给出了阳性结果。这样的情况延续了好久，以至于人们怀疑这是一个连环杀手。到最后才发现，这个乌龙的罪魁祸首居然是被污染的棉签——一个小棍头上裹着一点棉花，用来提取嫌疑人DNA随后用于PCR检测用的。原来，这些棉签被厂商的一名员工的DNA污染了。原本应该进行对照试验，这是每一个科学家都会做的，但怎么居然就被忘了呢？

还有一个例子正好相反，原以为的污染实际上并不存在——这就是HIV如何被发现的。1983年在美国冷泉港的一次会议上，吕克·蒙塔尼耶展示了有关他在巴黎发现的新病毒的数据。坐在后排的逆转录病毒学家们表示一个字也不相信，反而拿他开玩笑、嘲弄他。毕竟，所谓新发现的人类病毒的假阳性结果太多了——我记得一个例子是一种长臂猿白血病病毒，结果被证明是实验室污染，而不是什么人类病毒。然而，这次吕克·蒙塔尼耶是对的！

第 5 章
不致病的病毒

充满病毒的海洋

在我最近的几次讲座里，用了以下这些标题：“病毒是朋友，不是敌人”“我们离不开病毒”“病毒——比它们的名声更好”“病毒是发明家”“病毒是进化的驱动力”，等等。病毒并不只让我们生病，恰恰相反，有一些病毒甚至让我们更健康！我敢说，如果没有病毒我们就会生病——我这不是胡说八道，我当然也了解艾滋病病毒、流感病毒、埃博拉病毒。然而，我希望读者了解我的这个观点，因为这种观点很新，几乎完全不为人所知，而且终有一天它会影响到我们的日常生活。要知道，新的技术手段是提出新见解的基础。

2013 年我访问了亥姆霍兹基尔海洋科学研究中心（Geomar），它的前身是基尔大学的海洋研究所。大厅里摆放着科考船“流星小姐号”（MS Meteor）的模型，这艘科考船于 20 世纪 60 年代时载着学生出航。在那期间我参加过一次，但由于我总是晕船，于是决定转而学习物理。尽管如此，我仍然喜欢海洋学，所以我去听了时

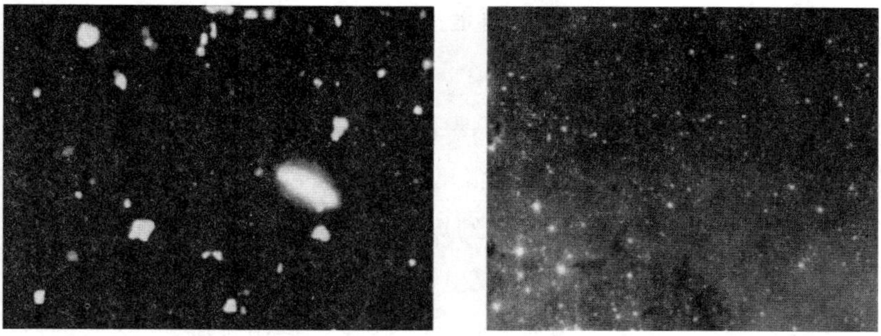

病毒　　星星

左边那张图并非夜空中的星星，而是来自海洋中的噬菌体（病毒）在金染色后的显像：噬菌体（小的），细菌（稍大的），以及细胞中的原生生物（最大的）

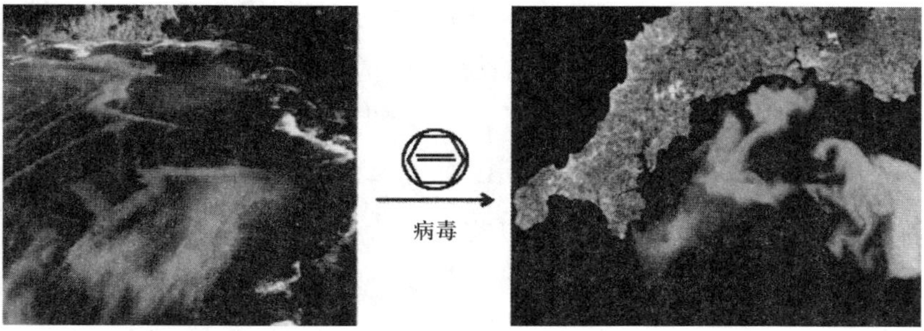

赤潮　　（处理后）

水华现象（赤潮）可以用巨大病毒来治理。被裂解的藻类呈现奶白色，释放的营养物质在海洋中能够被回收利用

任温哥华大学海洋微生物学和病毒学教授柯蒂斯·苏特尔（Curtis Suttle）的报告。他提出的微生物组分析，也就是给所有微生物基因组测序，从那时起开始变得为人所知。这门学科的研究对象包括细菌和病毒（病毒组），但是这些都难以研究，人们对它知之甚少。该领域的一位领军人物就是柯蒂斯·苏特尔，他的课上总是挤满了学生。之前我就知道柯蒂斯·苏特尔是一个善于鼓舞人心的演讲者，在他作报告的那个晚上，他的表现和大家期待的一样，让学生们兴奋不已。“病毒统治世界了吗？”他问道。他指的不是教科

书上写的引起疾病的病毒，而是另一个层面。“如果没有病毒，这个世界会变得怎样？”对于这个问题，他的回答是（曾经是，现在也是）：那么我们就不会存在。是的，我们将缺少赖以生存的氧气，因为氧气是病毒在秋季清理泛滥的海藻时产生的。

他在讲座上放映的第一张幻灯片看上去像一幅天空的照片，繁星点点，但有着完全不同的含义：那些最小的点代表病毒，大一点的代表细菌，最大的点点则是原生生物（小型单细胞或多细胞真核生物，例如藻类和一些真菌等）。柯蒂斯·苏特尔采样了 200 升海水，集中并过滤，把较大的细菌（和巨病毒）筛选出来。上层清液中的病毒可以用荧光显微技术看到，该技术利用 SYBR Gold 这种氰化物荧光染料，十分敏感。最后形成的照片和夜空中的星星一样美丽。海洋中有 10^{30} 个病毒，比天上的星星还多，星星据估计只有 10^{25} 颗。把地球上所有的病毒加在一起可能有 10^{33} 个之多。由于病毒很难被区分开来，所以我们很难估计到底有多少种不同的病毒类型。第一次系统性地给病毒分类的研究项目是在 2007 年做的，归属于全球海洋采样项目（GOS）。在这个项目中，克雷格·文特尔和他的船员乘着“巫师二号”赛艇，从北大西洋穿越巴拿马运河直到南太平洋采集水样，开辟了一个全新的研究领域。随后 EMBO 成员乘坐“塔拉海洋号”（TARA Oceans）帆船，于 2009 年至 2012 年在全世界的海洋中采样，为研究微生物和小型生物提供了大量一手资料。目前，研究人员对所获得数据的评估仍在进行中。

柯蒂斯·苏特尔的推销技术十分高超。当他讲到病毒时，本应用“噬菌体”这个名词，却刻意不提。“如果我说我的报告是关于噬菌体的，那就没人会来了，因为大多数人听都没听说过。”他说。所以读者朋友请注意，噬菌体是感染细菌的病毒。它们是真的病毒，但是仅仅会感染特定的宿主细菌。海洋中绝大多数的病毒是噬菌体。然而最近，我们在海洋中发现了巨病毒。没人知道有多少巨病毒存在，由于它们体形巨大，在过滤时看上去与细菌类似而不像是病毒。另一个英文单词 bacteriophage 的意思也是噬菌体，即它们以细菌为食物。实际上，噬菌体并不吃细菌，它们把细菌裂解掉，只不过看上去像吃一样。在波罗的海里喝一口海水，里面就含有 10^8 到 10^9 个噬菌体，通常情况下这不会让我们生病。噬菌体非常小，从尺寸上来说归于纳米颗粒一类。如果把所有的噬菌体收集起来，排成一队，那会有多长？柯蒂斯·苏特尔很喜欢搞这种计算：$10^{30}\times100$ 纳米也就是 10^{23} 米，或者 10^{20} 千米，或者是 10^7 光年。相比之下，蟹状星云距离地球只有 4000 光年。（我的硕士论文是关于来自蟹状星云的宇宙射线。我在海洋研究所附近的一个“二战”遗留下的掩体中测量了这些射线，那个掩体的天花板有 7 米厚，我们用它来模拟大气层。）

病毒会和宿主交换遗传物质。这种基因的交换称为“水平转移”（HGT）或“横向转移”（LGT），促使病毒和宿主共同演化，给宿主带来新的基因。据柯蒂斯·苏特尔估计，海洋中每秒发生 10^{23} 次病毒感染事件，带来相当多的基因水平转移。这是宿主细胞赖以创新和变化的基础，每一天里都有 10^{27} 个细胞发生裂解。然而，我们很难从这些大量的基因转移事件中了解新产生的病毒，没人知道应该如何去研究。海洋中噬菌体的总数量大概是细菌数量的 100 倍之多，80% 的海洋细菌都被噬菌体感染了。

柯蒂斯·苏特尔的讲座震惊四座。“病毒太酷了！”学生们纷纷表示。我们了解到，细菌和病毒至少已经存在了 35 亿年，从出现伊始它们就在成倍增长。海洋里的微生物世界繁衍了地球上绝大多数的生物。地球上 98% 的生物质量来自病毒，每天全世界 20%

的生物质量要被病毒分解。这使得营养得以循环，让其他物种进食、生长。病毒促使海洋中的一些物种加速生长，比如绿藻和蓝藻之类的浮游植物，它们有超过 5000 种之多。噬菌体中基因的总数量超过了地球上所有其他物种的基因的总和。

在集中过滤海水之后对病毒进行测序这项研究进展得很顺利，如果一次性把所有的病毒都测序了，能得到完整的水中“病毒组”就好了。然而我们并不能分辨出每一个噬菌体或者大型的病毒。下一步的工作就是继续分析这些研究结果。分析难度很高，即使用了最先进的电脑，耗时也会很长。测序结果中 90% 的遗传信息都是未知的，和任何已知序列都不相关。想想看，有那么多的病毒和那么多的未知呢！令人惊讶的是，那些遗传信息从何而来？是病毒自己弄的吗？的确很有可能，细菌不可能提供所有的遗传信息，实在是太多了，病毒需要尝试所有可能来制造新基因。大多数的病毒和细菌都不能在实验室中培养，因而要对它们进行实验也不那么容易。海洋中的噬菌体，以及别的病毒的数量与季节密切相关。在秋季和冬季，许多噬菌体进入一种“细胞内状态”，也称为“溶原性”：它们要么整合进细菌的基因组中安营扎寨，要么游离在细菌的基因组外，通常以闭合的环形——一种长期静息的状态坚持着，不表现出噬菌体的噬菌行为。它们会形成大片大片的生物膜，听起来有点儿像蜂群，蜂群内的成员不容易受到来自外敌的攻击——对噬菌体来说则是外来的感染。只有当细菌缺乏营养或者生存空间时，病毒才会激活，表现出裂解活性，自我复制并导致宿主细胞死亡。尽管水中有很多病毒和噬菌体存在，我们仍然可以在湖泊和海洋中游泳，甚至还可以喝几口水——每一口水中含有 10^9 个病毒。虽然数目很大，我们并不会因此生病——通常不会（但也有偶然性，后文详述）。

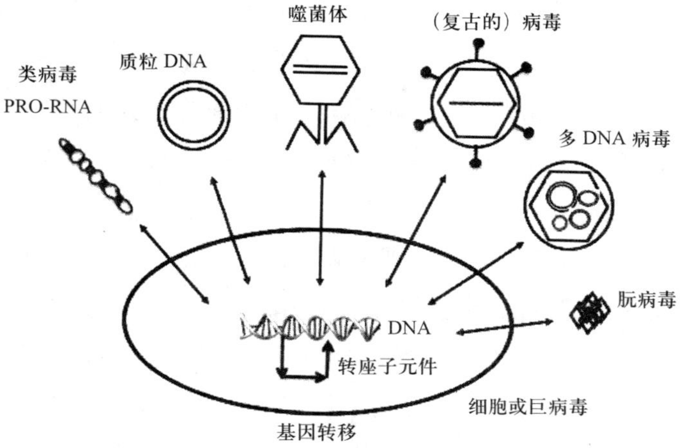

当一个细胞（原核或真核细胞，或者肿瘤细胞，甚至一个巨大病毒都可以被当作一个“细胞”）被多种病毒，或者说像裸病毒、包装好的病毒、外源核酸，也可能是朊病毒这样的病毒样元件感染时，基因会被转移。病毒被转座子元件“锁”在细胞里，变成跳跃基因

噬菌体——感染细菌的病毒

噬菌体是感染细菌的病毒。1917 年，费利克斯·代列尔在巴黎的巴斯德研究所第一次发现了噬菌体。这个发现的过程很值得一提。代列尔自学成才，他在巴斯德研究所的工作没有任何薪水（他从未被巴斯德研究所正式聘用）。一天，他发现在一盘细菌培养皿中，菌落形成了一种从未见过的光晕形状。这种光晕是细菌被裂解而形成的。代列尔利用过滤的方法，从这个光晕形状物里提取出噬菌体——他当时就是这么命名的，因为他认为过滤后的液体里还有一些可以把细菌“吃掉”的微生物（在希腊语中，phagein 的意思就是“吃”，噬菌体的英文是 phages）。青霉素的发现过程与此很类似，细菌菌落周围的光晕意味着细菌被杀死。有意思的是，噬菌体和抗生素一直在相互竞争着去杀灭细菌。代列尔成功地利用噬菌体杀灭

了在突尼斯和别的地区引起流行性腹泻的细菌。为了确认噬菌体并不危险，他以身试险，喝掉了一杯含有噬菌体的溶液，结果并没有因此生病。由此可见，他的理论是正确的。说到这里不得不提化学家马克斯·冯·佩滕科夫（Max von Pettenkofer），他喝了一杯含有霍乱细菌的水，想以此证明霍乱细菌对人是无害的。幸运的是，佩滕科夫喝下去的霍乱细菌是灭活过的，是死细菌。虽然他的理论错误，但他安然无恙。还是那句话，噬菌体确实对人体没有危害。

"敌人的敌人就是我的朋友"——代列尔到底有没有说过这句话现已不可考，但是这句话放在本书中很合适。在 1917 年代列尔就向世界宣称，使用噬菌体可以杀灭细菌。他发现患痢疾的士兵体内引起腹泻的细菌不能在含有噬菌体的培养皿中存活。然而他的学术同僚对此并不认同，也不能重复他的实验结果。这是因为噬菌体和细菌必须一一对应，两者都具有高度选择性和专一性，而抗生素则不是这样。抗生素可以无差别地抑制细菌复制，所以不需要预先测试其有效性。抗生素可以立即使用，也很容易操作：一粒药片就可以了，无须生物检验。因此，之后高歌猛进的抗生素疗法替代了噬菌体疗法的地位，并且对代列尔的希望和计划造成了致命打击。甚至可以说，抗生素疗法完全取代了噬菌体疗法。几十年来，噬菌体仅仅是科学家的研究课题。不过，我认为这个状况很快会被改变，因为各种耐药细菌都出现了，现在使用抗生素前也需要进行预检来找到合适的抗生素。噬菌体疗法必将卷土重来。

大肠杆菌的噬菌体是基础生物研究的重要工具，一共有七个亚型，命名为 T1 到 T7。研究显示，一个大肠杆菌上面可以结合多达 30 个噬菌体，噬菌体通过可伸缩的尾部，将存储在头部的 DNA 注射到细菌中。从电子显微镜照片上可以清楚地看出噬菌体具有高度对称的头部，以及卷曲的触须。这个形象成为众所周知的病毒的标志，尽管不是所有的病毒看起来都这样，有一些噬菌体没有尾部或触须。此外，在制备电子显微镜照片的过程中，触须十分容易脱落。事实上，为了给这本书找一些好看的噬菌体照片花了我不少工夫。当噬菌体 DNA 进入细胞内部后，它有两种选择。第一种选择是在细菌 DNA 外，以外小体的形式存在，这是一个环形的结构，可以自我复制，产生几百个后代并导致细菌裂解死亡。另一种选择是整合进宿主的染色体——这对于病毒 DNA 而言是一个安全的场所，通常对于细菌宿主也是无害的。这种被称为“原噬菌体 DNA”的物质，可以在细菌中代代相传下去。后来，“原噬菌体 DNA”这个专有名词被霍华德使用，他还给逆转录病毒起名为“原病毒 DNA”。原病毒 DNA 也可以整合到宿主细胞的染色体上，从而代代相传下去。对于逆转录病毒来说，首先需要把它们的遗传信息从 RNA 转录到 DNA，这是个额外步骤。除此之外，噬菌体和逆转录病毒有很多的共同之处。从噬菌体到逆转录病毒，其中的保守性非常高——这必然意味着两者是相关的，而且这种机制具有很大的进化优势。

细菌受到的“压力”可以激活那些休眠的噬菌体，从而终止这种温和的或溶原性的状态。当噬菌体 DNA 从细菌基因组中释放出来时，细菌会被裂解，从而释放出几百个新的噬菌体后代。这种裂解性的病毒在哺乳动物体内也有，我们的体内也有，它们的行为方式也是一样的。逆转录病毒则不一样，它们如果要离开宿主细胞，会以出芽的形式离开，这样就不会把宿主细胞裂解掉。

细菌的过量生长经常发生在海洋里，因为沿海农田里大量的营养物质最终将汇入海中。雨水将肥料冲走，顺着河流到达海洋，并可以进一步富集。盛夏的高温加速了细菌的滋生。到了秋天，如果细菌密度过大，那么噬菌体就活跃起来，在宿主细菌体内大量繁殖并将其裂解掉。随后壮观的细菌潮就此终结，营养物质逐渐下沉到海底的泥土里，喂养那里的生物并被循环利用。所以说噬菌体是食物链的调节器，它把陆地上的养分带给海洋里的生物，并且调节细菌和别的宿主的群体密度。毫不夸张地说，噬菌体是动物种群动态方面的专家。

噬菌体相对于细菌的数量比一般是 100：1，然而越往深海里去，这个比例越高，可达 225：1。噬菌体有一种特殊的作用：它们总是会杀死细菌中的优胜者，因为优胜细菌的数量最多。它们的口号是“干掉赢家”。由于避免了优胜细菌一家独大，那些在竞争中不那么成功的细菌得以生存下来，这就让物种多样性得到了延续。看起来，噬菌体给了少数派又一次机会。此时此刻，读者也许会联想起一些社会现象。

细胞裂解这个过程由裂解酶决定，它可以作为一种治疗手段。事实上，世界各地的研究人员，不仅仅是来自瑞士联邦理工学院和苏黎世联邦理工学院的，都已经开始生产裂解酶，用来杀灭细菌。最近，科学家对人类肠道细菌进行了细致的研究，以了解它们对温和性的和裂解性的噬菌体的影响。丰富的营养会导致被裂解的细菌和自由移动的噬菌体数量上升。我们都知道，营养过剩导致人类肥胖，这与波罗的海中营养过剩的情况有相似的效果。“塔拉海洋号”海洋探险所获得的研究结果中，这就是其中之一。它之所以令人惊讶，正因为事关最小的和最大的两个生态系统——肠道和海洋。

几十年前，我开始在柏林的马克斯·普朗克分子遗传研究所讲课。那时候，也就是 20 世纪 70 年代，对噬菌体的研究热潮达到了顶峰。所长海因茨·舒斯特正在对噬菌体的世界进行探索研究；而我则在我的领域授课，也就是逆转录病毒方面。这是两个完全不同的生物系统，噬菌体的世界和逆转录病毒的世界看起来风马牛不相及，然而它们之间的相似性让我大为惊讶，到今天我也这样觉得。这种相似性暗示了它们在进化中的关系。它们有没有共同的祖先？噬菌体的基因组在最开始时是不是和逆转录病毒一样，也主要由 RNA 组成？现在绝大多数噬菌体的基因组是双链 DNA，因此更加稳定。这种转变的可能原因之一是受到复制速率的影响，在进化过程中，逐步从 RNA 向 DNA 转变（详见第 12 章）。噬菌体不具备逆转录酶，也用不到逆转录酶，既然细菌本身就含有大量的逆转录酶，噬菌体可以轻易使用细菌的逆转录酶把自己的 RNA 转变成 DNA。细菌含有大量逆转录酶这个事实也是最近才为人所知，它们究竟起什么作用尚不明确。我作为一个研究逆转录病毒的专家，对此感到特别惊讶，可以说这个研究结果非常新颖。据我所知，唯一的一种含有逆转录酶的"逆转录噬菌体"是针对百日咳杆菌的（这种细菌导致幼儿发生严重的咳嗽，令年轻的父母饱受惊吓）。实际上，这种噬菌体连个正式名字都没有，但是它有一个特点，它的逆转录酶可以修饰进入细胞的受体，导致它可以广泛入侵多种宿主细菌。可以寄宿在多种细菌体内就是这种易出错的逆转录酶的创新之举。

到今天我仍然感到很奇怪，为什么没有一个关于噬菌体的学术研讨会包含逆转录病毒这个话题。反过来也是一样：逆转录病毒学家对噬菌体一无所知。我从来没有见过在有关逆转录病毒的会议上有哪怕一个关于噬菌体的报告出现，反之亦然（我是个例外，但是从来没被会议主办方待见过）。一开始，研究噬菌体的科学家做出的进展远远超过逆转录病毒学家，不过后来就不同了——从来没有一个病毒被研究得像 HIV 这么透彻。如今，噬菌体也慢慢淡出人们的视野。不过我相信总会有一天，噬菌体的研究会重新得到关注，以此挽救病人的生命。也许这一天很快就会到来。下文会谈到一个案例和一些对于噬菌体未来研究的推测。

画家的外套和科学家的日记

马克斯·德尔布鲁克（Max Delbrück）是噬菌体研究领域的"教皇"。他在加州理工学院任教授，每年都会从洛杉矶来德国柏林。他在柏林出生。柏林有一条街叫德尔布鲁克街，以纪念他父亲做为著名历史学家所做的贡献。马克斯·德尔布鲁克作为柏林马克斯·普朗克分子遗传研究所的外聘人员，每年都会过来工作。他来此不仅仅为了噬菌体的研究，也因为一个新的研究领域——须霉菌。这是一种真菌，在生长的时候会远离墙壁。恩佐·鲁索（Enzo Russo）和德尔布鲁克一起研究这种真菌，他是一位很有耐心的科学家。为什么须霉菌会这样生长，其中原因到现在仍不清楚，而这个研究方向也不会给德尔布鲁克带来诺贝尔奖。早在1969年，德尔布鲁克就因在噬菌体方面的贡献获得了诺贝尔奖。他开辟了噬菌体研究的领域，他富有先见地使用噬菌体和它们的细菌宿主作为研究模型，研究生命的复制、突变和免疫。细菌的繁殖周期大约是20分钟，受到生长环境的影响略有出入。一般来说，差不多20分钟就可以产生并释放数百个噬菌体。我们人类的繁殖周期是几十年，对于需要快速获得结果的研究来说实在是太久了。在研究之初，对于病毒和细菌的繁殖是否遵守同一个规则还不明确，能不能和我们人类进行比较也不明了。起码人类看起来并不是很像这些亲戚嘛！所以说德尔布鲁克的这种远见，即认为繁殖的机制是所有生命都共同遵守的，实在是卓尔不群。他在一个著名的实验中分析研究了细菌对于噬菌体的抵抗力，以及突变在其中的作用。

德尔布鲁克来柏林的另一个原因是为了和詹妮·马蒙（Jeanne Mammen）见面。詹妮是一位表现主义画家，接受德尔布鲁克在经济上的帮助。她在"二战"中藏身于柏林库弗斯滕丹（德国著名的商业街）后面的一个平房里。这个平房就是她的家和工作室，房间里有一个粗厚黝黑的烤箱通风管，从窗户里望出去是一棵巨大的胡桃树。现在此地变成了一个纪念她的博物馆。墙上挂满了画作，詹妮的画作只是在她去世后才被主流博物馆收纳。她生前管德尔布鲁克要过一件厚实保暖的冬衣，于是德尔布鲁克把自己的大衣送给了她。虽然太大不合身，詹妮还是很感激地穿着德尔布鲁克的大衣，度过了柏林遭受轰炸的时日。她给德尔布鲁克画了幅肖像画，后来这幅画成为著名的立体主义肖像画。再后来，冷泉港实验室在2006年为纪念马克斯·德尔布鲁克诞辰100周年，出了本纪念册，封面用的就是詹妮的这幅画。在柏林墙高耸着的日子里，德尔布鲁克总是想尽办法去东柏林的布赫去。他每个月都把自己手头的美国科学院院刊寄给厄尔哈德·盖斯勒（Erhard Geissler）。盖斯勒是德尔布鲁克的一位同事，也研究噬菌体和病毒，在位于东德统治下的柏林布赫的研究所里工作。在寄给盖斯勒的杂志上，德尔布鲁克做的铅笔笔记现在仍清晰可见。一开始，德尔布鲁克成捆成捆地给盖斯勒寄杂志，把往期的期刊也一同寄过去。这就让东德海关非常恼火，有时候还故意弄丢一些杂志。在那个年代，东德哪里都搞不到这份美国杂志，因而它的到来给东柏林的噬菌体和病毒研究带来了强大的推动力。柏林墙倒塌后，东德的那个研究所被命名为马克斯·德尔布鲁克研究所（MDC）。所里的咖啡屋也以德尔布鲁克妻子曼妮的名字命名。20世纪90年代初，曼妮带着几个儿子参加了MDC的落成典礼，那时德尔布鲁克已经去世了。尽管年事已高，曼妮来的时候还亲自背着一个在当时少见的背包，拿着一份长长的电话名单，打电话安排自己一家人的行程，然后一起出去享受美味的冰淇淋。

沃森执掌冷泉港实验室多年，每年都开设著名的噬菌体课程。

马克斯·德尔布鲁克和其他一些著名科学家，比如冈瑟·施坦特，合写了一本著名的有关噬菌体的教科书，用作这个课程的教材。他们培养了整整一代的噬菌体研究专家，就这样，噬菌体研究传遍了整个世界。德尔布鲁克后来在德国科隆的一个研究所里培养扶持对噬菌体的研究，这个研究所后来也以他的名字命名。德尔布鲁克十分严格，在科学讨论中咄咄逼人，但是很多人都说他喜欢那种草率的科研态度。其实这种态度正是他所推崇的，他认为这是通往新发现的途径——不精确正是创新的摇篮。具有创新能力然而又容易出错的逆转录酶就是这个理念的一个明证。在我的记忆里，他的确有点儿令人望而生畏。他对双螺旋的发现感到很失望。作为一个物理学家，德尔布鲁克职业生涯的开端就是师从尼尔斯·玻尔（Nils Bohr）在哥本哈根研究原子模型。他所期待的生命的原理不仅仅是"物质"层面的。物理学家埃尔温·薛定谔在"二战"期间逃到爱尔兰做讲师的时候，提出了一个著名的问题："生命是什么？"这个问题激发了整整一代物理学家投身生物学研究。薛定谔的这本书成为20世纪科学读物的经典之作，是分子生物学的里程碑，召唤来了许多物理学家，马克斯·德尔布鲁克就是其中之一。当时研究噬菌体所用的模型是λ噬菌体。哈佛大学的马克·普坦森对此有透彻的研究，并出版了一本书，引领了一代代学生通过λ噬菌体研究基因的调控，这种调控机制适用于几乎所有的生物系统。自从发现了DNA双螺旋结构，利用噬菌体研究DNA的复制过程成为一个很活跃也很有趣的研究领域。紧接着人们就开始对启动子和抑制子介导的基因调控这一极其复杂的课题进行研究——研究成果足以写成厚厚的一本书。有一次我在哈佛大学普坦森所在的研究所作报告，讲的是Myc蛋白，这是一个真核细胞中基因表达的调控元件，和噬菌体蛋白有类似的功能。我讲着讲着，普坦森突然起身冲咖啡去了，他是如此随意，以致让我深深地怀疑是不是我报告的质量太差了。然而几年之后，当他在普林斯顿作报告的时候，他从听众中认出我来，并从讲台上走下来跟我打招呼——这又一次让我大吃一惊。我当时以为他一定是认错人了，但是并没有，看来他对我的印象很深。

我们并不孤独

我们自己就是一个生态系统，联合我们体内外的细菌、病毒、古细菌和真菌一起共同生存。用水和肥皂并不能把它们从我们身上清除掉，也不应该这么做，因为我们彼此依存。过于频繁洗澡反而可能有害！这点我们需要好好解释一下。

所谓的整个微生物组包含了我们浑身上下里里外外所有的细菌，以及其他微生物。每年，《科学》杂志都要评选出年度十大科学突破进展。2011 年和 2013 年的年度十大突破进展都包括了微生物组的研究发现。微生物组涵盖了所有的微生物，比如细菌、病毒、古细菌、真菌，等等。不管是已知种类还是未知的，也不管我们是不是能够在实验室培养或者研究它们。微生物组学使用一种全面的策略，测定所有微生物的 DNA 序列信息，宗旨是“无所不包”。测序技术进展神速，而且价格低廉，广为使用，我们可以对所有能够想象得到的生物进行测序研究：肠胃里面所有的微生物、产道、唾液、皮肤、鼻腔、肺部，哪里都可以。由此我们发现，人类的身体其实是一个生态系统，每个人都有自己独一无二的微生物组，就像一个人的身份证号码一样。这个研究成果的意义极其深远，所有的新闻媒体都关注报道了。最新的研究揭示了我们身上有多少微生物，这个数字极其巨大。这项研究数据是人类微生物组计划（HMP）的一部分。这项研究计划旨在分析人类的微生物组。从某种意义上来说，HMP 是人类基因组计划的继承者，人类基因组计划的目的是给我们的基因组和所有的基因进行测序。在 HMP 中，有 242 名健康的美国人参与了最初的样本提取，从他们身上各个部位反复使用棉签刮取样本，共计 5000 份，然后送去测序。科学家研究了生活在人体内外的 178 种微生物的基因组，发现罕见微生物相对而言在人与人之间有较高的差异，而常见微生物的复杂度则较低。这是因为常见微生物获得了生长优势，长得比别的快，因此这几种微生物的数量占了大多数。人体内外的微生物种群有很高的复杂性，数量最高的细菌群体存在于我们的肠胃道和体表凹陷处，比如皮肤上、肘窝里，耳后以及女性阴道里略少。腋下的微生物组和前臂上的不一样。我们手臂上约有 44 种微生物，这是体表微生物最"富饶"的地方。阴道中的微生物组非常稳定，种类较为单一。不同人身上相同部位的微生物构成要比同一个人身上不同地方的微生物构成更接近。

鉴于这种高度的复杂性，元基因组学是唯一可行的研究手段。"元基因组学"一词来源于"元分析"（这是统计学中的一个比较手段，使得不同的结果可以相互比较）和"基因组学"（包含了完整的遗传信息）。回想一下我们面对的难题：现有微生物中 99% 都是未知物种，唯有研究它们，别无他法。

人类微生物组计划的研究结果中有好几个令人惊讶的发现。首先，我们发现绝大多数微生物不会导致疾病。除了在我们的消化道里，我们的体表也有着极大量的细菌、病毒和真菌。它们中许多是我们人体所必需的，比如为我们提供维生素，或者帮助我们消化我们自身不能消化的食物。它们可以合成维生素、去除致癌物质的毒性、代谢药物（对此我们亟须了解得更清楚）。病毒和细菌影响着我们的免疫系统，帮助我们抵御那些更可能让我们生病的外来微生物。可以说，那些对我们有用的微生物可以对有害的微生物起到控制作用，换句话说就是已知微生物为我们抵御未知微生物！我们的肠道可不是微生物相互角斗的战场。其实，人体内并不存在所谓的战争，有的只是一种平衡状态，形成一个稳健的群体——一致对外。

第二个令人惊讶的发现是微生物的数目：在我们的粪便中可以检测出 1000 种至 2000 种不同的细菌，通常累计可以达到 1.5 千克至 2 千克的重量。我们的身体由大约 10^{13} 个细胞组成，携带了 10^{14} 个微生物。这就是说，只有 10% 的细胞是自己的。至于古细菌所占的比例，目前我们尚不清楚。我们肠道中病毒和噬菌体的数量只能估算一下：已识别出的约 500 种，但这只是冰山一角。病毒组或者说病毒图谱，指的是一个生物样本中所有病毒序列的总和。这是个困难的分析课题，因为寻找未知的序列是一个很特殊的问题——只有已知的序列可以很容易地被识别。很多病毒在实验室条件下无法生长，这也是科学家没法去研究它们的原因之一。类似的病毒可能有 1000 种或者 5000 种，又或者更多？这确实令人困惑，我们需要一种搜寻计划来找到它们。一项近期的研究结果表明，大多数噬菌体保持在细菌的体内，并仅仅在异常情况下才从细菌体内释放出来——也许将来这可以成为诊断工具，如统计粪便中游离的和仍在细菌内部的病毒的数量——如果比例差别很大，那很可能意味着人生病了。事实上，上述这个数量比例也可以在唾液中测量，那是我们消化道的另一端。

再说真菌，我们对真菌的研究并不透彻。医学界现在发现了约 1000 种真菌，其中只有 100 种可以在苏黎世大学我办公室旁边的真菌诊断学实验室里鉴别出来。据估计，所有的真菌加起来可能有

100万至200万种。

微生物提供了许多有助于人类生存的基因，比我们自己固有的要多很多。有研究估计，源于细菌的蛋白编码基因的数目是我们人类基因数目的360倍之多。我们浑身上下所有的微生物加在一起有超过800万个不同的基因，它们或多或少都影响了我们的健康状态，其程度目前还不好估量。和我们人类自身的基因数目（约20000个）相比，微生物组有数百万个基因，它提供的遗传信息是我们的百倍之多。微生物组是我们的“第二”基因组。病毒和真菌可能是我们的“第三”和“第四”基因组。这让一个人不单单是个体，更是一个超级有机体。

对双胞胎微生物组的研究发现，仅仅是同卵双胞胎的微生物组有一定的相似性，而和他们母亲或别的亲属的相似性则要小得多。人与人之间的微生物组大相径庭，因此可以用于法医鉴定，利用个体微生物组的信息来识别个人信息。就算是带照片的身份证在将来也可能不够完备，不过在旅客通过海关检查点的时候，对旅客的微生物组进行测序的想法也不太现实。也许微生物组分析和个人基因组测序相比会少很多法律问题，说不定在将来可以在瞬间完成分析——谁知道呢？

如果我们每个人的唾液里的基因构成都独一无二，以至于可用于诊断或法医鉴定，那我就在想，亲吻或者家庭成员间的亲密接触其实会不会是某种平衡过程，又或者是微生物组的调整方法——听起来好不浪漫哦！微生物会不会影响到人与人之间相互的吸引或排斥？那么爱情呢？

最后，如果我们就是一个生态系统，如果所有外来的基因对我们都有用，那么我们暂时从哲学的角度提问：“人类是什么？”“我究竟是谁？”即微生物组会不会影响了我们的自由决断能力？如果微生物组不那么健康，那会发生什么？每种抗生素疗法都会剧烈地改变微生物组的构成，可能会引起诸如克罗恩病这样的肠道炎症疾病（IBD）。

我们回想一下地球上生命发展的历史，会得到这样一个结论，那就是人类作为后来者，闯进了一个充满微生物的世界里。在人类出现之前，微生物已经生存了超过30亿年。我们的先祖中那些可以适应周遭环境的，自然能存活下来，最终导致了和平共存。美国圣迭戈的病毒学家福瑞斯特·何维（Forest Rohwer）是这么描述人类的：我们是病毒的“活培养箱”。这听起来我们不像是神创造出来的生物——我们更像是微生物的服务站。微生物的世界里没有我们依然可以井然有序。微生物会活得比我们更长久，就像它们比我们更古老一样。它们比我们更加灵活，更加有应变能力，所以它们可以熬过大灾难——不止一次地顽强存活下来。我们需要微生物帮助我们消化日常食物，需要它们帮助我们抵御别的致病微生物。我们依赖于它们，一点儿也不比它们优越。

剖宫产、母乳和“寿司基因”

与别人相比，同卵双胞胎身上或者母婴身上的微生物组更加类似。尽管每个人身上的微生物组都千差万别，不同的人胃肠道里的微生物却基本一致，这个“核心”群体提供了我们身上33亿个细菌基因的一半。新生儿消化道中的微生物群体是在分娩过程中从母亲的产道和阴道中获取的。这个微生物群体可以维持多年，并在童年、青春期和之后的年龄阶段不断地变化。从某种角度来说，最初的微生物组可能对人的一生都有着影响。我们把这最初的微生物组叫作“先遣队”。那些通过剖宫产生下来的婴儿最开始接触到的是它们母亲皮肤上的微生物（或者护士或医生皮肤上的！），这些微生物的组成和产道里的不一样。环境中的细菌，尤其是一些医院里特有的细菌可能会很危险。经历剖宫产的早产儿们尤其可能受到这样的细菌的危害。最近的一些研究表明，经历剖宫产的人在一生中更可能得过敏症或者哮喘病。而健康母亲的微生物群保护着新生儿不受环境侵害。一些医生或者妈妈们倾向于剖宫产，是因为手术时间更好安排。剖宫产在东亚地区很流行，有些国家里 90% 的新生儿都是这样生下来的。因此，在包括中国在内的一些国家里，过敏患者的数量大大增加。如今有这么一种操作手段，即在生产过程中使用产妇阴道细菌或常见阴道菌群配制溶液，给新生儿洗个澡。这种手段不再仅仅停留于学术讨论阶段，也不再是一个愿景，已经成为常规做法。

我重申一遍：熟悉的微生物帮助我们对抗陌生的微生物。我们不能简单地说“好的对抗坏的”——因为“坏”的微生物可能对其他一些人是有益的。这不难理解，回想一下，在我们去陌生的地方度假时，如果我们满不在乎地像当地人一样喝水，他们可能一点事儿也没有，而我们则可能水土不服大病一场。

那么我们的身体要花多久才能调节好，适应不熟悉的食物呢？大自然早就替我们做了这样的实验——这个例子是“乳糖不耐受症”。大约一万年前，生活在欧洲和非洲的人大多以捕猎和采集果实为生。后来他们发展农业从而改变了生活习惯，驯养动物，吃上了与先辈不同的食物，比如牛奶。发生一个基因突变是消化牛奶所必要的，至今约有 15% 的欧洲人不携带这种突变基因——我也是，因此也无法消化牛奶。有意思的是，不能消化牛奶的我其实是“野生型”，而那些可以耐受牛奶的人则是“突变型”。北欧人携带该突变基因，可以消化牛奶，这有助于他们在缺少日照的情况下（如斯堪的纳维亚地区）合成维生素D。事实是，全世界有75%的人不能消化牛奶。这个适应性的突变大约在一万年前产生，显然我的祖先没有获得这个突变。市面上有一些药丸可以帮助我们克服乳糖不耐受症，这些药丸是用牛胃中的提取物制成的，包含了我们所缺乏的用以消化乳糖的酶，遗憾的是这种药对我没什么帮助。人们缓慢地接受和乳糖不耐受相关的知识，可是就在不久前，牛奶被制成奶粉送往非洲，期望帮助改善当地人营养不良的状况——可是它造成的损失远比益处大得多，因为非洲人普遍对乳糖不耐受，而且他们可以接收到足够的日光，不需要通过牛奶来合成维生素D。

据报道，中国人也对乳糖不耐受，然而从外国进口至中国的牛奶现已成为畅销商品，中国本土的奶业生产也呈现出竞争白热化的状态。在这个背景下出现了一个非常令人吃惊的转变：一种新的营养潮流兴起了，即在非必要的情况下购买无乳糖牛奶，哪怕是那些耐受乳糖的消费者也会购买。这太令人吃惊了！毫无疑问，无乳糖的牛奶卖得更贵！这种不理性的消费潮流也延伸到了麸质，麸质是面粉的一种成分——的确有一种不耐受麸质的疾病，叫乳糜泻。但令人惊讶的是，健康人群也争相购买无麸质面包。这促使我去思考广告的力量和作用。

那么，适应一种新的饮食习惯需要多久呢？一万年前出现的那个偶然的基因突变，实属罕见。我们能否加速这个进程呢？也许根本就不需要突变。日本人习惯食用海藻，而欧洲人并不能很好地消化海藻。我们会开发出一种“寿司基因”吗？你别说，还真有，而且有好几个！胃肠道细菌从海藻里获得基因，从而适应了消化寿司。这就是水平基因转移机制，不失为快速“学习”新知识的好方法。噬菌体通常是水平基因转移的载体，它们帮助调节基因转移到新宿主的过程。这个例子很好地展示了病毒或噬菌体是我们基因的

“老师”，是生物进化的原动力。

水平基因转移的一个比较吓人的例子是“抗生素抗性基因”的转移。一些毒性基因也可由此途径借噬菌体转移，比如肠出血性大肠杆菌在德国造成了一起很严重的食物中毒丑闻。它们是真实存在的危险因素吗？不，不是的，只要不用动物粪便点缀我们的沙拉就不会。那存不存在巧克力基因呢，似乎瑞士人有这种基因啊？我们能不能获得它？当然有，它就是上文所述的耐受乳糖的突变基因。

病毒减缓全球变暖和免除人类“下蛋”

病毒可能是有益的——这需要好好解释一下。病毒会和别的生物合作，也会相互竞争，争取每一个机会来发展壮大。水平基因转移有两个结果，可以把一个基因送进细胞里面去，也可以把基因送出细胞外。把基因送进细胞内是不是更频繁一些？如果是这样的话，那“助手病毒”就是会帮助他人的病毒。在同一个细胞内，有缺陷的病毒可能会利用那些无缺陷病毒产生的蛋白衣壳——病毒会共享蛋白衣壳。有益的病毒甚至会修复细胞的遗传缺陷——需要注意的是，这通常不仅对宿主细胞有益，也对病毒自身有益：如果病毒帮助细胞更好地存活，那么病毒就会有更多的后代。一个类似的现象是病毒移除肿瘤抑制基因——这样一来，细胞就可以存活得更久，保证了病毒有更多的后代。所以，这对病毒和宿主两者都有利的合作是一种优势，可以互利互惠。我们这里所说的有益的病毒有很多种，甚至包括疱疹病毒、腺病毒、噬菌体和植物病毒。腺病毒可以抑制肿瘤生长，疱疹病毒可以抑制 HIV 或细菌的生长。一名患白血病的男孩在感染水痘病毒后，身体状况反而有了起色。这种“病毒疗法”在 100 多年前就出现了，它的治疗原理在于，一种病原体引起的非特异性的强烈免疫防御反应不仅对该病原体有效，也会对治疗别的疾病有效。一些难以解释的康复案例有可能用这个理论解释得通。

此外，噬菌体也可以作为我们治病的帮手。噬菌体可以帮助受到辐射损伤的宿主细胞修复损伤了的DNA。λ噬菌体甚至可以帮助修复已经死亡的宿主细菌，以产生更多自己的后代。在我们的肠道菌群中，那些有益的细菌也会取代有害的细菌。

有一个令人记忆深刻的例子，涉及一种植物病毒，也许和将来的食物供应有关，说不定可以拯救人类于饥荒。是的，这个病毒可以帮助人们对抗全球变暖！美国的黄石国家公园里生长着一种叫“双花草”（*Dichanthelium lanuginosum*）的植物，它可以在超过50℃的环境里生长。这得益于与之共生的一种真菌和一种病毒的帮助。双花草需要真菌，而真菌则需要病毒。这种病毒有个响亮的名字：弯孢霉热稳定病毒（CThTV）。该病毒通过作用于真菌，给植物提供抵抗炎热的能力。这种帮助他人的行为也有自利的因素，因为只有当宿主健康生长，病毒的大量繁殖才能得到保证。基于互利的互相帮助在现代商业里有个特别的名字叫“双赢策略”。在这个案例中，科学家也在讨论哪个才是病毒的真正宿主，是真菌还是双花草呢？如果把病毒从双花草中去除，双花草就会丧失热稳定性。科学家正利用转录组学的方法去研究病毒的作用机制，转录组学提供了研究所有活跃基因的表达量的方法。不出意料，负责渗透压的基因对双花草的热稳定性有所贡献，增加了在干燥环境下的水分供应。同时，病毒也下调了有脱水作用的糖分的含量。此外，一种色素（黑色素）也对真菌容忍外界刺激有关。我们仍需继续研究下去，在农业领域和全球变暖做斗争。美国加利福尼亚州的农场工作人员也许得研究出新的病毒来确保那里种植的杏仁的存活。一般来说，产出一颗杏仁需要消耗 4 升水。人们通过钻井来取水，取出来的都是超过了 40 亿年之久的化石水，而取地下水导致整个加利福尼亚州以每个月 5 厘米的速度下沉……

对我们有益的病毒，其最令人吃惊的一个贡献在于人类胎盘的发育，这需要逆转录病毒的帮助。在病毒的帮助下，人类不再需要“下蛋”，而可以让胎儿在母体内发育。逆转录病毒可以导致免疫缺陷，而免疫缺陷会导致人类历史上最大的灾难：由 HIV 导致的艾滋病疫情。一种与 HIV 类似的病毒会抑制孕妇的免疫系统，使得胎儿在母亲的子宫里生长而不会被免疫系统排斥。我说的这个失活的人类内源性逆转录病毒 HERV-W 能产生一种名为 Env 的衣壳蛋白，成为母亲胎盘中的一分子。具体来说，它形成了具有多个细胞核的合胞体滋养层，抑制局部的免疫反应，从而使胚胎可以生长。鸟类需要蛋壳，袋鼠需要育儿袋，这样才能让胚胎在一个独立的、母体外的环境中发育成熟，而哺乳动物则不需要。HIV 和 HERV-W 衣壳蛋白 Env 的相似度惊人，两者有 20 个氨基酸一模一样，并可以在今天的跨膜蛋白 gp41 上检测出来。最令人感到惊讶的是，如今十分简便的 HIV 检验就是基于合胞体研发的：许多细胞融合形成一个巨大的细胞，里面有很多细胞核，在光学显微镜下很容易看出来。所以说，促成 HIV 成为致命病毒的特性，在进化的早期给予了人类最大的优势——胎盘的发育。也许还有很多特征是病毒赋予我们的，只不过我们现在还没有意识到。子宫内的合胞体对远古病毒是不是有利，这我不清楚，也许这是更高级的一种生存策略。HERV-W 和羊内源性病毒（绵羊肺腺瘤病毒，英文缩写 enJSRV）相关，后者可以在细胞内或细胞外存活。第一只克隆羊多莉，就是因为感染了这个病毒而死亡。该病毒还没有在内源性和外源性这两个状态中达到平衡点——这也挺让科学家们吃惊，毕竟现在普遍认为该病毒已经存在了起码500万到700万年了。巴黎的蒂埃里·海德曼（Thierry Heidman）发现了第二种合胞素分子，在许多动物种类里都能找到类似的合胞素分子序列，其中就包括我在第一章提到的RELIK（感染兔子、猫和狗的一种古老的病毒）。合胞素病毒大约在距今4000万至2500万年前内源化了。近来的研究发现了猪和马胎盘组织中的合胞素病毒——总共发现了18种病毒。它们并不很相关，所以合胞素很可能被“发明”了不止一次。最近科学家在多种人类疾病中发现了HERV-W和它的衣壳蛋白Env，包括肌萎缩侧索硬化症（ALS）、多发性硬化症（MS）甚至还有2型糖尿病。有的研究单位正在开发针对衣壳蛋白Env的疫苗。另外，人们已经给MS病毒起了个名字，叫MS逆转录病毒（MSRV）。这些都是个案吗？我们还需要进一步的研究。

充满黄蜂基因的病毒——还是病毒吗

我最感兴趣的病毒是“多DNA病毒”，比如PDV——一种感染昆虫的病毒。一开始我觉得这个病毒很古怪，哪儿都不对劲。它不符合任何一种已知的病毒学分类法则。首先，它没有基因组，但它又不是完全没有基因组，它的DNA来源于宿主细胞，足足有30条DNA质粒（即环状DNA）。携带大量的外来DNA让PDV病毒成了一个异类，它也因此得名：多DNA病毒。其次，它并不会为了复制繁衍而去感染宿主细胞，没有宿主细胞它一样可以自我复制。它感染宿主细胞后则帮助宿主产生更多后代。这有点像工作上的职责分摊和外包——这对宿主有利，归根结底也对病毒有利。病毒自然有自己的遗传信息，但是它把自己的遗传信息安置在宿主的基因组中——外包出去了。病毒DNA整合进了宿主雌黄蜂的基因组，也确保在它的卵巢里有新病毒颗粒的产生。雌黄蜂产卵的时候，病毒颗粒也跟着一起，等候虫卵孵化成毛毛虫。在孵化过程中，病毒释放出30个DNA质粒，编码生成毒素，把一部分毛毛虫杀死。这给其他毛毛虫提供了食物，而且是消化好了的食物。病毒和宿主所扮演的角色完全换了过来：病毒携带了宿主的基因，而宿主则携带了病毒的基因。

这让科学家对病毒的定义开始反思，这种病毒把自己的所有基因塞给了宿主细胞，还会从不携带自己基因的宿主细胞中离开。那么，它们究竟是怎样产生病毒后代的呢？答案其实很简单：所有新生黄蜂的基因组中都带有该病毒的全部基因，这是从它们母亲那里继承来的，将来也会重复这条道路。这就是PDV完成复制的过程，是一个代代相传的垂直繁殖过程，与内源性病毒有一定的相似性。尽管如此，PDV不是真正意义上的内源性病毒，因为外源性的病毒颗粒还是会离开宿主细胞的。我希望把诸如PDV这样的奇葩病毒包含在一个普适的对病毒的定义中去：病毒携带着目的是在细胞间转移的基因。PDV这样的病毒一点儿也不罕见，类似的昆虫病毒有成千上万种。这些病毒和宿主互惠互利，只是对毛毛虫不利。而毛毛虫的举动也很有意思，它的生命受到病毒和幼蜂的双重威胁，然而如果有外来入侵者袭击它们的茧，毛毛虫还是会去保护它们。它们保护了将来会杀死自己的凶手。有时候人们管这种做法叫“母性行为”。也许毛毛虫可以延缓自己的死亡，在2015年的一项研究中，科学家发现毛毛虫吸收的病毒基因可以帮助它们抵御别的病毒的侵袭。所以说，PDV对毛毛虫也是有一定益处的。这种不同寻常的“病毒—宿主”关系，病毒一半算是内源性的、一半算是外源性的情形，可能从进化上讲是非常古老的。鉴于非常简化的生命周期，病毒可能再也不能从细胞中离开，也就是变成完全是内源性的病毒——或者事实刚好反过来，即一个锁死在细胞内部的病毒变得可以四处游移了？

病毒和黄蜂之间的这种生命周期不罕见，类似的情况还有帝王蝶和蛾子。

这个例子展现了大自然中的一个很成功的法则，值得我们学习：大自然设计了一种真正的基因疗法，即用病毒为工具去传递外源性的基因而不是病毒本身的基因。我们可以把病毒的基因组清空，重新装入毒性基因或者治疗性的基因，用于基因疗法。科学家也正是严格按着这个方法来设计基因疗法的。使用 PDV 的基因疗法比较特殊，因为这涉及局部手术。另一种基于 PDV 的体外疗法也在开发中，它可以在人身上进行局部治疗。这种手段在研究人员和基因治疗师想到之前就已经有了，但迄今为止，进展远没有前者那么顺利。

朊病毒——没有基因的病毒

那些仅仅携带宿主基因却没有自己基因的病毒很特殊，比其更特殊的病毒还有，比如没有一个基因，不携带任何遗传信息。目前它们不被归在病毒名目下，这就是朊病毒。朊病毒这个词由“朊”（即蛋白质）和“病毒”组合而成，是由斯坦利·普斯纳（Stanley Prusiner）命名的。那些怪异的物质可能是病毒的另一种形式，仅仅由蛋白质组成，不带有一点点核酸成分。绝大多数的科学家不同意把它归在“病毒”一类里——我个人认为，这是同一个概念，只是略有变化而已，就叫它“奇怪的病毒”吧！

即使是斯坦利·普斯纳因为发现了朊病毒而获得诺贝尔奖的时候，他的研究结果也饱受争议。没有核酸的颗粒具有传染性？——

简直完全不可能嘛。2001 年，他在美国贝塞斯达的一个学术会议上讲述他的科研成果，那天正是 9 月 11 日，纽约世贸中心双子楼的北塔被飞机撞击。恐袭发生时，他正从讲台上走下来。我们当时都吓呆了。

普斯纳和德特列夫·里斯纳（Detlev Riesner）使用一种超敏感的技术证明了朊病毒不含有任何传染性的核酸，支持了他们关于朊病毒是纯蛋白质的论断。但是很多研究人员对此并不认同，并尝试去证伪。其中有一位是来自苏黎世的查尔斯·魏斯曼，在经过了“使徒保林皈依基督”那样的转变后，他最终还是相信了朊病毒理论。在魏斯曼 80 岁的时候，作为新成立的佛罗里达州斯克利普斯研究所的奠基人和领导者，他发表了最新的学术成果，表明朊病毒可以获得可遗传的突变。这让朊病毒和病毒更加相似。在之前的学术研究中，魏斯曼非常苛刻，很显然他是想用严格的实验结果说服他自己。许多年前，他将小鼠体内的朊病毒敲除，发现敲除后小鼠活得依然很健康，从而得出结论说小鼠起码有两个朊病毒基因。魏斯曼也发现，给小鼠脑部做手术的银针可以传播朊病毒，因为朊病毒在针上附着得非常牢固，所有的消毒手段都无法把它清除。朊病毒的热稳定性强，如果要加热来将其失活，则需要在蒸汽灭菌锅里，在 120℃的温度下连续蒸两个小时。一些专家推测阿尔茨海默病也可以通过类似的途径传播。

每个人都听说过疯牛病（牛海绵状脑病），很多人应该还记得英国填埋患病的牛的新闻，而这个疾病很可能和朊病毒有关。疯牛病的传播是一起人为事故，牛饲料有问题！患病的牛被处理后喂给了健康的牛，供应商偷懒简化了生产流程，把高温消毒的温度人为降低了，结果疯牛病就传播开来。一些农场主以为买饲料时占了便宜，其实他们买入了疾病源头。有人认为这也是瑞士疯牛病的起因。

朊病毒和疯牛病会导致克-雅病（CJD）、人类的库鲁病（Kuru）和绵羊的瘙痒症。这类疾病的通用名称是“可传播海绵状脑病”（TSE）。库鲁病是卡尔顿·加德塞克（Carleton Gajdusek）在巴布亚新几内亚发现的一种疾病，他当时认为源头是不洁食物，与吃人肉有关。当地人有吃人肉的风俗，而且会把死者的大脑留给男性——恰恰大脑最容易被朊病毒感染，随之会导致被感染的男性产生行动障碍、消瘦、健忘乃至最终死亡。加德塞克去了很多偏远的地区，证明了吃人与库鲁病之间的关系。后来当局就禁止吃人。加德塞克从巴布亚新几内亚等地带了60个男孩回美国，让他们受教育，赞助他们攻读大学学位，然后再送他们回家乡去领导当地人民。有一天，这位诺贝尔奖获得者出现在一本美国杂志的封面上——却戴着手铐。原来，这60个男孩中的一个指控加德塞克对其进行过性骚扰。罗伯特·伽罗为此支付了一大笔保释金，仅仅是帮助加德塞克暂时躲过了牢狱之灾。

冰岛在从德国进口绵羊的同时也不幸引入了绵羊瘙痒症，尽管在德国北部以绿野和矮坝闻名的沼泽地地区，这种疾病闻所未闻。随后德国的绵羊也接受了隔离检疫。在冰岛，在给绵羊剪毛之前，所有的绵羊都挤在一起，瘙痒症就是在这时候传播开来的。我们都应该牢记这一点：聚集会增加疫情暴发的风险。

所有的生物都有朊病毒，而其在脑中的含量比较高。朊病毒对脑部的正常发育有一定贡献，包括神经元的生长过程和长期记忆的形成过程。只有在朊病毒发生错误折叠的时候才会导致疾病。它们一旦形成错误的折叠模式，就会一直保持并发展下去：错误折叠的蛋白会作为模板，让其他蛋白的折叠也发生错误，导致错误构象越来越多，最终形成不可溶的共聚物（类淀粉蛋白纤维）。这个过程和结晶很像，错误的结构形成后，越来越多的错误就会积累起来。

正常的朊病毒，其 PrP（或者细胞内的 PrPc）结构与会导致瘙痒症的朊病毒（PrPsc）不一样，后者拥有更多的 β 折叠和更少的 α 螺旋，而正常的朊病毒则反过来，有较少的 beta 折叠和更多的 α 螺旋。羊瘙痒症这个名字的由来是它首次在绵羊身上出现，“瘙痒”说的是羊的身体状态有问题，体现为不停地搔痒痒。

在近 30 年里，约 18 万头牛感染了疯牛病，还有 220 人死于这个疾病。死亡数量比原来预期的要少很多，现在欧盟也决定不再检疫牛肉了。

朊病毒可以作为别的脑部疾病的研究模型，比如亨廷顿病或者阿尔茨海默病。导致这些疾病有基因的因素，也有传染源的因素，朊病毒就很有可能。最新的研究案例显示，阿尔茨海默病的传播可能是由给发育不全的儿童注射生长激素造成的，这些生长激素是从人脑中提取的。被提取的生长激素可能被阿尔茨海默病蛋白污染了——简直和库鲁病一模一样！有鉴于此，未来的消毒措施甚至输血措施，一定会专门检查是否存在这样的污染。

总而言之，我们看到了两个极端：纯蛋白没有核酸（朊病毒），以及纯核酸没有蛋白（类病毒）——还有 PDV 这样仅仅含有外来基因的病毒。所有这些差异都归结于病毒的外延：在纯蛋白和纯核酸这两个极端之间，各种组合就是我们熟知的病毒。

第 6 章

和细胞一样“巨大”

感染藻类的巨病毒和波罗的海游泳禁令

终于，波罗的海海水的温度上升到适合游泳了，然而事实是没人敢下海：目力所及的海水混浊不堪，天鹅游过去都能搅起棕黑色的脏泥。海边竖立着醒目的警告牌，说海藻疯长可能会导致狗狗丧命，对人也有害。没错，罪魁祸首就是单细胞的海藻，这是一种小型真核生物，属于浮游植物。海藻的颜色有绿色、棕色和红色。如果沿岸有过度施肥的农田，多余的肥料被雨水冲刷到海里去，在炎热的夏季海藻就会疯了似的生长，在海面上形成连绵不绝的一大片，一眼望不到边。

受到污染的海洋是怎样进行自我清洁的？答案是病毒！在缺乏营养物质或者空间拥挤的时候，藏身于这些微生物体内的病毒就会被激活，随之将野蛮生长的海藻消灭掉。这个过程中形成的乳白色悬浮态，在航天器上都能看到。藻类的残骸则逐渐被鱼虾吃掉。

我们刚才说的病毒是“真正”的病毒，不是噬菌体（也就是上文所说的感染细菌的病毒）。这些病毒其实体积很大，是名副其实的巨病毒。海藻和病毒已经共存了约30亿年，有学者认为这些病毒是我们所知道的病毒里在进化上最古老的。有一些藻类很漂亮，比如“石灰藻”（haptophytes）长有薄片状的点缀物，就像人的衣服领子一样，煞是美丽。它们很常见，从北极到赤道都有，喜欢生活在浅表水域。这种藻类的正式名称为海洋球石藻（*Emiliania huxleyi*，简写为 *E. hux*），于是感染它们的病毒也就被称为EhV，其中一种病毒叫作EhV-86。这是一种巨大的病毒，它有双链DNA，有40万个碱基对，上面有约500个基因。（我们可以对比一下，通常一个逆转录病毒的基因组只有约10000个碱基对，对应了约10个基因；前文所说的噬菌体的基因组的大小在5000个到150000个碱基对之间。）海洋球石藻以它的两位发现者西萨里·艾米莲尼（Cesare Emiliani）和托马斯·赫胥黎（Thomas Huxley）的名字命名。海洋球石藻携带的病毒是一个有DNA基因组的病毒，被命名为球石藻病毒（Coccolithovirus），它名字中的词根“lithos”是希腊语，意思是石化的钙质，也指代它们的宿主“石灰藻”。2009年，鉴于海洋球石藻对气候和环境的影响，它被评选为“年度海藻”。海洋球石藻仅仅是4万种海藻中我们了解的300种中的一种。在EhV病毒杀死球石藻后，碳酸钙形成并沉积在海底。这样循环往复过上个100万年，在水位下降后，人们可以在多佛（英国东南部的港口城市）看到耀眼的白色海岸或者在吕根岛（德国北部的海岛）看到波罗的海里的岩石。面对这美丽的海岸线，没人会立刻联想起病毒。卡斯帕·大卫·弗里德里希（Caspar David Friedrich）在画他著名的《吕根岛》的时候也不会想到。

几年前我评审过一个开销相当大的研究基金项目，该项目的目标是给海洋“施”铁肥，促使海藻加速生长，这样可以吸收大气中的二氧化碳并将其沉降到海底去。给整个海洋施肥？在我看来这

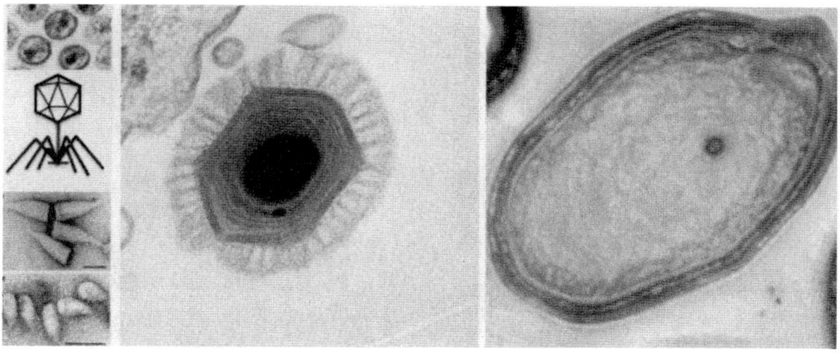

多种病毒：艾滋病病毒（左上），噬菌体（示意图），两个古生菌病毒（示意图下两张），以及两个巨病毒（中和右）

个项目很悬，我清楚地记得仅仅经历一个炎热的夏天，波罗的海的海藻就一发不可收拾。那是大自然的一个警告，我们所知晓的还不够。所有的评审委员都对这个项目持怀疑态度，但那种想法从来都没有停止过。

病毒将海藻裂解掉的过程中会产生一种特殊的气味，这是二甲基硫醚的味道。没人想到这其实是病毒干的好事，哪怕是病毒学家也不这么认为。这种气味不仅仅由噬菌体造成（噬菌体可以调节二氧化碳的释放），海藻病毒亦有贡献，最终还影响到了云的形成、降雨和钙化的悬崖峭壁。人们在收看晚间新闻过后的天气预报时，不会想到病毒的作用，更别谈巨病毒的贡献了。

一些巨病毒喜欢侵袭绿藻，比如绿藻病毒，而 EhV 更喜欢石灰藻。绿藻得名于细胞内的叶绿素。正是这些绿藻，让梅尔文·卡尔文（Melvin Calvin）把光合作用的化学机制搞清楚了。话说他在伯克利大学教书的时候我还去听过他的课。后来我们在一个患者的胃里发现了绿藻病毒，让我们着实感到吃惊——然后我们就问患者是不是喜欢吃寿司——回答是否定的。（更多请看第 10 章关于粪便移植的内容。）

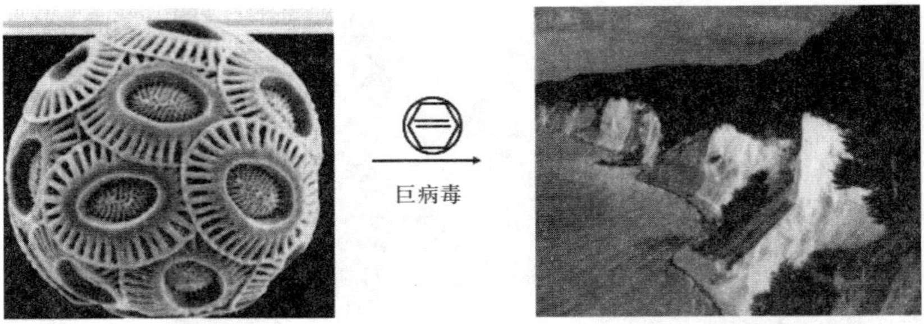

像“建筑师”一样的病毒：钙化藻类（赫氏圆石藻）被巨病毒裂解后呈白粉状附着在悬崖上

直到最近，专门研究海洋病毒学的学科才成立。海洋里的噬菌体数量极其庞大，让人惊叹不已。我还是要说，人们对巨病毒的了解还不够，原因很简单：我们一般看不到它们，它们也不致病。要研究病毒，标准做法是用过滤的方法把病毒和宿主分开。然而巨病毒的大小和细菌差不多，仅靠过滤是区分不开的。迄今为止，我们也不清楚巨病毒究竟有多少种。同时，一般来说我们也不相信像海藻这样的单细胞生物可以作为病毒的宿主，而且每天新生成的海藻病毒的个数可能高达 10^{19} 个。如果要做个直观比较的话，噬菌体的扩增速度是每秒 10^{24} 个，地球上一共有约 10^{31} 个噬菌体。病毒的总数量估计在 10^{31} 至 10^{33} 个之多——要知道天上的星星也就 10^{25} 颗左右，地上所有的沙子加在一起也就 10^{28} 粒。

巨病毒的基因组是双螺旋 DNA 结构，有约 50 万个碱基对，编码了约 500 个基因，藏在正二十面体的衣壳蛋白里。巨病毒基因组的大小和寄生型细菌的基因组差不多大，寄生型细菌是一种小号的细菌。“真正”的细菌，比如众所周知的实验室品系大肠杆菌，有较大的基因组，有 500 万个碱基对之多。巨病毒的基因组和小型细菌的基因组大小类似。巨病毒的 DNA 可能还有一些罕见的单链区间，还有一部分是非编码区间（并不编码蛋白质）。这种特征让巨病毒在进化上似乎很古老，据估计，它们大约诞生于27亿年前。

如果比较基因数量，那么巨病毒要远远超过HIV或者流感病毒（这两种病毒约有10个基因）。上面所说的巨病毒实际上要远小于一些最新发现的巨病毒。目前已知的最大的巨病毒包含了约2500个基因。大多数巨病毒的基因不在现有的基因数据库中，它们彼此也很不相像。如果我们随意选两个藻类病毒来比较，1000个基因里面只有14个是同源的。这么一想，病毒完全自成一派，有自己独特的基因、调节通路和新陈代谢机制。

会挠痒痒的阿米巴虫病毒

有一种新发现的巨病毒的宿主是阿米巴虫，这让很多病毒学家做梦都想不到。直到最近，我们才对这类病毒了解了一些。在科学家排查军团杆菌的时候，其实已经看到了一种巨病毒，但是没有意识到它的重要性而忽略了它。军团杆菌对人很危险，它可以在输水管道里形成一层生物膜，人们在洗澡的时候就可能被感染而患上军团病（一种急性呼吸道传染病）。在2003年，科学家报道发现了第一个巨病毒，宿主是阿米巴虫。到了2008年，科学家在巴黎的冷却水塔中发现了更多种类的巨病毒。他们给这些巨病毒起名为“拟菌病毒”（mimivirus），意思是这些病毒看起来很像细菌，特别是它们的大小差不多。读者朋友们，不要把英文前缀“mimi”当成“mini”，“mini”的意思是小，而mimivirus其实大得很，一点儿也不小。它们是如此之大，以至于被认为不是病毒。巨病毒差不多就是细菌了，我们可以在光学显微镜下看到它们，而如果是病毒的话那肯定看不到（当时认为病毒一定比细菌小）。病毒学家得用昂贵的电子显微镜观察病毒，一般的光学显微镜不行。但是巨病毒也不属于细菌，因为它们通不过标准的细菌测试：在培养皿上长菌落。而且巨病毒很重，放在实验室的培养皿中不会浮动，而是直接沉到底下去，从而被细菌学家忽略掉。

在发现拟菌病毒之后不久，科学家又发现了另外两种巨病毒：在智利海滩附近发现的智利巨病毒（Megavirus chilensis）和在法国马赛附近发现的马赛病毒（Marseillevirus）。这三种巨病毒都感染阿米巴虫，它们的基因组都有近100万个碱基对，可编码约1000个基因。现在，科学家不断地鉴定出了新的巨病毒。阿米巴虫巨病毒的基因组和其他所有已知物种的基因组都不一样。它们的基因组巨大，带有很多看起来“没用”的基因。要知道，支原体作为最小的活物，它的基因组只有50万个碱基对，编码482个基因和蛋白质。克雷格·文特尔于2016年就制造出第一个全人工合成的细胞，可以独立自主地生长，它只有473个基因。在此之前，文特尔创造了一个极简合成有机体，这个有机体差一点就可以说是活的了——它有382个基因，但是必须放在一个没有细胞核的空细胞内，在有外界帮助的情况下生存。很多细菌都比阿米巴虫病毒要小，比如衣原体（Chlymydia）或立克次氏体（Richesttsia）等细菌，起码有150种之多。那些需要寄生在别的细胞内的细菌更是如此，因为它们可以直接从宿主细胞中获取所需的养分。最小的细菌是Hodgkiniacicadicola（暂无中文译名），它的基因组只有14.5万个碱基对，编码169种蛋白质。它藏匿于昆虫体内，与外界隔绝。这样的寄生菌往往发生退化和特化，把一些生物功能外包给宿主细胞。线粒体一开始就是细菌，植物体内的叶绿体一开始也是细菌。它们和宿主形成共生关系后，功能高度特化，也完全依赖于宿主细胞。和巨病毒相比，它们小得可怜。

由于阿米巴虫把别的细菌和病毒当作食物吞进体内进行消化，

阿米巴虫病毒可以通过水平基因转移或者垂直基因转移的方法从阿米巴虫内部获得新的基因。阿米巴虫体内有各种DNA在漂来漂去，巨病毒随便抓点过来就可以加到自己的基因组中，这就是水平基因转移。巨病毒不喜欢阿米巴虫自己的基因，可能因为阿米巴虫的基因位于细胞核内部，而巨病毒在胞质里，难以从细胞核中获取基因。在阿米巴虫病毒的基因组中，56%的基因来源于真核生物，29%来源于细菌，1%来自古细菌，5%来自别的病毒，剩下的10%来源尚不明确。这样的复杂性意味着巨病毒和环境充分互动，交换了很多基因。有一种巨病毒，即马赛病毒，它的基因组有一部分是RNA-DNA的混合双链结构，非常罕见——可能有一些RNA在转变成DNA的过程中保留了下来。这样的病毒和我们已有的分类方法格格不入。

除此以外，还有很令人惊讶的发现，如巨病毒有一些负责蛋白质合成的基因。蛋白质的合成能力是活细胞最重要的一项特质，病毒是不具备这项能力的。因而巨病毒含有合成蛋白质所需的一些部件的这一发现，让科学家不得不推翻以前对病毒的理解。不过，这些病毒没有合成蛋白质所需的全部构件，所以从这个角度而言，它们是有缺陷的。但即使是这样已经很让人惊讶了！它们是不是在进化成类似于细菌这样活体的路上半途停了下来呢？

一些巨病毒长着奇怪的须冠，那是用来和宿主细胞进行交流的。须冠其实是纤维，由胶原蛋白组成，这让巨病毒看起来更大。每次我看到这些长长的须冠，我就在想它们的用途，是吸收食物还是保护自己呢？巨病毒的核是个正二十面体，直径是500纳米，须冠的直径是140纳米。须冠中的胶原蛋白与人体的连接组织很相像（和我们头发的组成不一样）。病毒几乎永远都有表面分子，它们有很多用途：识别、结合并进入它们对应的宿主细胞内部，等等。复杂的受体在进化早期还不存在。病毒通过接触或者轻挠宿主细胞表面就可以进入细胞，和 HIV 相比要简单很多。HIV 需要高度特化的接口位点，和淋巴细胞的表面受体结合，才能进入淋巴细胞。有的巨病毒进入细胞的方法还要简单，通过机械刺激宿主细胞就可以了。

在 2014 年，科学家在亚马孙雨林发现了一种新型的巨病毒，给它起名为“桑巴病毒”，它的表面也有长长的须冠。很快，再发现更多的新病毒也不让人感到惊讶了。桑巴病毒的宿主阿米巴虫也很古老，它们会吞噬别的病毒，尤其是疱疹病毒，并把病毒消化掉。为了避免被消化掉的命运，桑巴病毒使用一些伎俩来蒙骗阿米巴虫，以此进入阿米巴虫却不被吃掉。桑巴病毒会转移到阿米巴虫的液泡中，和液泡的膜融为一体。从此液泡就变成巨病毒的藏身之处，而且在这里巨病毒还可以进行自我复制。巨病毒在一个分隔开来的地方进行复制，远离细胞核，我们管这个地方叫“病毒工厂”。病毒工厂慢慢变大，越来越多的新病毒产生出来，随后这些新的病毒会被分泌出去。

科学家在实验室里对阿米巴虫病毒进行了一项实验，在实验中观察巨病毒在一代代的阿米巴虫里流传下来，一共观察了 150 代。在经过这么多代的传播后，巨病毒产生了很大的改变——它们丢失了一些基因。丢失的基因中就包含了负责长须冠的基因，看来在那个实验环境下，须冠不是必需的，因而在进化过程中被舍去了。巨病毒真的会在培养皿中丢失基因，我们将在本书第 12 章讨论这个问题，因为如果环境可以满足最低需求，那么丢失的基因数可以降低至零。只要有足够的耐心，在实验室用试管做进化实验是个很棒的主意。

斯普特尼克——病毒的病毒

巨病毒还有一个很厉害的特点。是的，没错，病毒的病毒真的存在。巨病毒可以被别的病毒感染，并可以作为宿主为别的病毒的复制提供帮助。巨病毒的这种性质在病毒中非常罕见。通常来说，病毒感染细胞——但是在别的病毒眼里，这些巨病毒和细胞没什么区别，这么说来，巨病毒跟细胞比较类似。科学家把病毒的病毒叫作“噬病毒体”（virophages），命名法则类似于噬菌体（即细菌的病毒）。除了噬病毒体，其他这类病毒的名字还有“斯普特尼克”（Sputnik）或“Ma 噬病毒体”（Ma-virophage）。后面这个名字来源于 Maverick 病毒，这是一种具有破坏性的计算机病毒。斯普特尼克和 Ma 噬病毒体依赖于巨病毒才能进行自我复制。它们有约 20 个基因，因此基因组的大小约为 2 万个碱基对；这 20 个基因中只有 3 个来源于巨病毒。它们是很小的病毒，却很厉害，可以摧毁它们的宿主病毒。斯普特尼克会占据病毒工厂，那是巨病毒进行复制的地方。在那里，斯普特尼克取代了巨病毒进行自我复制，它甚至会劫持宿主的蛋白质来进行繁殖。在斯普特尼克繁殖的过程中，比它大 20 倍的巨病毒则会死亡。所以在这个例子中，一种病毒是另一种的宿主，但是后者并不会给前者带来好处；相反，后者会摧毁前者，就像电脑软件病毒一样。这很少见。

除了 Maverick 病毒，Ma 噬病毒体还会感染另一种巨病毒，那就是“吕恩伯格咖啡厅病毒”，英文简写为 CroV。Cro 这个冠名并不是来源于它的发现者，而是来自丹麦小镇吕恩伯格——我之前搞了好久都没有弄清楚，后来我给海德堡的一位病毒、噬菌体方面的研究专家马蒂亚斯·费希尔（Matthias Fischer）打了个电话才弄明白。Cro 是一种小型鞭毛虫，这是一种单细胞真核生物，以细菌为食，和阿米巴虫或藻类有所区别。它遍布在海洋里，可以生活在海平面之下很深的海域。巨病毒 CroV 杀死并降解鞭毛虫，从而控制了鞭毛虫的种群密度。作为柯蒂斯·苏特尔以前的学生，马蒂亚斯·费希尔是研究咖啡厅病毒也就是 CroV 的专家。CroV 的基因组由 73 万个碱基对组成，可编码从细菌、真核生物，以及 DNA 噬菌体中获得来的 544 个基因。克雷格·文特尔收集了这份含有 Ma 噬病毒体的病毒样本（并不是真正从咖啡厅里提取的）。在完成人类基因组测序项目之后，文特尔把他的科学研究和航行的爱好结合了起来。他在大西洋的萨拉戈萨海域航行，取了水样之后分发给其他研究人员去进行测序和后续分析。由此产生了大量的数据，很多生物信息学家正忙着从中发掘新知。这也开辟了一个崭新的遗传领域，其中绝大多数的基因和代谢通路都不为人所知。海洋底部的生命活动和我们的有很大不同！这真令人吃惊。

Ma 噬病毒体的复制过程跟别的噬病毒体一样，比如前面提到的斯普特尼克，它们都在阿米巴虫的病毒工厂内复制，不会被细菌消化掉。Ma 噬病毒体甚至还携带有逆转录基因，如病毒整合酶。逆转录病毒真的是影响了所有的一切！ Ma 噬病毒体的行为很像逆转录病毒，它会把自己的 DNA 整合到鞭毛虫的基因组里去，这样就保证了它可以一代代地延续下去。从另一个角度来看，Ma 噬病毒体把 CroV 这个咖啡厅病毒当作宿主，自己繁殖后会把宿主杀死——这正是噬菌体的行为特征。所以说 Ma 噬病毒体对于一个宿主来说算是逆转录病毒，对另一个宿主来说是噬菌体，即有两种身份。据我所知，这种情况独一无二。所以这是进化过程中一个有意思的中间转折点，它的行为既有善于助人的社会属性，也有剥削别人的自私属性，两种属性结合在了一起。这种复杂的关系真让人意想不到——简直就是个三角关系。

“环球海洋调查”这个组织正在搜寻别的种类的噬病毒体。有可能噬病毒体一点儿也不罕见。目前我们已经知道存在超过六种噬病毒体。其中的一种叫“南极有机湖噬病毒体”，还有一种叫“球形棕囊藻病毒”。新发现的桑巴拟菌病毒内也藏有噬病毒体。现在我们可以开始比较这些噬病毒体的基因构成了——它们有十几种不同的基因来源，跟个谜一样。

亲爱的读者，你不一定要记住上面的所有内容。只要你觉得很吃惊，那就够了！

超特大号病毒——潘多拉病毒

有关巨病毒的事还没讲完。

从现在起，我得给科学发现标上发现日期，这样方便你注意到发现新病毒的进展有多快。2013 年 7 月 20 日，科学家首次报道发现了两种新病毒。截至这个日期，最大的巨病毒是智利巨病毒，宿主为阿米巴虫，其基因组由 125 万个碱基对组成。我们在在这里给它标记为 XL，即特大号病毒。后来科学家发现了两种更大的病毒，有智利巨病毒的两倍大，我们给它标记为 XXL，即超特大号病毒。它们的基因组分别由 191 万和 247 万个碱基对组成，分别有 1900 个和 2500 个基因或基因产物。法国马赛的科学家让 - 米歇尔 · 克拉维尔（Jean-Michel Claverie）分离出两种新病毒：一种是潘多拉病毒 P. salinus，在智利海岸沉积物中发现；另一种是潘多拉病毒 P. dulcis（这两种潘多拉病毒尚无统一的中文译名），是在澳大利亚的一个水塘中发现的。克拉维尔受邀去澳大利亚的一所大学作报告，他在校园中漫步的时候路过一个水塘，就从中盛了一杯水和泥。回到家里后，他从中分离出了 P. dulcis 病毒！同时从地球上相距甚远的两个地方分离出两种如此类似的巨病毒应该不是一个巧合。这些病毒肯定遍地都是。

新发现的这两个病毒看起来有点儿像古希腊的双耳瓶，换种不那么富有诗意的说法则是，它们的形状是卵形而不是正二十面体。给它们都命名为潘多拉病毒，并不是因为它们的形状，而是寄托了科学家对能够发现更多类似病毒的心态：正如古希腊神话中的潘多拉魔盒，里面充满了病毒——这真是个乐观主义的期望啊。也许还可能有更大的 XXXL 号病毒存在，谁知道呢！可能那些病毒和细菌看上去根本区分不开，所以我们一直没有注意到罢了。

这两种病毒从遗传学角度来说，彼此毫不相关，和别的已知的巨病毒也没什么亲缘关系。它们和别的巨病毒的相似性仅仅在于它们也在阿米巴虫体内进行复制，但是它们并没有能量稳定的正二十面体衣壳，没有外膜，没有须冠，看起来就是光秃秃的。在潘多拉病毒 P. salinus 的 2370 个基因中，只有 101 个和真核生物的基因有点儿相像，其中含有 43 个细菌基因和 42 个来自别的病毒的基因。难以置信的是，它们中 93% 的基因我们都一无所知。然而这两种病毒的外形相似，尽管一个在智利发现而另一个在澳大利亚。它们的卵形衣壳由好几层组成，DNA 也很不一般，是线性双链 DNA，两端是重复序列。和别的巨病毒类似，它们有一些很像细胞的性质：具有负责 DNA 复制和合成蛋白质的基因。病毒通常没有这些基因，相应的功能一般由宿主细胞提供。这些巨病毒的发现者迪迪尔·饶特（Didier Raoult）和让－米歇尔·克拉维尔从而提出了生命的新类别，即在现有的三大界：细菌、古细菌（都属于原核生物）和真核生物以外，还有巨病毒一类。这种做法似乎过于拔高他们的发现的意义。他们甚至更进一步，提出要把巨病毒放在以往的三界分类之上，成为生命之树的根基，是所有生命形式的祖先。他们估计，这些巨病毒是在27亿年前产生的。

病毒是生命的起源？很多人都这么认为。但是我觉得类病毒才是生命的起源，因为巨病毒过于庞大，不可能从一开始就有这么复杂的存在。巨病毒可能是不完整的细菌，它们可能原本要变成真正的细菌，但是误入歧途，没有变成细菌；又或者它们本来就是退化了的细菌，因为缺失了一些基因，丧失了独立生存的能力。无论是什么情况，巨病毒是介于病毒与细胞之间的一种状态。病毒和细胞之间的差别并不黑白分明，而有一段模糊的灰色地带。进化过程到底是怎样的？是小的病毒逐渐变大，变成巨病毒，然后继续增大，最终可能变成细胞？这倒是与不断增加的复杂性和体积所对应。我认为第一种可能性更大，我会在后文解释。我曾写过一篇论文，讲述病毒是进化的动力，提供基因，创造新功能，参与了生命早期的发展，帮助构建各种生物的基因组，甚至还提供了抗病毒的方法——这篇文章我尝试发表在一本经同行评议的国际期刊上。文章被送给很多匿名评委审查，这比常规审查时人要多很多。有一个期刊编辑把我的文章送给了7个审稿人，这是我从来没遇到过的。审稿意见五花八门，从极力推荐（“新观点”“不寻常的理念”“创新”“富有远见”）到质疑我的知识和基本的病毒学背景，不一而足。类似的文章还有《当代病毒告诉我们进化是什么》和一个精华版《病毒是我们最老的祖先吗》。其实，别的科学家在我之前也写过类似的文章，如路易斯·维拉瑞尔曾写了一本有关这个话题的书；尤金·库宁（美国国立卫生研究院的生物数学家）也写过；卡尔·季墨（Carl Zimmer，一名记者）也写过一本小册子，书名是《病毒缔造了哺乳动物》。库宁仿效LUCA（共同祖先）一词，创造了LUCAV，用V指代病毒，来表达古老的病毒世界的意思。共同祖先可能很复杂，因为克雷格·文特尔创造的第一个最简人造细胞也需要473个基因。然而生命在最早时肯定是从更简单的形式发展起来的。病毒富有创造力，在一开始不见得是单个病毒，而更可能是通过各种途径形成的一个类病毒团，里面有许多不同的基因序列。这些基因序列可能是生命的起源，通过水平基因传递形成更高的复杂性。一个原病毒或前病毒绝不可能是生命的起源。

很多人都知道我对巨病毒的研究有极大热情。有一次我接到广播电台的邀请，让我去讲讲有关巨病毒的最新研究进展——关于科学家在2014年3月3日宣布发现的XXXL病毒，即阔口罐病毒。这种病毒也是让－米歇尔·克拉维尔发现的。“阔口罐”来源于一个希腊文单词，在古代有蓄水池的意思。和潘多拉病毒不同，阔口罐病毒长得不像双耳瓶，但是和其他巨病毒类似，有正二十面体的衣壳包裹着环形的DNA基因组，还有须冠露在外面。阔口罐病毒是上述两种潘多拉病毒的3倍大，但是它们只携带了后者约1/5的基因，仅仅有596个基因。阔口罐病毒也在阿米巴虫体内进行自我复制，只不过是在阿米巴虫的细胞核内进行。这是阔口罐病毒和别的巨病毒的另一个区别。我们再盘点一下，阔口罐病毒有着活细菌的很多特点：能把DNA转录成RNA，能编码负责蛋白质合成的一些基因。于是问题来了，它们到底是病毒还是细菌呢？问题的答案困扰着文章的审稿人，也深深地吸引了读者。只有细菌可以通过细胞分裂来进行自我复制，病毒是没有能力一分为二地生长的。典型的病毒复制周期是这样的：它们在阿米巴虫体内复制，20小时后就会把阿米巴虫撑破，从而一下子释放出成千上万个新复制出来的病毒。这就是我们今天所熟悉的经典病毒复制过程。（就我个人的理解，我认为最早的病毒是类病毒，不需要细胞宿主。复制需要能量，来源可能是热能或化学能——类病毒可能在海底的“黑烟囱”附近复制它们的 RNA 基因组！）

阔口罐病毒有一个与众不同之处，这些巨病毒是从西伯利亚的永冻土中被分离鉴别出来的，于是其正式名字叫“西伯利亚阔口罐病毒”（Pithovirussibericum）。科学家是在钻取的冰样中发现它们的，利用碳同位素鉴定法，科学家推算出它们的年龄约为 3 万岁。那时候，尼安德特人还存在。最不可思议的事情是，在经过了这么久的冰冻后，这些病毒仍然具有生物活性，把它们放到实验室里去它们还能感染阿米巴虫，还能自我复制。每个病毒学家都用低温冰箱来保存样本，时间可长达 30 年之久——这是很常规的操作，病毒能保持感染能力，特别是那些 DNA 病毒。然而，在永冻土中待上个 3 万年，这可不是一点点的时间。可能《科学》杂志对这个研究结果也有所保留，对在永冻土中这么久的保存情况持怀疑态度，因而拒绝发表这篇讲阔口罐病毒的文章。克拉维尔和同事们是沿着水平方向取的样本，不是垂直向下往冰的深处取的样。这能保证取出来的样本在 3 万年内一直处于冰冻状态吗？这些病毒不需要在实验室中进行修复或者突变。科学家曾在永冻土层里提取出 100 年前的流感病毒，存在于一位在第一次世界大战中丧生的士兵体内。病毒被分离出来的同时，也被复苏了。然而流感病毒的基因组是 RNA，比 DNA 更容易产生变化。

分离阔口罐病毒引起了一些担忧：还有什么东西在那里埋藏了这么久？论文作者很小心地把发现的病毒定义为其他可能有危险的病毒的“安全标的”。到目前为止，没有任何证据显示巨病毒会导致疾病，因此巨病毒被认为对人类是安全的。论文作者也提到了痘病毒，这可就让人紧张了。痘病毒一度被认为已经绝迹了，但是它们和最新发现的巨病毒有一点亲缘关系。痘病毒先前没有被归在巨病毒一类里，但是它们有巨大的线性 DNA 基因组、正二十面体的衣壳和可在细胞核内复制的模式，把它们归在巨病毒一类似乎也很合适。那么这新发现的痘病毒会不会也在西伯利亚的永冻土中休眠了 3 万年，等待着合适的时机复苏呢？还有没有别的类似的病毒呢？也许有这样的病毒，只不过我们已经忘记了或者尚未遇到？这种想法让人不寒而栗。[永冻土中还有一些很罕见的病毒，比如囊泡病毒（Asco）、彩虹病毒（Irido）、藻类 DNA 病毒（Phycodna）和 Asfo 病毒（Asfovirus）等，它们与痘病毒或巨病毒一点儿也不相似。]

目前已知最大的痘病毒是金丝雀痘病毒，这个病毒经常被用于基因疗法中，作为疫苗菌株使用。这个病毒的基因组有 30 万个碱基对，编码约 300 个蛋白。

科学家在几个月内，在世界上三个不同的地方——澳大利亚、美国加利福利亚和俄罗斯西伯利亚，相继发现了三种差异如此之大的巨病毒，不能说这仅仅是个巧合。这些病毒肯定有着广泛的分布，也应该是很常见的。我们可以说，研究病毒领域的一个新时代从此开启了。

寻找新病毒的研究项目正如火如荼地进行中，在 2015 年秋季，由于全球变暖效应，科学家又发现了一种 3 万年前产生的病毒，叫"西伯利亚软体病毒"（Mollivirussibericum），它有着近 500 个基因。我们相信，新病毒还会不断被人们发现。

两项吉尼斯世界纪录：最大细胞中的最大病毒

作为巨病毒的宿主，阿米巴虫一下子成了研究的焦点。在此之前，很多人对阿米巴虫不是很了解。阿米巴虫是一种单细胞真核生物，形体巨大，样貌多变。它们喜欢栖息在有甜味的水域、河流、潮湿的土壤和苔藓中。它们的形状可以随时变化，没有一个固定的样子，通过伪足移动，通过细胞分裂来繁殖。它们的基因组十分巨大。有一种阿米巴虫又称“无恒变形虫”（Amoeba dubia），它的基因组是地球上最大的，有7000亿个碱基对！我没有打错数字，真是这样！它比我们人类基因组大200倍。它让阿米巴虫基因组荣登最大基因组的榜首。排名第二大的基因组归属于重楼百合（Paris japonica），它有1500亿个碱基对。相比之下，我们人类的基因组只有32亿个碱基对。

还有一些阿米巴虫的基因组有2900亿个碱基对，“仅仅”比我们的基因组大100倍。最大的细胞里寄生着最大的病毒：巨病毒。这种双重的最高级是怎么达到的呢？在巨病毒的基因组里，没有一个基因来源于宿主阿米巴虫的基因组；它的基因大部分来自阿米巴虫体内丰富的“基因池”，通过水平基因转移的方式获取。说得具体些就是，阿米巴虫吞食别的微生物，在体内进行消化，产生了大量的游离基因，随后就被巨病毒作为“食物”摄取，巨病毒的基因组也就越来越大了。阿米巴虫的基因组中有很多重复基因和假基因，这些基因都没什么用。从这个角度来说，阿米巴虫和一些植物很像，比如玉米、小麦、香蕉和郁金香等，这些植物的基因组也都很巨大，里面也充斥着大量的复制基因。这些复制基因完全可以被剔除，并不会造成什么严重的影响——这可是它们近乎一半的基因呀！庞大基因组的这个悖论很可能是人工栽培的一个后果，只是上文所举的几个例子很具代表性罢了。

阿米巴虫喜欢吞噬并消化病毒——巨病毒是例外，巨病毒藏匿在一个独立的地方（要么在病毒工厂，要么在细胞核内）。阿米巴虫和我们人类循环系统里的巨噬细胞有相似之处。巨噬细胞是我们免疫系统里的一种吞噬细胞，它们形状可变，是人体的健康卫士。它

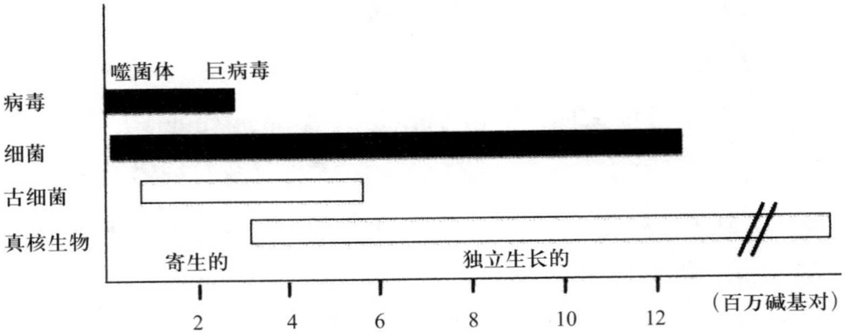

基因组大小：巨病毒比很多寄生菌的基因组要大

们在我们体内四处移动，寻找病原体，并用特殊部件即溶酶体把病原体消灭掉。巨噬细胞里有很多酶，可以把很多东西消化掉。它们在我们体内收集各种垃圾，比如细胞碎片、细菌、病毒和古细菌等，它们甚至还可以把颗粒状的金子吞掉。吞金子的本事可以用来检测巨噬细胞，只要把它们放在电子显微镜下就可以看出来。巨噬细胞吃各种各样的“食物”，从而体内混杂了各种基因。这也许就可以解释为什么最大的病毒藏身于最大的细胞内。人们不仅仅在冷却塔和空调的循环水中发现了阿米巴虫，甚至从饮用水管道中也发现了它。绝大多数阿米巴虫是无害的，但是如果它们被有害细菌（如军团杆菌）感染了那就不一样了。如果它们以液滴的形式出现在浴室里，或者室内加湿器里，或者泳池内，那可就真的很危险了。有一种阿米巴虫，即溶组织内阿米巴（又称痢疾阿米巴，Entamoebahistolytica）会造成腹泻（阿米巴腹泻），这种疾病很危险，有可能造成流行病，特别是在如果没有把废水和饮用水很好地隔离开来的情况下，这在非洲和亚洲一些不发达国家比较常见。我父亲有一次在长途旅行中不幸得了阿米巴腹泻，需要向当地卫生机构报告，并进行医学隔离。还有很多种阿米巴虫，比如棘阿米巴（Acanthamoebae）——也是巨病毒的宿主——就不会引起任何已知的疾病。

病毒有视觉吗

这问题听起来挺蠢吧？难道藻类和阿米巴虫体内的巨病毒真的会回答我们的问题？它们有眼睛吗？它们需要怎样才能够看到外面的世界？没人会把这个问题当真！然而，病毒还真的有一种视觉必要的基因。它们也肯定能感知一些东西，因为它们会对光线产生反应，哪怕它们自己既没有眼睛也没有脑子，也会驱使宿主向光移动。病毒究竟是如何驱使宿主细胞移动的，对此我们现在还不清楚。巨病毒——藻类 DNA 病毒（Phycodnaviruses）就可以刺激它们的宿主。阿米巴虫的巨病毒也可以驱使阿米巴虫。巨病毒拥有感光受体的前体——原视紫红质。这就是所谓的 7 次跨膜蛋白受体，是很常见的信号转导枢纽，文如其名，它从细胞膜上穿进穿出一共 7 次。在人类细胞中视紫红质转导光信号。然而在巨病毒里，在编码这个蛋白的基因上，在对应的第三个跨膜螺旋处有一个点突变，这使得该受体可以接受光刺激却不能把刺激传递出去。对此，不要感到吃惊。如果要传递信号的话，那传递到哪里去呢？光量子刺激病毒，病毒驱使宿主细胞向光趋行，比如去食物丰富的海面。这套机制的名字叫趋光性。这不仅对宿主有利，也符合了病毒尽可能复制自身的需要：宿主越健康越好。科学家甚至发现，巨病毒对绿色的光特别敏感。是因为绿色是藻类的颜色，预示了丰富的食物来源吗？巨病毒中视紫红质的基因序列是很多相关基因的大杂烩，其中 30% 的部分和别的视紫红质的基因序列很相似，包括了细菌、原生生物、酵母和别的一些真核生物（比如我们人类）。大自然中有各种各样奇怪的“眼睛”，比如水母身躯边缘上的黑色小点点，有人认为那是眼睛的起源。目前已知的病毒中有 5 种含有视紫红质基因前体，一点儿也不罕见。这些负责产生“原始眼睛”的基因从何而来？它们是病毒传给宿主的吗？还是反过来？这些眼睛基因是不是和病毒共同进化的产物？目前我们还不能回答这些问题。

瑞士巴塞尔市的著名眼科学家瓦尔特·格林（Walter Gehring），在研究眼睛的进化历史后得出这么一个结论：大自然里各种各样的眼睛其实有着同一个起源。他在2012年的一个杂志上刊发了50张五彩斑斓的眼睛的照片，用以支持眼睛单起源的论断。为了阐述眼睛基因的结构，他甚至利用一些发育生物学的技术，让果蝇在一条腿上长出了眼睛。这种嵌合体果蝇看起来很可怕，人们说那是“恐怖的基因工程怪兽”，这可能让他拿不到诺贝尔奖。他表示从未听说过病毒有眼睛。在瑞士阿尔卑斯山下的克罗斯特，曼弗雷德·艾根举办了一个研讨会，那次我也参加了。在听完我的报告后，格林说：“这个话题很新鲜啊，可以作为一个新的研究领域。”于是我递给他尤金·库宁发表的文章，他读得废寝忘食，甚至错过了晚宴。

喜欢咸热的古细菌

地球上有些地方处于很极端的自然条件下，有的非常炎热，有的长年黑暗，有极寒之地，有盐碱之邦，有的土壤呈强酸性，有的呈强碱性。在这些极端环境里生存着“嗜极微生物”。它们能在海底高压之下承受高达150℃的高温，或能忍受pH2的强酸或pH12的强碱，或者耐受盐湖里的高盐分。甚至在永冻土或者地下深处采集的土壤样本里都有它们的身影，任何地方如果你觉得不可能有生物存在，那里就有活着的嗜极微生物。生与死的界限对嗜极微生物来说不存在，病毒也一样，它们真的是活着的：它们可以进行新陈代谢，以类似于细菌的方式进行复制。它们在难以想象的情况下进行代谢，利用各种不同寻常的能量来源。比如，可以从电极获取电子，用来进行氧化还原反应——就跟小孩子舔冰淇淋摄取糖分一样简单。再如，盐结晶有吸水性，可以从空气和雾气中聚集水分。在南非的阿塔卡马沙漠，那里有的地方两亿年来从未下过雨，但是在盐晶内部的小液滴中仍有细胞活着。一些古细菌在 3.4 万年后复苏过来，在美国纽约的自然历史博物馆中展出。这激励了很多梦想家、电影制作人和美国国家航空航天局，人们猜测，甚至期望，在火星或者别的星球上有生命存在。无独有偶，科学家也的确在火星的岩石里发现了小液滴。

古细菌这个词现在的意思已经变了，以前就是字面意思“古时候的细菌”（Archaeal bacteria），现在是专门分出来的一类，毕竟古细菌和细菌之间的差别可太大了。它们作为生命之树上独立的一个分支，与细菌和真核生物隔离了开来。尽管如此，它们和细菌还是在很多地方有相似之处，比如大小、复制的模式、容纳病毒的能力、抵抗病毒的机制，以及拥有逆转录酶。古细菌这个名字意味着它们可能是最早的生命形式，是一切活细胞的始祖。现在科学家把它们在进化树上的位置，放在细菌和真核生物之间，认为古细菌和前两者都有关联。当卡尔·沃斯于 1977 年发现古细菌的时候，生物界对其的定义还不是很明确。沃斯把核糖体 RNA 的序列作为对照标准，通过研究序列差异，把所有的生命划分到三大界中去。核糖体序列对所有种类的细菌都有特异性，今天被广泛用于细菌的识别和鉴定，这是一个非常可靠的手段（该 RNA 在原核生物和真核生物里被称为“16/18S 核糖体 RNA 或 rRNA”。通过给对应的 DNA 序列测序，可以区分细菌的种类）。早在 2015 年，一个丹麦的研究小组使用更加完善的测序分析技术研究了古细菌，并把它们在进化树上的位置移得更靠近真核生物，不但没有靠近“树根”，反而远离了万物之源。研究小组发现了很多和真核生物基因类似的基因，数量之多超出了预期。他们给这些古细菌起名为“洛基”（Loki），源于其发现地，即一个叫洛基的深海热泉——洛基也是北欧神话中一位神的名字。

古细菌非常善于保命。嗜极微生物进化到可以很好地适应其所在的极端环境，同时也极度缺乏应变能力。它们可能会花很长的时间，慢慢地去适应新的生活环境，创造出来的新的代谢通路很多都是高度适应某种特殊环境的，不为人知。它们这种一成不变的生活方式意味着要把它们挪个地方不太容易，也很难在实验室中培养。比如，嗜热菌在常温运输途中会死掉，因为它们可以忍受的温度变化范围很小。其他一些厌氧古细菌喜欢低温低氧的储存环境，在冷藏室里它们起码可以活 10 年。于是问题就来了，实验室的环境对很多嗜极微生物来说都是异常的，因为和它们生活的真实环境很不一样，这样可能会导致研究结果出现错误。分析微生物组可能是个好方法，通过直接给一个群体的古细菌测序，可以免去运储和在实验室中进行的其他操作步骤。古细菌和细菌一样丰富，但正是基于以上这些原因，对它进行的研究少很多，人们对古细菌的了解很欠缺。

德国已故科学家沃尔夫兰·齐立格（Wolfram Zillig）收集了世界各地的古细菌，从冰岛的间歇泉到美国的黄石国家公园，可以说为我们打开了一扇通往世界内部的窗子。他甚至爬进火山口去采样，为研究同人树立了探险的榜样，推动了研究进展。他采集到的样本到现在还在被研究。卡尔·塞特就是其中的一位研究者，他对这些微生物的寄生虫特别感兴趣。古细菌的寄生虫看上去是球形的，黏附在古细菌的表面，帮助古细菌生长。这种古细菌叫“燃球菌”（ignicoccushospitalis），伴随着它四处漂移的小寄生虫叫“骑行小矮子”（Nanoarchaeumequitans）。我则管它们叫“骑师”。

这奇怪的“骑师寄生虫”会不会是病毒，而且是巨病毒？我觉得很有可能，虽然我很可能猜错。如果如我所想，那么就应该是塞特发现巨病毒了！也许他应该好好想想这个问题。细菌没有这样的“骑师”，但是水螅或者别的虫子有可能——那么我们呢？

古细菌有种特殊的膜，膜中含有脂分子，所以更有利于在极端环境里存活下来。古细菌通常不会引起疾病，它们对人类细胞的代谢通路并不了解，这也可能是为什么古细菌不会捣乱的原因。又或者因为它们非常古老，在漫长岁月中已经和我们共同进化了。

大卫·普朗格什维利（David Prangishvili）曾拜在齐立格门下学习，后来去巴黎的巴斯德研究所进修。他研究过很多病毒，其中就包括嗜热菌。嗜热菌喜好 80℃以上的环境。它们中的一些甚至可以经受住普通实验室里的常规灭菌措施，通常来说灭菌措施是可以杀灭所有这些微生物的——然而不需要担心，毕竟它们不会引起我们生病。到目前为止，大卫一共检测到 24 个病毒家族，它们的形状和功能各不相同，因而难以对其进行分类。它们看上去就不像是病毒，一点儿也不像，比如嗜热酸属双尾菌（Acidianus two-tailed virus，缩写为 ATV）有两个长臂，一端呈钩状，中间厚两边薄。在电子显微镜下，病毒有各种各样的形状：柠檬、棍子、螺旋、瓶子，等等。即使在地球上最偏远的地方，只要环境差不多，这些古怪的病毒长得也就很像。这意味着特殊的周遭环境决定了病毒的结构特征。艺术、建筑和设计领域里的准则“功能决定形状”，很显然在大自然中一样适用。

所有的古细菌，以及它们携带的大多数病毒，都含有双链 DNA 的基因组，DNA 比 RNA 要稳定多了。嗜极微生物很可能不含 RNA 病毒，不然的话，在很热的环境里太容易出问题。古细菌的确含有负责将RNA转录成DNA的逆转录酶，但这是用来干什么的？我猜它们是由逆转录转座子这一类的“跳跃基因”产生的，在DNA上利用“复制—粘贴”的方法制造一些变化。不管你怎么定义序列的相似性，一些古细菌病毒的序列和今天的疱疹病毒序列略有一点儿像。近来科学家检测到一种新的病毒结构，其中蛋白以螺旋的形式裹在DNA上，而DNA也略微经过了包装——也许这可以为在高温环境生存提供优势？

也有的古细菌病毒具有正二十面体状的头和尾部，这就和噬菌体很像了。它们在高盐分的湖中生存，但在温泉里研究人员没有找到它们。我们还不清楚盐分为什么会并且是怎样造就了这种结构。不同种类的古细菌有不同种类的噬菌体。

古细菌并不总是生活在极端环境下，在人或者牛的粪便里也有它们的身影。

古细菌有着强悍的免疫系统，可以抵抗病毒，有特别针对病毒的裂解性的生命周期。它们拥有CRISPR/Cas9这样的免疫系统来抵制噬菌体这样的DNA敌人。这和病毒或噬菌体很像。

如果大灾大难来了，产生了新的极端环境，古细菌和它们的病毒能够挺过来吗？生命能够适应极端情况——这就是古细菌教给我们的。它们是最厉害的生还者吗？答案可能要取决于变化产生得有多快。它们可能不是很好的生还者，因为它们的适应速度太慢了！在新的极端环境下，生还者要能进化出新的代谢通路，这很花时间。我们人类能够向古细菌学习如何应对新的环境变化吗？适应是一个缓慢的过程。存活下来不是一蹴而就的——据我们所知，起码在过去就不快。人类很可能在变得嗜好极端环境之前就死光光了。

古细菌的许多病毒有很多未知的基因。它们从何而来？可能不是来自细胞，不然我们应该能识别出来。病毒的基因要远远比所有细胞的基因多很多。病毒开发新基因开发得很快，DNA 病毒也是这样，拜它们容易出错的复制过程所赐。病毒是进化的动力。它们是发明家，测试各种可能性，给细胞提供新的信息。所以，病毒会帮助我们耐热并且活得更久？要知道，它们曾经已经这么帮助过我们了。

第 7 章
化石一样的病毒

被遗传的病毒

霍华德不仅检测到了我们在第 3 章里讲到的逆转录酶，还发现了内生病毒。他曾是在逆转录病毒领域里最有想象力的先锋人物。顶着来自公众甚至同事的巨大压力，霍华德推测在 DNA 基因组中，一定有一种 DNA 的中介物来自一种具有遗传性质的、包含 RNA 的逆转录病毒。这就是为什么他和其他人不仅发现了逆转录酶，也发现了内生病毒。这些内生病毒需要逆转录酶以把病毒的 RNA 转录成 DNA。恰恰我就是当时并不相信有内生病毒存在的众多人中的一员，当然也不可能检测到逆转录酶。

作为外生病毒，它们通常是平行传播的，意味着它们不仅能够在体内扩散，还能在人与人之间传播。然而，这些病毒有时候也能感染生殖细胞，其后在一代代中垂直传播下去。这种垂直传播通常是非常罕见的，但还是会发生。逆转录病毒通常是整合到体细胞中的，但有一些能够进入生殖细胞成为 DNA 原病毒，然后以同样的形式传到后代体内。我们能从自己的父母那里继承到病毒吗？我们

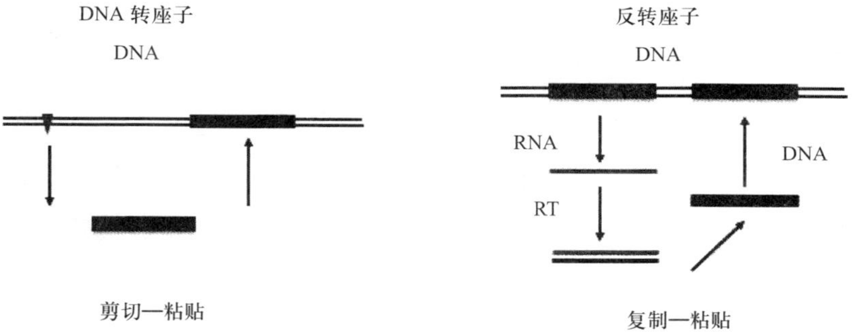

跳跃基因或转座元件：DNA 转座子或反转座子能够让细胞基因组中的基因移动或者复制

不该有这种想法——基因疗法不允许使用具有复制性的病毒，因为它们有可能进入生殖细胞继而传给后代。在科学研究中，这是一个绝对不允许触碰的领域。

大多数可遗传的内生病毒都是逆转录病毒。但事实上，其他的病毒也可以整合到我们的基因组里面，即使这些含有 RNA 的病毒的复制并不需要经历其基因组转变成 DNA 这一阶段，但是它们仍可以利用细胞中游离的逆转录分子将自己的 RNA 复制成 DNA 从而被整合。这一现象现在正发展成为一个新的研究领域，叫作古病毒学（Paleovirology），人们开始使用如今强大的基因测序方法加以研究，希望能够在人类基因组中发现这些病毒的蛛丝马迹。

通常，这些病毒不再生产真正的病毒颗粒——因为这些病毒颗粒是有缺陷的。遗传下来的内生病毒的序列会一直整合在基因组固定的地方，并由此可以将它们与那些在新的急性感染中随机整合的病毒序列区别开。这是一个很简单的区分，也容易实现。

对于从外生病毒到内生病毒的转变，我们将会利用澳大利亚考拉作为例子来进行讨论——因为在它们身上我们几乎可以实时看到这一转变过程。在这一过程中大家还可以惊讶地发现，甚至连埃博拉病毒都可以整合到生殖系统中——遗憾的是，这种情况除了在蝙蝠、猪和袋鼠中存在，尚未在人体中发现。为什么说遗憾呢？这就需要用更多的篇幅来解释。总之在这里我想传达的信息是：内生病毒能够防止外生病毒的入侵！

所谓外生病毒，这里我们主要指的是逆转录病毒，可以一直在体细胞的基因组里面存活直到细胞死亡。以 HIV 为例，被感染的淋巴细胞可存活长达 60 天，然后整合的 DNA 原病毒随着细胞生命的耗尽而同时死去。但是等到那个时候，能够制造病毒的细胞已经在病人体内每天释放了大约 10^{10} 个病毒颗粒。DNA 原病毒一旦整合到了生殖系统中，可以说它几乎是永存的，因为生殖细胞的基因组会一代代地传下去。因此，父母基因组中的逆转录病毒会作为“自身”基因，而不是外来物质遗传给孩子。这种现象已经持续了大约 100 万年，甚至更长的时间。相对于体细胞来说，生殖细胞通常是不产生新的病毒颗粒后代的。100 万年并不是一个绝对的界限，但是比这更长时间的整合是很难证明的，因为病毒的序列会经历突变、缺失等改变，以至于所积累的太多改变使 DNA 中病毒序列的部分很难被识别。

为什么内生病毒会在我们的基因组中累积呢？这一定是从真正的病毒感染开始的。它们为什么以 DNA 原病毒的形式在我们体内保存了上百万年？巧合？意外？还是因为病毒把它所整合进入的细胞当成了避风港，从而隐藏自己躲避宿主免疫系统的识别？内生病毒真能免受宿主免疫系统的攻击从而保护自己吗？如果事实如此，那在整合之后，病毒一定是最大的受益者——但同时细胞也因此受到了保护。

细胞几乎永远不能摆脱内生病毒和已经整合进入的原病毒。一部分残留的序列总是会被留在基因组中。这些序列属于 DNA 原病毒的末端，是病毒基因的启动子，即长末端重复序列（LTRs）。

DNA 原病毒的两个长末端重复序列是一模一样的，这样的特性是来源于病毒的复制机制。这两个一模一样的长末端重复序列在整合之后可以被重组，同时中间的序列形成套索结构被切割、删除，从而只留下一个长末端重复序列。这导致在基因组中你会看到很多单独的长末端重复序列，却很少有完整的逆转录病毒序列。（相对于哺乳动物中的 DNA 原病毒来说，在细菌中的 DNA 原噬菌体是能够被剔除出细菌的基因组的。但是在这个过程中噬菌体是受益者吗？噬菌体被剔除是因为细菌受到了压力刺激，但是在这种刺激下细菌通常会裂解然后死亡。然而在人体中，是基本没有细胞裂解的。）

内生病毒只有在细胞死亡的时候才死亡。同时，如果这些病毒随着时间推移变得越来越没用处，这时哺乳动物的细胞会在此过程中开始消耗内生病毒，将它们的序列变得越来越短。"没用"意味着它们不能够为细胞提供任何生存优势，不再保护细胞防止其他病毒的侵害。这样看来，所有被剩下的都是具有一定功能的。

这就是为什么很多残缺的病毒也会在我们的基因组内堆积，这是来自数百万年持续的积累。通常，第一个被宿主消耗丢失的病毒基因是那些编码包膜蛋白的基因。包膜蛋白在组装和释放出完整病毒颗粒的过程中是必不可少的。如果没有这层由包膜蛋白形成的"外套"，裸露的病毒是无法离开细胞再进入另一个细胞的。但是这里还是存在两种其他的可能性：即使丢失了包膜，也可以在进化过程中或者从其他辅助病毒那里重新获取。

此外，内生病毒可以通过诱变被灭活——这种机制至少可以在功能上消除内生病毒。当病毒不再被选择来协助细胞防御以对抗其他病毒时，就会出现"终止密码子"，使它们开始退化。内生病毒的确可以为细胞带来惊人的优势。它们可以保护宿主细胞免受其他病毒的重复感染。如果细胞被占据，忙于复制第一种病毒，那么它就会阻止第二种病毒进入。这种现象也被称为“病毒干扰”，这使我们想起哺乳动物中的“干扰素”抗病毒防御分子，这将在第9章进行讨论。噬菌体也可以占据细菌的宿主细胞，阻止其他噬菌体的感染。对于细菌，这种现象被称为“重叠感染排斥”，即禁止入内。即使是进化过程中的古老的生物元素，由裸露的ncRNA组成的病毒，也会通过切割摧毁竞争者。这种被称为“沉默”的机制在免疫防御中是非常普遍的现象。它基于RNA，但病毒蛋白也可以通过占据细胞表面的受体来阻止竞争性病毒，因为表面受体通常是病毒进入的锚链。这只是众多病毒防御机制之一，这些防御机制之间可能会大不相同。一般而言，病毒通过向细胞提供抗病毒防御来抵御其他病毒，通常称为细胞或生物体的免疫系统。对，你没看错，所有已知的免疫系统都是由病毒构建的。并且它们是针对病毒而构建的！

我刚才所说的是一个强有力的声明，但它可以被证明。病毒和细胞之间互惠互利。因此，病毒甚至是残缺的病毒可能仍然对它们的宿主有用，所以它们可能不会消失，而是在我们的基因组内持续数十亿年。

当发现我们人类的基因组几乎50%是由逆转录病毒或病毒样成分组成时，对全世界的科学界来说是一个震动。它们通常不是完整的病毒，而是退化的逆转录病毒。这是迄今为止我们取得的最惊人的科学成果之一。对每一个真核生物都是如此：哺乳动物、植物、昆虫、带有孢子的酵母等，无一例外。另一个震动是，即使是整合的逆转录病毒元件有缺陷，它也可以移动——但只能在细胞内移动，无法离开细胞。然而，它们可以作为细胞基因传递给后代，难以被消除。

然而，受精过程中存在着令人惊讶的保护行动。一个新的胚胎从无到有，它继承了所有内生逆转录病毒的亲本基因。但是，这些内生病毒通常以“沉默”的方式通过功能性失活而被灭活。这是自然界的一个绝妙的安排，即关闭父母的遗留物来保证下一代有一个新的开始。这种沉默机制最近才被发现。内生病毒的沉默是基于对DNA或染色质，即DNA包装蛋白的化学修饰。旨在用于基因治疗的设计基因，也会在患病细胞中作为潜在的危险被沉默——这让研究人员、医生和患者都非常失望。

内生病毒只存在于真核生物中吗？那么细菌呢？确实，它们也存在于细菌中：多达20%的细菌基因组由DNA原噬菌体构成。直到最近，人们才发现许多原噬菌体的基因都是分散的，并且由其他间隔序列穿插其中。这就是细菌对抗噬菌体的免疫系统，被命名为CRISPR/Cas9，这是现代分子生物学研究中最令人振奋的突破。总之，整合的DNA原噬菌体或DNA原病毒分别保护它们的宿主以抵抗其他噬菌体和病毒。在一些情况下，宿主是细菌或原核生物，而在另一些情况下，宿主是真核生物——包括人类。

从DNA中重生的“凤凰”

人类的基因组一共编码大约40000个整合成为DNA原病毒的人类内生逆转录病毒（HERVs）。其中的一些甚至完整到能在合适的条件下经细胞培养而被人为激活，这些条件包括紫外线、饥饿或者细胞压力，还有信号分子比如干扰素的刺激。其中的一类人类内生病毒HERV-K，仍然保持活性而且能够生产蛋白——并在极少数情况下甚至能够生产出完整的病毒颗粒——这些通过电子显微镜能被观察到。然而，它们通常不能扩散到其他细胞中去。一些这样的病毒在人类的胎盘、老鼠胚胎的大脑中被发现，还有一些在疾病里面扮演一定的角色，比如癌症中的恶性黑色素瘤，还有一些其他的疾病如关节炎。但是这些观察到的现象能否对治愈疾病有重要意义现在下结论还太早。

通常情况下 HERVs 不是完整的，而且不能复制。那我们是怎么知道这些内生病毒是从真正的病毒衍生而来的，我们的基因组真的是储存化石病毒的坟墓吗？这是一个非常重要的问题，两个实验组的研究尝试着去证明，也有力地支持了这一结论。蒂埃里·海德曼（Thierry Heidmann）在巴黎分析了人类基因组中的病毒序列并排列比较了 9 个这样的化石内生逆转录病毒序列。所有的序列都包含了很多终止密码子，每一个都无法表达蛋白或者完整的病毒颗粒，也无法复制。然而，终止密码子并不是均匀分布的，所以他能够找到一些含有开放阅读框的区域并把它们合并在一起。他重新构造了一个全长度的逆转录病毒基因组，把序列合成为 DNA 然后转移进细胞。确实如他所想，一个具有复制能力的逆转录病毒产生了，它所具有的逆转录病毒的典型特征也能在电子显微镜下被观察到，这是一个可以感染其他细胞包括人类细胞的病毒。这也同时提供了一个惊人的证据，证明那些“死亡的”、在我们基因组中大量存在的内生病毒确实是从完整的、真正的病毒衍生而来——其中的大多数现在已经灭绝。这完全是出乎意料的远古病毒的复活，着实令人害怕。这些工作原本应该受到一些批评，甚至公众的抗议，因为一个 3500 万年前就存在且在 100 万年前还有活性的病毒如今很可能对人类还存在危害并可导致未知的疾病。令我惊讶的是，并没有公众和媒体进行抗议。是他们忽略了潜在的危险，还是没人真正明白这些实验的意义？当然，研究人员确实采取了必要的防护措施。这个病毒被命名为

“凤凰”，但并不像神话中说的那样在灰烬中重生，而是从我们的基因组中重生——再次成为一个真正的病毒。

独立于上面这个研究的，还有一个叫阿里·卡佐拉吉的科学家，他在英格兰也比较了不同的哺乳动物内生逆转录病毒的序列并将共有序列组装在了一起，从而他也重新构造了具有复制和感染能力的病毒，被他命名为“HERVcon”（con 指 consensus，表示“共有”）。他能够用这种病毒感染细胞甚至动物。卡佐拉吉对从现存的基因组中重新构造其他古代病毒也很感兴趣，其中的一个例子就是从兔子内生病毒重造出的兔子逆转录病毒，也就是前面提到的 RELIK，含有双关之意（与英文 relic 同音，意思是“遗迹”），代表兔子的内生 K 型慢病毒（lentivirus）。这个病毒是在大约 1200 万年前被整合到兔子的基因组中的，并且它是一种类似于 HIV 一样复杂的慢病毒。这些病毒更为复杂是因为它们比通常检测到的逆转录病毒有更多的辅助基因。直到发现 RELIK 之前，人们普遍认为这样复杂的慢病毒无法成为内生病毒，不过很显然它们是可以的。这同时也是 HIV 类型的病毒在很早就存在的有力证据，甚至有可能存在于比这个实验得出的结论还要更早的年代。至于为什么卡佐拉吉会选择兔子基因组来做这个研究尚不清楚。难道是因为兔子养殖场出钱赞助了这个研究？

我们能在基因组中搜寻到其他病毒吗？我们也能找到未知的病毒吗？寻找未知的病毒需要一个病毒搜寻的算法，但这个任务并不简单。我们怎样来确定这些远古病毒的年代？对于病毒年龄的推定，可比较病毒基因组的末端即启动子部分，也就是我们上面提到的长末端重复序列（LTRs），它们分布在 HERV—DNA 原病毒的左右两边。它们在 DNA 原病毒的合成过程中是保持不变的。但是随着时间的推移，它们可以累积突变——正如其他任何一个基因一样。如果我们设定一个突变速率，我们就可以根据不同突变后的样子来推算大约在多长时间之前，长末端重复序列开始发生改变。根据这个方法，我们知道有些 HERVs 的年龄大约有 1 亿年。对于其中的 HERV-K，我们分析它大约有 3500 万年的病毒年龄。

考拉是如何在致命病毒中活下来的

考拉是澳大利亚最受喜爱的动物之一，但很多在车祸中不幸死去，所以一些特殊的医院因此而生。对考拉的猎杀也使它们灭绝的概率增大。为了救助考拉，很多考拉被送到了澳大利亚周围的岛屿加以保护。但是在这些岛屿上，考拉却感染了一种来自猴子的逆转录病毒——长臂猿白血病病毒，很多考拉因此而死亡，但是另一些存活了下来。更多详细的研究表明，活下来的考拉对这种病毒意外的抵抗力是由于它们体内的基因组整合了猴子病毒的序列。病毒的序列在这些考拉的所有细胞中都存在，而且整合在每个细胞的基因组的同一个位置，意味着这个病毒序列一开始被内生化在这个位置，并在这之后稳定地遗传了下来。相对而言，新感染的病毒对基因组中整合的位置没有固定偏好，因此可以随机整合到很多位置上。这是一个简单但很具有信息量的测试。

这种病毒的内生化过程一定是在考拉从大陆本土撤离的过程中发生的，此时，考拉的基因组里还没有那些序列。这些病毒也明显无法在考拉的体细胞中复制，然而却进入了它们的生殖系统，从而导致病毒序列在后代的基因组的固定位置整合。因此，这些逆转录病毒序列在惊人的短短 100 年里被遗传成为内生病毒。这个从外生病毒到内生病毒的内生化过程是实时的，而且速度相当快。于是研究人员开始研究内生化。内生病毒已经成为“自我”的一部分而且

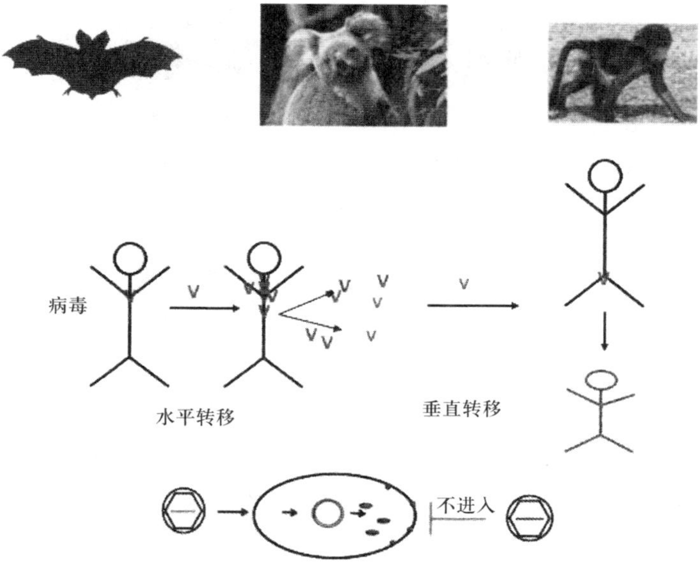

上图和中图：蝙蝠、考拉、猴子和人类可以被内源性的逆转录病毒垂直感染，通过细胞中的病毒来实现，并由此阻断被外源性的病毒感染。病毒的水平感染则通过体细胞的交换而达成

下图：细胞内的病毒可以分泌一些因子来保护宿主细胞，这些因子可以把外来病毒挡在外面，从而让宿主形成免疫力

并不再引起危害。重要的是，内生病毒保护着考拉防止外生病毒的侵入——我们已熟知的现象是，猴子病毒 SIV 类似人体中的 HIV，并不在猴子体内引发疾病或者致死。另外，埃博拉病毒在成为内生病毒后也不再会杀死它们的宿主蝙蝠。这里有一个关键词是“不再”，因为这些病毒在一开始也许是能够杀死它们的宿主的，但是在足够长的时间后，终于进化成为共存，使幸存者具有抵抗力。但是回到一开始，这些病毒是怎样进入生殖细胞中的，它们的受体是什么，内生化的过程需要多长的时间呢？这些是非常重要的课题。

内生化的 100 年大约等同于考拉的 20 代，人们以为会需要更长的几千年的时间。那么，HIV 在人体中的感染，以及内生化会是与之相应的时间段吗？在这之后人类会受到保护吗？如果从物种的平均寿命角度考虑，考拉中的10代大约相当于人类5代到6代，这是相当长的一段时间。同时，人类的基因组在进化过程中已经积累了很多逆转录病毒的序列，这些序列要古老得多。兔子中的RELIK病毒是在1200万年前内生化的，我们说过这个病毒是像HIV一样复杂的病毒。对于HIV来说，我们甚至不清楚它是否能够感染生殖细胞。HIV进入细胞的受体，而在我们的生殖细胞表面也许是不存在的，如果是这样，病毒就无法感染生殖细胞。也只有在病毒感染生殖细胞的情况下它们才会被遗传下去。那HIV能发生改变从而进入生殖细胞吗？并不是没有这个可能。近年来发表的两项研究成果表明，HIV确实是能够进入人体的生殖系统的。所以我们可以静观其变——但是从保护人类的角度来看，即使内生化的过程足够快，对于我们对抗疾病来说还是太慢，而且在这个过程中会牺牲掉很多生命。

对于HIV的内生化，这有一个先例——泡沫病毒，这是一个非常惊人的例子。它们具有很多辅助基因来进行复杂的基因表达的调节，这点和HIV很相似。但是泡沫病毒在人体中是不具有致病性的。“泡沫”源自被这种病毒感染的动物的肺，以及体外培养的细胞的泡沫状外观。人类和猴子都能够被感染，但是并不会生病。该病毒只能在猴子体内而并非人体内复制，所以人体对于它们来说是死路一条。泡沫病毒是跟HIV复杂度类似的最古老的病毒，大约有1亿年那么久远。我们需要多长时间才能让一种病毒变得无害？我们不知道答案，但这确实是可能发生的事情。显然，SIV已不在猴子中致病致死，但那是从什么时候开始的呢？

现在看来，也许有更多这样的病毒存在，但是它们很难被检测到。也许是因为这些病毒的基因组是由DNA组成，所以乍一看并不类似于逆转录病毒。同样，一种绵羊病毒 JSV（绵羊肺腺瘤病毒，即人类胎盘形成病毒 HERV-W 的等同物）以外生病毒，以及内生病毒的形式同时存在。

鱼的病毒也可以体现出这种双重角色，一方面是外生的可复制的逆转录病毒，另一方面可以整合为内生病毒。我们对于鱼的逆转录病毒了解得还不多，然而为了提供食物需求，养殖鱼塘也在不断增加——这对研究鱼的逆转录病毒是好事。也许某个年轻的科学家想要跟曾经在自己的水族馆里孵育了两万多只斑马鱼，多到快要挤爆马克斯·普朗克病毒研究所屋顶的德国诺贝尔奖获得者克里斯蒂安·纽斯莱因－沃尔哈德一起来研究这些病毒。这些斑马鱼已成为科学研究领域的明星，因为它们的身体是透明的，可以通过眼睛观察到突变对它们的影响。克里斯蒂安因为这方面的成就在美国享有盛誉——从以前的“苍蝇女王”变身现在的“鱼女王”。毫无疑问，这些鱼中肯定有病毒，只是我们对它还不够了解。

新的研究课题

人类的基因组中到底有多少种类的内生病毒？目前我们已经讨论了逆转录病毒整合的两种可能：水平整合和垂直整合。病毒颗粒从细胞到细胞或者从动物到动物的传播称为水平传播。还有另一种垂直传播的病毒，它们能感染生殖细胞进入生殖系统，从而被传到下一代。当人类基因组被测序的时候，我们不仅能在其中探测到逆转录病毒的序列，还能探测到 DNA 病毒的序列，以及与 RNA 病毒相应的 DNA 序列，比如玻那病毒和埃博拉病毒。这两个病毒在正常情况下是不会产生 DNA 中介物的，它们一定是通过一种不寻常的机制被“秘密转化”成为 DNA 病毒。也许病毒借助了细胞中的逆转录酶将RNA转变成了DNA，从而将DNA的拷贝整合到基因组里面。我们最近了解到，人类的细胞装满了逆转录酶（RT），它们一开始可能起源于逆转录病毒或者逆转录转座子，随后被我们的细胞所截获。这就是为什么玻那病毒和埃博拉病毒会整合到动物的基因组中。这些基因组中的序列并没有随着时间的推移有太多的改变，所以我猜测它们的存在一定是有特殊目的的，它们确实能够通过抗病毒干扰保护宿主抵制新的感染。玻那病毒就在很多动物种类中以DNA的形式存在，比如人类、猴子、狨、大象、狐猴、小鼠、大鼠和鸟类——却不存在于马体内。这也许就是人类为什么会对外生的玻那病毒的感染产生抗性——正是由于内生的玻那病毒序列。这些内生的玻那病毒序列没有在马体内被检测到，于是它们也确实能够受到外生病毒的感染而生病，导致抑郁症——马疾病的一种。而在人体中，内生的玻那病毒大量表达保守的病毒核蛋白来抵制新发的病毒感染，看来人类的抑郁症是有其他诱因的。

动物基因组中的埃博拉病毒大约可以追溯到4000万年前，有些甚至可以追溯到1亿年前。这些序列惊人地完整，甚至表达的病毒蛋白跟今天的扎伊尔（Zaire）株埃博拉病毒有相似之处。埃博拉病毒和同样是丝状病毒（该名字的由来是这些病毒在电子显微镜下呈丝线状的外观），与其有着很紧密联系的马尔堡病毒可以分别独立地进入基因组中。基因组中的丝状病毒可以在北美的蝙蝠、亚洲的灵长类、南美和澳大利亚的啮齿类中被找到，而且除了蝙蝠，猪的体内也有发现。不同于玻那病毒，埃博拉病毒从来没有整合到人类的基因组中，所以我们并没有受到保护。为什么我们的基因组没有整合埃博拉病毒的序列呢？也许是因为人类感染埃博拉病毒的时间还太短，而内生化的过程是需要时间的，就像我们之前对考拉的讨论中提到的。还有一种可能就是，人类的生殖细胞是无法被埃博拉病毒感染的。我们应该测试一下，这应该是一个很好的研究课题！

大约还有10种类型的病毒是通过不正当途径进入哺乳动物的基因组中的。在它们之中有更罕见的只有单链DNA基因组的环病毒（cirvoviruses）。它们在猪、鸡和鸽子体内经常被发现。我们不得不说，几乎所有类型的病毒，尽管有着不同的复制策略，都能通过某种方式整合到哺乳动物基因组中成为内生病毒，在细胞核中复制的病毒更倾向于整合。因此，病毒在人类基因组中的整合正在不寻常的条件下进行，并保护着宿主。

另外，具有内生病毒的动物物种也许能够生产出感染其他物种并可能导致疾病的病毒。比如是否有人检测过猪的埃博拉病毒能否感染人类？这也值得一试。

残缺的病毒

人类基因的50%是由逆转录病毒或者与逆转录病毒相关的基因组成的。在进化的过程中，我们经历了无数逆转录病毒的感染，并且它们都在我们的基因组中留下了痕迹：比如人类基因组中的“凤凰”，以及兔子中的内生K型慢病毒RELIK都是佐证。随着时间的推移，整合的病毒经历突变，并在一些情况下难以被识别为病毒。这些退化的病毒无法再移动、迁移或者侵入其他生物体内。于是它们就驻守在细胞中，甚至更加地“宅”——一直待在细胞核里。这就是我们所说的老病毒被驯化了，更喜欢宅在“家”里。科学家管它们叫“化石”，并把我们的基因组称为之前病毒感染的“坟墓”。要是这么比喻的话，这些坟墓至少存在了3500万年，有些甚至达两亿年之久，“年轻”的坟墓也有100万年左右。除此之

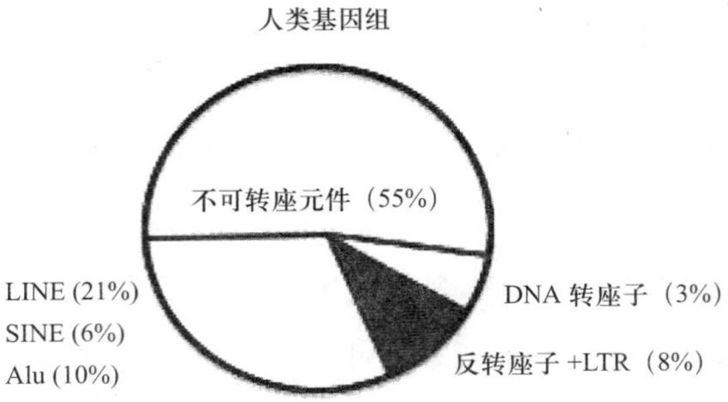

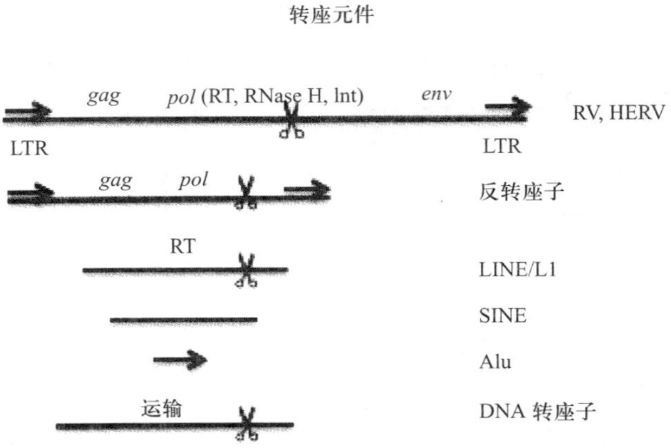

人类基因组含有转座元件，逆转录病毒（RV）占据人类基因组的 50%，并且随着进化年数的增加，其会变得更短

外，这些病毒的遗体还能做很多事情。它们可以从 DNA 的一个位点移动到另一个位点，这便是“跳跃基因”这一概念的由来。它们还可以进出于基因组——但并不能离开细胞。这些“跳跃基因”就是转座子元件或者转座子。

一些更具运动天赋的退化突变病毒甚至可以表演“翻跟头”，在这个过程中，DNA 被转录成为 RNA，然后被逆转录酶再变回 DNA，然后这段 DNA 的拷贝再整合到基因组中。这样的转座子元件被称为逆转录转座子。

听不懂？你可以试想一下电脑上的文字处理软件：对于转座子来说就是“剪切、粘贴”，对于逆转录转座子来说就是“复制、粘贴”。在前一种情况下，一段DNA被剪切下来然后移动到基因组的另一个位置并进行整合，这样会破坏DNA两次。在第二种情况下，非剪切而是转录的DNA被整合，因此只发生一次我们称为“遗传毒性”的事件。同时，“遗传文本”会变得长一些，其增加的长度正好是被转录的DNA的长度。基因的复制——一个对于我们基因组获取新功能极度重要的机制，就是突变其中的一个拷贝然后把原来完整的一份作为备份。人类的基因组在很长时间以前就“遗忘”了简单的“剪切、粘贴”，但是植物仍然广泛应用这一策略。植物在这一方面还比较保守，也许是因为它们代谢得更加缓慢从而更不容易适应，所以两处基因缺陷比一处更具有创新性。“剪切、粘贴”的过程大约在3500万年以前就被人类基因组所淘汰，进而转化为“复制、粘贴”。我们应该更精确地区分DNA转座子和逆转录转座子，这两个概念经常在统一被称为转座子元件的情况下被混淆。逆转录转座子只引发一次由于整合导致的断裂，是一种相对不剧烈的变化但却被证明是一种更成功的特性。

总体上来看，其实很简单——转座子表现得和病毒一样，只是它们有着只能在同一个细胞内移动而不是细胞间移动的限制。换言之，就是它们保持内生性质，不会变成外生的。对跳跃病毒的囚困还可以有不同的理解：这可能是在进化过程中很早的时候发生的，在那时候，内生病毒的出现其实早于外生病毒。也许一开始病毒真的只是在基因组中跳来跳去，之后才学会怎样在细胞或者生物体之间转移。支持这一说法的证据就是外壳蛋白，比如包膜蛋白——一种逆转录病毒的蛋白，它对于病毒的组装和长距离的移动是非常必要的，然而相比病毒的其他基因而言，却是在相对较晚的时间才获得的。只有在病毒受到外壳蛋白的保护之后才能离开一个细胞进入另一个细胞，然而包膜蛋白同时也能被丢失。也许两种机制同时在发生，即获得和退化——被困住的病毒开始进化转移，而移动的病毒逐渐退化。总之它们具有同一个祖先的可能性是无法被排除的。

关于描述在人类基因组里这些“前病毒”是怎样被发现的过程，在一篇我所见的最精彩的文章中都有呈现。这篇文章是在千禧年伊始发表的，并打开了一个全新的研究方向，提出了需要人们用很长时间来回答的问题。在 100 年前，当马克斯·普朗克还是一个学生的时候，他被告知他不能继续研究物理学了，因为物理学已经穷途末路。就在那个时候，量子力学打开了物理学一个新的研究窗口，并在半个世纪以来一直保持在物理学研究的前沿。寻找人类基因组里的序列的意义又可以让我们忙活半个世纪——如果半个世纪够的话！

我刚才提到的那篇令人兴奋的文章发表在 2001 年的《自然》杂志上。它是对以埃里克·兰德为第一作者和来自全世界 20 个实验室所贡献的国际人类基因组测序联盟成果的总结。文章的题目是《人类基因组的最初测序和分析》，是一篇很长的文章，由 60 页组成，包含 40 多个图例，是我在《自然》杂志里见过的最大篇幅的文章。没人能够想到我们的基因组是由什么组成的——是病毒！有几乎完整的病毒、前病毒，以及病毒样的元件，占据基因组高达 50% 的部分甚至更多，80%？ 100%？这也是我写这本书最主要的目的——我要把这些信息告诉并试着解释给大众。

这篇文章的作者将 20 世纪的生物学进展划分为以 25 年为一部分的四个部分。第一个进程是染色体的重新发现和格雷戈尔·门德尔（Gregor Mendel）的遗传定律。第二个进程是 DNA 双螺旋作为遗传根基和遗传信息储存的发现。第三个进程是重组 DNA 技术和基因克隆。最后一个进程是解码基因和基因组。截止到 2001 年，大约 599 个病毒和类病毒被测序，还有 205 个自然存在的质粒（环形裸露双链 DNA）、185 种细胞器、31 种细菌、七种古细菌、一种真菌、两种动物和一种植物——以及沃森和文特尔的两个人类基因组被测序。其后，上面提到的那篇文章被发表，基因测序以惊人的速度发展着。大约 95% 的人类基因组在 15 个月内测序完毕，确定了我们人类基因组含有 32 亿个碱基。他们是怎么说的？大多数的碱基不知道是用来干什么的——我们认得碱基的 4 个字母，但是不知道它们代表着什么，至少不知道它们大多数代表着什么。我们也受到了一些触动：第一个触动是人类只有两万个基因即编码的基因（那篇文章的作者一开始说人类有 3 万个基因，后来实验数据逐渐被校正，又从其后的 2.2 万个基因减到两万个）。根据碱基的数量，我们原以为基因的数量要比现在的多数倍。因为我们认为人类是特殊的——至少人类自己这么认为！事实是，人类并不拥有比其他很多生物体更多的基因。那到底是什么让人类成为人类？告诉你们一个秘密：我们的基因长一些（这也是之前错误估算的一个原因），而且它们被分成一段一段的，称为外显子和内含子。平均每个基因有大约 7 个外显子，它们可以通过剪切被结合在一起。具有把这些外显子片段结合在一起的能力就是人类的伟大之处——组合学。另一个让人受到触动的地方是，我们的基因并不是人类所特有的，而是很多基因的集锦，是各种来源基因的嵌合体，包括细菌、古细菌、真菌、植物，以及垃圾——对此我们很多人是不太会相信的。确实，我们不知道人类基因组里是否真有垃圾。我们基因组里的大多数遗传信息不是人类特有的，而是由我们周围的很多其他生命体的水平基因转移（HGT）产生。人类基因组 10% 至 20% 的部分和细菌一样，几乎 50% 的部分和逆转录病毒或者和逆转录病毒样元件一样；5% 的部分是从真菌中来；古细菌、植物或者其他病毒的贡献还没法定量。其他的一些基因还没发现有我们已知的功能，完全是未知的——现在很多非编码的基因正在被大量地研究。所以如果我不小心踩死了一只蚯蚓，我都会想我们和它归根结底都是亲戚，是“兄弟姐妹”——包括所有有生命的机体。著名作曲家托马斯·拉尔赫（Thomas Larcher）特意在他的专辑《诗歌》里给我写了一首曲子：《不要踩蚯蚓！》

关于人类基因组的构成，以及人类基因组和这个星球上所有生命体之间的联系的这一惊人的结果，甚至让当时的教皇本笃十六世来向科学家寻求解释。在那不久前，《自然》杂志的那篇文章其实还有可能被梵蒂冈教廷封禁。人类并没有我们想象的那样独特，当然人类也没有完全失掉我们的桂冠，毕竟我们是最为复杂的生命体。

前面说了，我们基因组里大约 50% 的部分是由化石病毒组成的：病毒越老，它们就越退化，基因就变得更短。于是这产生了一个简单的分类，即一个根据长度划分的等级，从长到短被命名，比如人类内生病毒、长散在核元件（LINE）、DNA 转座子、短散在核元件（SINE）和藤黄节杆菌元件（Alu）。这个等级并不完全适用于 DNA 转座子，因为它们并不一定比其他的短。另一个现象是：转座子元件越短，它们就越多，也许是因为它们占用不了太多的空间。

这些病毒元件不仅仅是我们基因组的片段，它们也许以同样的形式存在于所有物种的基因组里，比如鸡、老鼠、鸭嘴兽、负鼠、真菌、植物、苍蝇——一直到更低等的生物比如厄尔巴蠕虫（见第 10 章）和水母，无一例外。但是在不同物种中还是有些差别，比如人类有更多的长散在核元件，鸡没有短散在核元件，而这两者在鸭嘴兽体内都更多一些；大米和真菌中没有逆转录转座子，等等。到目前为止还没有人知道为什么会这样。我问过发表鸭嘴兽基因组分析研究报告的作者之一迈克尔·库贝（Michael Kube），他也没法提供更多的解释——现在还没人可以给出答案。我们和其他的物种是怎样获得这种基因组的呢？其实关于这一点我们是有一定了解的，在历史长河中的某一时间发生了基因转移，主要是水平基因转移以及各种病毒和微生物的感染。在这种情况下，一次病毒感染对于基因组来说是巨大的收获以及对创新的推动力。很多全新基因的插入就得益于这一次，所以对基因组来说是一种奖励。病毒是最具多样性的发明家，它们是进化的马达。作为读者的你也许此时已经注意到我反复这样说的用意：是病毒和微生物创造了我们人类！这是一个全新的对我们这个世界的审视。

病毒导致了癌症还是造就了天才

接下来我要说的是一些细节，读者们可以忽略，因为上面我已经给出了总结。但也许下面的内容也同样很有信息量。

我们基因组中最大的逆转录元件是人类内生逆转录病毒（HERVs）。大约 4.5 万个 HERVs 组成了人类基因组的 8%，但是只有大约 4 万个是完整的。它们有两个长末端重复序列在其完整序列的两端作为启动子，以及 *gag* 和 *pol* 基因用来进行复制。*pol* 基因编码的蛋白质由病毒的蛋白酶、逆转录酶、核糖核酸酶 H，以及整合酶构成，这些是复制一个完整的逆转录病毒所需的所有的酶。包膜蛋白对于完成复制来说并不总是必需的。大多数内生病毒无活性并有很多的突变，其中的一些能以病毒颗粒的形式离开细胞，但也许无法感染其他的细胞。我们现在能检测到的内生病毒倾向于整合到“真正”的基因之间，也就是内含子里，这对于基因组来说比整合到两万个编码蛋白基因中的一个要害处更小。很显然，只有拥有这种无害整合方式的细胞才能存活至今；相反，其他的已经找不到了。我们前面分析过的 HERV-K 病毒的整合可以追溯到 3500 万年前。你也许会问，那时候的世界经历着什么？陨石雨，太阳风暴，超新星爆发，还是地球中轴的变化？没人知道。

我的同事之一，费利克斯·布罗克（Felix Broecker）的研究曾经证明了一个整合的逆转录病毒 HERV-K 可以导致癌症。整合的逆转录病毒能够以“正确”或者“错误”的方式插入，意味着它们与旁边的基因是平行或者反平行的导向。因此病毒序列到隔壁基因的通读转录的产物会导致该基因更强或者更弱的表达。如果隔壁基因是非常关键的基因（比如肿瘤抑制基因），那么反平行插入的病毒的表达会使它失去抑制肿瘤活性的能力，从而让细胞变为肿瘤细胞。我们在实验室培养的细胞中是能够证明这一点的。但是这能在人体中引发癌症吗？如果能的话，那又在哪里，在哪种肿瘤内会发生，发生的概率又有多大？我们在文章发表之前曾被审稿人问过这类棘手的问题，而我们不知道答案。甚至美国普林斯顿高等研究院信息学方面的专家也没能掌握足够的肿瘤病人的数据来解答这个问题。我觉得这个问题很难得到解答，甚至不可能找到答案，即使是在理论层面。就算是一个大的癌症研究联盟也无法从他们的数据中得出关于 HERVs 是否参与了肿瘤形成或者这只是一个自发现象的结论。HERV-K 也许在自发性肌萎缩脊髓侧索硬化症的病人中扮演一定的角色——但问题仍然是，它有多少代表性？

有很多退化的 HERV，一直萎缩到只剩下单个作为启动子的长末端重复序列。这是当病毒以两个相同的长末端重复序列同源重组的方式被清除后所剩下的：其他的部分形成一个“套索”结构，继而被切割掉。单独的长末端重复序列是病毒所能剩下的最小部分，是逆转录病毒的足迹。即便如此，这些剩余的以启动子形式存在的"单独的长末端重复序列"还是能影响隔壁的基因来启动或者关闭它们的表达，这个作用是很大的！

另一个逆转录病毒的近亲是逆转录转座子或者逆转录元件。它们最主要的特点是：DNA 的转座以 RNA 作为中介，通过逆转录酶进行"复制、粘贴"。逆转录元件与逆转录病毒更为类似，它们都编码逆转录酶、分子剪刀 RNase H、整合酶，以及一种 RNA 结合蛋白来运输和保护 RNA。除此之外，它们还有长末端重复序列，作为病毒整合和调节基因表达的启动子。当有了包膜蛋白的时候，它们就可以离开细胞，相反地，没有则不能离开细胞。所以它们经常被叫作"内生的逆转录转座子"。

逆转录转座子还有第二种类型。这种类型更短一些，已经丢失了作为启动子的长末端重复序列被称为"长散在核元件"（LINE），它只编码两组蛋白"Orf1"和"Orf2"，第一组作用于转移 DNA，第二组执行转座过程中逆转录酶和内切酶的功能。LINE 元件，或简称 L1，是具有跳跃特性的转座元件，从而以"复制、粘贴"的机制复制基因来增加基因组的大小。这种元件占我们基因组的大约 21%，每一个元件大约 1 万个碱基的长度。人类基因组大概拥有 85 万个这样的 LINE，它们已经在 8 亿年间以扩增和复制的形式来影响人类的基因组。其中的一些现在还活跃着，比如在胚胎大脑中约有 100 个活跃的 LINE，每 1 万个细胞里至少一个细胞有活跃的 LINE。相关研究显示，其中的一些元件可以在小鼠胚胎的大脑中"跳跃"从而引起很大程度上的改变。在人的大脑中，我们把异于常人的更加频繁的跳跃称为瑞特氏（Rett）症候群，这是美国一位研究大脑的学者弗雷德·盖奇（Fred Gage）发现的。目前为止大约有 60 个病例记录在案，更加频繁的跳跃可能会跟由新的序列插入所导致的疾病，比如血友病、大脑疾病、自闭症，以及癌症有联系。在最近的讨论中，甚至跟老龄化相关的阿尔茨海默病也被弗雷德·盖奇与转座元件挂钩。在成年人体内，每个神经元的一生平均发生 14 次序列跳跃，但是没人知道跳跃的后果是什么。

逆转录元件的激活应该是细胞压力所引起的，诸如此类的压力来自紫外线、化学物质、毒药，或者损害 DNA 的物质。这些都是激活逆转录元件的很合理的因素。如果细胞处于压力之下，它可能会改变它的特性来适应压力带来的变化——逆转录转座子可以很快导致新的特性从而保证更好的生存。在这里我要重复我的"颂歌"：病毒是进化的驱动者，以及新特性的发明家。没有它我们无法生存！

作为总结，如果与 LINE 相关的疾病的数量不是冰山一角，那么它们在疾病中就是极为少见的。这是我的猜测，但是随着未来更多研究结果的出现，我可能被证明是错的。

"复制、粘贴"的机制只会在基因组中产生单个位点的损伤。为了避免这样的损伤，体细胞比胚胎对此过程的控制更为严格。在体细胞中，基因跳跃可能会有更显著的后果。除了引发疾病之外，也可能产生一个莫扎特、一个牛顿或者一个爱因斯坦——癌症或者是天才。由这一机制导致自闭症或者类似于亚斯伯格症候群的情况——还是产生像牛顿或者爱因斯坦一样的天才，存在着很大的争议。

逆转录转座子也许对人类的语言能力或者社交行为及意识的产生做出了贡献。甚至植物都被认为能通过学习这种方式去吸引昆虫来进行复制或者基因交换。"荷花"是对开花植物中的一个逆转录转座子的美丽的称谓。栽培植物中用到的转座元件的数量是惊人的，在玉米中可达到基因组的 90%，在小麦中超过 80%。作为对比，人类基因组的大约 42% 是由转座元件组成的，一些研究给出的这个数字是 66%。转座元件在基因组分析中并不难被找到，但是它们并不是每次都在同一个位置，也并不总是能够通过参考基因组的对照而被发现。这些对照通常是根据保守的特性，这就是为什么跳跃基因和整合的病毒容易被忽略，或者在基因组分析中被归为不重要的序列。因此，它们的相关性是被低估的，尽管在很多物种中，它们对基因组有效的创新有着很大贡献。

逆转录转座子导致基因的复制，这在人体中是频繁发生的，也跟我们人类为什么会如此特殊有着重要的关联。莱比锡进化学方面的专家斯万特·帕博（Svante Paabo）分析了人体内基因的复制并在穴居人类中也发现了内生逆转录病毒和 LINE 元件。穴居人生活在距今 40 万到 20 万年前。

就像古希腊雕像一样，基因的复制如同“支撑腿”和“自由腿”；因此一条“腿”可以没有风险地尝试新的事物，因为另一条腿能够作为稳定的后援保障。于是，基因的复制对于扩展基因组和进行新的调整可能尤其重要。复制的基因也可能退化被遗留，作为没有功能的假基因。有时候甚至整个基因组——不光是基因，能被整个复制。酵母菌的基因组大约在 1 亿年前复制到了两倍大小。基因组复制的记录目前被小麦保持着，小麦的基因组增长了 6 倍，比人类的基因组还要庞大。郁金香的基因组已经是人类基因组的 10 倍，有 3 条相关的染色体。这种基因组的重复也许是人工栽培的结果。

在人类的基因组中，基因在肿瘤细胞中的扩增能力是最强的，很多肿瘤基因增加了至少 20 倍。以 *Myc* 基因为例，在脑部肿瘤中扩增了大约 1 万倍，也可能正是因此导致了脑瘤的极度恶性。

谁创造了DNA——病毒吗

我本来想把人类基因组中剩余的很小的病毒序列忽略过去，然而它们的数量却很多，而且也许它们也有一些作用。这些序列属于我们讨论很多的“垃圾”DNA吗——废物，被遗忘的剩余？目前还没有清楚的答案。看到这里，一些读者可能想跳到下一个章节去。

我们下一个要讨论的更小一类的转座元件由更短的短散在核元件（SINE）组成。它们确实更小，甚至没什么作用。它们在我们的基因组中游荡，来影响其他的基因。这是它们很有特点的一种行为。它们能够截获LINE的逆转录酶，因为它们没有自己的逆转录酶，因此需要借助外部力量。SINE是从短的RNA而来，这些RNA被逆转录为DNA从而整合成为SINE DNA。SINE还缺少长末端重复序列的启动子，因此没有远程干扰功能。它们也没有内切酶，但是能简单地利用DNA缺口整合到DNA基因组中。SINE贡献了基因组大约13%的部分，但是每一个只有100个到300个核苷酸的长度。它们的拷贝数非常多，大约有150万份。很多人认为SINE是“垃圾”，但它们却能产生新的功能。

最小的转座元件是Alu序列，是大约300碱基对长的重复的DNA序列。我本倾向于省略介绍Alu序列，因为对于读者来说它们让主次更为模糊。但是它们在人类基因组中大约有100万个，而人类基因组的这10%是不能被忽略的。它们只在灵长类的基因组中出现，而且它们并不编码蛋白。不过，它们却包含着一个内部启动子，比长末端重复序列短一些，从而影响相邻的基因。Alu序列这个名字来源于一个限制性内切酶Alu，这种酶是从一种叫藤黄节杆菌（Arthrobacter luteus）的细菌而来（这个缩写跟铝一点关系也没有！但这也确实帮助我们记住了它的名字）。Alu 序列能被 Alu 内切酶识别和切割，也借此来识别 Alu 元件。Alu 元件只有在借助其他逆转录酶的情况下才能跳跃，就像 SINE 元件一样。这些元件的中介 RNA 能在人类基因组中作为调控 RNA。然而这种调控是局部的，并非是远距离的。人类是具有 SINE 和 Alu 元件数量最多的物种。但是没有生物具有像澳大利亚鸭嘴兽一样多的 SINE——没人知道是为什么。

为什么人类基因组的 50% 是由逆转录病毒样的元件组成，没人能弄明白。逆转录病毒样元件能构成我们基因组的全部而并非仅仅是 50% 吗？也许我们只能识别出其中的 50% 是病毒样序列，而其他的已经很难被识别为病毒，并在遗传“噪声”中消失。

同时，50% 并非是一个上限，只是统计学上的中间值。在有些人类基因中，80% 至 85% 的成分是逆转录元件，比如费利克斯·布罗克所研究的基因（抑制激酶 PKB/AKT 的蛋白激酶抑制剂 beta）。逆转录元件并不是呈线性排列的；相反，它们之间会有重叠，或者可以整合到彼此之中。从组成人类基因的 90% 到 100% 虽然是很大的一个跨越，但并不是一个难以逾越的障碍。因此我想问：人类的基因组是否曾经百分之百全由病毒序列组成？跳跃基因的数量是否会有上限？如果我们估算有大约 150 万个转座元件，根据现今逆转录病毒的大小，每个平均有 1 万个核苷酸——那么总长会超过我们基因组长度的 5 倍。也许这些病毒并不同时存在也并不总以全长的形式存在。

人类基因组是否曾经只以逆转录病毒的元件组成？我怀疑是这样——但无法证明，并且我确定我的一些同行会怀疑这一论断。但是我曾经和一个赞同此论断的同事在他的学术报告中讨论了这个问题，该同事就是路易斯·维拉瑞尔，是第一个提出在生命早期进化过程中病毒扮演了一定角色这个观点的先驱。通过病毒我们能获得足够的信息来组建我们的基因组。对于我来说，很容易想象逆转录元件是逆转录病毒的祖先，或者是被切割的逆转录病毒，并建造了我们的基因组。但我却很难想通我同事的另一理论，那就是病毒是从细胞中逃离出的卫星。那细胞是从哪里来的呢？我们会在讨论RNA的时候讲到，是什么存在于逆转录病毒之前——类病毒还是核糖酶（见第8章）。

内生逆转录病毒只能追溯到大约1亿年前。“人科”在大约20万年前才出现，更老的就是露西（Lucy）。露西也许是我们最原始的母亲，在大约300万年前居住在乌托邦。她1.1米高，手臂垂到膝盖以下，但是她却用两腿直立行走。这基本上算是我们的近亲了。然而生命开始于39亿年前，那么到露西出现的这段时间发生了什么？这个空白是巨大的。所以我们没有理由相信，这个时候没有任何逆转录病毒或者其他相关病毒在周围填补着细菌、古细菌、植物、动物和人类的基因组。甚至在水螅、鸭嘴兽、酵母，或者小的野花——拟南芥（Arabidopsis thaliana）中我们都能找到相似的基因成分。“到处都是”意味着它们存在于所有的真核生物中。要知道，电脑的检索系统都会失灵，没有办法纠正有太多改变的文字。然而“凤凰”，一个在人类基因组中重新构造出的逆转录病毒，却能追溯到3500万年前。

我曾经试图向弗里曼·戴森解释，是病毒创造了我们，病毒不仅不让我们生病还让我们更具有适应性，病毒也许是我们最古老的祖先。他坐在位于美国普林斯顿高等研究院从上到下堆满书的办公室里听着我的论述不禁大笑。但是他马上来了兴趣：当我们的争论越激烈，他越愿意去讨论。他用德语说“想办法把这些写出来”。戴森德语说得很好，但却一直隐藏着不轻易示人。他一直鼓励我——

尽管我认为他的想法经常与我不同。毕竟，他是《科学家是叛逆者》这本书的作者。

下面要说的转座元件是 DNA 转座子。它们并不被认为与逆转录病毒有什么联系，至少在教科书中我们是这么学的。不过真的是这样吗？也许它们一直以来是和病毒有联系的！人们会说它们缺少一个真正的逆转录酶，但是它们的转座酶却和逆转录酶有很密切的联系。DNA 转座子遵循着“剪切、粘贴”的机制，它们用核酸酶来切割和粘贴，以及用和逆转录病毒分子剪刀及整合酶相关的一种整合酶来完成这一过程。我所说的联系就在这里。

DNA 转座子在植物和其他生物体中跳跃，但在人体内它们却不跳了。DNA 转座子在人类基因组中是很少见的化石，只占其中约 3%，并不具有活性。DNA 转座子在许多植物中很常见，几乎达到了其基因组的 50%，在玉米的基因组中甚至能达到 85%。DNA 转座子与逆转录转座子的比例差异很大，许多植物还有很多逆转录转座子。DNA 转座子不会增殖，只能够在不增加其拷贝数的情况下改变整合位点。有一些转座子可以复制，一般来说这个性质不为大多数人所知，但许多基因重复是由此而来的。

转座子跳转前后的开始和着陆是具有伤害性的！它可能导致断裂损害，以及基因组遗传缺陷。但它带来的好处可能与其害处一样大，细胞可能会习得一些全新的功能。因此，它与细胞的互动必须得到优化，否则太多的跳跃将使基因组不稳定，会导致细胞死亡。另外，跳跃不足对细胞来说即没有获得足够的信息量和创新性，细胞也可能因此死亡。在真核酵母中，研究人员成功地确定了跳跃的频率：酵母转座子 Ty-1 在两万分之一个细胞中能够产生跳跃。由于插入诱变，DNA 转座子“切割、粘贴”式的跳跃可能是创新性的，但是上述的遗传毒性事件可导致癌症抑或孕育出天才。它们的危险性或实用性比如创新特性都是逆转录转座子的两倍。因此，DNA 转座子可能是产生基因组适应性的最重要的驱动力。这对于一些除此之外很少进行变化的有机体来说也许更加重要。尤其是对于一些植物，比如树木而言，它们不能移动，不能逃跑，它们在一个地方一待就是一辈子——甚至长达 9500 年，这是我们知道的最老的树的年龄。它们被昆虫、鸟类、真菌等造访，也许会被传递一些新的信息。也许它们并不满足于这些新信息，因为植物具有最多的有活性的 DNA 转座子。最近，一个有毒植物巴黎粳稻被确定拥有 1500 亿个碱基对，这是人类基因组的 50 倍，也是已知的最巨大的基因组，甚至大过郁金香的。

相反，酵母没有 DNA 转座子（但有许多逆转座子）。为什么两种类型的阿米巴虫的不同之处非常明显，一种其中几乎只含有逆转录转座子（溶组织内阿米巴），另一种几乎只有 DNA 转座子（侵袭性内阿米巴），这对我来说是非常神秘的。因此，很难找出各种转座元件之间的比例。

转座子不仅在植物中非常活跃，在苍蝇中也是如此。在苍蝇中转座子会专门跳到染色体的末端作为抵抗细胞分裂期间的侵蚀的保护机制。因此，它们是端粒酶的亲戚或前身（确实，它们具有相似的结构），在胚胎发育过程中延长我们的染色体末端。同时在细胞分裂期间，保护我们基因组的重要信息免受删除。

还有一个惊喜就是：转座子创造了我们的免疫系统。这是怎样做到的呢？转座子保卫细胞免受相关转座子的侵袭，这就是所谓的抗病毒防御——我们的免疫系统，来保卫细胞。其工作机制很简单：任何病毒（包括转座子）都能防止类似的病毒进入细胞，这保证该病毒在细胞有限资源内成功复制并产生大量后代。因此，通过病毒的垄断来防御细胞是为了有益于病毒复制。病毒建立了抗病毒防御体系，最终成为宿主细胞的免疫系统。是病毒“教会”细胞如何将病毒拒之门外。免疫系统针对其“发明人”或“发起者”采用了简单的负反馈机制。

不仅真核细胞，连细菌细胞都保卫自己免受太多转座子的侵入。转座子随着时间的推移必须被灭活，细胞也需要积累灭活突变以维持成功地获得遗传信息。应该指出的是，细胞也有抵抗转座子的防御机制，因为前面说了，跳跃太多也可能产生伤害。这里，跳跃是被一种叫“沉默”的机制所中和的（详见第 9 章）。

“门德尔夫人”的玉米

遗传学家芭芭拉·麦克林托克（Barbara McClintock）研究了玉米粒，并因它们呈现出不同的颜色感到惊讶。当她分析印度玉米的颜色时，发现格雷戈尔·门德尔提出的基因遗传规律并不适用，她无法解释这是为什么。这最终导致她发现跳跃基因，也就是 20 世纪 40 年代的转座子。她推翻了被我们普遍接受的关于人类遗传物质的稳定性的概念，这甚至是在 DNA 双螺旋结构在 1953 年被发现之前。她发现玉米的 DNA 的不稳定性，并将其归因于跳跃基因，从而影响到玉米的颜色。在 1944 年到 1945 年，她就已经观察到细胞染色体内的基因可动的现象，这个现象导致突变和印度玉米颜色的变化。当她在 1951 年把这一现象向科学界报告时，她面临的不仅是人们对此的不理解，甚至还有敌意和拒绝接受。她的研究结果被认为是异端邪说。

然而在这之后，跳跃基因或说 DNA 转座子就在接下来的 20 年内在世界各地被观察到——在酵母、细菌，以及所有有生命的物种中，也包括人类，尽管人类的情况稍微复杂一些。逆转录转座

实验胚胎学

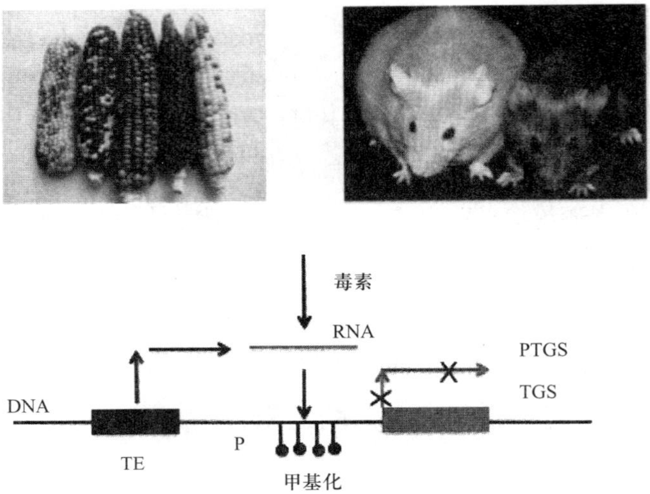

表观遗传学的变化是短暂的，可以被环境因素诱发，如毒素、病毒或者转座元件能够通过修饰（甲基化）颜色基因的启动子（P），导致玉米种子颜色或者小鼠毛色的变化。转录中基因沉默（TGS）或者转录后基因沉默（PTGS）（没有 RNA 合成），都是可能的机制

子在我们的基因组中占主导地位，而 DNA 转座子很久以前就在人类基因组中失活。

人们只有在跳跃基因影响到颜色基因的时候才可以惊讶地“看到”跳跃的基因 。DNA 转座子可以跳到颜色基因附近并改变它们的调控，被麦克林托克定义为“控制基因”，其他人则认为是病原体引起了颜色变化。的确如此，如病毒导致了“郁金香热”（见第 8 章）。跳跃可能发生在任何地方，但是通过眼睛，只能检测调节颜色变化的基因。用肉眼可以看到这样复杂的机制很少见。麦克林托克虽然已做出了贡献，但这一机制尚未被完全了解。在 2015 年的相关学术会议中，麦克林托克的照片亦反复出现。

麦克林托克发现了“表观遗传学”现象，这超越了遗传学，因为门德尔的遗传定律无法解释玉米的颜色变化。正是由于她发现了跳跃的基因，人们也许会称麦克林托克为“门德尔夫人”，所以重要的是我们必须对她的发现打分。今天我们知道，表观遗传学是基于下调基因表达的，基于对DNA或包装DNA的蛋白质的化学修饰。这是环境变化所产生的影响，通常不会遗传。目前已知主要有两种机制，即DNA的甲基化修饰或者组蛋白（染色质）的乙酰化。启动子的甲基化——就是她预测的“控制”基因，可以关闭基因的表达。

麦克林托克在当时没有被学界理解，但幸运的是她最终没有被遗忘。虽然她错过了此前一个诺贝尔奖，但她对我们了解基因控制区域有着显著的贡献，不光是对玉米，还有细菌。1965年，所谓细菌中的“操纵子模型”被评上了诺贝尔奖，由麦克林托克的两名法国同事弗朗索瓦·雅各布和雅克·莫诺获得。如此看来，麦克林托克至少是一个思想上的启发者。

麦克林托克必须经历论文被拒绝的痛苦，于是她放弃了发表文章。通常这意味着科学生涯的终结。但冷泉港实验室的负责人，弗雷得·赫希和后来的吉姆·沃森注意到并可能预见到麦克林托克研究的重要性，给了她一个永久实验室。在那里，麦克林托克一直待到她一生的尽头。她的办公室堆满了文献，一直堆到了天花板。如果访客来了，她并非不友好，只是她不太愿意积极与对方交流。访客不得不持续提出新的问题或话题，否则对话很快就会进行不下去。麦克林托克几乎不说话，但表现却很友好，只是当访客离开后她才松一口气。1983年，她因“发现移动遗传元件”获得诺贝尔奖。人们才开始了解到她的研究成果在病毒和防治癌症方面的意义。她是第三个获得诺贝尔奖的女科学家，也是为数不多的独自获此桂冠的科学家。

麦克林托克当时 81 岁，她在接受采访时说，从来没有人坐过她的车，她就是如此孤独的——或者还有些自闭的一个人。在她 90 岁生日之后不久，麦克林托克就去世了。她曾住在捕鲸者到冷泉港采淡水时代建造的几间白色木屋里。在她自己房屋的上方处，是给各类会议的参加者提供的几间客房，简朴得仿佛修道院的房间。在这些小房间里，时间似乎静止不动：厕所的门锁坏了，住客被迫关上门从里面用一只脚顶住如厕——几十年都如此！一切都很简陋，从部分客房可以观赏到加拿大港口随着潮汐变化的景色。早晨，麦克林托克越过潮湿的草坪，脚上穿着厚厚的袜子。此刻人们可以想象到她正在向奥林匹斯山攀登，也许还能感受到这个守护神般的朝圣者的目标。有趣的是，麦克林托克不会发现在人类基因组中存在跳跃基因的现象——因为那里已经没有跳跃了，至少不会以玉米中 DNA 转座子的方式跳跃。植物有着最具移动性的基因组，玉米又是理想的模型，因为它具有带颜色的玉米粒。对我们来说，玉米依然充满惊喜，因为它可以一下子失去 1/3 或一半的基因。玉米的基因组与人类的一样大，其中的 85% 由 DNA 转座子组成，而人类基因组只有 3% 是转座子，而且这些都是失活的。不仅玉米里转座子的“切割和粘贴”机制得到了麦克林托克的关注，而且她还在噬菌体的帮助下分析了细菌中的这一机制。其中，她发现基因能快速地从噬菌体基因组跳转到细菌基因组，像乒乓球一样来来回回往复。这个灵活的小噬菌体被称为 Mu，因为它突变了宿主的基因组（“突变”的英文为：mutate）。借助 Mu 作为更快的模型来研究和了解移动元件是麦克林托克另一个过人之处。

被选为第一个进行全基因组测序的植物不是著名的玉米，而是几乎被忽视，长得其貌不扬的田间杂草拟南芥，因为它的基因组只有 1.3 亿碱基对长，相对于玉米或小麦来说较小。跳跃基因的数量和其重复同样很少，从而更容易测序。也许低频的跳跃解释了基因组为何较小，或者因为根本没有人愿意培植它所以基因组会小一些？

Mu 跳跃所需要的工具类似于逆转录病毒所使用的，尤其是整合酶。Mu 噬菌体总是整合到基因组中，就像逆转录病毒——这一点与其他在裂解阶段不整合的噬菌体不同。目前，默克公司在高通量检测中利用噬菌体整合酶来筛选 HIV 整合酶的抑制剂。Mu 取代 HIV 作为逆转录病毒 DNA 整合到细菌基因组的模型——我不敢相信！速度在这里是一个主要的优势，而且对实验室的安全级别没有要求。事实上，它选出了临床上最好的 HIV 整合酶抑制剂之一，即药物拉替拉韦片（Raltegravir）。Mu 噬菌体在细菌中的跳跃与玉米跳跃基因有令人惊讶的相似之处——一直到与逆转录病毒 HIV 搭上线，暗示着惊人的进化上的保守性：从噬菌体到玉米到 HIV 再到人类！我自己也很惊讶。我同时也非常钦佩默克公司的研究人员，有那样一个令人兴奋的想法，同时也是一个产生了巨大治疗成效的想法。没有比这个更有说服力的相似性了，即逆转录病毒和噬菌体——HIV 和 Mu。

另一个惊喜是，Mu 也可以作为基因治疗的模型，即探究外来基因如何整合进入生殖细胞：通过交错切割（双核苷酸突出末端的步骤）产生缺口，而且必须由外源基因进行填充。噬菌体 Mu 和逆转录病毒的整合相似性可以一直延伸到最小的细节，并可以在不太危险和更快的 Mu 系统中对整合进行研究。

几乎在麦克林托克发现表观遗传学现象的同时，人们在玉米中发现了另一种现象：1956 年，亚历山大·布林克（Alexander Brink），一名加拿大遗传学家也惊讶地注意到一个完全无法解释的玉米图案和颜色的继承现象。它的持续长于一代，且不遵循突变规则，所以他称其为“副突变”，即无基因遗传！这一现象一直没有得到重视，直到今天。副突变可以使获得性功能得以遗传，包括学习能力——一个曾经启发政治讨论的话题。我再次强调，这种现象并不直接涉及基因的遗传变化——但与表观遗传变化相反，这些变化是持久的，它们会保持很多代。现在科学家才回想起曾经分析过的无突变的遗传变化，它有一个名称：隔代遗传。他们从这样一个观察中发现：肥胖的爷爷有肥胖的孙子，同样，肥胖的祖母有肥胖的孙女——这是什么原因？我来解释吧：继承的实体是一些特殊的调控者，称为 piRNA，并通过精子传播！这是一个未来的观点，我将在下一章和第 12 章中进行讨论。

在冷泉港实验室的讲堂前放着一个纪念麦克林托克的玻璃盒子，她的简约主义——几近贫穷的生活方式给我留下很深的印象：一对儿镊子，一穗颜色发灰的玉米，一张明信片，她佩戴的眼镜……基本没留下什么。她的笔记本被放在图书馆。如果她在天有灵，可能会很认同这种对她生活的适度曝光。因为用来传世的是她的想法，而不是她的物品。当我们用眼睛来看玉米的时候，令人吃惊的是我们所看到的东西。每当看到我那有着彩色玉米棒图案的锡制盘子——一个朋友送的礼物，是在奥地利格拉茨每周一次的农贸市场上买的——时时刻刻会想到麦克林托克的跳跃基因。所有的这些都归结为：转座子、逆转录转座子、逆转录病毒，一直到抗病毒防御和免疫系统。这几十亿年间发生的故事由那些彩色的玉米粒叙述给了我们。每个人都应该保存一些这种美丽的生命家园的历史见证者——我指的是格拉茨有色玉米，而不是那些常见的黄色玉米，那没有什么可以看的！

有毒的玩具和刺豚鼠的表观遗传学

各位年轻的母亲，请注意：有颜色的老鼠可以鉴别出危险的儿童玩具。这种老鼠堪称小鼠中的有色玉米。老鼠虽然不像玉米一样多彩，但它们也是有颜色的，并且颜色是一个指标：一般都认为，正常健康的小鼠是黑色的，而病态的小鼠是又黄又肥的。黑色小鼠抑制疾病、肥胖、糖尿病，甚至一些肿瘤。这就是为什么它们被用作测试各种各样的环境影响的动物模型。这些老鼠叫刺豚鼠，英文名为 Agouti mice，显然是以颜色基因 Agouti 来命名的。看着两只完全不同的老鼠——一只又黄又肥，另一只又黑又瘦，没人能相信它们是具有完全相同基因的双胞胎。唯有表观遗传学才能解释这一现象。

它们因表观遗传效应而不同，意味着这种区别是由获得性的 DNA 瞬间修饰造成的，而不是 DNA 中的突变。表观遗传的变化是环境因素所导致的，在这种情况下致癌物质可以对颜色基因进行化学修饰，使其启动子甲基化或者使组蛋白乙酰化。因此，基因的表达被重新调节，从而能被肉眼观察到：拥有正常颜色基因的小鼠是黄色的，而修饰过的基因则导致了黑皮毛。中间程度变化导致棕色体色。

现在我想要年轻母亲注意：如果一个人用致癌物质如双酚 A——一种存在于许多宝宝玩具、假人或东亚地区生产的塑料婴儿奶瓶里的成分喂养刺豚鼠，那么下一代刺豚鼠会由于 Agouti 颜色基因的激活而变成黄色。这意味着——危险！ 刺豚鼠是检测致癌物、毒素、细粉尘，以及环境中的化学物质等的测试鼠，此外，心理因素或简单的年龄因素也都可能导致黄色体色出现。如果给黄色的鼠妈妈喂食另一种化合物，如维生素 B_{12} 或叶酸，小鼠的后代就回归到“黑色与健康”。一种营养因素或环境因素可以中和另一种因素，也就是说用维生素作为婴儿食品，只是为了来减弱有毒玩具的不良影响。鉴于此，我建议少买有毒玩具！

毒素是如何引起颜色变化的？答案来自一个全新的研究领域，这是一个复杂的过程：毒素导致小调节 RNA——一种甲基剂（RNA 依赖性 DNA 甲基转移酶），对 DNA 进行甲基化并调节颜色基因。

麦克林托克的研究表明，跳跃基因（或 RNA）可诱导表观遗传变化和产生多彩的玉米粒。她当时还不知道老鼠也能变换颜色 。她应该会对老鼠和玉米之间的相似之处感到惊讶。然而原理是类似的：调控基因的表观遗传变化调节新的颜色外观。当你去散步的时候，你可能会注意到耳朵上有白色尖的狗和猫，要么就是在小腿上呈现白色，要么就是有白色的脚尖。马也可以显现一些白色的区域，还有就是那些有彩色花纹的锦鲤。它们非常常见——这本书里讲的都是它们！

有趣的是，一个 RNA 分子可以中和另一个 RNA 分子的作用，所以两个营养物甚至两个毒药的作用可以相互抵消。这些跟病毒有什么关系呢？跳跃基因、转座子或逆转录转座子是与病毒相关并影响控制基因、启动子，进而影响颜色的。转座子就像被锁死的病毒，不能离开细胞，只因为它们缺少一个可以移动到外面的外套，于是就被囚禁在细胞中。

白色耳尖和脚尖的美丽之处是因为它们是复杂的表观遗传机制的体现，是基因环境变化的指示剂。我不知道你养的狗或者马的后代是否会有白耳尖——如果是那样的话，瞬间的表观遗传变化也许会在一些有野心的繁殖者手中变成永久的突变。

睡美人、古代的鱼、鸭嘴兽和锦鲤

接下来要讲一些转座子在各种生物中行使功能的例子。我再次提起那个死而复生的例子：一个鲑鱼的转座子，其名字也很恰当，叫“水手”，从一个没有活性的化石转座子被唤醒，称为“睡美人”（SB），这来自《格林童话》。它被与前面提到的“凤凰”病毒类似的过程激活——就是那个在3500万年的“冬眠”之后又具有传染性的被重新激活的逆转录病毒。我们所说的这个“睡美人”已经沉睡了超过1000万年，然后研究人员将它唤醒，终止密码子在实验室被替换，于是转座子得以修复，并能够再次跳跃。该鲑鱼的“睡美人”转座子在美国2009年度国际分子和细胞生物学学会被评为年度分子，从而声名大噪。现在每个人都在期待这个转座子在基因治疗中没有（或有更少的）副作用，因为它不像逆转录病毒一样整合。在2016年的确有一些进展，这个转座子被用来创造一头绿色的牛，更令人惊讶的是那是一只有着发红光眼睛的绿色的牛。今后人们可能会用转基因疗法治愈眼病。我们拭目以待。

再来说一个充满跳跃基因的异国动物——非洲的腔棘鱼，它是一种像餐桌一样长的鱼。很长时间以来人们都以为它灭绝了，直到南非的一个博物馆馆长在一网打捞出的鱼中认出了它。从那时起，大约有十几只腔棘鱼被辨识出来。这种鱼的照片成了2013年某期《自然》杂志的封面。腔棘鱼已经存活了大约4000万年，被认为是最古老的活鱼——活化石。这种鱼的生长速度非常缓慢，在20年内的长度几乎没什么变化，不过它能活100多年。腔棘鱼的年龄可以通过它用来保持平衡的一个特殊的器官进行断定，就像树的年轮一样。腔棘鱼的基因组含有约29亿个碱基对，出人意料地大，并且充满重复的序列。阿克塞尔·迈耶（Axel Meyer）——一个研究罗非鱼的专家，也是参与腔棘鱼基因组分析的学者之一，即使是他也不知道为什么腔棘鱼的基因组如此稳定。是因为没有天敌吗？特别有趣的是，这种鱼既可以游泳又可以奔跑，这应该能在其基因中检测到。我想把这种鱼连同那么多化石类型的病毒一起添加到我的“珍奇柜”中。

另一种具有异国情调的动物是鸭嘴兽，一种来自澳大利亚令人惊讶的但是濒临灭绝的动物。其基因组已由柏林的马克斯·普朗克分子遗传学研究所的同事完成测序，他们发现50%的鸭嘴兽基因组是由转座元件组成，其中一些是经常重复的，并且有大量的SINE，看样子是经过了显著扩增。没有其他生物有这么多的SINE，个中原因不为人知。鸭嘴兽是介于鸟类与哺乳动物的中间体——平足，喙像鸭子，但有厚厚的毛皮和一个巨大的尾巴，可以储存脂肪。它产卵，也产奶。雄性可以喷射蜗牛毒液。鸭嘴兽可追溯到约1亿年前，就像科幻小说一般神奇。它的基因组充满了来自不同物种的基因混合物。

一些鱼比如锦鲤，会在鱼孵化场突然死亡。锦鲤是一种日本的观赏鱼，在世界各地被作为豪华池塘的装饰鱼类。这些鱼是具有象征意义的鲤鱼，堪称日本版的“印度圣牛”。养殖这些特殊的、具有丰富多彩的图案的鱼是一种悠久的传统。也许此时细心的读者已经在问，锦鲤的颜色是否像玉米粒一样是由跳跃基因引起的呢？我认为是的，因为锦鲤颜色一代代持续地变化，这种无法正常继承的现象使养殖者非常苦恼。这给我们提了个醒，因为听起来很容易让人联想到在玉米、刺豚鼠和条形郁金香（见第8章）中看到的现象：是表观遗传变化吗？

为什么锦鲤会突然死亡呢？它们实际上是死于锦鲤疱疹病毒。那么，是因为群体密度过高吗？是因为新来的鱼把病毒带进来传染给了其他的鱼？不，是因为人类改变了环境：他们拉直了湖岸沿线，拆除了鱼梯，使鱼不能游向上游产卵。这给了锦鲤非常大的生存压力！人的这类行为影响了锦鲤的免疫系统，从而激活了疱疹病毒。在德国，安装鲑鱼梯现在已经变成强制性的了，以方便鱼在上游产卵。对于人来说，众所周知，压力能激活我们嘴唇上的疱疹病毒，并引起感冒、肌肉酸痛，这是和锦鲤同样的现象。环境压力真的会作用到病毒以及表观遗传学上。

有空隙的围栏

说出来多么令人惊讶：我们的基因组只有 2% 用来编码蛋白，那么剩下的 98% 是用来干什么的呢？它们是用来保证编码蛋白的那 2% 不出问题的。多年来，澳大利亚科学家约翰·马蒂克一直在强调 ncRNA（非编码 RNA）的重要性。马蒂克早些时候在《科学美国人》的一篇文章中展示了一个图表，来说明 ncRNA 的数量是如何在高等生物中调控增加的——从细菌到单细胞生物、真菌、植物，再到脊椎动物——ncRNA 从 RNA 总量的 0 到 98%。毫无争议，我们人类排在第一位。为什么动物（人也属于动物）有更多更为复杂的 ncRNA？答案很简单：允许更高的复杂度。

在我们的基因组 DNA 编码总共大约两万个基因。然而令人惊讶的是，我们被拥有大约 3.5 万个基因的香蕉所超越，而玉米有多达 5 万个基因，与小麦和郁金香类似。对于小麦来说，3 条染色体已被确定彼此相关，看起来好像来自倍增的作用。由只有 3 条染色体之一的小麦磨成的面粉做成的面包很难吃并且难以烘烤。这些巨大的基因组可能是由人工长期杂交和培育产生的——即使偶尔有例外。

田间野花拟南芥有 2.8 万个基因，不过可能没有人会培育这种“无用”的杂草。所以它的基因组一直保持较小的体量。秀丽隐杆线虫也有约 2.3 万个基因。在基因数量方面，人类的排名并不靠

栅栏形状的基因

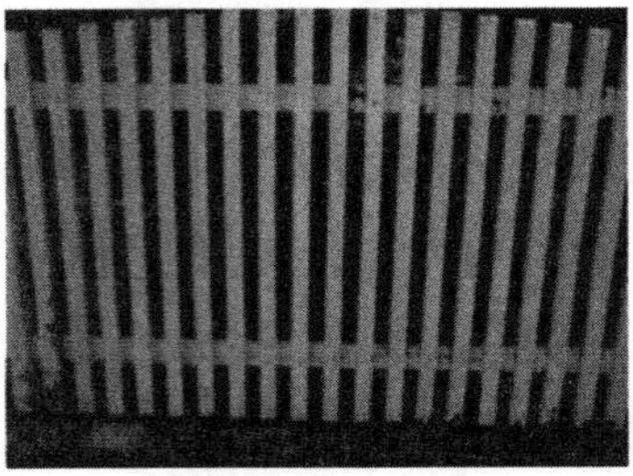

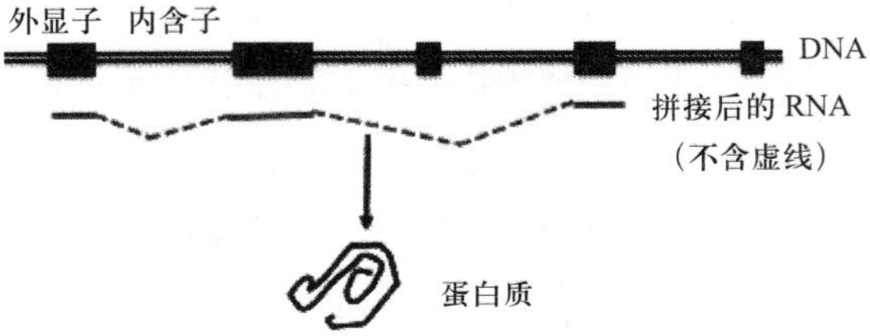

基因的结构类似于栅栏，外显子对应栏杆，内含子部分则是空的。通过将内含子剪切掉，并用多样化的组合方式排列外显子，可以形成很多种蛋白质

前。我们的两万个基因，甚至比看起来荒凉的野生植物拟南芥还要少，比阿米巴虫则更少。

猴子和小鼠中基因的数量与人类的相似。我下面要说的也许很武断：基因的数量与智商没有关系！这一公众的争议提出了令人困惑的问题：为什么人类有如此少的基因？我们的基因在数量上并不多，但是它们更长。而所有其他物种都具有较短的基因。人类具有最长的 DNA，平均每个基因有 16 万个碱基对。因此，玉米、香蕉、郁金香的基因比我们更多，但是这些基因较短、"信息少"：水稻和玉米具有较短的基因，其长度约为人类基因的 1/10 或者 1/15，大约每个基因含 1 万到 5 万个碱基对。细菌基因包含约 1400 个碱基对，许多病毒含有的碱基对数量更少——每个基因约 1000 个碱基对。病毒基因组的小数量碱基并不是绝对的，会有例外，比如巨病毒（见第 6 章）。

这里说一个有趣的事实：有一棵斯堪的纳维亚枞树，其基因组是人类的 6 倍大，也是我们目前所知道的地球上最古老的树，树龄大约 9500 年。然而，它编码基因的数量却和田间野花一样少。其中许多基因都是重复的，没有任何新的东西。无聊的生命会长久吗？我会把这个枞树加到我的“珍奇柜”里面。

有效清理不必要的遗传物质的过程已经在苍蝇中被描述过，其中科学家甚至说到基因的“清扫”。清理（删除）基因是需要花费能量的。那么怎样做更划算呢？将不必要的 DNA 存储在基因组中，还是移除它？那些存储的 DNA 是否等同于我们通常提到的“垃圾 DNA”？实际上，我们对于删除冗余 DNA 知道得并不多。

随之我想到我家的地下室，那个我应该清理的地方，我宁愿不把任何东西丢掉，因为保持原样的成本并不高。我不知道是否那些垃圾可能会有发挥作用的一天。当物质匮乏的时候，窗帘在战争时期还被用来做礼服呢！也许，过量的 DNA 在稀缺时段作为备份会变得有用。清理它们反倒会变得更烦琐。

人类基因组中的绝大多数基因如果不是作为编码蛋白的信息来用，又是用来做什么的？答案是：调控信息，管理，执行，将基因片段结合在一起形成新基因！

大的基因一般都充满了内含子，穿插在外显子之间，它们是外显子之间的空缺部分——这里我们用栅栏的立柱和空缺作为外显子、内含子来打个比方。内含子表达调控的非编码 RNA，其不是用于合成蛋白质而是用于调节蛋白质功能。人类基因平均包含 7 个外显子 / 内含子，内含子可以非常长，可达到外显子长度的 100 倍，这就好比大间隙的栅栏。现在重要的一点是：外显子可以通过剪切被拼接在一起并产生复杂性，从而使人类比所有其他物种更复杂。

当DNA被发现时，我们认为一个基因编码一个蛋白质，而且也就能做这些。这在我们人类身上是不正确的——但对于病毒来说是适用的，因为病毒没有内含子。尽管如此它们也可以进行剪切，但只能重新组合外显子的区域，这再次说明了病毒简约、经济的特性。然而病毒也需要调节基因表达。病毒基因能够进行剪切是在电子显微镜下发现的，因为病毒基因组的片段被“清晰可见地”环切了出去。剪切使开发不同的阅读框架成为可能，这是一个从病毒到人类各个层面都通用的理论。对于病毒来说，非编码RNA的数量极少，几乎为零；对于细菌来说大约为10%（在有些报告中为零），酵母为30%，线虫为70%，苍蝇为85%，小鼠和人类为98%。当然也可以反过来说，病毒的蛋白质编码信息几乎达到100%，对人类来说则只有2%。也可以这样说：人类2%的基因组是由其他的98%来调控的，似乎对应于政府中的行政机构和立法机构。在瑞士，行政机构的首脑有7个，另有200个人进行立法及监管。因此，我们的基因规则似乎对应着世界上最好的民主国家之一——瑞士的政治机构比例——至少从瑞士的角度来看是这样。

立法者——内含子，它制订方案，协调时间和空间，发展、分化、特化、成长和启动细胞死亡（凋亡）程序，以及适应变化，调节免疫反应，创新。总结起来就是：通过剪切，以及各种组合方式的拼接使人类变得特别。这才是我们的强项！

用ENCODE来了解“垃圾DNA”

我们人类基因组的98%在做些什么？2%来编码蛋白质，剩下的我们一无所知。因此，一项研究开始跟进人类基因组计划，被称为ENCODE（DNA元件百科全书）项目。ENCODE项目旨在寻找在“荒漠地区”里发生了什么，这是作者对在编码区域之间未知的非编码“空”间的定义。只有2%的DNA可归于蛋白质，余下的98%表达为非编码ncRNA，用来组织休息和调节蛋白质的表达。该“荒漠地区”包含短距离或长距离调节元件，比如增强子、阻遏物，具有和不具有活性的缄默子、绝缘子，以及基因附近的启动子——下达处理指令（意味着对RNA的修剪），进行化学修饰如DNA甲基化和染色质的乙酰化，以及对RNA转录物的化学修饰。绝缘子的角色是最近的一个发现：它们就像其名字所指的那样，在启动子和增强子之间的区域起阻断作用。它们是怎么做到这一点的还不清楚。最终的目标是了解基因如何，以及何时处于活跃状态。这里也将会有对信号强度（基因的活跃程度）、基因的表达，以及进化的保守性的分析。这再一次排除了病毒，因为它们并不保守——所以肯定需要更多的研究。

近来，大量数据的处理得到了天体物理学的支持，这也在荷兰基因组分析中被提及。各位想象一下，一堆宽15米、长35千米的纸，仅被A、G、T、C四个字母以一个没有人理解的顺序所覆盖，包括15兆兆字节（或1.5万千兆字节）……这需要被理解为文本，并分解为句子、章节、标题或段落。人类基因组的总长度为3.2×10^9个核苷酸。

在ENCODE于2003年启动很多年后的现在，有2500多种相关出版物正在涌现。令人惊讶的是，其中一些很令人困惑。它们一共描述了7万个启动子，即基因前面的起始序列和调控区域——尽管我们只有2万个基因。为什么启动子的数量要比基因多那么多？另外还有4万个增强子被确定，这些增强子的区域要离基因远一些，具有跨越“边界”的长距离效应，也是非蛋白编码区域。在产生很多调控性的ncRNA的“荒漠区域”，会发生导致疾病的突变。我们发现一些有缺陷的调节元件可以引发疾病。基因表达的下调意味着癌症。但确实，疾病通常是来自非编码区域中的变化。

到目前为止，只有10%的DNA已被分析。截止到2014年，来自32个研究组的440名科学家按照规范的工作流程在147种细胞类型中进行了1648次实验。那么现在有没有一个关于我们有多少垃圾DNA的确定性答案？不，并没有。对于“荒漠区域”的DNA，其中80%被证明是功能上具有活性的，75%可以转录成RNA，并不产生蛋白质本身而是调节子。

因此，大多数DNA还是有用的。许多病毒是残缺的，可能看起来像垃圾，但它们往往还是有用的，它们的LTR被认为是残留的序列，促进了其他基因的表达。其他DNA则可能正在逐渐消失，所以在周围可能确实有一些垃圾。进化正在进行中，而且永远不会结束！如果要进行遗传诊断，那么必须考虑到两个“正常”人，基因组差异即使在0.5%，也有多达1600万对碱基的不同——这个数字最近增加了5倍——在总共32亿个碱基对中。这跟人们必须定义哪些序列与疾病相关这一背景相悖。到底哪个单核苷酸多态性（SNPs）会导致疾病，哪个根本没有影响？要得出结论是具有挑战性的。为了克服这个信噪比，我们必须开发新技术。

也许我们会找到一些捷径来回答其中的一些或者所有的问题。克雷格·文特尔发现了便宜而快捷的方式来分析人类基因组。他节省了人们10年的工作量并将成本降低了几个数量级。他或者别人能在ENCODE项目上重复这个成就吗？我们希望如此。一切由此产生的数据都是公开的，最近人们还开设了新的课程来培训相关人员使用这些数据。如果可以的话，每个人其实都能帮上忙！

第 8 章
病毒：我们最古老的祖先

最初的是 RNA

我认为生命不是在亚当和夏娃那里开始的，也不是在伊甸园，而是在海洋里、在海底火山周围，即最热的地方——更像是地狱而不是天堂。人们还在讨论另外一种可能性：冰！生命可能是在冰的液体通道内起始的。如果引用《圣经》，可以参考《约翰福音》中的一句话："一开始是词语。"歌德在《浮士德》中也反映了《圣经》中的这句话：词、感官或力——哪一个先有？这与我们目前对生命起源的观念是一致的——先有字母和文字。约 38 亿年前第一个生物分子是由短 RNA 组成的，而 RNA 是由核苷酸作为原料组成，可以简单被描述为四个字母 A、U、G 和 C。只需要四个字母就可以来编码地球上复杂的生命体——真是令人惊讶。碱基是核苷酸的一部分，字母的缩写是由碱基的名称而来。这四个字母一开始是从哪里来的呢？也许一开始只有两个。它们是从在海底火山或者说海底热泉周围，被称为"黑烟囱"的原始汤中的闪电和雷暴而来的？

在那里，温度可以从 0℃到 400℃变化（是的，因为高压，温度可以超过 100℃）。研究人员正在试图重现这些条件，看是否能产生第一个 RNA 分子。创造这些条件是非常困难的，以至于科学家开始将其作为“反对 RNA 是世界上第一分子”理论的论据。RNA 是否源于永久冻土？确实，RNA 在低温下是稳定的。哥廷根马克斯·普朗克研究所的研究人员将 RNA 储存在冷冻箱里，看它是否可以生长、复制和变异。那么，生命在冰中起源的可能性会更高吗？要知道，高温确实会降解 RNA。

如果我们对未知的事物需要一个解释，我们倾向于想到外星或陨石。美国加州理工学院的约瑟夫·克什文克（Joseph Kirschvink）在庆祝弗里曼·戴森 90 岁生日的时候，提出陨石可能提供了生命起源的成分。他是认真的吗？可能是的，但是，这取决于“成分”的大小——铁，是的，但 RNA 呢？如果这个关于生命起源的讨论不是你所感兴趣的“前菜”，那就请你跳到“主菜”部分——你只会漏掉一些细节而已。相反，对于那些仍然感兴趣的人来说，最近的实验结果一直很壮观！约翰·萨瑟兰德和他在英国的同事一起在 2015 年发表了一个非常令人惊讶的实验结果：在仅含有氰化氢（HCN）、磷（P）、硫化氢（H_2S）和水（H_2O）的单个反应容器中，以紫外线作为能源，他们生产了三种生命的主要组成部分：构成核酸的核苷酸，构成蛋白的氨基酸和形成液滴的脂肪。所有这些都在一个试管中。因此，RNA 很可能是在地球上产生的——一个频繁被生物化学家质疑的观点。有些专家也认为氨基酸可能是生命最初的主要组成部分，但他们并不进行复制。紫外线可以被其他的能源替代。光源不一定是第一个能源提供体，尤其是它并不能穿透 200 米深的海底。生命需要能源，而世上没有“永动机”。不过，能量并非一定来自太阳或细胞。化学能源可能就足够了，细胞在很久之

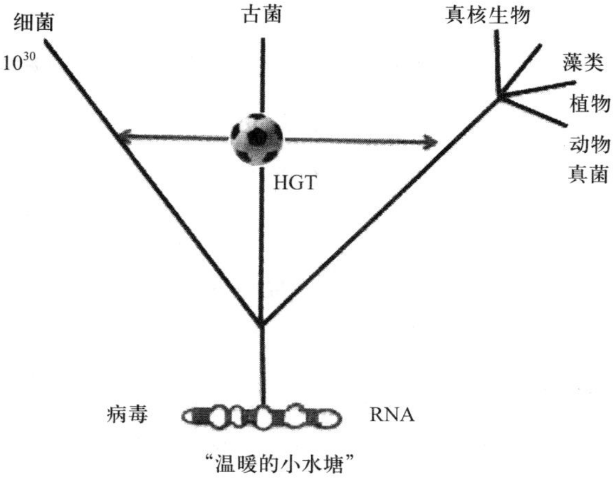

在生命之树中，所有的物种都相互关联着，病毒把基因像足球一样在各个物种间传来传去

后才有。这把我们引向一个问题：是什么先有的，病毒还是细胞？一般来说，假设病毒需要细胞，应该是细胞先出现。然而病毒需要的能量，并不一定是细胞中的能量。在海洋深处存在化学能，其存在于化合物中，还有热能。早期的生命可以进行一些化学反应，它们可以专业化到只要“舔”一下电极就可以在化学反应中获得电子从而消耗二氧化碳，就像在 2014 年美国自然历史博物馆的“极端环境下的生命”展览所展示的那样。水可能确实起源于宇宙大爆炸，而且在 140 亿年后，以“肮脏的雪球”的形式从外星空间到达地球。其他元素也来自外太空，在那里，灰尘在重力的作用下汇集并融合成较重的元素。这样说的话，生命确实是由“星尘”组成的。

今天病毒已经将其生活方式“最小主义化”，并且依赖细胞。但是一开始并不是这样（详见第 12 章），开始时必须要简单——达尔文也是这样想的，但并非我所有的同事都同意这一点。

如果我们假设RNA首先出现，那么第一个RNA分子必须很短。RNA分子越长，就越不稳定。曼弗雷德·艾根计算出RNA加倍时的错误频率是通过RNA的长度来平衡的：错误率乘以长度大约等于1（例如，100个核苷酸，1%的错误率，得出每个RNA分子平均错误频率为1）。在复制过程中，太多的错误会导致“错误灾难”，最终终止发展，而错误太少又不能创建足够的信息。确实，艾根试图通过人为增加突变的数量来杀死艾滋病病毒。RNA的序列空间是巨大的，如果我们的假设基于四核苷酸上的50个核苷酸长的RNA分子，则有4^{50}个或大约10^{30}个不同的序列编排可能。脊髓灰质炎病毒有7500个核苷酸，理论上可以选择4^{7500}个序列中的任何一个。这也许要比我们整个地球上原子的总和或者天空中的星星还要多——它们的数量也就“仅仅”10^{25}个。因此，大自然所用到的序列要远远低于序列编排的可能性。

RNA还有另一个特性：RNA从来都不是单独定义的种类，总是一个多种序列的混合体，像一滩泥沼。曼弗雷德·艾根引入了“准种”这个词，这是高突变率的RNA分子进行复制的结果，产生不是一种类型的RNA分子，而是不同的但彼此密切相关的RNA分子的混合群体。准种是使RNA病毒创新潜能如此强烈并优于其他物种的原因。混合群体也使RNA病毒——比如HIV和流感病毒变得非常麻烦，如果我们针对其中一个变种进行治疗，另一个就会成为主导。DNA的复制一般有较少的出错倾向，这是因为双螺旋的第二条链限制了第一条链中变化的程度，并且细胞进化出了校正机制，类似于“涂改液”——这对于单链RNA来说是全部缺失的。到底哪一种亚种能成为最佳的抗病毒疗法的靶标？幸运的是，有些病毒要比其他的更有适应性，从而在种群中起到主导作用。一般这样的亚种先被治疗。但是一旦它们被成功地抑制，其他原本没有那么适应的病毒就会追赶上来。这些病毒一般会生长得稍微慢一些。如果这些病毒又被治疗手段所抑制，之前的领跑者又会回来。这一切都会发生得非常快——对于HIV来说只需要8周左右的时间，这一发现让很多科学家感到惊讶。这意味着，最后的“赢家”又可以再次被用第一种药物来对其进行攻击。如果细胞像克雷格·文特尔告诉我们的那样，即需要473个基因用来在试管中复制，进行蛋白合成和生长，那它如何能成为生命的起源？有个人工创造的迷你细菌，大约有531560个核苷酸，生长得相当缓慢。而自然存在的活细胞，比如大肠杆菌，大约有4300个基因，相当于460万个核苷酸长度——对于生命的开始来说太大了。一个生物体到底能有多小？病毒处在生命形式的最底层，即使有些多达2500个基因的巨病毒可以比某些细菌细胞大5倍之多。痘病毒，几乎属于巨病毒，拥有500个基因；疱疹病毒，大约有100个基因；逆转录病毒、流感病毒和脊髓灰质炎病毒，每个大约有10个基因。更小一些的是植物病毒，比如烟草花叶病毒TMV只有4个基因。其中，一个分子大多具有双重功能——这是典型的最小主义病毒的窍门：一个分子具有两个不同长短的末端，足以让一个分子传递更多的特性。世界上存在没有基因的实体吗？是的，确实有。我认为它们是生命起源最佳的候选人。它们很小、很简单，但是它们能做的事情很令人惊讶——它们几乎能做所有的事情。

先有鸡还是先有蛋——都不是！

有一种RNA，即催化RNA具有非常特殊的特性，它也叫“核酶”——一个由“核糖”和“酶”组合而成的词，因为这种RNA的行为像酶，尽管它不是一种蛋白质（通常形成酶的物质）。这种核酶可以反复切割其他的 RNA 而不被消耗，具有酶典型的催化活性。

最近，美国加利福尼亚州有人把这样的 RNA 分子放进试管里，出现了令人惊讶的事情。它们可以切割、连接、复制，甚至通过变异来进化，并且保护自己不被相关的 RNA 所切割。RNA 在试管中的复制被拉霍亚（La Jolla）的杰拉德·乔伊斯（Gerald Joyce）在多年摸索此类实验条件后所证明。他反复地在 RNA 集合中选择复制最快的 RNA 进行下一轮的复制，从而让复制频率越来越高。这相当于在试管中进化，RNA 可以多倍复制并完善自己。这也许不是真正的生命，但是已经接近。一粒死沙是不可能做到这些的，因此核酶至少比一粒沙更具有生命力。

催化 RNA 由汤姆·切赫和西德尼·奥尔特曼（Sidney Altman）发现。当时，催化活性被认为是蛋白质的特权，没有人想到 RNA 可能作为催化剂使用。现在，核酶已经被视为进化从开始到现在的过程中最重要的组成部分。催化 RNA 甚至可以执行自我切割并修复切口，和我们之前讨论的拼接机制有所类似。核酶、小 RNA 分子，可以做到这一切：切割，连接，复制，进化——而哺乳动物细胞完成相同的拼接过程需要 100 个以上的蛋白质。当然我们无法做真正的比较，因为就拼接而言人类的更复杂。然而核酶是如此简单和“多才多艺”，而且它们看起来也很古老，不是吗？对此，以下会有更多的论据支持。

现在，对于先有谁——DNA 还是蛋白质，即一个分子生物学版的先有鸡还是先有蛋的问题有了答案。答案很简单，都不是。应该是 RNA！ 1989 年诺贝尔奖评选委员会在宣布汤姆·切赫和西德尼·奥尔特曼因发现催化 RNA，即核酶而被授予诺贝尔奖的新闻稿中甚至提到了这一点。然而，蛋白酶并不是完全不受待见——因为它们大部分比催化 RNA 要有效太多。蛋白酶在我们所有细胞中是代谢的基础。但是它们来得晚些，而且蛋白的合成需要核酶！有些核酶在进化过程中发展为蛋白酶。在进化中由 RNA 向蛋白质演变的趋势可以经常被观察到。

类病毒是第一个病毒吗

海因茨·路德维希·萨格（Heinz Ludwig Sänger）曾任吉森大学病毒学研究所的教授。萨格的父亲拥有一个苗圃，并且萨格注意到，尽管有些植物不缺水，它们的叶子却呈干枯状。他固执地寻求答案并最终发现了类病毒。我想将类病毒归为病毒，并会在稍后解释。萨格最终成为一名植物病毒学家，但几乎失去了工作，因为多年来他没有从病变的植物中找出类病毒，这是 20 世纪 60 年代的事。德国科学基金失去了耐心，几乎要终止对他的资金支持。研究所的主任不得不介入，来对这类科学研究做具有说服力的辩护，幸亏研究得以继续。最终，萨格提高了用于实验的温室的温度。这听起来很微不足道，甚至过于简单——却是绝对重要的，才最后生产和分离出类病毒。他的实验室里有很强烈的苯酚的味道，因为他们需要用苯酚来提取植物叶子中的病毒 RNA——仿佛类病毒的研究只需要做苯酚提取——尽管很长一段时间是这样的。最终，足够的类病毒 RNA 被收集到，萨格和他的同事们可以用此来决定 RNA 的序列。这是在高通量测序成为可能的很多年之前，测序 365 个核苷酸已经是技术的极限。一切都在静悄悄地进行，那位很有帮助但更具主导作用的研究所主任无法提前宣布进程。类病毒的 RNA 不仅被测序，同时被定义为一个环状结构。这个结论是由 RNA 在由电流根据大小分离分子的电泳胶中不寻常的迁移性质得出的。另外，萨格的竞争对手西奥多·迪纳（Theodor O. Diener）在美国注意到了一个圆形 RNA 电子显微镜图片。但是，环形 RNA 是非常罕见的，以致这个想法被认为是一个人为结果。他们甚至砍掉了论文里有关环形结构的部分并没有发表。我想，他们后来一定非常懊恼，彻底错过了一个全新的发现。

所有这些都是新的、超前的，这对萨格和迪纳等人来说本意味着能获得诺贝尔奖，因为他们同时并相互独立地发现了类病毒。萨格成了慕尼黑马克斯·普朗克研究所的主任——但后来转向了神秘主义，远离了科学。

核酸专家德特列夫·里斯纳后来成立了凯杰（Qiagen）公司，继续通过纯化试图分离最小量的 RNA 来分析类病毒。里斯纳后来在和美国的朊病毒专家斯坦利·普斯纳一起在朊病毒中寻找 RNA。直到今天，在朊病毒中仍然没有发现 RNA，尽管检测的灵敏度已经足够高。当里斯纳创建了德国最成功的生物技术公司凯杰时，我进入了世界上很多地方的实验室——韩国的、中国的、埃及的——多于 20 个国家，在每个地方都能看到蓝色的由凯杰生产的试剂盒。有时候，我的同事想要买所有凯杰出的产品，甚至是为一些微不足道和没有太大意义的实验！这突破了我的耐心极限，所以我拒绝为购买订单签字。在试剂盒里面甚至都能找到小瓶装的蒸馏水和无菌水，就像做“素食蛋糕”一样，加上这些水搅一搅——搞定！一次性的盒子是公司成功的关键，因为即使最小程度的核酸污染都不会发生——而这在以前是很常见的人为结果。里斯纳现在仍然是个很有热情的企业家，离退休还早着呢。他又刚刚在“金色天使”商业资本的赞助下创建了一家新公司，从 DNA 中生产核酶，用来应对神经退行性疾病，比如阿尔茨海默病。他是大约 15 家生物技术公司董事会的主席，他对生物技术的热情要比他对老爷车的爱好还要强烈。我是他其中一家公司的共同创始人。他错过了诺贝尔奖吗？

他的回答是“很多次”。

类病毒——目不识丁的全能手

咔当咔当（Cadang Cadang）——这是菲律宾当地人对椰子树患的一种疾病的称呼。它是由类病毒引起的。什么是类病毒？它们是病毒吗？它们的行为像是病毒，但是看起来又不是病毒，它们是裸露的，少了一件外衣——所以给它们一个折中的名字“类病毒”。我觉得它们应该被归为病毒家族，但并不是所有的病毒学家都同意。如果我们把穿着衣服的人叫作人类，那么不穿衣服的“类人类”还是人类吗？所以我觉得应该把类病毒归到病毒家族里面。类病毒只是RNA裸露而已，对此我曾经写过一篇文章，即《病毒是最古老的祖先？》。我发表了这篇文章，但是这句话后面跟着一个谦逊的问号。可以这样说，如果类病毒是最古老的生物分子，那么病毒确实是我们最古老的祖先。

我们坐在韩国釜山世界病毒学峰会的早餐桌上，最多只有50人参加。这个峰会显然不像之前所宣传的那样，也不完全是与会者所期望的样子。韩国人可能没有预见到竟然只有这么少的人来参会。然而结果却是令人惊讶的：在有点儿令人沮丧的数量很少的参与者之间，互相交谈的机会要比有2.5万人参与的世界艾滋病大会要多得多，这点值得我们思考。

所以我们听了80岁的约翰·兰德尔斯（John W. Randles）的谈话，他讲述说50多年来，菲律宾政府一直在向他求助，以弄清楚杀害椰子树的不明物质。菲律宾人在飞机上给他看了当地被摧残的森林，而且兰德尔斯找到了问题的根源：当地人爬上树的顶端，用同样的刀切取水果，由此把所谓的传染物质从一棵树带到了另一棵树。确实，类病毒在树的浆液中存在，后来其被称作椰子咔当咔当类病毒。它们会带来巨大的经济损失，因为它们会感染棕榈树、菠萝以及辣椒——还会感染欧洲的土豆。因切割椰子树被污染的刀具，类似于在瘾君子中传播HIV的，或者落后的负担不起一次性注射器的医院里用的针管和针头。HIV的感染起初是在非洲金沙萨的医院里传播开来的。同样在埃及，丙型肝炎也不幸是通过注射污染的抗血吸虫病的针头而传播开来的。在埃及，虽然消灭了由尿道中成对的蠕虫所引起的热带疾病，但是被污染的针头却让更多的人染上了丙型肝炎，导致了肝癌组织出现。这样看来，其与椰子树中的咔当咔当类病毒的故事有相似之处。

类病毒是具有催化活性的核酶，是植物病原体，可以感染植物并复制，引起疾病，就像病毒一样——但是它们却不叫病毒。没有人有勇气将它们称为病毒，因为它们并不遵守病毒的规则：裸露的不含包膜蛋白的RNA不符合20世纪60年代时学界对病毒的定义，在今天也仍然不符合。所以科学家试图找到一个折中的方法，于是叫它们“类病毒”，即类似于病毒的实体。类病毒是环状的，含有具催化活性的RNA，且仅仅由RNA组成。所以到今天，它们也不被当成“真正的病毒”。类病毒没有包膜，不仅如此，它们甚至不能解读编码氨基酸的基因密码，尽管拥有4个核苷酸，但是还没有被整理成三联体——一个被编码的氨基酸所识别的先决条件。因此类病毒一定是在密码子存在之前出现的，所以它们可以说是遗传上的“文盲”。但是——最令人惊讶的是，它们就是以这种方式存在，一直到今天。而且，它们在地球上是频繁出现的。类病毒主要在植物中存在，对于我来说更是生命起源的见证者和指引者。它们属于最古老的早期RNA世界中的代表和遗产，尽管它们在今天没有受到太多的重视。我认为，它们一定比遗传密码更古老，因为它们的 RNA 是非编码的，而且是在有蛋白质合成之前。但是这里有个转折：类病毒使蛋白质的合成成为可能，因为没有核酶就没有蛋白质！它们自己缺少所有的与氨基酸和蛋白质有关的遗传信息。那么，类病毒的 RNA 序列是随机的吗？绝不可能！类病毒的 RNA 当然含有信息——虽然不是编码序列，而且遗传信息一定是在其结构中存在，所以在一定程度上也跟序列有关。其结构和电荷信息导致了复制、切割、连接，以及与环境相互作用所需的发夹环结构的形成。

有些类病毒，其 70% 的部分是自我互补的，意味着它们基本上中间穿插着单链环的双链结构。它们能与其周围的其他分子相互作用。这种结构比单链 RNA 更为稳定——这在生化学家中是被熟知的，因为他们很多无眠的夜晚就是因 RNA 很高的降解率导致的。所有的仪器和溶液（包括水），都要经特殊的试剂来处理（比如焦碳酸二乙酯），使它们不仅无菌还要不含核酸酶——没有能摧毁 RNA 的酶。最好还能是在一个完全分离的没有气体交换的实验室中进行。

甚至连达尔文都曾警告我们留意“核酸酶”（尽管他没有使用这个术语），因为他预测在今天地球的环境条件下，生命的起源无法被复制。环境太不友善了，是的，核酸酶是“不友善”的。而且，我们永远不会知道最初存在于我们星球上的是一个怎样的环境。但达尔文也表示，不能排除地球上的所有生物可能有着同一个祖先。也许这个起源就是类病毒？因为它们足够简单。即使在当今世界，它们也是唯一超级简单，且能自我复制的生物分子。作为生命的起源，抵抗环境威胁当然是必要的，但要怎样做到呢——通过发夹环结构、隔间、生态位或脂质？我们还不知道。

值得注意的是，类病毒是核酶，是折叠关闭的圆圈，部分是双链的且具催化活性。核酶可能是50个核苷酸长的，而今天的类病毒大约是它的7倍大。两者都是封闭的环状结构。后来在进化过程中，有些类病毒失去了催化活性。人们研究最多的马铃薯纺锤块茎类病毒（Piviviroid或简称PSTVd，小写的d表示类病毒）是没有酶活性的。但功能的丧失表明酶的活性不再被需要，病毒变得“懒惰”，于是细胞接管了一些任务。为了复制它们，需要来自宿主植物细胞的帮助。我们知道生物学中的两种力量，即复杂性的增加及降低——如果失去的能力是可以从其他地方获取的，那么复杂性的降低往往是可能发生的。所以类病毒活性的丧失可能是由于生活方式的改变，并取决于宿主细胞。

读者们可能想知道土豆是如何死于类病毒的。类病毒的致病性不是很好理解，它是否通过细胞内RNA—RNA或RNA—蛋白质的相互作用，还是类病毒的活性致病？类病毒可能激活沉默siRNA机制并通过沉默复合体（RISC）中的RNA诱导基因沉默。在类病毒的“核心RNA”区域中，有一段恒定的序列，它是一个具有致病性的区域吗——具体起什么作用？当然，核酸也可以与细胞内的蛋白质相互作用，这也可能导致致病性。

顺便说一下，我认为在病毒家族中包含类病毒。如果真是这样的话，我必须得出结论：病毒是我们最古老的祖先——因为类病毒是最古老的病毒，关于这个我已经发表了我的见解，尽管后面跟着一个谦虚的问号。

RNA属于生命的起源，是化学向生物学的转变。RNA可以满足弗里曼·戴森在他的著作《生命的起源》中提到的两个功能——他认为生命至少有两个起源，因为他在写“起源”这个英文单词时使用了复数。简单来说，这些起源是“软件”和“硬件”。戴森受到了计算机运算创始人之一的约翰·冯·诺伊曼（John von Neumann）的启发，后者也是他在普林斯顿高等研究院的同事。RNA可以满足他的两个要求，因为RNA是地球上我知道的唯一具有这样的双重功能的分子。RNA是信息的载体，即软件——以及机器，酶则是硬件——为了自己的复制。这对于生命起源来说是多么特殊的先决条件啊。

当我问普林斯顿的弗里曼·戴森，他是否仍然相信两个生命的起源时，他神秘地回答："我没有说这两个起源同时存在，这只是一种可能性。"最初他一直在考虑遗传信息和新陈代谢作为两个起源的可能性。

环状RNA

一种古老的RNA正在回归，它和最近新发现的环状RNA非常相似，简称为"circRNA"。circRNA的亲属包括已经在上面提到的、（在进化上）非常古老的类病毒和核酶。它们的家族一下子壮大起来。

circRNA被忽略了数十年，因为研究人员习惯通过寻找RNA末端来寻找RNA分子，但是环状RNA并没有末端。这个circRNA是非编码的，具有调控作用。我们现在已经发现十几个有调控功能的非编码RNA（ncRNA），可见RNA的世界比我们预期的更重要。circRNA究竟有什么好处？它是其他调控RNA的备份吗？它是其他调控RNA的"主管调控者"，即调控者中的调控者？为什么需要这样一个老板？推测认为，调控是不允许存在易出错倾向的，从而需要两步安全机制。circRNA甚至并非很少见——我们的细胞里到处都有它们。我们每个细胞中大约有25000个RNA环，它们也在古细菌、真菌，以及毫不令人惊讶的老鼠身上被发现。它们在人类大脑中是最丰富的，在神经元的连接处、突触处，在那里它们可能会影响发育过程，就像在苍蝇中那样，或在老化的过程中累积。这立即引发了一些问题，比如阿尔茨海默病——可能是这个首席调控者的失败所引起的吗？

拥有大约 1500 个核苷酸的长度，RNA 环比类病毒稍大些——大约是后者的 3 倍。我们今天的细胞充满了“类病毒的亲属”，这真是一个惊喜！类病毒主要存在于植物中，而 circRNA 则在许多物种中存在。它们也存在于植物中吗？这些环是如何产生的？我们现在知道，由 RNA 组成的“环化核酶”可以生产环。但是许多问题仍然没有答案。

环有着显著的优势，因为部分的双链，以及发夹环状区域是非常稳定的，它们不能从末端被降解。每个环可以清除数百个其他的调控 RNA，如沉默子 siRNA。这让我想起我祖母的杰作——从厨房天花板垂下来的一张张黏黏的捕蝇纸。相关论文的作者将 circRNA 描述为“海绵”，因为它能够吸收调控 RNA，而不是我想象中的黏性纸条。

在小鼠大脑中，一种微小 RNA（miR-7）就被一个 circRNA 所清除，并带来引发癌症的潜在后果——这一理论正在被研究。这些新的 circRNA 是完全非编码的，我称其为“文盲”。但它们依靠结构完全有能力履行功能——最终还是基于序列，而不是遗传密码，所以我们不能“读”它们。circRNA 是以一种特殊的方式生成的，不是通过剪切内含子，而是通过剪切外显子，这种机制被称为“反向剪切”。多年来，这被认为是剪切上的错误。最古老类型的 RNA 在我们如今的细胞中是如此占主导、如此相关，这难道不是很令人惊讶吗？也许并不是，因为环状 RNA 的设计是如此合理、如此无与伦比，具有高抗性和完美的质量，所以在细胞中不会消失。circRNA 最初在危险的原始汤中都生存了下来，在那之后，被降解的风险就更没有那么大了！相对来说，细胞实际上是个安全的港口。

从今天的 circRNA 上，我们甚至可以了解到类病毒是如何起作用的，如何与其他 RNA 或其他类型的因子相互作用，以及它们如何行使“海绵”的功能。最近，核酶 / 类病毒或 circRNA 竟然获得了新的家庭成员 piRNA，这是一种非常令人惊讶的涉及跨代遗传的非编码调控 RNA（详见第 12 章）。

真可惜，吉森的类病毒研究员萨格没有能活到去了解类病毒所导致的后果，这个后果在他们这一震惊发现的 50 年后成为生物学的一个原理。今天来自柏林的一个 circRNA 研究员似乎不记得类病毒 RNA，或者至少在他的出版物或讲座中没有提及。当我问他为什么不提时，他的回答是——哦，那是很久以前了。真是有意思，即使在公开场合作报告的时候他也这样说。萨格和迪纳的论文根本没有被引用！这是一个坏习惯还是健忘的表现，或甚至算是不正当的科研行为？科学史上的事情确实就是这样可悲，因为有人觉得无聊！

核糖体是核酶：病毒可以制造蛋白质！

蛋白质是如何制造的？蛋白质合成是进化的一个标志，分离了两个世界：有生命的世界和死亡的世界。但这个故事中的转折是，病毒往往被认为是“死”世界的成员，这里“病毒”更准确地说是类病毒，却是无比重要的，甚至是生产生命唯一所需要的元素！它们是蛋白质合成的关键，即类病毒是生命所必需的。

托马斯·切赫和西德尼·奥尔特曼（1989 年获诺贝尔奖）将核酶放到了生物世界的中心。还有另外一个关于核酶的诺贝尔奖获得者：汤姆·施泰茨（Tom Steitz，2009年获得诺贝尔奖），他观察到核糖体并不像人们想象的那样运作。特别是在柏林的马克斯·普朗克分子遗传学研究所，研究人员认为核糖体是蛋白质合成的主要参与者。核糖体由约100种蛋白质组成，这是大力度、大规模研究的重点。每一个蛋白质都由一个研究员来专门研究，并且有数以百计的用来生产抗体的羊供应。这些羊让柏林滕珀尔霍夫机场的草坪变得很矮，但对于生产抗体来说却是很好的。我偷偷混进了一些我的羊，用来生产针对癌基因蛋白的抗体，并且贿赂了牧羊人帮我照顾它们。蛋白质测序也是一项重大的努力，用来描述100个核糖体蛋白质的结构。这些努力并不全错——但关键的参与者不是蛋白质，而是RNA，或者更确切地说是催化RNA，它们很好地隐藏在核糖体巨大的多蛋白复合物的内部。托马斯·切赫喊了口号："核糖体是核酶"。但是RNA是主力，蛋白质仅仅作为脚手架来保持RNA的构造正确。所有的蛋白质都是通过一个技巧结晶出来的：它们从古细菌中分离出来——我第一次听说这件事是在30年前。古细菌的耐热性使它们更稳定、更容易结晶，从而来决定结构。这最终在2009年为阿达·约纳特（Ada Yonath）等人赢得了诺贝尔奖。来自以色列的约纳特是柏林的常客，她发现了核糖体中心的隧道，可以来装载新形成的、增长的氨基酸链——这一发现的照片曾登上了《自然》杂志的封面。小时候，我们家里通常有一个红色的木制针织线轴，形状像一个带四颗钉子的蘑菇，然后妈妈用钩针编织一根绳子，于是绳子就从线轴的底部伸出来——正像一个核糖体释放一个生长的多肽链。做编织的手就相当于核酶，剩下的就是核糖体。阿达·约纳特在斯德哥尔摩诺贝尔奖获奖演说中指出，这个结构是在进化中由更原始的原核糖体演变而来的，所以其中心是RNA，而不是蛋白质。RNA具有催化活性，这令人想起类病毒。

病毒样元素——类病毒——核糖体的中心，这个顺序令人很意外，但似乎没有人关注到它。100 个核糖体蛋白质只是作为脚手架或仆人来帮助核酶正常地工作。核糖体在不同细菌种类中是不一样的，这主要依靠其中的一个 RNA 成分（称为 16S rRNA 或 rDNA 等价物）作为识别和分类的基础。核糖体是用来救命的抗生素的作用目标，其中一些抗生素占据了中间的那个通道从而阻断蛋白质的合成。于是细菌就这样死了，而我们活下来了。对抗生素的耐药性是今天人们主要关心的问题，用突变来再次堵塞这个通道是克服抗生素耐药性的一个办法。如果成功了——阿达·约纳特正在尝试中，而且她之前就是对的！

在柏林，此项目研究的带头人是海因茨－金特·魏特曼（Heinz-Gunther Wittmann），现在他已经去世了。他的人生成就是这一项目得以成功的基石。他把所有的蛋白质送到了汉堡，在德国用电子同步加速器（Deutsches Elektronen Synchrotron，DESY）分析，并在以色列进行晶体学分析，以决定核糖体的结构。我记得当时为了这个目的，柏林的马普所引入了古细菌，这些古细菌可以耐受 100℃的高温且还能生长，以至于研究人员希望它们的核糖体蛋白质会更稳定、更容易结晶——事实证明也的确如此。当时还测试了核糖体在进入地球轨道的飞行器的低重力空间下是否能更好地结晶，但失败了。那时我的一个逆转录酶的样品也被上交作为那一趟太空飞行中的一位乘客，但是也同样失败——无法结晶。我应该在当时就想到从古细菌中分离逆转录酶来结晶，但我没有，就那么遗憾地错过了！晶体结构是药物设计的基础，这就是为什么说它们是如此重要的原因。

令人惊讶的是，核酶和蛋白质之间的关系甚至在今天还能从一些蛋白中看出来，因为它们带有一点 RNA 的尾巴，仿佛是被忘在那里一样！这是一个在进化上相隔久远的遗留物吗？第一个蛋白质合成正好相反，（我认为）有 RNA 和一些氨基酸附着在它上面。这后来变成大家说的——合成的“只有”蛋白质。在合成过程中，个别奇怪的蛋白会将一些 RNA 片段附着在上面，这些蛋白质 RNA 的嵌合体之一是维生素 B_{12}，另一种是乙酰辅酶 A，它们都是细胞新陈代谢中非常重要的分子。带有保守 RNA 尾巴的蛋白质让我们想到自己的阑尾。这样的过渡状态令人着迷而且极具信息量，因为它们告诉我们关于人类的过去和进化——从 RNA 到蛋白质。我想添加这两个嵌合体到我在第 1 章提到的那个“珍奇柜”中。

DNA 是如何开始的？蛋白质合成不一定需要 DNA，但是需要 RNA。蛋白质合成是生命开始的标志——但是早期的生命并不需要 DNA。在我们的世界里，DNA 并非在 RNA 和蛋白质之前出现。那么，怎么能去除一个氧基团生成 DNA？没人知道！现如今有一种酶可以，那就是核糖核苷酸还原酶。这样的蛋白质酶是在什么时候出现的？不知道。有了合适的基础材料，我最喜欢的分子——逆转录酶是可以从 RNA 产生 DNA 的，但这又是什么时候发生的呢？

脱氧核糖核酸酶、小的催化 DNA，可以像没有蛋白质的核酶一样切割和连接，但这不会在今天的自然界发生。美国生物学家杰克·绍斯塔克一直在寻找它们，他证明了 RNA 可以在没有蛋白质聚合酶的情况下生长，但是 DNA 是如何在无蛋白质的早期 RNA 世界中出现的呢？他也许会最终弄明白。来自巴黎的研究人员帕特里克·福特雷（Patrick Forterre）分别为细菌、古细菌和真核生物创造了 3 种含 RNA 的细胞——他称其为“核糖病毒细胞”（ribovirocells），因为这 3 种都是由病毒生产的细胞。那么，到底 DNA 是如何产生的？至今，关于 DNA 起源的问题仍然存在——即使 DNA 是如此重要的分子，我们仍没有弄明白这个问题。不过，有一点可以确定的是：逆转录酶是从 RNA 到 DNA 世界过渡的主要动力。在2015年，逆转录酶被认为是在基因组、细胞以及各种生物包括海洋采样中的表达最为丰富的蛋白质。逆转录酶是作为通用逆转录转座子，即跳跃基因的一部分的常见酶，所以一定有很多跳跃的活动发生。一些研究人员认为逆转录酶是生命在进化中最重要、最关键的酶。现在也有数据支持这一理论！这里说明一下：别人是这么认为的，我确实也是这么想的，但我是存有私心的，因为我在过去45年里专门研究逆转录酶——从世界上第一个酶的发现，到现如今最丰富的蛋白，太奇妙了！

三叶草的叶子

一个主要的分子RNA结构是三叶草型，有三个环围绕一根茎——这个模型人们在一张纸上就可以画出来，而不是非要通过晶体结构检测才能决定。这个RNA非常稳定，难道这就是我们随处都可以找到这个结构的原因吗？从分子到宏观世界，比如草地里的三叶草？这是一个非常严肃的问题！更有趣的是，三叶草结构的RNA被植物病毒广泛使用。三叶草的结构通常位于植物病毒单链RNA基因组的末端以抵抗被降解。人类染色体末端的端粒具有这样的RNA假节并达到类似的保护，但与病毒末端的RNA完全没有关系。另外，噬菌体和RNA病毒如丙型肝炎病毒和脊髓灰质炎病毒，在其末端有这种环状结构。这是病毒所采取的保护它们末端的一种方式。甚至有的病毒只由一个三叶草结构的RNA和单个氨基酸组成——只是一个病毒啊！成分少得难以想象。另一种病毒，即在酿酒酵母（Saccharomyces cerevisiae）中发现的裸核糖核酸病毒（名称中含有RNA），只包含一半的三叶草结构，没有其他的。这是非常简约的，很难进一步减少了。RNA病毒的三叶草结构可能由三个发夹结构发展而来，这些 RNA 的长度为 75 个到 90 个碱基，而且结构上是刚硬的，因为有部分双链区域。现在我终于要揭开这个 RNA 结构的真实名字了——tRNA，即“转移 RNA”，因为它将单个氨基酸转移到核糖体并整合到生长的多肽链中。这就是它们如何被发现和定义的。一个 tRNA 和一个氨基酸最终在我们细胞中演化为 60 种 tRNA 和 20 个氨基酸。它们是今天核糖体合成蛋白的重要组成部分。它们可能起源于病毒，因为病毒在有蛋白质合成之前就在 RNA 基因组中使用了 tRNA 结构。tRNA 是非编码 ncRNA，这使得它们显得更古老。啤酒酵母中的病毒更像是早期蛋白质合成的产品。逆转录病毒的复制也让人想起早期的蛋白质合成。因此，我们可以把病毒看作蛋白质合成机制的设计者或前体。人们也可以反过来说，病毒是从细胞中“窃取”了 tRNA 和氨基酸。确实，那的确是逆转录酶在今天实施逆转录病毒复制的方式。它挑选一个来自细胞中的 tRNA，每种病毒类型都有对 tRNA 的不同偏好。为达到这个目的，逆转录酶需要一个把手来抓住并开始使用 tRNA。所有的病毒学教科书都会说病毒是盗取细胞成分的窃贼，我却不这样想。我的观点是，病毒是细胞基础材料的发明者、细胞“健身”的辅助者——今天它们似乎正在收获过往成就所创造的利益。有趣的是，合成蛋白的能力是许多病毒学家认为区分生命和死亡的标准。如果蛋白的合成没有可能，那么整个系统是死亡的——对于今天大多数病毒来说确实如此。但是，请不要忘记巨病毒——它们含有 tRNA 和核糖体，具有蛋白质合成的标志，但只有不完整的一部分或者片段，而不是全部。是它们丢了什么东西吗，还是一直处于没有完成的状态？不过，这激发了它们的发现者最近宣称巨病毒是生命的起源。现在就让读者们自己下结论，或者等更多的实验数据出现之后再说吧。

RNA 已成为生物技术的重要工具。RNA 可以只是通过折叠，就能展现出与 20 个氨基酸组成的蛋白质类似的特性——相比之下 RNA 的合成只需要 4 个核苷酸。因此 RNA 的合成比蛋白质更为简单，更为快速。它可以呈现出复杂的结构，并且与受体相适应，甚至可以模仿一些蛋白质的受体。这些 RNA 被称作适体，它们甚至可以在试管中进行进化和筛选来提高它们的结构和组成。这种方法被称为"指数富集的配体系统进化"技术，英文简称为 SELEX（systematic evolution of ligands by exponential enrichment），是描述筛选和优化过程的几个英文单词首字母的缩写。托马斯·切赫开发了上述这个方法。哥廷根马普所的诺贝尔化学奖获得者——曼弗雷德·艾根，成立了两家公司，即 Evotec 和 Direvo 公司。这两个名字已经暗示了公司的发展目标是什么，即"进化化学"和"定向进化"。他开发了化合物的人工进化作为在试管中新的优化方式，这让蛋白质酶具有在自然界中无法拥有的更高的催化活性，从而达到更有效的加工、对生物物质更好的利用，并生产新的具有生物活性的化合物。艾根工作的特点是，将进化原理应用到了非生物分子的世界，以提高化学产品——这些死的物质的性能。在这一点上，物理学家出身的艾根遥遥领先于他同时代的同事。

作为分子伴侣的蛋白质

达尔文已经指出了在今天的世界重复生命起源反应的困难之处。病毒已经开发出一套方法来保护它们珍贵的基因不被降解。下面我们就描述其中的一种方法。

我的同事想要分析一个来自 HIV 的病毒蛋白，这个蛋白覆盖病毒 RNA 以保护它免受核酸酶的降解，这在所有的 RNA 病毒里都很典型。（在 HIV 中被称为核衣壳蛋白 NCp7；在流感病毒中被称为核蛋白 NP。这种 RNA 结合蛋白是带正电荷的，可以中和 RNA 的负电荷，因此它们很配合地排列在一起，彼此相邻。）这种蛋白质甚至在逆转录转座子的研究里被发现，被用于核酸的移动。

它们被称为“伴侣”。我们祖母一辈的人有这样的监护人——一般是年长的女士，受一些家里有未婚年轻妈妈的委托来陪伴这些年轻姑娘。所有的 RNA 病毒都使用伴侣来保护它们的 RNA。伴侣蛋白是多功能的蛋白质，其中一个属性是把不同的 RNA 保持在一定的距离——对年轻的女孩有用吧？然后分子伴侣可以融化 RNA 折叠并增加 RNA—RNA 互动，并熨平 RNA 中的皱纹，也就是 RNA 的二级结构。它们可以解开 tRNA 三叶草结构并以其中的一个臂作为 RNA 的引物来进行复制。而且，病毒复制在蛋白伴侣存在的情况下效率会更高。如果分子伴侣将 RNA 解开，逆转录酶会更有效地在 RNA 上滑动。人们本能地会认为 RNA 结合蛋白是一种障碍，会防止酶从 RNA 上滑过。然而，事实正好相反，分子伴侣反倒提高了转录效率。蛋白质是非常黏稠的，因为它们带着正电荷，在实验室里它们有时候拒绝离开吸管，或者永远挂在玻璃内壁上。当我的同事曾经告诉我，他的研究项目出现这个问题的时候，我一开始并不相信。但事实上他是对的。我们有一次将伴侣蛋白、核酶和 RNA 同时加到一个试管，切割反应疯狂地加速了，快了 1000 倍。然后做这个项目的博士生周游世界去了，项目也就被搁置了。当他回来时，我非常愤怒——因为“他的”结果，在他不在的时候被彼得·德文（Peter Dervan）在《科学》杂志上发表。他们观察到相同的现象——但抢先发表了。时间很重要！我们制订了应急计划，并在资质还不错的期刊上也发表了一篇文章。我在这里提到这一点，是因为我们在做这些实验时从来没有想到过进化这个问题——完全没有想到。然而，在生命的开始核酶可能受到带正电的氨基酸的协助，使反应加速——催化过程快了1000倍。这可能也会加速进化！氨基酸被猜测在益生元（生命起源以前）世界中更容易合成，因此也许会早一些存在。或者，一些陨石将它们带到地球上来——有些人是这么认为的，不是我。这些伴侣蛋白质属于我们这个星球上最古老和最保守的蛋白，而且通常含有锌离子，它与一种特殊的结构相结合，称为"锌指"。"锌指"被用来和核酸及转座元件相互作用。我相信，分子伴侣一定在蛋白质合成的初期和逆转录病毒的复制上起到了辅助作用。到底是谁从谁那里学的？是病毒从细胞还是细胞从病毒？我认为病毒是蛋白质合成的发明者，随后细胞再从它们那里学习。这是我所相信的——也有一些证据支持。

从马铃薯到肝脏

说了这么多拗口的历史，我们可以放松地谈论一下食物了。如上所述，许多植物中存在类病毒，这些会引起植物疾病。它们在食物中存在并且是有害的，但是不会发生在人类身上——至少人类这样认为。然而，一种类病毒却从食物这一类别中逃了出去。没人知道它是从哪里来的。有一种马铃薯纺锤块茎类病毒（PSTVd），它也许存在于马铃薯做成的菜肴中，或者黄瓜及西红柿中。

最终，它滞留在人的肝脏中，而不是穿过胃肠道通过粪便排泄掉。我们本来认为类病毒对人来说是完全无害的——只有这一个例外。类病毒RNA一定是发现了一个令人惊讶的进入肝脏的通道，而不是通过内脏被变成废物处理掉。它成为丁型肝炎病毒（HDV）。来自美国费城的福克斯·蔡斯癌症中心的约翰·泰勒（John Taylor）调查了病毒的起源并提出了这个病毒到达肝脏滞留的路线。这是什么时候发生的——数百年前？我们并不确定。HDV是一种具有催化活性的锤头核酶，它的RNA可以——至少在纸上——和一个锤头相吻合。RNA被包装在蛋白质外壳中，这件外套来自另一种肝脏病毒，即乙型肝炎病毒（HBV）。因此这件外套是借来的，而不是自己编码出来的，就像所有其他的类病毒一样，只有非编码ncRNAs。这两种病毒相遇之后便一起在肝脏中复制。然后HBV提供一些自己的蛋白质外衣给HDV——像基督教传奇人物圣马丁，他把外套剪成两半，与穷人分享，这个形象在很多哥特式教堂中都可以看到，比如巴塞尔大教堂。这产生了一个很重要的后果，因为有了外套，病毒可以形成颗粒，离开肝细胞感染其他细胞甚至其他人，这就不仅仅是在植物内部移动了！如果人们同时感染了这两个肝脏病毒，即HDV和HBV，结果可能是患非常严重的肝脏疾病甚至是癌症，死亡率可达到20%。通常这个组合也同时带着HIV，因此病人会有更高的风险。在德国，每年大约有18起这样的病例，幸运的是这个发生率是很低的，可能是人们广泛接种乙肝疫苗的结果。对肝炎样D型核酶的研究显示，除了植物以外，细菌、昆虫毒素和酵母中都有类似它们这样的亲属。人类中第二种类似HDV的核酶尚未被发现。这些核酶是做什么的？还好在人类群体中这样的病毒只有一个，这是个好消息，因为这意味着我们没有理由拒绝吃“健康”的蔬菜。

有几种非常罕见的其他类型的类病毒存在，比如在康乃馨花朵中而不是在肝脏中发现的逆转录类病毒。它被称为康乃馨小型类病毒（CarSV）。逆转录酶来自康乃馨的“拟逆转录病毒”（pararetrovirus），它是一种植物病毒，把核酶复制成DNA。它确实伤害花朵——记住，病毒被发现的方式通常是通过疾病。也许康乃馨种植行业出于一些商业目的，想根除生病的康乃馨——结果检测到一个奇怪的病毒。这种花的类病毒已经失去了催化活性，不能再切割 RNA 了。这并不是一种罕见的类病毒的降解。因环境变化，它们变得“懒惰”（失去催化活性），但需要帮助。在花，以及在肝脏中，两种病毒之间会出现某种协同作用，一种类病毒和一种逆转录病毒在一种情况下共享外套，或在另一种情况下共享逆转录酶。这是为什么？在病毒世界里，或就生物学总体而言，一切事物都是通过试验和错误发展而来的。协同或互利共生，或社会行为更或是互利关系是所有生物实体的非常成功的策略，包括病毒。

我曾在参加各种会议期间问有没有人听说过“逆转录噬菌体”。我认为它们一定是存在的——尤其在由 RNA 和逆转录病毒中间体发展而来的 DNA 噬菌体之前是大量存在的。如果有逆转录类病毒，为什么不应该有逆转录噬菌体？我确实发现了一种单一的逆转录噬菌体——年轻的母亲都应该知道。它伴随着百日咳博德特氏菌（Bordetella pertussis）导致咳嗽疾病。小孩受到感染，他们的母亲就会很害怕。如今，这个逆转录噬菌体还没有被命名！其中的逆转录酶是容易出错的，允许噬菌体找到新的宿主。（它突变了负责选择宿主细菌的基因，称为嗜性或宿主范围，该基因是 MDT 基因，是主要嗜性的决定因素。）这个例子值得一提，因为它示范了病毒是如何找到新宿主的：由于逆转录酶的错误——不忠实，粗心。这对 HIV 来说众所周知——从早期感染的主要细胞类型中逃脱后抵达一个新的类型（其受体称作 CCR5 和 CXCR4），并且比免疫系统做出反应之前更快的突变。

病毒是进化的驱动者——就像噬菌体对于细菌。病毒和噬菌体是相关的，如果我说 DNA 噬菌体一开始是 RNA 噬菌体，这个结论下得是不是太冒险？看一看本书后面的内容会发现，这是根据复制率进行讨论的。如果是这样，RNA 噬菌体或逆转录噬菌体在很久以前就过时了！那么很可惜，所有这些关于逆转录噬菌体的故事对患咳疾孩子的母亲帮助不大。

烟草花叶病毒

30 年前病毒学会成立时，没有一个在德国的植物病毒学家是病毒学会里的成员！类病毒不被认为是病毒，因此，类病毒研究人员被排除在外。更令人诧异的是，第一个病毒是在植物中发现的，即烟草花叶病毒（TMV）。马丁努斯·拜耶林克（Martinus Beijerinck）于 1898 年指出，患病烟草叶子的洗脱液含有能够感染健康烟草叶子的物质。他提出了“病毒”这个词来区分较大的细菌。他总是提他俄罗斯的老师德米特里·伊万诺夫斯基几年前已经开始这项研究，但一直认为那是细菌，而不是一个新的介质。烟草花叶病毒在细胞中看起来像一堆平行的裸露的树。烟草病毒形成类晶粒聚集体，看起来有点像晶体。这个长长的晶体结构首先在 1930 年被赫尔穆特·鲁斯卡（Helmut Ruska）用电子显微镜观察到。但是在多年后，获得诺贝尔奖的不是赫尔穆特而是他的兄弟恩斯特·鲁斯卡（Ernst Ruska），因为他用磁铁而不是玻璃镜片改进了电子显微镜。恩斯特·鲁斯卡在柏林达勒姆的研究所建在厚厚的混凝土层之上，以防止附近地铁运行产生的震动。烟草花叶病毒几乎自己就能结晶，给出了一个病毒有效地自我组织排列的例子。因对于它结构的分析，纽约的温德尔·梅雷迪思·斯坦利（Wendell M. Stanley）获得了 1946 年的诺贝尔奖。

斯坦利还展示了即使在干燥的表面附着了 40 年以后，病毒晶体仍然具有感染性——这是一个“几乎死了”的结晶物质具有生物活性的有趣例子。感染性 RNA 位于刚硬的蛋白质结构里面，并在里面受到很好的保护。斯坦利的一个学生——罗莎琳德·富兰克林，推测 RNA 一定在螺旋的蛋白质棒状结构的一个通道里。她是对的，单链的 RNA 呈螺旋转样被蛋白包围。她之后还拍摄了《照片 51》，即 DNA 螺旋 X 射线照片，那时的人还不知道她的照片证实了 DNA 双螺旋结构的基础。

斯坦利的研究为当时任马克斯·普朗克协会主席的阿道夫·布特南特（Adolf Butenandt）敲响了警钟，将病毒学作为一个新的研究领域建立起来。有的马克斯·普朗克研究分所致力于第二次世界大战后似乎不适宜继续研究的课题。其中一个是柏林前威廉皇帝人类学研究所的科研课题——“人类的传承与优生学”。我今天还拥有一台刻着这些文字的显微镜！马克斯·普朗克分子遗传学研究所随后取而代之，并建立了一个新的“分子遗传学”课题。从帕萨迪纳返回德国的海因茨·舒斯特和图宾根的海因茨－金特·魏特曼被任命为该所的主任。他们都对烟草花叶病毒做过研究并协助鉴定遗传物质——不是蛋白质，正如当时所设想的那样，而是核酸，是 RNA，对此他们已经通过亚硝胺诱变研究加以证明。这些实验是否可能使研究人员的基因材料也发生突变呢？也许他们没有使用甚至压根儿没有一次性手套。他们两人都是在相当年轻的时候死于癌症。舒斯特患癌被诊断为与工作有关。

烟草花叶病毒是被发现的第一个病毒，因为它的存在非常广泛而且极为稳定。它可以在干燥的状态下持续存在 50 年，然后重新被激活并再次具有传染性。在伯克利，海因茨·弗朗克尔－康拉特（Heinz Fraenkel-Conrat）可以将病毒摧毁，并将其重整为具有传染性的病毒——一个难以置信的实验！该病毒可以通过自我重组，自动识别自身的片段！这是一个病毒世界的重要特征。TMV 在烟草植物中被发现，并以它命名，但是该病毒可以感染大约 350 种烟草以外的植物，所以这些病毒统称为“烟草花叶病毒”。这些病毒主要影响人工培育的植物，并可以造成严重的危害。一段时间以来，人们认为病毒只能影响人工培育的植物而不影响野生植物。这是多么荒谬的想法，病毒无处不在！

植物病毒与类病毒相比在进化上“进步”了。它们不再是非编码和裸露的，而是可生产自己的外套和基因。这就是我所说的进步！至于遗传密码是从哪里来的我们并不知道。也许病毒通过尝试一切开发了它，而在某个时候它“刚好发生”。外套可以起保护作用并增加移动性。有 ncRNA 的类病毒是不识字的，而烟草花叶病毒使用三联体密码来编码蛋白。确实，对 TMV 病毒的研究帮助了研究人员更好地理解三联体、密码子和相应的氨基酸。TMV 编码 4 种典型的蛋白，堪称病毒的一个迷你工具箱：一个用来复制，是 RNA 依赖的 RNA 聚合酶。另一个蛋白是外套，第三个是促进病毒从一个细胞到另一个细胞移动的蛋白。第四个蛋白很小并且支持辅助聚合酶。记住，所有的这些都可以被出奇有效的类病毒在没有蛋白信息的情况下执行——所有的功能都被秘密地藏在 ncRNA 中。

三叶草 tRNA 为单链的 TMV 的 RNA 末端提供保护，以防止核酸酶的降解。为了得到更多的信息，TMV 用了一个在很多病毒身上都能发现的窍门。它们的格言就是：通过犯错从一个蛋白中合成两个蛋白！聚合酶进行了“不合逻辑的”从氨基酸 136 到 186 的一个小蛋白的延伸，窍门就是“忽略掉”终止信号。一个核苷酸被忽略，导致了在三联体密码中的位移，即所谓的框移——两个蛋白是从同一个起点开始但是以不同的终点结束。病毒是找到极简解决方案的世界冠军，刚才我描述的是极其有用的：HIV 使用同样的原则进行结构蛋白 Gag 延伸，并通过框移通读出 Gag-Pol 蛋白。对终止密码子的忽略，发生的概率只有 1%，这不仅改变了蛋白的长度并且还自动减少了较长蛋白的总量达 100 倍。多么精美的设计啊！

烟草花叶病毒的另一个特长是它们遗传上的稳定性。它们是单链 RNA 病毒，本应该是极容易变化的。但并不是，它们低程度的变化性与典型高变化性的 RNA 病毒如流感病毒或者 HIV 形成鲜明的对比。原因可能是植物病毒不是自发的，更依赖作为宿主的植物。它们根据宿主细胞进行调整而不是像 HIV 那样通过变化来进行逃避。植物病毒非常坚强，它们可以在植物中生存却并不形成或释放病毒颗粒。它们也是很顽强的，能够忍受达 90℃的高温。它们可以在树液或者干燥的表面，或是在土壤中、水中甚至在云中生存！它们也能忍受紫外线，紫外线在通常情况下能够使核酸失活——但对 TMV 却没用。

即使宿主植物死亡，TMV 仍然可以存活几十年。它们在“死去”的东西上“活着”。然后，当环境有所变化，它们可以被重新激活并具有传染性。烟草花叶病毒的高稳定性是进化上非常古老的病毒在恶劣环境中保持持久性的一个标志。这是建立在假设它们和类病毒一起，代表着进化上最古老的病毒的基础上。一个漫长的病毒和植物之间的共同进化让这些病毒远离人类，因为它们在哺乳动物细胞中不具功能性，从而不在人类中引发疾病。TMV 能够以重量单位为克的规模进行生产并几乎成为一种化合物，因此非常适合用于科学研究。TMV 的棒状结构目前正在被测试能否用于纳米电子学中的导线，或者作为电池内部的接触面使用。

烟草花叶病毒组在农业中被当作病原体而被关注，但是有关它们对健康生态系统的贡献我们还研究得太少。昆虫比如蚂蚱，或者吸雪茄的人类，都可以扩散这种病毒。人类无意识地借助双手或者耕种的工具帮助了该病毒的传播。烟草花叶病毒组使植物的叶子产生斑点。一般来说，植物病毒长得很慢并需要很长的复制期。来自美国石溪大学的病毒学家艾卡德·维默在柏林被授予罗伯特·科赫奖章的时候提到，他倾向于研究脊髓灰质炎病毒，因为植物病毒对于他来说进展太慢了。我在瑞士的一个80多岁的朋友回忆说，手工生产的一种又短又厚的雪茄不允许呈现出被烟草花叶病毒感染所产生的那种斑点，人们甚至用粉末作为雪茄外观的“化妆品”来对斑点进行掩盖。对于TMV——一种能够导致“镶嵌图案”的烟草花叶病毒，我的这位朋友一无所知——他只知道这种斑点在雪茄上不好看！

“辣椒酱”里的病毒和我的苹果树

在我们吃蔬菜沙拉之后，植物病毒能穿过我们的胃和肠道并随粪便排出。如TMV一样的植物病毒并不像类病毒那样裸露，而是以坚实的蛋白质棒状结构保护其RNA。这些病毒是“真正”的病毒，即便是在最保守的病毒学教科书中。我们在沙拉中吃下的植物病毒的数量大约为每克10^9个——这是一个巨大的数字。我们吃掉它们并排出大致等同数量的病毒。最令人惊讶的是，即便经过我们的肠道和被排泄，这些病毒仍具有传染性。它们可以再次感染其他的植物。这是否意味着我们可以感染植物？是的，在原则上来说是这样的，除了那些已进化出安全措施的植物，比如表皮很厚的树。病毒需要昆虫、线虫（蠕虫）、真菌或者细菌作为载体（带毒体），通过这些可以穿过伤口、穿透防线或者从植物的根部进入。在加利福尼亚州，在菲律宾，植物病毒在人们的粪便中被发现：主要是一种辣椒病毒，名为辣椒轻斑驳病毒（PMMV）。这种病毒在植物中持续留守并且从不离开植物本身。难道粪便中有病毒的这些人都是吃辣椒的狂热者？并不是！只要以辣椒酱作为调味品就足以摄入具有传染性的病毒。在菲律宾的病毒可以以沙拉调味品的形式存在于美国加利福尼亚州。没人能够想到这一点。这些病毒是无害的，不管辣椒酱是哪里生产的，即使产自菲律宾的辣椒。在任何情况下，病毒会安全地穿过我们的消化道并继续感染辣椒植物。它们专门感染辣椒植物，并且不容易适应人体。这对于我们来说是很好的事情！

有种更加出类拔萃的病毒叫双生病毒，它的名字源于双子座航天飞机——将两架飞行器连接在一起，在这种情况下，两个部分都是一模一样的。这种病毒仿佛是某种程度的连体婴儿，由两个共享一个面的二十面体组成。每一个二十面体包含着一个环形的单链DNA分子。这两个二十面体中的DNA分子并不是一样的，它们的序列是互补的。如果把两个DNA链放在一起，它们便构成一个双链。但是双链看起来是被分开的，并各自占一个“房间”。这看起来像一个失败的组装，或者由于两个房间的分割导致了麻烦，结果就是形成双生病毒。

双生病毒家族的英文名字叫“Begomo”，即菜豆金黄花叶病毒属。在这个家族中大约有200个不同的种类。它们并不稀有，频繁地出现。同样，能够发现它们是因为它们惹了麻烦。这些病毒能在茄子、菜豆、西红柿、木薯以及棉花中造成损伤。一个菲律宾的病毒学家指出，这个病毒给农民带来了很多的麻烦。在南非，双生病毒是研究的重点，因为它们给玉米带来了危害。双生病毒非常独特，首先，单链植物病毒就非常少见，其次就是那个奇怪的中间体——介于单链与双链中间——让人感到非常好奇。双链 DNA 病毒是非常安全且稳定的，但奇怪的是它们并不在植物中存在。在植物中一直是 RNA 病毒盛行。

双生病毒代表着裸露单链 DNA 到双链 DNA 的中间体或者过渡，像是停滞了融合中的中间体。这让它们极具信息量，对于研究来说非常有趣。

这是第一个因其对植物的影响在文学作品中被提到的病毒：在 752 年日本女天皇孝谦天皇的一首诗中，她注意到了植物尽管在仲夏水源充足的情况下叶子仍然看起来很干枯，仿佛秋天提前到来——双生病毒就是原因！

更值得一提的，是一个直到最近我才知道的奇怪的病毒。这是一个裸露的环状双链 DNA（质粒），可以感染植物。 DNA 环是被称为植物原生质（植物血浆）的感染性介质。我们发现质粒 DNA 是因为细菌中的噬菌体，但质粒 DNA 在植物中几乎是未知的。不过每个人都知道它所导致的后果：让叶子变黄，并且感染果树、葡萄架、水稻和棕榈树。那么，我花园里的苹果树上黄色的叶子意味着什么呢？我是因为想到了马丁·路德（Martin Luther）种的苹果树，马丁·路德建议大家都应该像他一样，哪怕是在世界末日的那天，也要种一棵苹果树。我种的苹果树现在病了，我是否应该订购一个高度敏感的诊断测试，即一个聚合酶链式反应做检测？即使我给它做了检测，然后呢？不管感染物质是什么，无外乎喷洒杀虫剂或者将树砍掉重新再长，这些在任何情况下都是仅有的选择。看来我不需要 PCR 检测，对植物原生质来说没什么其他好的办法。令人惊讶的是，对于病毒样的裸 DNA 植物原生质，作为病毒学家的我是完全不知道的。但它们是病毒！我对它们的了解是通过来自柏林马克斯·普朗克研究所的植物生物信息学专家迈克尔·库伯，并开始对此感兴趣。我们在一个基因组的分析上开始合作并发表我们的研究成果。简而言之，我们了解到植物原生质与双生病毒是有联系的，都是来自“半独立式房屋居民”的一种“无家可归的变种”。在此也许值得一提的是，细菌、寄生虫、遗传因素、质粒和病毒的界限在这里都已经消失——而这一切都在我花园里的苹果树中悄然发生。

郁金香狂热：第一个由病毒引起的金融危机

我花园里的条纹郁金香也适合在植物病毒这一节来讨论。它们是对被称为“类伦勃朗”的老式郁金香的仿制，因为真正的“伦勃朗”郁金香已经灭绝。它们的生产是通过对颜色基因启动子的突变进行的，用以产生条纹，并具有遗传稳定性。但是以前的条纹郁金香不是这样产生的。

事情的经过是这样的：前东德的同事向我提到了条纹郁金香，说他的母亲对这种郁金香非常喜爱，所以在柏林墙倒塌之前在市场上买了这种花的球茎。但是一两年之后再没有任何条纹出现在郁金香上。她感到被欺骗了，并把它归咎于不诚实的前东德政府——尽管事后看来她是错的。条纹郁金香在 17 世纪时，也给人们带来过同样的失望。

最初，条纹郁金香是通过感染郁金香碎色病毒（TBV）而出现的，其颜色被“打碎”。具体来说颜色是怎样打碎的呢？甚至现在的教科书都没有过真正的解释。人们将条纹的消失怪罪于园丁，或者温室、日常温度、工具、土壤，甚至政府，这些也都不是根本原因。但真正的原因是，环境因素造成了条纹——这意味着表观遗传效应。早在 1576 年，植物学家卡罗卢斯·克卢修斯（Carolus Clusius）就已经建议用稳定的环境因素来使郁金香后代保持条纹。

郁金香从波斯通过土耳其来到欧洲，也从苏莱曼的头巾（“郁金香”之名的源头）通过维也纳到达荷兰，由克卢修斯在莱顿成立的植物园里进行培育。以他的名字克卢修斯命名的郁金香正在被测序，因为我们想知道 TBV 是怎样将颜色打碎的。

从那以后，郁金香成了富人们的钟情物。它们新颖、独特，是虚荣的象征，但也是男性力量和勇气的象征，并且作为贵族的花，郁金香也传递了社会地位方面的信息。这种影响力在伦勃朗著名的绘画作品《郁金香博士的解剖学课程》（1632）中都有所体现：那个戴着帽子的解剖学家，采用了“郁金香”这个名字，标志着自己是一个郁金香鉴赏家。郁金香引起了人类社会前所未有的歇斯底里的“郁金香狂热”风潮。这是有史以来发生的第一次金融危机，供不应求。东印度公司让荷兰人变得非常富有。郁金香的球茎变得如此珍贵，必须施加防盗措施，并在富人的花园中得到保护。不只贵族想拥有它们，很多冒险的投机者也赶此风潮，在秋天购买球茎，甚至都不知道它们在春天看起来会是什么样子，但仍然希望由此获得巨额利润。那些负担不起郁金香的人就画它们——直到今天我们仍然可以欣赏到这些荷兰的画作。的确，郁金香在花卉市场上拍卖的价格飞涨，由于炒作而上涨了 1000 倍。不可预知的颜色和纹饰带来潜在的、令人难以置信的收益——相反，如果球茎长出单色的花，那就是场灾难。病毒确实是“郁金香泡沫”的起因，因为正是病毒导致了不可预知的图案。但是在当时，没有人知道这一点。

最美丽的郁金香——“永远的奥古斯都”（Semper Augustus）带有血红的耀斑和条纹，以及闪着蓝光的白色花瓣，如今已经绝迹了。如果从球茎开始培育（通常是没有病毒的），就会产生单色，病毒感染再没有产生过人们想要的条纹。目前只有十几个这样的让人梦寐以求的郁金香标本存在。TBV 病毒感染通常不致死，并产生 1500 多种不同类型的郁金香，品种的多样性在其他任何花中闻所未闻。但是同时感染第二种病毒“百合斑驳病毒”就会导致郁金香死亡。所有已知的植物杂交经历都失败了，结果就变成了一场赌博。在郁金香热的鼎盛时期，它的价格相当于一栋房子——“永远的奥古斯都”大约要 10000 荷兰盾。相比之下，伦勃朗最著名的那幅画才卖了 1600 荷兰盾。

1637 年 2 月 9 日那天，拍卖会上一朵郁金香都没有卖出，顷刻引发了金融危机。一栋房子换一朵郁金香——可以被称为第一个金融泡沫，随之而来的就是股市崩盘。股价暴跌，让许多投资者立刻身无分文或背负巨额债务。政府要求各方不要上法庭而是通过折中调节来解决纠纷，而且今后只能提前支付一部分作为首付，而不是全款购买，以降低风险，防止家庭破产。市场崩溃的原因并不完全清楚，鼠疫可能对其有一定的贡献，因为人们会尽可能地远离疫情地。在那段时间，瘟疫肆虐欧洲，加上战争，共造成数百万人死亡。又或者是因为瑞典—普鲁士战争爆发，摧毁了郁金香的出口。

条纹郁金香曾经被用作病毒学书籍的封面，是个具有吸引力的图案。引起条纹的病毒与上面讨论的烟草花叶病毒有关。但是花瓣外观的不可预知性，却不遵循任何已知的遗传或育种规则，反而类似于跳跃基因所导致的结果，这种现象后来在玉米中被定义为表观遗传学的标志。虽然它与郁金香上的条纹的联系尚未被证实，然而在 1576 年，克卢修斯就已经描述了环境对表型变化的影响！数百年后的今天，我们在这里研究环境因素引起的表观遗传学现象。这样看来，表观遗传学不是在 1950 年左右被芭芭拉·麦克林托克发现，而是在 1576 年就被克卢修斯发现了！这是我的结论和猜测，为了弄清楚，我最近也开始了郁金香表观遗传学的研究项目。

郁金香很难通过基因组测序进行分析，因为它们拥有已知的最大的基因组，比我们的基因组大近10倍，有300亿个碱基对（人仅有32亿个）。然而，总的遗传信息比我们的基因组的少（郁金香不如我们聪明！）并且充满了重复的序列。郁金香有三条染色体、三个相似的基因组。在我即将开展的新研究项目中，我正在寻找郁金香病毒和郁金香颜色基因之间的序列同源性——至少有12个基因参与了形成颜色的花青素的合成。序列同源性可能导致在郁金香发育的某些阶段颜色基因的“沉默”，并且剂量效应可能会改变颜色强度。条纹郁金香的表观研究类似于芭芭拉·麦克林托克对有色玉米的表观遗传学研究。但是由于所有重复的遗传信息，对它的研究将会很困难。郁金香可以轻而易举地失去一半的基因组，而不出现任何问题！许多栽培植物具有庞大而重复的基因组——玉米、小麦、马铃薯——这可能是在某些特殊情况下育种的结果。

大部分17世纪著名的荷兰花卉画作中都出现了郁金香。在苏黎世艺术博物馆的一次展览中，策展人提到一束鲜花中的郁金香数量可根据郁金香危机来推测画作的年代：在危机之后，有比危机前更多的条纹郁金香被绘制。

英国著名数学家图灵在第二次世界大战期间破译了德国潜艇的恩尼格玛密码机编码，描述了导致条纹的数学原理。然而只有在他死后很长时间，论文才被允许出版，被称为“图灵机制”，适用于斑马、鱼、长颈鹿和老虎的条纹——当然也适用于郁金香。两种“形态发生素”或化学物质，即一种激活剂和一种长效抑制剂正在相互作用——但是我不知道两者之中的哪一个是病毒！

德国马克上的梅里安

绘制条纹郁金香的第一批艺术家之一的玛丽亚·西比拉·梅

里安（Maria Sibylla Merian），是我极为钦佩和尊重的人。郁金香几乎把她送进了监狱。她偷走了鲁特默（Ruitmer）公爵种植的几朵郁金香，公爵的家在法兰克福梅里安的工作坊旁边。梅里安家族以创作数千个欧洲城市的版画而闻名，画作《日耳曼尼亚志》（*Topographia Germaniae*）（1642）是对中世纪城市建筑结构的重要记录。梅里安对郁金香的颜色非常着迷，以至于偷了鲜花，并偷偷地绘制它们。鲁特默公爵不仅对这个14岁的女孩（其已感到非常内疚）印象深刻，还因为她精湛的绘画而原谅了她——她本会因为偷窃而入狱。谁能想到入狱竟会是病毒引起花朵美丽的后果！

此外，公爵还接手了对梅里安的教育，并培养她成为一名画家——这在当时仅是男人的一种特权，不过这没有受到她哥哥的热情欢迎。梅里安对毛毛虫和蝴蝶的热爱使她成为同时代人里一个遭人鄙视和怀疑的对象，她差点儿也因此结束自己的生命——她哥哥通过贿赂才阻止了悲剧发生，但梅里安却被迫离开了这座城市。

我保存了一张旧的500面值德国马克，上有头发卷曲的梅里安画像，而纸币的另一面则画着一些蒲公英、一只蝴蝶和一条毛毛虫。把这三个由食物和蜕变过程相联系的元素结合起来，就是梅里安的科学成就。在她的一生中，她的同时代人相信古怪的气体和瘴气。而她的母亲曾担心如何把这个女儿嫁出去，因为她偏爱厨房里的虫子——这在当时的人看来多么可怕！她也是一位版画雕刻大师，从年长的哥哥们那里学到了这个技巧，但是在那时女性是被禁止使用油彩和帆布的。如果仔细看500面值的德国马克纸币，可以观察到上面印着有皱纹的叶子——也许是源于病毒感染所导致的疾病！不过，在纸币右上角有一个二十面体结构，我不知道那是什么。它对于我来说看上去像一个二十面体病毒的横截面！或者这可能只是一个水印，是一个防伪记号？事实上，梅里安画的蝴蝶和毛

左图：感染了郁金香条纹病毒的郁金香，花瓣上的颜色不再连续。右图：1992 年发行的 500 德国马克纸币背面图案里，有植物、毛毛虫、蝴蝶和一个看上去像是病毒的东西——由梅里安（1647—1717）创作而成

毛虫充满了病毒，如多 DNA 病毒，正如本书第 5 章中讨论过的。她用科学的细致和准确制作了 370 年前的条纹郁金香患病的照片。她在南美洲的荷兰殖民地——苏里南（Surinam）的探险中活了下来，在那里她冒着高风险去捕捉奇异的蝴蝶，并感染了疟疾。她付钱给当地人以获得稀有的蝴蝶和甲虫，却没有注意到他们把一个错误的头部附着在另一个躯体上而欺骗了她。她把它画出来，而且印了出来——这让她沮丧，因为纠正错误已为时太晚。凭借她的绘画和铜版画，她让南美洲的动植物世界引起了欧洲人的注意。彼得大帝在圣彼得堡买了一些梅里安画作的原件，并在梅里安去世的那一天付了钱。一艘德国科考船现在以她的名字来命名。不过很长一段时间，没有人记得她。梅里安是一位优秀的科学家和杰出的艺术家，我不知道我更欣赏她哪一个头衔。

第 9 章

病毒和抗病毒防御

快速和缓慢的防守

几乎每个星期六，我们所的前任所长让·林登曼（Jean Lindenmann）都会来到苏黎世医学病毒学研究所吃早餐。虽然已经 80 多岁了，他还是会来看望以前的同事和技术员，其中一个已经 90 多岁了，但还是带来了自制的饼干，并汇报了她最近去挪威的一次滑雪之旅！这位技术员是全球最长寿的瑞士女性之一。林登曼从来不谈论过去，但他对正在进行的研究和新的成果感到好奇。他是一位有天赋的作家，经常在《新苏黎世报》（*Neue Zürcher Zeitung or NZZ*）上发表文章。同时，当他获得病毒学学会的荣誉并被授予终身成就奖时，他会向观众提出开放性的问题和研究课题，主要针对年轻学生或博士后。如今，关于干扰素的许多问题还没有解决——尽管是他发现了干扰素，但是他一直向前看，而不是仅回顾过去。他的谦虚使他超群于许多当代的同事。

让·林登曼于 1957 年在英国与他的上级艾力克·艾萨克斯（Alick Isaacs）用一个简单的实验一起发现了干扰素：被流感病毒感

染的细胞上清液中分泌“某些物质”，可以保护健康细胞免受病毒感染。在培养基中存在一种物质——一种传播者或细胞因子，干扰了对幼稚细胞的病毒感染，因此被称为“干扰素”。它只产生很少的量，所以很难从培养基中分离出来并描述它。几十年后，根据林登曼的提议，干扰素被当时在日内瓦的生物科技公司渤健（Biogen）的创始人查尔斯·魏斯曼进行测序。同时，他领导渤健与其他团队开始了一场竞赛，看谁能先测出干扰素的序列。最终，魏斯曼和他的同事在1980年的圣诞节前夕赢得了这场“比赛”。

该序列是生产重组干扰素rIFN的基础，后者可以在细菌或细胞中大量产生。这是一种新的治疗方法，但没有人知道它能用来治疗何种疾病。我记得报纸上的一则标题是：《寻找一种疾病》。它只针对流感病毒吗？今天，这种药物被用于治疗慢性乙肝和丙肝病毒感染，以及肝癌、多发性硬化症、淋巴瘤、白血病、恶性黑色素瘤和慢性关节炎——成了一种标准的治疗方案，每家医院都采用。令人惊讶的是，干扰素不仅对病毒有效，还能对抗癌症。与他的瑞士同事罗夫·辛克纳吉（Rolf Zinkernagel）和澳大利亚免疫学家彼得·杜赫提（Peter C. Doherty）一起，林登曼本可以在1996年获得诺贝尔奖。辛克纳吉于2015年就“如何赢得诺贝尔奖”作了报告——等电话就好了！但我相信这不是林登曼的风格。我所认识的人中没有一个像他那样害羞和谦虚，可惜谦虚并不是适者生存的标准，即便在研究上也是如此。

干扰素有若干种，它们是细胞抵抗病毒和细菌感染的守护者，也具有抑制肿瘤细胞分裂的抗增殖作用。抗病毒效果不仅限于一种病毒，而是普遍有效的。含有RNA的病毒必须暂时形成作为中间体的双链RNA，这导致干扰素系统的激活。受感染的细胞开启警报系统，分泌干扰素，作为信号分子警告相邻细胞。这时，在细胞里被称为“JAK-STAT”途径的信号级联激活干扰素应答基因。一把分子剪刀——也是所有免疫系统的标志，即核糖核酸酶 L 开始摧毁病毒 RNA 并终止病毒的复制。这样做可以节省细胞数量，只有第一个细胞牺牲了，其他细胞则准备好了进行防御，这是个非常好的时机！这种防御属于有机体的先天免疫系统。然而，抗病毒防御不会有助于无病毒感染的癌症。在那里，干扰素系统遵循另一个原则，即通过激活识别肿瘤细胞上特定表面结构的“自然杀伤细胞”（NKC）来准备消灭肿瘤细胞。这种单一化合物可以对抗不同的病毒，甚至对抗不同的癌症——这在医学上是独一无二的。默克（Merck）公司的莫里斯·希勒曼（Maurice Hillemann）设计的乙型肝炎病毒疫苗可以抵抗乙肝病毒和肝癌，但在两种情况下都是针对相同的病毒。

除我们先天的免疫系统外，我们还有第二个免疫系统，即适应性或称获得性免疫系统来产生特异性抗体，即免疫球蛋白。抗体是高度特异性的，并且识别由抗体呈递细胞暴露的蛋白质（抗原），不论抗原是来自侵入的病毒还是来自细胞。抗原和抗体之间的结合属于生物学中已知的最强的相互作用。

目前大约有 1000 个可用于生产抗体的基因。然而，通过组合效应，它们可以达到 260 万个不同的抗体，并且可通过进一步的突变达到数十亿个。这种高效的扩增系统是令人难以置信的。DNA 片段的多样性基于麦克林托克转座子和彩色玉米粒所描述的“剪切—粘贴”系统，我们之前已经提到过（见第 7 章）。抗体的多样性确实与跳跃基因的进化有关，并由转座元件而来。转座子是病毒的远亲，其提供“剪切—粘贴”所需的酶，包括分子剪刀、用于切割的酶和转座酶。这里我必须为细心的读者提个醒：我们的免疫系统是由病毒产生的！

的确，在免疫系统中存在与病毒相同的酶。它们仅仅是名字不同，因为最初没有人意识到转座子、逆转录病毒和免疫系统之间的关系。

免疫系统不仅以病毒为靶点，而且以任何其他“外来”抗原为靶点。这个发育过程在数百万年的过程中得以进化。我们独特而复杂的免疫系统最终来自病毒元件。原则上说这很容易理解，病毒本身有助于抗病毒防御。毕竟，它们带着自己的一套基因进入一个细胞中，通常会阻止其他病毒同时进入细胞，直到它们完成复制。因为没有足够的细胞资源来生产多于一个感染细胞的病毒的大量后代。此外，逆转录病毒元件已经整合到宿主基因组中，它们是非常多变的，可以快速地突变。正在感染细胞的病毒在进入细胞之后会立即成为细胞的抗病毒免疫防御。在逆转录病毒的作用下，病毒从感染到抗病毒防御的间隙是很短暂的，因为病毒可以马上整合并成为细胞的一部分——这是一个简单的负面反馈机制。病毒的抗病毒防御作用并没有得到我们足够的认可。但这是从何时开始的呢？ 8亿年前？

在最好的情况下，抗体与病毒表面结合并中和病毒，使其不再感染宿主。已存在的中和疫苗包括针对天花、小儿麻痹症、麻疹、狂犬病和腮腺炎病毒的，并且在一定程度上针对流感病毒。针对 4 种埃博拉病毒毒株之一的疫苗最近也显示出了一些效果。大多数疫苗是在一开始没有任何病毒分子生物学知识的情况下生产的。用灭活的病毒注入人体内以激活免疫反应，这往往是成功的，但在艾滋病病毒面前却并非如此——它太容易变化了。专家级的分子生物学研究正在如火如荼地进行，这给了我们很大的期待。我们想要一种抗艾滋病病毒的疫苗，因为历史告诉我们，疫苗是抗击病毒感染的最佳手段。

如果产生记忆细胞，免疫应答可以持续终生。那时候，它们已经被预先设定好，不需要耗费时间进行基因重排（剪切和粘贴），并且可以立即扩增，因此在已知的抗原出现时能够快速反应。一方面，我们的免疫系统具有先天的、快速但非特异性的反应，另一方面具有缓慢的、高度特异的适应性免疫反应。快速、不精确的反应可能是较早出现的反应。只要我们处于健康状态，我们不会注意到任何事情。但是，如果免疫系统有缺陷，就像有免疫缺陷的“腺苷脱氨酶（ADA）缺陷儿童”一样，他们必须住在无菌的帐篷里，以免被微生物或病毒感染。此外，由于免疫防御对外来组织或细胞的排斥，器官移植可能会失败，因此器官移植接受者需要进行免疫抑制来接受新的器官。在HIV感染的情况下，病毒感染免疫细胞，而这些细胞对我们的免疫防御至关重要。T淋巴细胞在适应性免疫防御中起着最重要的作用，但正是这些细胞会被HIV破坏，导致免疫抑制和艾滋病。

对此我想在这里评论一下：我们的免疫系统与人们的决策过程有相似之处。所谓的本能，即我们做快速的、几乎没有反应时间的决定，用来应对那些危及生命的危险，引发应激反应。而相对来说，经过大脑的决定则是基于事实和评估“利弊和缺点”——这些更具体，需要更多的时间。我们的大脑里有记忆，就像免疫系统一样。这些相似之处对我而言是令人惊讶的。有一本书的书名就是《思考，快和慢》（丹尼尔·卡尼曼著）——当然，其中并没有提及免疫系统。但是，我从来没有听说过我们做决策时会有来自转座子的贡献。我们已经知道，长末端重复序列在我们脑细胞的胚胎发生期间跳跃并可能导致多样性。从这个角度来看，跳跃基因是否影响我们的决策呢？

沉默基因没有颜色

颜色让我们“看到”遗传效应，这是从格雷戈尔·门德尔开始的：他通过观察张开豆荚的豌豆的颜色来发现遗传原理，并从中推导出它的规律。芭芭拉·麦克林托克通过分析玉米的颜色检测到表观遗传原理。郁金香中的条纹表示病毒的存在和表观遗传效应。颜色是美好的，因为它们让我们用肉眼看到非常复杂的遗传学过程。这里有一个后续：病毒改变了宿主的颜色，然而宿主的抗病毒防御也导致了宿主颜色的变化。一个很好的例子就是在夏天装饰我们阳台的紫色矮牵牛花，往往表现出对称的白色图案。其中花白色的地方，即颜色已经消失。对称的白色图案表明颜色的消失一定发生在花头发育的早期。这种模式来自植物对病毒的防御。“无色”是指“无色基因表达”，表示色素基因已被关闭——科学家称之为“沉默”。这个词其实不合适，因为不是一个声音，而是一个颜色，是关闭的。沉默通过两种机制发生：转录基因沉默 TGS 和转录后基因沉默 PTGS——以两种方式发生沉默，但最终结果是相同的，即没有颜色，RNA 的转录被阻断或 RNA 被切割。起到沉默作用的是 siRNA，代表沉默子 RNA 或“小干扰 RNA”。这个名字让人想起上面提到的干扰素，非常准确，因为与其机制相关。如果 siRNA 击中颜色基因或颜色基因的启动子，则可以通过肉眼观察到沉默效应，即色彩的消失，但导致这个简单结果背后的分子机制却相当复杂。沉默效应可以在任何基因上发生，而颜色基因只是众多可能受影响的基因之一。进入的病毒也可以被沉默。英国的戴维·鲍尔库姆（David Baulcombe）描述了植物中的基因沉默，但植物遗传学是一个非常困难的课题，有很多事情我们都还不了解。麦克林托克也在她对玉米颜色的研究过程中体会到了这一点，当时没有人知道发生了什么。作为免疫防御的基因沉默在蠕虫秀丽隐杆线虫中被研究得很彻底，这导致在 2006 年没有鲍尔库姆提名的情况下，诺贝尔奖被授予了安德鲁·法厄（Andrew Z. Fire）和克雷格·梅洛。从那时起，基因的沉默已经成为人们在实验室中可以进行的最受欢迎和最具信息量的实验之一。每当想要证明一个基因的功能时，没有什么比敲除它——使其沉默更好的方式，即看看没有这个基因会发生什么，技术术语称为“功能丧失”。这现在已经成为每个实验室的标准程序，许多大学甚至设置合同制的基因敲除服务部门。也就是说，不需要考虑免疫系统和抗病毒防御，只需从公司订购具有指定序列的逆转录病毒即可产生所需的沉默 siRNA。然后可以使用病毒载体使那部分基因失去活性，看看会发生什么。其实“下调”是比较安全的说法，因为基因通常不会被彻底关闭。有时一个错误基因被所谓的“脱靶效应”灭活，这是另一类隐患。曾经有两个实验组使用被 HIV 感染的细胞进行敲除实验，并获得了非常不同的结果，所以这个方法还需要继续标准化和改进。

与此相关的一件有趣的事是，我们在托比·德尔布鲁克（Tobi Delbrück，马克斯·德尔布鲁克的儿子）在苏黎世的家中举行圣诞派对后，进行了一场沉默实验。同事们想知道是什么能让鸟儿唱歌，在我们具有生物安全级别的实验室里，我们准备了含有各种基因的 siRNA 病毒，影响人类说话能力的“FoxP2 样转录因子”就是其中之一。我们将会找出哪个基因阻止或允许鸟鸣。

秀丽隐杆线虫的基因沉默可以通过喂食它们 siRNA 来进行。线虫可以像食物一样吃掉沉默 siRNA。我们使用合成的 siRNA，并将其滴到培养皿上。在自然界中，线虫分泌沉默子 siRNA 作为抗病毒防御信号，警告群体中的其他线虫。许多线虫在土壤中繁殖，它们表现得几乎像个生物体一样，所以沉默 siRNA 在土壤中的扩散就足够了。这种分泌的信号类似于干扰素，它也会离开遇险的细胞并警告入侵者的邻近细胞。确实，干扰素系统和 siRNA 沉默系

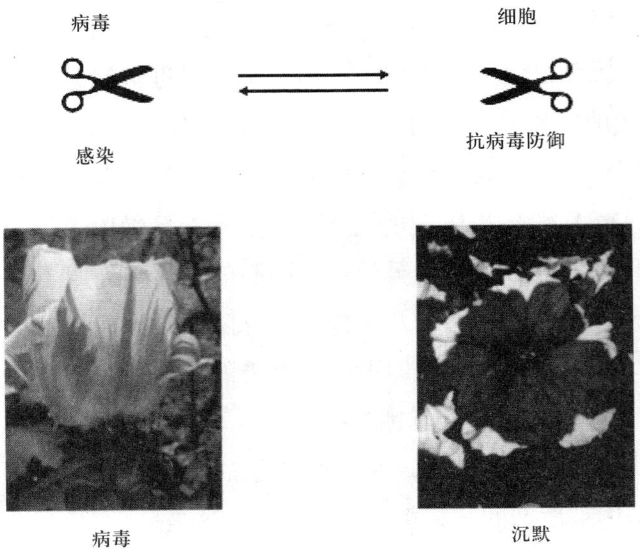

病毒和细胞使用同样的工具来对抗，比如病毒用分子剪刀来感染宿主（形成有条纹状颜色的郁金香），宿主细胞则用分子剪刀来沉默病毒（形成白色的花斑）

统在 RNA 世界和蛋白质世界中有一些相似之处，它们具有类似的机制！

分泌的 siRNA 存在于丝虫（蠕虫）、真菌、植物，甚至哺乳动物中，也是我们最初发现 siRNA 的地方。蠕虫是令人惊讶的，它让我们发现了抗病毒沉默子 siRNA，但在这些蠕虫中没有检测到病毒。它们的病毒是否永远"沉默"？那么蠕虫将是我们星球上唯一的没有病毒的生物系统。最近在法国，一个靠近巴黎的果园中发现了线虫病毒——奥赛（Orsay）病毒。然而，事实证明，这些蠕虫是一个实验室物种，免疫系统有缺陷，所以它们没有沉默的 siRNA 防御系统。只有这样，病毒才能进入蠕虫并复制。今天所有的病毒通常都不在其体内存在了，然而，在这些蠕虫的生殖细胞中存在转座病毒样元件，大约占总体的 12%，主要是 DNA 转座子。它们被认为是源于以前的感染，也就是说蠕虫以前一定遇到过并且整合过病毒，所以它们现在可能会把其他病毒排除在外。我不太相信“单一的例外”这个说法：蠕虫是地球上唯一没有病毒的物种？今天可能真的没有病毒能感染蠕虫，又或者我们只是不知道这些病毒而已，这需要一些研究。巴黎附近的果园是线虫的一个有趣的家园，因为它们在此吃腐烂的苹果成为嗜酒者。这是值得记住的，因为它会在本书后面章节中给读者带来很大的惊喜。

我的同事之一，来自莫斯科的亚历山大·马茨凯维奇（Alexander Matskevich）发现我们人类细胞中仍然具有弱的沉默 siRNA 系统。这是非常出乎意料的，因为我们有“更好”的免疫系统，如上所述：干扰素和免疫球蛋白。小“干扰”RNA、siRNA 几乎与“干扰素”同名，确实如此。siRNA 系统是存在，但是很弱势，被那些更强大的免疫系统的成分所掩盖了。（为了展示人类中的沉默 siRNA 系统，马茨凯维奇必须首先“沉默”强大的干扰素系统，从而使流感病毒复制达到 4 倍的效率。）

我们发表了这个惊喜的结果。然而时隔 8 年后，一位同事却发表了同样的结果，“心不在焉”地忽略了我们的结果，并寄希望于不被论文的审稿人发现。审稿人确实没有注意到。我想只有未来会告诉我们那些人还能逍遥多久。

我曾经注意到，不仅剪刀，而且整个工具包——由 12 个部分组成——在病毒和用于抗病毒防御的沉默系统之间是相同的。我在 2007 年的冷泉港研讨会上向詹姆斯·沃森提到过这个惊人的相似之处。他们刚刚在《自然》杂志的封面上发表了防御剪刀的结构，证明了病毒剪刀和抗病毒剪刀之间的相似性（如 RNase H 和 PIWI 蛋白）。沃森立即对我对病毒和抗病毒防御之间的相似之处的观察表示赞同。他看到了更深层的含义并不自觉地说：“提交一份手稿，我会和布鲁斯谈谈。”他指的是布鲁斯·斯蒂尔曼，是继沃森之后冷泉港实验室的负责人。的确，沃森在当天就和布鲁斯聊了，第二天早晨，布鲁斯就接受了我的手稿并将其纳入了著名的《研讨会卷》。多好！我的手稿从来没有被如此迅速地接受——通常在被接受之前的很长时间里就要先受到邀请。最有意思的是，我一个实验都没做，而只是做了一个比较。我当时甚至还没有写下手稿。

对于读者来说也很好——这让事情变得很容易：病毒和抗病毒防御密切相关。那么，谁从谁那里学到的？（我相信病毒是发明者。）有趣的是，我们不能从它们的基因序列中轻易推断出两对剪刀的关系，而是得从它们的结构来进行推断。这也不完全正确，因为由三种典型的保守氨基酸（D，D，E）形成的结构，在其他120个氨基酸中很难找到。至少，我们找不到它们，尽管搜寻了很久。因此，结构比序列更重要，这一点值得记住！类似的功能被称为“种间同源”。RNase H分子剪刀现在被确定为整个生物学中最常见的蛋白质折叠和结构域——这是来自伊利诺伊州的进化和生物信息学专家古斯塔沃最近的一个发现，让我很惊讶。RNase H是世界上最古老的一把分子剪刀！在对2015年“塔拉海洋采样”项目中众多物种的数据进行的最新分析中，包括从浮游生物中提取的数百万个序列里，发现RNase H和逆转录酶是最丰富的蛋白质——可能是因为逆转录病毒、逆转录转座子和抗病毒防御是无处不在的，即使是在海洋的浮游生物中。大家都很惊讶！如果要问沉默机制是如何工作的，我想说的是：一种新入侵的RNA，如果它遇到了与其相似的、之前感染的RNA，就会被分子剪刀识别和切割。感染和防御的工具箱是一样的，剪刀的结构是相同的，但具有不同的名称，比如病毒中的逆转录酶RNase H和用于防御的Argonaute蛋白（PAZ和PIWI）。剪刀存在于许多生物系统中：不仅在病毒中，而且在细菌中，在线粒体中，在人胚胎发育和人类遗传性疾病里。最近，研究人员发现了细菌 CRISPR/Cas9 抗病毒防御系统，其中 Cas9 是防御新噬菌体的剪刀。新发现的是与 PIWI 蛋白相互作用的 RNA 或简称为“piRNA”，其对后代遗传有影响（详见下文）。

总之，剪刀的名字很多。剪刀从哪里来？切割通常是非特异性的，RNase H 需要被引导到特定的位置，然后以高精度进行切割。它们几乎是真正的剪刀，因为它们切割真正的化学键。RNase H 最初只识别和切割与其相关的入侵者，但随着时间的推移，它们变得更为通用。一旦进入第一个入侵的病毒——剪刀在细胞内就开始具有活性。蛋白质剪刀可能是从具有切割功能的 RNA 进化而来的，从 RNA 到蛋白质，从核酶到 RNase H，从 RNA 剪刀到蛋白质剪刀——都有这种趋势。想想这个情景，我不得不退休了。有大约十多个分子剪刀存在，包括 RNase H 在内，由于历史原因，它们各有各的名字。我发现了逆转录病毒中的 RNase H，并研究了它几十年，它占据了我多年的思考时间，但我错过了所有其他的剪刀。

这是个多么令人尴尬和好笑的结论。这是专业化的结果，也是全职工作来满足日常需求为主导的结果——如果我要替自己辩解的话——几乎所有现有的分子剪刀都是比较新的发现。不管怎样，我怎么没有注意到它们呢？我本可以发现它们的——但我没有！

细菌中可遗传的免疫系统——那人类呢

细菌需要免疫系统吗？细菌会生病吗？怎么能识别生病的细菌？它们需要抗病毒防御吗？它们能保护自己吗？事实上，细菌并不能真的生病。但是它们携带的病毒有一个特殊的名字——噬菌体。噬菌体能诱发疾病吗？我不知道，但噬菌体可以做更多事。它们可以裂解细菌，并彻底摧毁它们。这种情况会在环境压力、高温、缺少食物或缺乏生存空间的情况下发生。细菌是否需要免疫系统来抵御病毒，也就是噬菌体？是的，的确如此：细菌需要反噬菌体防御系统，不是针对疾病，而是针对死亡！由于大多数噬菌体都含有 DNA，所以细菌需要抗病毒 DNA 防御，就像 RNA 病毒需要抗病毒 RNA 防御一样。

DNA 噬菌体被 DNA 机制排斥，同时对第一个噬菌体的防御也针对第二个相似的噬菌体。但这不是细胞造成的，而是病毒与其他具有竞争性的病毒做斗争所致，细胞从中获利。细胞内的每个噬菌体将通过其整合的 DNA 来保护细胞。这可能是出于一个简单的原因，即细胞的资源是有限的。每个细胞产生数百个子代的同种病毒就饱和了。同样的机制适用于所有的病毒系统。这也与抗 RNA 机制、沉默机制或针对其他 RNA 病毒的 siRNA 有关。病毒总是对此进行调节，而细胞只提供环境并从中获得利益。这是所有病毒和所有免疫系统的通用机制。所有细胞的免疫系统都是由病毒侵入细胞和对其他病毒的排斥所引起的。这些也都在我们身上发生，所以这非常重要！

以 DNA 为基础的细菌免疫系统被称为 CRISPR/Cas9，其中 CRISPR 是“定期间隔短回文重复”（Clustered Regularly Interspaced Short Palindromic Repeats）的英文首字母缩写。Cas9 是 CRISPR 相关酶 9 号，除此还有很多 CRISPR 相关的酶！这里只要记住“Crisp”（新的、新鲜的或松脆的）就好——因为诺贝尔奖得主克里斯蒂安·纽斯莱因－沃尔哈德都在她的幻灯片上写“CRISPER”，所以这就不能算一个拼写错误了，而是合理的！

CRISPR 系统类似于人类适应性免疫系统，具体用来识别入侵者。但它是可以遗传的，因此也可以被称为先天免疫系统——其实它两者都是！进入细菌的噬菌体的 DNA 是被打断的，其中被加入间隔序列并将片段整合到细菌的基因组中。如果第二个噬菌体进入，它将面对整合的先前噬菌体 DNA 的 RNA 转录物。如果是相同的，它将被 Cas 分子剪刀切成碎片。Cas 是一种略加修饰的核糖核酸酶 H（RNase H），专门用于切割 DNA 和 RNA 杂合体中的 DNA 而不是 RNA，因此它的功能类似杂合体特异性脱氧核糖核酸酶 H（DNase H）！这里的 H 表示“RNA—DNA 杂合体”。毕竟，入侵的病毒有 DNA 基因组，需要被摧毁，而在逆转录病毒存在的情况下，RNA 必须在其杂合体中被核糖核酸酶 H 破坏掉。

排列好的 DNA 噬菌体片段插入细菌基因组中，等待被激活作为抗病毒防御。再一次，一个病毒迫使另一个病毒留在细胞外面。因此，病毒和抗病毒防御是非常相似的——这些我们在本书前面关于逆转录病毒的讨论中已经描述过。细菌中对抗噬菌体的保护现象被称为“超感染排除”，有点类似于“禁止入内”。

令人惊讶的细菌免疫系统具有另一个意想不到的特性：它从一代遗传到下一代，并保护所有的细菌后代。这要归功于第一个噬菌体的 DNA 片段的整合。甚至许多代后，mRNA（信使 RNA）转录物还会有助于消除新感染的相关 DNA 噬菌体。

那么我们人类呢？在 2014 年达沃斯世界 RNA 大会上的公开讲座中，全体发言人赞扬 CRISPR/Cas9 系统是唯一可遗传的免疫系统。在人类中，母亲给新生儿一些抗体，在有限的时间内保护他们免受感染性物质的影响，作为一种启动性的帮助，但是很短暂。我们在出生之后的阶段逐渐发育出自己的免疫系统和免疫记忆。从入侵者那里拯救我们身体的那些细胞可以更长时间地用作记忆细胞，而且在重复感染的情况下，它们很快就会复苏和扩增——这被称为终身免疫。是的，但这一切只是为了一个人的一生，而不是为了其下一代。

为什么细菌比人类有更好的装备，即具有“可遗传的”免疫系统？这是非常令人惊讶的。也许这不是真的！我是在写本章的时候想到这一点的。我们也有一个可遗传的免疫系统：我们基因组中的内源性逆转录病毒可以作为抗病毒防御，正是因为它们迫使其他逆转录病毒在整个进化过程中停留在细胞外面，我们便不再关注到这一点。内源性病毒保护我们免受外源的病毒的侵害——但许多甚至全部已经随着时间消失，它们可能不再存在了。想想菲尼克斯（Phoenix），这个逆转录病毒是从十几个内源性的残缺凤凰状结构重建而来的。换句话说，一个传染性病毒是从化石祖先重建的。这对病毒和细胞是多么大的优势啊！病毒不能进入被感染的细胞——一个已经被占领的细胞，除非它发生变化——于是细胞被迫发明并且开发新的东西，避开先前的占有者，发生突变，比如细胞的表面受体进行突变从而产生新的病毒来与宿主之间相互作用，这也被称为“取向的改变”。总之，需要新的东西——病毒是将这个任务发挥到极致的最具创造性的实体！

也许这就是为什么在数亿年以后，这么多残留的病毒已经积累起来，并在今天占据了我们基因组的 50% 左右。它们组建了人类的基因组并且保护我们的细胞来对抗其他病毒。病毒为细胞提供了抗病毒防御——这是我最重要的观点之一。我们确实拥有一种和细菌一样好的可遗传的免疫系统。

逆转录病毒一定是非常有用的，可能现在仍然还是很有用。如果它们不再为任何目的而存在，就会退化。总之，我们基因组中的一切都与细菌基因组非常相似。细菌中的噬菌体 DNA 原病毒类似于真核生物，也是我们人体内的逆转录病毒 DNA 原病毒。它们两个都能整合并可遗传下去。它们甚至有相同的名字——DNA 原病毒。所以一切都说得通，人类也具有可遗传的免疫系统，这不是细菌的特权。

在有些情况下，这个理论可以被事实清楚地证明：内源性小鼠逆转录病毒迫使其他病毒留在小鼠体外，被称为“限制”，而不是“干扰”（这里涉及“原型逆转录病毒限制因子”FV-1）。防御基因起源于内源性逆转录病毒 ERV 的结构蛋白 Gag。这些发现大约在 40 年前发表，随后几乎被人们遗忘。病毒蛋白（而不是 RNA）阻止类似的病毒进入细胞。我们已经提到来自澳大利亚的考拉：它们内源化了一种危险的猴子逆转录病毒，这种病毒感染了它们的生殖细胞，从而保护下一代免受同样的病毒感染。这是其中一个证明，还可以举出更多例子，比如猴子逆转录病毒保护猴子避免感染猿类中的艾滋病。上面提到的一些古生物学家也在我们的基因组中检测到了玻那病毒（Borna virus）序列，其可以追溯到 5000 万年前。内源性玻那病毒的表达保护我们免受新的玻那病毒的感染。而没有内源性玻那病毒的马会感染这些病毒，并引发抑郁症。蝙蝠也携带许多内生病毒，而并不引发疾病——但它们一旦将病毒传播给人类，就会导致我们生病，因为我们缺乏相应的内源性病毒（内生病毒），所以会死于埃博拉病毒或艾滋病病毒感染。

我们也有一个可遗传的免疫系统，我们的内源性病毒是 HERVs、LINEs 或 SINEs（参见本书前面章节）。我们的遗传免疫系统遵循与细菌相同的原理。CRISPR 形式的噬菌体 DNA 原病毒积累在细菌和古细菌的基因组中。这些保护序列的数量可以根据防御噬菌体的需要而变化，并且也可以根据需要而丢失。相比较而言，人类基因组的 50% 与逆转录病毒序列有关。可能在这两种情况下，经过一段时间后我们都无法识别旧的病毒序列。外源性的病毒可能已经消失，在实验室条件下获得复活的凤凰病毒不再存在于自然界。因此，凤凰病毒的序列变得残废无用。现在我们明白了为什么在我们的基因组中有那么多的内源性逆转录病毒——它们曾经保护过我们。它们是我们的抗病毒防御，并迫使相关的病毒留在体外。这个谜团的答案是多么简单啊！也许很多年之后，它们会彻底丢失。

这是否证明病毒通过向细胞提供基因来“发明”细胞免疫系统？或者也可能是相反的，即病毒从细胞中“偷走”细胞的成分？许多病毒学教科书都倾向于后面这个观点，尽管有些人会这么认为，但我不相信。

所有免疫系统的相似程度是惊人的，即使乍一看，它们似乎很不同。在所有情况下，都是相同的原理在起作用：病毒通过相关分子剪刀导致抗病毒防御。这一观察总结了理解病毒作为进化驱动的突出角色的要点之一。只有这句话值得记住——请忘记所有的细节！细节是专家展开讨论时关注的，以便说服他们同意我论点的正确性——并用来提供事实。

模仿抗病毒防御的疗法：CRISPR/Cas9

如何找到一种新的抗病毒药物？人们可以尝试模仿大自然，通过使用其他核酸和分子剪刀来对抗某类核酸。目前学界已经提出了三种可能的治疗性核酸机制：反义 DNA、核酶和沉默子 RNA（siRNA）。在所有这三种情况下，治疗性核酸模仿了天然存在的抗病毒机制。这对药物设计者来说最初看起来非常鼓舞人心：大自然可以做什么，我们就可以自己复制和尝试。如果我们要飞，我们就模仿鸟。每当一种新的治疗方法被宣布，它就被当作一场革命来庆祝，伴随着热烈传播的新闻稿、创业公司的崛起和商业投资的狂欢。

有关治疗性核酸的药物开发不需要晶体结构或高通量药物筛选：可以通过书面上简单的序列比较来进行。唯一必须知道的是双螺旋的配对规则：A-T 和 G-C，或者在 RNA 存在的情况下，配对规则为：A-U 和 G-C。对于反义治疗，人们设计出一段单链 DNA 或 RNA 来针对需要灭活的危险基因。该基因的 mRNA 与设计的 DNA 形成局部杂合体，来激活分子剪刀 RNase H，切割 RNA。这终止了相应的蛋白质的生产。或者，对局部杂合体 mRNA 的阻断可终止蛋白质合成并停止核糖体产生。这也可抑制蛋白质的产生——包括病毒。

除反义治疗外，另一种让基因失活的方法基于针对 mRNA 的核酶。在这种情况下，RNA 本身就是进行切割的酶，不再需要分子剪刀 RNase H。核酶能与选定的序列结合并用其内源性剪刀进行切割。以这种方式对 RNA 的消除也可以在办公桌上来进行。我们可以在关键切割位点的每侧添加大约 7 个核苷酸作为“腿部”着陆靶向 mRNA，被切割位点携带的名称“GUN”也很有意义，代表核苷酸 G、U 和 N（N 代表 4 个核苷酸中的任意一个），作为被切割的三联体。这种方法被用来对抗典型的慢性粒细胞白血病致癌基因“Bcr-Abl RNA”。一种针对艾滋病病毒的类似核酶，结合其他方法，也正在加利福尼亚州“希望之城”进行临床试验，这是一个具有建设性意义的地名。

沉默基因的第 3 种方法是使用 siRNA，它由长约 20 个核苷酸的短双链 RNA 组成。它被分成单链，其中一个结合到选定的目标 RNA，然后激活分子剪刀切割不需要的 RNA。

这 3 种方法最初都对治疗产生了很大的希望。但在今天成就了什么？有关反义治疗、核酶和 siRNA 机制的研究数据很多，但没有一个单一的药物作用机制被开发，也自然不会有突破性的药物。它们都遭受同样的难题：如何将治疗性核酸引导到肿瘤细胞、脑，以及器官中的目标切割位点。大自然已经制定了一个很好的程序来实现这个——病毒！对，结论就是这个，那我们就来尝试合成或修饰病毒、脂质体、纳米颗粒或“消退的”病毒。这整个研究领域称为仿生学，来源于复制自然，人们可以利用病毒的模块化特性，组合最有价值的病毒组件。发表此类文章的作者们称它为“所有病毒世界中最好的”，它结合了来自十几种不同病毒的基因。然而，虽然在实验室里玩得很开心，但是一次又一次出现了并不理想的治疗效果。我所知道的唯一的这种类型的药物，是针对疱疹病毒的反义治疗剂，即对眼部巨细胞病毒感染的治疗。滴眼液必须由患者作为载体使用，而不是由病毒或纳米粒子作为载体！反义 DNA 首先由“反义之父”保罗·赞梅尼克（Paul Zamecnik）描述。后来人们才认识到，病毒和细菌也将其作为调控方法。这使得这种方法对药物设计更具吸引力，因为是大自然所设计的，我们可以相应地在此基础之上进行改进。比如对疱疹病毒来说，使用反义核酸可将病毒保持在潜伏状态。另外，利用对噬菌体 P1 的免疫维护来对抗超级感染也是基于这个原理。这是柏林马克斯·普朗克研究所的海因茨·舒斯特实验室进行的开拓性工作。我记得在 1994 年，人们开始寻找噬菌体 P1 免疫的一种阻遏蛋白，却意外发现了一种核酸——这个结果发表在《细胞》杂志上。

一种新的可能性已经出现，以开发新的技术敲除基因。基因完全性失活，也就是“功能丧失”，能让我们找出该基因的任务是什么。世界上没有一个实验室不使用这种反义技术来了解代谢途径、疾病或癌症。它不仅可以在细胞培养中，也可以在动物中实践，尽管还不能在人类中进行。这个技术还可以做什么？可以用来辅助好的科学研究来对目标基因进行鉴定和“验证”——确认其基本作用。我们还可以用一段DNA来灭活艾滋病病毒，这是一种“沉默子DNA”，而不是沉默子RNA——一种发夹结构的DNA可以靶向病毒颗粒中RNA的保守区域，并激活分子剪刀，导致HIV“自杀”。我们在2006年的冷泉港研讨会上将其命名为“沉默子DNA”，即“siDNA”。也许它可以帮助女性保护自己，作为抗艾滋病病毒感染的阴道杀微生物剂——一种遥远且昂贵的疗法。

现在有一种新技术，也就是第4种治疗性核酸，来源于细菌的免疫系统。整个世界都为之雀跃！

细菌通过将噬菌体DNA整合到基因组中，来保留感染的噬菌体。如果另一个相似的噬菌体进入细菌，会被第一个噬菌体DNA转录出的RNA所识别，从而切割破坏新的噬菌体。该系统被称为CRISPR/Cas9，其中Cas9是分子剪刀，即执行切割的核酸酶，前面已经讲过。研究人员通过将核酸酶与RNA结合来模拟这种免疫反应。这里RNA被称为“向导RNA”，具有两个功能：一个是通过序列同源性找到切割位点，另一个是引入遗传变化的信息。此外，RNA有一个钩子，用来挂在核酸酶上。引入的遗传变化被描述为“编辑”。《纽约时报》发表了《编辑DNA》的一篇文章。请记住，“编辑”是计算机上的一个指令，意思是“更改”。靶标DNA与向导RNA一起形成RNA—DNA杂合体，由此通过分子剪刀Cas9切割DNA。它可以切掉DNA的一个区域，其两端将被细胞连接起来，或者细胞复制向导RNA的序列进行编辑。与其他DNA修饰技术相比，CRISPR可用于改变特定基因，而无须引入外源DNA，无须“重组”。这是一个很大的优势。另外，目前还没有针对它的法律或限制。这是2013年底《自然与科学》杂志评选的“十大突破”之一。有记者立即进行了展望：删除基因，编辑（改变）病毒，找出遗传缺陷，治愈疾病——修改我们星球上所有可以想到的系统，包括人类。任何在活细胞或动物个体中对 DNA 所期望的修饰都是可能的。实际上，我们也可以同时进行多重改变：只要将长序列 RNA 上所需的序列变化组合起来，细胞就可以复制它。市场上可买到的使这个过程尽可能简单的试剂盒几乎每天都会售出许多。一些生物公司还提供将复合体转运入细胞的病毒。目前我每天都能收到与此有关的好几封电子邮件！我曾经看到过多达 62 次的编辑，使整个猪“人源化”，让备用的心脏或其他器官可以移植到患者体内而不引发免疫排斥反应。任何学生都可以使用这种方法，改变细胞和胚胎的基因组以创造转基因动物——现在几乎不需要花费什么时间，过去需要博士生 3 年的努力工作，即便这样也并不总是能成功。现在只需要 3 个星期。

编辑是生物学中的一个普遍现象，而不是由谷歌发明的。古生物也存在同样的机制。非洲锥虫也表现出广泛的编辑和遗传变异，人类胚胎的脑中的编辑比猴子多 35 倍，所以这是一个自然机制。这带来一个应用，我们能否再次使耐多种药物的细菌对抗生素敏感？这是全球最紧迫的需求之一。美国波士顿麻省理工学院的合成生物学家卢冠达正在尝试通过用噬菌体感染细菌进行编辑，使其再次对抗生素敏感。特别是对于“生物膜片”，由代谢不太活跃的细菌层组成，是编辑噬菌体的靶点。使用 CRISPR/Cas9 技术进行编辑是最新的核酸研究方法，这种热情也感染了我。它的创新之处在于这种方法的快速和简单性。Cas 型剪刀有 20 种，具有不同的特性——有的甚至可以剪切单链 RNA。但是我们该如何使用它们？

一些科学家担心这种方法可能会被滥用 。“设计师婴儿”已经在新闻界被高调宣布！ 但事实上，尽管中国的研究人员在 2015 年初修改了人类胚胎的基因——然而胚胎并没有生存下来。但是，人们可以想象用真人胚胎进行实验的可能性。2015 年初，麻省理工学院发表了一篇题为《完美婴儿工程》的文章。一个 1 岁的孩子接受了治疗，使本应该被排斥的器官移植体被接受。但这个方法不是百分之百精确的，具有所谓的“脱靶”效应，可能会导致副作用和编辑错误基因。这个难题必须克服——所有的核酸都具有这个典型的问题，并非微不足道。2016 年初，英国当局批准在实验室中对人类胚胎大约一周的使用（从 4 细胞阶段到 256 细胞阶段）——为了应用 CRISPR 技术，并在早期胚胎发育过程中测试某些基因的作用，然而在此之后细胞必须被丢弃。在小鼠中，通过切除具有遗传缺陷的区域能够治愈杜兴氏肌肉营养不良症（一种发生在男孩身上的肌肉遗传病）。道德委员会正在准备评估该技术。对科学家自我约束的要求以前也有过——如与重组 DNA 相关的技术。由于害怕出现生物危害，对科学家自我约束的要求于 1975 年在著名的阿西洛马会议上被接受。2015 年底，人类基因编辑国际峰会的一个委员会宣布，新的编辑技术不应该被用来修改怀孕的人类胚胎。来自加州理工学院的大卫·巴尔的摩（David Baltimore）主持了峰会，他说：“科学家们一定要谨慎，因为一旦你做了基因组改变，就无法回头。”——有些人觉得这个陈述不够强硬。每年有 800 万儿童出生时带有遗传缺陷，他们需要基因编辑修改吗？如果需要，又该在何时何地进行？

我非常惊讶地发现，在科学家宣布自我约束的两种情况下，这些方法都是基于细菌免疫系统的：细菌防御系统“限制性核酸内切酶”的使用首先是被瑞士的沃纳·亚伯（Werner Arber）发现的，也就是重组 DNA 技术的基础。现在则是免疫系统 CRISPR/Cas9。细菌同时采用这两种防御系统对抗噬菌体。我们感到兴奋，但同时也被困扰。亚伯在 1978 年获得诺贝尔奖，下一个将是谁?

两位年轻女士以惊人的速度推动着这项技术，两人都已经进入下一个诺贝尔奖的候选人名单。其中之一是埃马纽埃尔·卡彭蒂耶（Emmanuelle Charpentier），她被任命为柏林新马克斯·普朗克研究所的所长。沃森希望更多地了解她，她让人印象深刻，也让人有点好奇！另一个是加利福尼亚大学伯克利分校的詹妮弗·杜德。来自苏黎世的第三个年轻人马丁·金尼克（Martin Jinek）解析了 Cas9 的晶体结构。这种酶是 RNase H 的一种变体——它以杂交体的形式切割 DNA，所以它应该被称为 DNase H。此外，麻省理工学院的张锋（Feng Zhang）正在推动各种应用并促进了该技术的发展。私底下，一场在伯克利和麻省理工之间的专利之争正在进行，前者先申请了专利，而后者虽然晚了些但是其专利涉及了更多的应用。不幸的是，这里面涉及很多钱。拜耳（Bayer）公司投资 3 亿欧元用于 3 种疾病的治疗——血液疾病、失明和先天性心脏病。还有 3 家大公司参与其中，更多的投资将随之而来。60 万个研究小组开始使用这项技术——事实上，该项技术能被所有人应用。值得注意的是，这种方法可在不引入外来生物体的 DNA 的情况下突变（编辑）或灭活特定的基因。目前，以这种方式进行编辑的生物体并没有受到对转基因生物（GMOs）施加的法律上的限制。复制但不重组的基因将不那么危险。不过，监管部门对其潜在影响的讨论已经开始——这个故事会继续！

从马蹄蟹和蠕虫进行免疫接种

有一种看起来很古老的动物，可以在长岛的海滩和密西西比三角洲找到它们，这就是马蹄蟹。它们的名字来源于有三只眼睛长在一个马蹄形的外壳上。它们的另一个名字——箭尾螃蟹，源于它们也有一个像箭头一样长而细的尾巴。马蹄蟹没有免疫系统，它们是如何生存了那么久的呢？这些动物有着蓝色的血液而不是红色的，那是因为它们含有血蓝蛋白而不是血红蛋白，血液中含有铜而不是铁。铜对微生物有毒。这就是为什么在早期，细胞的培养箱是由铜制成的，因为它具有抗菌作用——这是罗伯特·科赫时代的遗留物。我仍然记得与他的团队合作的时光。如果人类缺失免疫系统，如ADA儿童的情况，他们有患上危及生命的疾病的风险，必须在无菌帐篷中被隔离。无脊椎动物和昆虫也可以逃避蓝血的抗菌性得以生存。我曾经把螃蟹壳拿回家，把它弄干，想把它当作活化石，直到有一天它开始降解，所以不得不把它处置掉。马蹄蟹真的没有逆转录酶，没有siRNA，没有CRISPR，没有ERVs，没有IgG吗？所有这些免疫系统能被血液中的铜所取代吗？并这样生存了5亿年？——令人惊讶！

人们可以怎样来改善马蹄蟹的免疫系统？吃蠕虫！这听起来不太吸引人。我们可以用更科学的方式描述它，并将蠕虫描述为肠虫，所谓的“肠虫治疗”就是吃蠕虫的意思。如今过敏症正在上升，就是因为我们的免疫系统不够忙于应对外来的威胁。它感到无聊，并寻找其他的选择——不幸的是包括自身的抗原。这导致过敏和自身免疫性疾病发生。在现代工业化的生活环境中，这种现象非常普遍，人们不会经常接触到寄生虫或其他传染性病菌，因此缺乏足够的免疫系统刺激。农民的孩子成了城市里的居民，他们用真空吸尘器而不是整日与牛粪打交道。在自身免疫性疾病中，免疫反应针对“自身”而不是“外来”，即针对有机体自身的部分而不是外来入侵者。据一个统计资料，瑞士的儿童生长在最干净的条件下——也许是世界上最清洁的地方。所以瑞士免疫学家罗夫·辛克纳吉在流行报《一瞥》(*Blick*)的一篇文章中宣称，蠕虫疗法是对抗自身免疫性疾病的一种选择。他并不是第一个提出这个想法的人。多年前，一位来自美国的肠虫“倡导者”在互联网上提供蠕虫卵作为治疗过敏反应的药物，但美国食品药品监督管理局（FDA）没有批准这一做法。于是他移居英国，继续提供相关的治疗。甚至连《自然》杂志也为这个话题发了一篇题为《患有炎症性肠病（IBD）的患者饮用含有数千个虫卵的饮料》的文章。虫卵被运送到肠道，幼虫被释放，发展成真正的蠕虫。幸运的是，它们很小，所以我们认不出它们，因为没有人愿意想起儿童粪便中的小白虫。治疗所用的蠕虫来源于猪蠕虫，所以在人类肠道里最多 8 周就会死亡。一位在美国塔夫茨大学工作的医生乔尔·温斯托克（Joel V. Weinstock）把我们的免疫系统描述为“失业”，即没有工作。如果免疫系统开始对抗蠕虫，它就会从自身免疫反应中分散精力。温斯托克用蠕虫治疗患有慢性疾病的病人，如克罗恩病、溃疡性结肠炎、Ⅰ型糖尿病、牛皮癣，以及多发性硬化症和食物过敏。在德国的弗莱堡，330 名患者正在进行这种蠕虫疗法的临床试验。人们的积极性是很高的，不需要被劝说来加入这个项目。

这个试验所用蠕虫的名字是猪鞭虫（Trichuris suis）。或许被治疗者应该按照一定的时间表反复吞下虫卵，以更持久地抑制自身免疫。这些试验也在纽约西奈山医学院被启动。“卫生学假说”假设接受蠕虫治疗的多发性硬化症患者比接受对照治疗的患者疾病进展得缓慢。在今天，粘有线虫（蠕虫）幼虫的膏贴被贴在皮肤上，幼虫钻进皮肤，最后进入肠道。这种疗法既便宜又简单，但目前还没有关于这种治疗可能产生某些感染后果的数据资料。这又会对非洲的大型反蠕虫运动有什么影响呢？在那里，学龄儿童得到治疗来摆脱蠕虫，这也显著提高了他们的生活质量，并增加了他们在学校的学习能力。即使没有虫子，非洲的儿童可能也不会得自身免疫性疾病，因为他们充分暴露于寄生虫或“污垢”之中，这使得他们的免疫系统一直保持忙碌。蠕虫的另一个作用是用于治疗难以痊愈的深度疮伤，例如通常位于胫骨、由于血管软弱无法治愈的小腿溃疡，或由于长期不动因皮肤受压而引起的压疮（比如褥疮）。蠕虫将以感染的微生物为食，并“清理它们”。这种方法已经在一些大学的医院中应用于需要住院治疗的病人。最近，噬菌体也在被讨论作为通过破坏细菌感染来精确治愈这些病变的可能手段。

弗里曼·戴森这样受过良好教育的科学家曾经告诉我，他早先患有慢性关节炎。后来，他在华沙被一条狗咬伤——这使得关节炎消失了。他预言，有一天我们将了解这种不寻常的治疗机制。咬伤可能激活了他的免疫系统，并将其重新导向伤口中狗的微生物，从而使他远离自身免疫性关节炎困扰。有些人宣传孩子应该和狗一起长大，或者至少在农舍里和动物一起度假——来培训孩子们的免疫系统。

戴森还提到了他在加利福尼亚州拉霍亚的家庭医生。这个医生注意到，美国与墨西哥边界墨西哥一侧的孩子体内有钩虫，但没有过敏，而美国边界加利福尼亚州这边的孩子有过敏现象，但没有钩虫。看来，小小的蠕虫就能起到这样的作用！

甚至病毒也已被用作“病毒疗法”很多年。用灭活病毒进行接种已经显示出非特异性免疫刺激作用。在一个案例中，一名患者接受狂犬病疫苗接种后，体内的肿瘤消失了。在另一个案例中，接种天花疫苗后男孩的白血病好转了。然而这些只是病例报告，并没有系统地被跟进研究。蠕虫疗法是否对未来具有潜力，或者研究人员是否对此有长期的兴趣，我们只能拭目以待。不管怎样，总有一天会有更好的疗法出现。

过度讲卫生会让我们生病吗？一次在火车上，我碰巧遇到孟加拉国的一位教授和他的家人。那是 2013 年的春天，易北河达到了非常高的水位，淹没了周边的沼泽地。他提到，在孟加拉国，孩子们在河里游泳，吞下脏水却不生病。他解释说，清洁的水反倒使我们感到不适，这与我们所想的相反。在成年人中可以观察到这种现象，因为他们不再用脏水训练自己的免疫系统并因此而生病。污水中约有 5 万种病毒（主要是噬菌体），其他类型的病毒约 250 种，其中 17 种会引起已知的疾病如脊髓灰质炎。在印度的圣城贝纳雷斯（或称瓦拉纳西），我曾经观察到朝圣者如何使用铜制的特制小礼盒，里面装满了恒河的水——用来漱口。这在当时看起来很可怕，因为那水太脏了。但是我不用担心——他们正在自我免疫！几十年前，恒河中的一些噬菌体被描述为具有抗菌功效。恒河的“圣水”应该有助于预防霍乱和麻风病。也许他们使用铜罐进一步提高了抗菌效率，我带了一个特制小礼盒回家作为纪念。今天人们认识到，过度讲卫生可能是过敏和慢性肠道疾病的诱因——也可能是患哮喘和自闭症的原因？让他们尝试下虫卵吧！然而，孟加拉国的儿童仍然感染了脊髓灰质炎病毒。所以仅凭河水不足以完全预防疾病。近来，人们开始从一个迥然不同的角度看待病原体与宿主防御之间的相互作用：如果一只老鼠没有微生物——包括肠道微生物，那么它就会发育出一个弱小的免疫系统。肠道微生物是一个强大的免疫系统的先决条件。这一发现是人类微生物组计划（HMP）的成果之一。人在一出生时就已经建立了良好的微生物组和免疫系统。早在 2016 年就证明，在中国大约 90% 的孕妇在分娩中使用的剖宫产，可能会在新生儿 40 岁左右的时候导致过敏和关节炎。新生儿必须接受由母亲的产道灌洗回收的正常肠道微生物的治疗作为保护手段——一个新生儿的微生物淋浴！关于前4名接受此治疗的儿童的病例报告出现在2016年初。另外，早产的新生婴儿最容易感染医院病菌。我们研究了其中一些感染多重耐药菌的人，他们会在不久的将来接受来自母亲体内的微生物组的治疗。

针对癌症的最新疗法越来越多地基于免疫疗法，因此首先得使肿瘤细胞具有免疫原性，从而使免疫系统识别并消除它们。细胞用于摆脱免疫监视的信号被称为“不要碰我”，或者更科学地说叫PD-1（程序性细胞死亡蛋白1），几十年前由斯坦福大学的厄文·韦斯曼发现。直到最近，他才荣获瑞士慷慨赐予的奖项“布鲁巴奖”。PD-1需要被其抗体阻断——然后免疫系统就可以摧毁肿瘤细胞。我们希望这招好用！

病毒和心态

我不止一次提到施加于细菌和噬菌体的压力。对它们来说，压力是由缺乏空间、缺乏食物供应或极端温度引起的。对于老鼠来说，压力来自每天更换笼子多次，或者塞给它们新的伴侣。这与失去家园、工作或伴侣的人差不多——这也是人类最厉害的3个压力诱因。在细菌中，压力激活因子，使阻遏物在细菌DNA上的位置被替换，噬菌体DNA从细菌宿主的基因组被释放，从而让细菌进入裂解阶段。在人类中，压力激活了与癌细胞有关的信号激酶级联。它们也激活压力反应基因或终止细胞分裂。另外，人类压力与细菌应激相似，也会激活疱疹病毒。这些都是了不起的“心理传感器”。它们可以被很多东西激活，比如悲伤、工作中的太多任务、一份太辛苦的工作、考试、牙医看诊、缺乏睡眠，还有时是荷尔蒙，有时甚至是过多的阳光。然后疱疹病毒就“爬出”它们的壁龛并导致疱疹，它们也因此得名：疱疹病毒长期存在于脊髓和神经节中，并一直待在那里，即使我们并没有注意到它们的存在。它们可以持续存在数十年不被人注意。在基督徒洗礼仪式中，人们经常在不知不觉中通过亲吻将疱疹病毒带给他们的宝宝。我们中有 90% 的人带有疱疹病毒，在压力条件下，病毒离开其位于脊髓的藏身之处，并通过神经迁移到外周，如嘴唇，并以巨大的病毒数量导致皮肤损伤，增强其传染性。这些病变损伤也被称为冷疮，因为冷（或伴有感冒的发烧）是免疫系统压力的一种。它们往往是经常性的，反反复复，永远不会消失，人一旦感染疱疹就永远感染疱疹。其他疾病如带状疱疹，由水痘带状疱疹病毒引起，也是疱疹病毒感染。这可能是一个更严重的警告信号，指向其他严重的疾病，如肿瘤。如果病毒到达脑部，可能会导致脑炎并威胁生命。一项研究表明，如果患有乳腺癌的女性拥有一个积极向上的家庭、朋友和友好的环境，她们有更大的生存机会。心理效应确实可以有这么大的影响。免疫系统是最难以置信的传感器。即使我们只是遇到一些让我们厌恶的东西，疱疹病毒也会被激活——这使我觉得最惊讶。疱疹病毒是我们最敏感的心理问题的探测器。也许其他病毒和疾病也是如此，但我们目前还没有诸如此类的发现。

第 10 章
病毒和噬菌体利于我们生存吗

被遗忘的噬菌体

应用噬菌体而不是抗生素去杀死细菌是费利克斯·代列尔在 1916 年引入的——没错，早在 100 多年前！然而，他却不太幸运，因为仅在 12 年以后（1928 年），亚历山大·弗莱明（Alexander Fleming）发现了抗生素盘尼西林，使代列尔的计划和希望落空。抗生素更容易掌控，它们能够不带有特异性地对抗多种细菌并且更有效。在治疗中，抗生素远胜噬菌体。因此作为杀死细菌的一种手段，噬菌体疗法在它被成功使用前就被人们遗忘了。这对于在发现噬菌体的时候就立即意识到噬菌体的这种应用，并证实该应用有效的代列尔而言，是个巨大的遗憾。尽管被挫败感所累，但是在其足迹所至的很多国家里，代列尔成功地运用噬菌体治疗了当地的流行病，比如印度的霍乱。与乔治·埃利亚瓦（George Eliava）一起，他们在格鲁吉亚的梯弗里斯（今第比利斯）成立了至今仍在运转的噬菌体研究所。

正是这个渊源，使得东欧和俄罗斯成为噬菌体疗法的领先者。

在俄罗斯，人们可以在药店买到作为非处方药品出售的噬菌体。不过，我在那里并没有成功买到，但只是因为我不会讲俄语而且没有翻译帮助。至今，有上百万人接受了噬菌体疗法。有人质疑说，噬菌体不会造成伤害，但它们真能治病吗？我们经常看到病例报告发表出来，但缺少对照组。因此，美国卫生领域的权威机构（美国食品药品监督管理局）拒绝批准这些疗法，因为质量控制的标准尚未落实。一种被批准的药物必须要经过副作用检测，必须在动物中进行毒性研究，药物原材料必须能够被保留下来并进行重复测试。我们知道，细菌变化得很快，并且能形成准种和种群。因此，噬菌体疗法并不是微不足道的。

2010 年，在法国巴黎巴斯德研究所举办的关于噬菌体的国际会议期间，一名观众起身并告诉与会者，3 批来自格鲁吉亚的噬菌体治好了他的皮肤病。在这之前，医生们对他的病束手无策。美国卫生官员在下一期会议召开时对这种治疗表示明确反对——但至少这次他们来到了会场，这耐人寻味。类似的病例报告从来不被业界轻易接受，听起来也并不科学。然而，人们还是要关注它们。在 1939 年苏联与芬兰的冬季战争中，战地医院使用噬菌体混合物成功避免了伤员们感染炭疽杆菌，使他们免遭截肢或死亡的厄运。当时，混合好的噬菌体直接被滴入伤口——局部治疗仍然是最简单和最有效的疗法。这样的成功使噬菌体疗法获得了良好的声誉。用哪种噬菌体，以及怎样、何时使用噬菌体才是问题。对于这个问题代列尔早就知道。代列尔的对手们无法重复他的实验结果，因为他们用了不同的或者不合适的噬菌体，所以代列尔早期曾建议使用噬菌体混合物，来增加使用正确的噬菌体的概率从而消灭细菌。

在波兰，人们正在用噬菌体治疗前列腺感染。治疗结果并不十分理想，细节也尚未被明确报道。在 2012 年，157 名患者中有

40% 被描述为对噬菌体疗法有成功的响应。后来，连瑞士的雀巢公司也开展了对噬菌体的研究。雀巢为什么要研究噬菌体呢？也许是因为噬菌体可以杀菌并净化水源？或者治疗腹泻？雀巢公司在孟加拉国和瑞士用著名的实验室噬菌体菌株 T4 来治疗儿童腹泻。瑞士儿童实验组显示出更好的结果，可能是因为与瑞士儿童相比，孟加拉国儿童携带更多不同的细菌种类，以至于在治疗中使用一种噬菌体是不够的。出人意料的是，孟加拉国儿童的腹泻并不是由预想中的典型的大肠杆菌菌株 T4 引起。

2014 年夏天，《自然》杂志的头版字眼引起了人们的关注：噬菌体治疗得到振兴。另外一个标题具有彻头彻尾的煽动性：噬菌体的时代——是时候再次用病毒来杀死细菌了。注意这里的“再次”！看来我们正在加快速度，太棒了！噬菌体疗法在哪儿会有用武之地呢？最合适的应用就在皮肤表面。烧伤是噬菌体疗法的首选。最近用噬菌体治疗人类细菌感染的国际联合会刚刚成立，该机构在财政上得到了欧洲第七框架计划的支持，推动感染了大肠杆菌和绿脓假单胞菌的烧伤伤口用噬菌体悬浮液进行治疗。

此外，给人留下深刻印象的噬菌体成功治疗糖尿病脚的病例已被报道。糖尿病脚是肥胖和糖尿病引起的并发症，这种情况影响或威胁到美国约 600 万和全球范围内的 6 亿成年人。在 2015 年苏黎世的一次学术会议上，与会者描述了糖尿病脚在用噬菌体鸡尾酒疗法治疗前后的状况：糖尿病脚在几个星期内被治愈，噬菌体疗法避免了截肢，有疗效可观的照片为证。没有其他治疗方法可以替代，根据溃疡的深度（可以一直到达骨骼）能够判断出有多种细菌菌株活跃在患处，因此鸡尾酒中需要添加多种噬菌体。这是多么成功的案例啊！很难痊愈的下肢溃疡、静脉溃疡，也已经被广谱的噬菌体鸡尾酒有效治疗。这些成功的例子正是人们不懈努力的动力。同样，养老院那些受到难以痊愈的压疮（褥疮）威胁，又缺少活动的老年人，也会受益于噬菌体疗法。慢性中耳感染和囊肿性纤维化带来的肺部细菌感染也是重要的噬菌体靶标。一些外科医生在缝合伤口时会用噬菌体处理伤口，以及手术缝合线，以避免细菌造成的院内感染。人们迫切需要能够对付耐甲氧西林的金黄色葡萄球菌（MRSA）的噬菌体。在德国，报道称约 60 万例的 MRSA 感染者中有 15000 例死亡。这一定是低估了实际上高于 40000 例的死亡人数，死亡人数甚至可能达到 60000 例。此外，还有由其他具有耐药性的微生物比如超广谱 β-内酰胺酶（ESBL）细菌或者万古霉素耐药性肠球菌（VRE）导致的病例。在印度感染 ESBL 细菌的游客中，50% 以上是在两周之内感染的，然而细菌在游客返回家中很快就消失了——至少在健康人中是这样。在世界范围内，上百万人死于耐药性细菌的感染。2015 年在德国举办的 G7 峰会将 MRSA 细菌列为需要卫生系统采取行动的优先名单中的首位，包括减少在任何动物中使用抗生素。连西班牙国王替换髋关节的手术也伴有 MRSA 细菌感染。为此他不得不进行多次手术——最终放弃治疗（出于其他原因）。这个问题并不是找最好的医生就能解决的，因为西班牙国王很可能已经找了最好的医生。

在一些国家，比如荷兰和挪威，病人、医护人员、公司雇员以及学生在进入医院之前需要提供 MRSA 感染为阴性的证明。如果是阳性，他们将会被送回家并被告知怎样进行细菌感染的清理。在斯堪的纳维亚，急诊病人将会被分开处理，直到病人被证明 MRSA 感染成阴性。这种惯例在德国并没有听说过。

在我紧靠波罗的海的家乡就有一位邻居，腹主动脉瘤破裂并伴有很难控制和治愈的细菌感染。还有德国诺贝尔生理学或医学奖获得者费奥多尔·吕嫩（Feodor Lynen），死于由细菌感染引发的腹主动脉瘤并发症。噬菌体疗法对此会有帮助吗？如果人们不能亲自去位于第比利斯的埃利亚瓦研究所，根据研究所网站提供的信息，人们仍然可以寄去一份拭子并从那里订购噬菌体鸡尾酒，对此我也打电话确认过。然而我被告知，这个过程需要花些时间，因为他们需要培养拭子上的细菌，测试细菌们对多种噬菌体的敏感性，并找到最合适的一种噬菌体。对于病人来说，这个等待太长了。噬菌体能够到达隐秘处并消灭隐藏起来的细菌，同时噬菌体在周围有细菌的环境中生长得更好。现在，连苏黎世大学的医学微生物研究所也在参与噬菌体疗法的一些科学研究，并开始与埃利亚瓦研究所合作。欧盟最近资助了第比利斯的一个安全实验室，以保证更好的噬菌体生产质量控制。这样看来，事情开始有了进展。这就是个体化医学，当没有细菌时，这种疗法是有自身限制性的。有人嗤之以鼻地认为它是“替代医学”——让我们拭目以待吧。我预见，使用噬菌体来杀死医院里的抗性细菌污染物将会获得巨大的成功。用噬菌体喷雾剂来清理手术室对我来说似乎是可行的。然而，医生和我的同事们对此是悲观的，对哪些噬菌体可以被使用以及如何知道哪些噬菌体可以适应需求提出质疑。人们需要多种噬菌体的混合物，并期待其中的一些可以适应需求，正如代列尔早在 100 多年前就知道的那样。对于噬菌体不适用于商业运作有一种观点，因为噬菌体众所周知，所以不能获得专利。但是噬菌体混合物可以申请专利——为什么不能呢？有些公司，如美国的英拓利蒂克斯公司（Intralytix），正在开发针对某种细菌的噬菌体，比如李斯特菌（对于一种瑞士奶酪来说是危害，对于其他食品也同样），以及沙门氏菌和一种危险的大肠杆菌菌株（E.coli 0157）。在印度，甘加良公司（GangaGen）尝试对付危险的细菌，通过噬菌体“StaphTame”来消灭定植在鼻腔中的金黄色葡萄球菌。2012 年由欧洲分子生物学组织和比利时军方支持的学术会议在比利时的军营举行。这样的主办方组合和地点，我以前从没见过。但这两方面都很合理：军方是第一个也是很重要的受益者，有人一定记得在 1939 年被治愈的那些士兵。组织者将 5 天会议中的一整天用于噬菌体疗法的汇报。一位牙医曾经提到过，他尝试用噬菌体来防止植入物发生细菌感染，这些感染会引发非常危险的并发症，比如艰难梭菌感染是牙科治疗中的副作用并可致死。

很多人都赞成使用噬菌体：它们是自给自足的（细菌越多，就会产生越多的噬菌体杀死它们），它们是自限性的（当没有细菌时，噬菌体会死光）。这非常特别！最后，但并非最不重要的一点是：噬菌体疗法价格低廉——对于发展中国家来说是一大优势。最合适的治疗标的是潮湿的开放性伤口或疮，这些可以从体外接触到，并允许噬菌体繁殖。口服的噬菌体在通过胃部时会死掉，因此必须将其包封成丸剂以治疗肠道细菌感染。

噬菌体疗法的局限性和危险性是什么呢？噬菌体通过水平基因转移来转移遗传物质。对抗生素有抗性的基因则不能够转移到细菌里。此外，用于人体的噬菌体不可以整合到细菌的基因组里——它们必须是有裂解性的，意味着它们繁殖、裂解并摧毁整个细菌。这让人想起使用溶瘤病毒的新的抗癌疗法，这些病毒也复制然后裂解和破坏肿瘤细胞，和上面所说的是同样的原理。

然而，一些重要的副作用仍然需要被排除。噬菌体是否影响细菌的基因组并引入新的抗噬菌体的菌株呢？不能被噬菌体杀死的抗性细菌是人们最担心的，这些细菌可以改变表面受体，阻止噬菌体的进入，因此需要合并使用多种疗法。我们知道，自从成功引入抗艾滋病病毒的疗法以来，多种疗法联合使用是优于单一疗法的。代列尔也早在 100 多年前就知道了这一点。所以，卫生权威部门应该要求药物研发团队执行多组对照实验，以确定最优疗法。

在实验室中我们对噬菌体有了很多了解，近 50 年以来，噬菌体在分子生物学家的科研中形成了一个重要的领域。开发噬菌体领域的功劳应归于著名的噬菌体专家马克斯·德尔布鲁克，他引入噬菌体作为生命的一种模式系统（表现为噬菌体可以复制并产生突变）。因此，我们只对实验室中的噬菌体的分子机理了解很多，对现实生活和自然栖息地如肠道中的噬菌体却知之甚少。离开实验室，所有事情都变得不一样了。在实验室中，T4 型噬菌体生长缓慢，T7 型噬菌体生长迅速，但在肠道中二者并无差别。这也很有可能取决于个体肠道。在噬菌体救我们性命之前，我们必须对噬菌体在病人体内的行为有更多了解。我们最需要知道的是噬菌体对不同细菌的特异性。在这方面，抗生素远优于噬菌体：即使针对的是未知细菌，它们也很有效。然而这一点正在改变，尤其是抗药性细菌的出现，需要针对特定的情况，提前检测哪种抗生素有效。在 2012 年春季，世界卫生组织宣布，抗生素的时代已经结束了。同样，冷泉港实验室为这个话题专门组织召开了一次会议——班伯里会议，它堪称“未来的智囊团”。不久后的 2016 年，首届世界噬菌体治疗会议在巴黎召开了。

中了噬菌体毒的豆芽

因为我对噬菌体的称赞可能具有误导性，我必须对读者发出以下警告：像所有病毒一样，噬菌体也会造成危害。但如果它们确实造成危害，也得怪人类自己，因为我们对噬菌体的致病性和由此带来的疾病负有责任。举个例子：2011 年在德国汉堡发生的 EHEC 食物恐慌，就是噬菌体引起的。EHEC 是一种细菌，称为“肠出血

有形成毒素能力的噬菌体被用来处理菜苗。否则一旦人们食用了沾有大肠杆菌的蔬菜沙拉，就会出现食物中毒

性大肠杆菌”，与肠道无害菌有密切的关系。EHEC 疫情暴发是因为噬菌体将产生志贺（一个日本姓氏）毒素的基因转移到了 EHEC 里。于是，这造成严重的腹泻和其他并发症，其中一些病症导致患者死亡。大约 3900 人感染，近 1000 人病得很严重，35 人死亡。这样的细菌绝不应该成为某些沙拉的装饰品，它们来自动物的粪便，不应该进入人类的食物链。

我当时正在美国的普林斯顿大学进修学院吃午餐，同事们在我边上嘲笑试图找到 EHEC 疫情暴发原因的德国机构。黄瓜还是番茄？不可能，他们说——是豆芽！这是他们的第一反应。我的这些同事在美国已经经历了不止一次这样的疫情暴发。每个人都知道是怎么回事，除了我，我从没听说过。豆芽生长在温暖潮湿的地方，这不仅对于豆芽来说是最优的生长环境，对于细菌也一样——尤其对于来自动物粪便肥料中的细菌。这些细菌被有毒的、能产生毒素的噬菌体感染，而动物肥料可能最初来自埃及。这造成几十年来德国最糟糕的食物恐慌。“快给柏林的罗伯特·科赫研究所打电话告诉他们。”我普林斯顿的同事催促我说。在柏林，人们花了几个星期整理餐馆的送货单和食品供应商的账单，试图找到疫情暴发的原因，因为没有患者能记得几个星期前吃的沙拉里有没有豆芽。因此，采访患者对找到病因并无帮助。

豆芽在沙拉里很常见，餐馆里也很难避开它们，但我尽量不再吃豆芽了。

哪个更脏——冰箱还是厕所

当我们与其他人相遇时，永远不应该握手。握手应该被禁止，至少在临床中，也就是人们见到医生和医护人员时。但是握手能让病人感觉好些，所以我们不能摒弃它——这是我在苏黎世的一次医学院师资会议中得到的答案。为什么不效仿日本人的鞠躬礼呢？像因纽特人那样通过摩擦双方的鼻子来表示欢迎，可能会更糟糕！几乎在现在的每一个诊所，卫生专家都会训练保健工作者怎样给所有可能的表面进行消毒，尤其是手。他们将紫外线灯照在人造的发绿色荧光的细菌上来演示物品被污染得有多严重：听诊器、门把手、现钞机的键盘、电脑、电话、电梯中的按钮以及电视遥控器。然而，多数情况下我们不会生病。正常的免疫系统能够控制住这些感染，甚至需要这些感染来不断磨炼免疫系统。事实上，家里面被微生物污染最严重的地方是冰箱，而不是厕所。我们是否应该使用一些发绿光的细菌找出哪里最需要清理呢？据一个电视节目报道，在麦当劳快餐店，厕所要比食物托盘干净。纽约地铁的座位是污染最严重的地方，微生物可以待上一周。那么飞机的座椅呢？我觉得就更难说了。

我们并不应该在日常生活中感到恐慌。需要遵守的规矩就是在回家做饭之前洗手，医学上对洗手有特殊的规定：用肥皂，洗手上 5 个不同的位置（主要是指尖和拇指），至少应持续 30 秒。每年还有个国际洗手日，设在 10 月 15 日，用来增强世界范围内人们的卫生意识。细菌能被携带绿色荧光蛋白的噬菌体感染，当被紫外线灯照射时可被检测到。这项测试要优于聚合酶链式反应（PCR），因为可以区分活细菌和死细菌，聚合酶链式反应却不能。绿色荧光蛋白只能在活细菌中被合成，发出的荧光能被检测到。携带荧光蛋白的噬菌体也可以被用于食品检疫控制，比如检测瑞士特有的瓦什寒（Vacherin）奶酪是否被污染。苏黎世联邦理工学院甚至设了一个系，专门研究这项技术。三文鱼、虾、鸡、汉堡包或香肠已经以这种方式进行了检测，如发现异常，可以被从瑞士的市场下架——这已经发生过不止一次了。

噬菌体可以被指派杀死特定的细菌。它们被喷到用来生产流感疫苗的鸡蛋上，甚至用于食用的鸡肉在被包装之前也被喷上噬菌体。根据荷兰科学家的研究，种植之前用噬菌体为土豆球茎消毒会使土豆产量提高5倍。在韩国，甚至牛奶有时也会被用噬菌体消毒。噬菌体取代了巴斯德消毒法（需要加热）。我读不懂韩国牛奶包装上的文字说明，所以我不知道消费者是否知道这一点。也许很多消费者会拒绝购买这样的牛奶——如果他们知道牛奶被病毒（噬菌体就是病毒）处理过！这种处理是好还是坏？不太清楚。不过十分明确的是，我们应该在动物饲养业中用噬菌体取代抗生素，因为抗生素产生太多有多种抗性的细菌了。

苏黎世联邦理工学院为刚起步的公司提供运营方案，其实我很想“成立自己的公司”。我确实和同事们讨论过将噬菌体的应用放到自己公司的简介中，但同事们都反对，说噬菌体太难操作，而且不再能受专利权的保护，因为噬菌体已经是众所周知的“现成技术”。但我认为人们靠卖肥皂也能赚钱——也许某个读者可以利用这种商业理念。我设想用噬菌体来消除医院重症监护室中的细菌污染。为了杀死细菌，我们应该和噬菌体结盟。并且，噬菌体在餐饮业可能会有光明的未来。噬菌体的使用不受转基因生物（基因改良生物）的法律限制，这些法律会限制其他基因改良的产品。是的，噬菌体一般待在产品的外部，食用它们通常没有风险。如果你仍然不想吃，用水冲掉它们就好了！

粪便移植中的“苏黎世案例”

有一天，一位苏黎世大学的同事来到我的办公室。她想知道我能否在参加一些国际会议时，打听到抗艰难梭菌的治疗方法。她正在接受第三轮很高剂量的抗艰难梭菌的抗生素（万古霉素）的治疗。每轮治疗结束时，她都被严重的腹泻困扰。大概两年前，她去看牙医时导致颚骨感染。抗生素不容易渗透那个部位，而且骨头的代谢又很慢。因此，治疗很艰难，需要几个月连续若干轮高剂量多种抗生素的持续治疗。该治疗导致肠道微生物群落被破坏，只剩下艰难梭菌在生长。听起来很讽刺，但唯一能够摆脱这些由抗生素造成的抗药性细菌的办法，就是再次使用一种特定的抗生素。剩下唯一有效的就是——万古霉素。

带着这个问题，2008 年我去了巴黎的巴斯德研究所，90 多年前就是在这里噬菌体被发现，同时我还出席了微生物病毒国际大会（VOM）。但会议没有什么新东西，没有演讲者，没有海报提到任何关于艰难梭菌的新进展，总之看不到希望。之后我受邀参加在韩国釜山举行的世界病毒学峰会。这样规格的活动从来没有那么少的人参加，很让人恼火。然而，与参加其他会议相比，仅有的几个与会者更能聚在一起，与其他人进行深度的讨论。在一次早餐会上，我提出一直心心念的关于艰难梭菌治疗的问题。一位同事马上口头引用了《纽约时报》上的一篇文章，并答应把相关信息发给我。问题的答案就是：粪便转移，即大便移植。

回到苏黎世，我从“PubMed”数据库中开始收集相关信息，PubMed是世界上最重要的生物医学领域科学文献的知识库。这种疗法从20世纪50年代开始就被使用，来自约10个国家的多于200项研究的成果已经被发表。至今，上百个病人已经接受了粪便移植。早在300年前，生病的牛就开始接受健康牛的粪便移植，这种方法叫作“转宿”。病牛被从后面开了个口，便于粪便移植——好可怕的场景！在3000年前的中国，一种“黄龙汤”药剂被用于治疗疾病，里面就混有发酵的人类粪便。

粪便移植通过灌肠来完成，用一种注射器从后面或者通过鼻管送到肠道里。大便捐赠者一般是患者的亲属，提供一勺粪便就够用了。粪便被稀释、过滤，然后注入体内。在这之前，需要进行几项预防性诊断检测，为了避免病毒如乙肝病毒或者艾滋病病毒的传播。接受者的大便中如果有毒素，就证明有艰难梭菌的感染。一些科研小组设计了给病人用的调查问卷，这些问卷在网上能下载。我刚才说的苏黎世的那个病人很急切地希望得到粪便移植的治疗。她明白用健康人大便中新鲜的微生物来替换体内已经被破坏的微生物，会为她的肠道提供上千种不同的细菌、噬菌体、病毒和古细菌——哪一种都不可能靠自己从无到有。人类微生物组计划的结果在2010年公布，显示人类的肠道中有约1.5千克相当于10^{14}个的细菌，多达1000个不同的细菌种类。我们需要它们来消化食物。这个细菌群体出现故障会造成很多疾病。微生物、细菌、古细菌、真菌和病毒过着和平共处的生活，并不是处于永久的“战争”状态。在具破坏性的抗生素治疗之后，细菌应该从哪里得到呢？益生菌药物和酸奶包含5个到10个菌种，而这远远不够。苏黎世医学院的同事并不赞同用粪便移植疗法。我根本没有被当回事儿，甚至被告知因为我不是医生应该把嘴闭上——尽管我是医学院的教职工。但那个病人则坚持，否则她就想自己在家进行粪便移植这项操作！她了解到这是可行的。令人欣慰的是，在巴塞尔或弗莱堡，或远在澳大利亚、美国或斯堪的纳维亚半岛等地，有足够多的医生愿意为患者做这种治疗。因此我终于说服了瑞士的同事。在治疗开始后仅一周的时间，我接到了病人的电话，说在遭受多年病痛折磨后终于感觉舒坦了。

我们在治疗最开始和治疗后几个月到 5 年的不同时间点采集捐赠者和接受者的大便，用最新的科学方法测微生物组的序列，以此记录微生物组成的变化。这种方法可以同时收集所有细菌和其他微生物的信息，并不区分它们中的个体。这需要从粪便样品中提取所有的核酸，结果比预期的要难——在生物化学实验室中，这不是个标准的操作。从样品中获得的序列将会和综合数据库中微生物的序列进行比对。我们同时也看病毒组，即所有的病毒序列，最终得到的数据确实非常庞大。我手袋里有一个保护得很好、内含几百 GB 数据的硬盘，在苏黎世和柏林之间被传来传去。苏黎世联邦理工学院和其所属的数学物理大地测量中心里最好的计算机被占用了好多天来处理这些数据。微生物群的组成是捐赠者和接受者微生物的混合，具有危害性的艰难梭菌已经消失了。来自捐赠者的正常肠道细菌生长超过并取代了有害细菌。这就是细菌的正常保护性行为：健康的赢了有害的，“健康”指的是“我们”的细菌，它们是稳定的生态环境的一部分。健康的细菌让我们健康！

我们发现在每个粪便样品中约有 100 个菌种，是我预想的 1/10。我们也检测到一些古细菌。古细菌在我们肠道中的作用还不是很清楚，但它们对消化也许重要。古细菌在人的粪便中很早就被发现，暗示了并不是所有的古细菌都是嗜极生物。而且，我们从中找到了22种病毒，其中的21种是噬菌体，1种是一类绿藻病毒，它是来自藻类的巨大病毒。我们并没有想到这种病毒的存在，当我们通过电话告诉专门研究巨病毒的詹姆斯·范·埃腾（James Van Etten）时，他也感到意外。这是首次巨病毒在人类粪便中被发现。该发现让病人很紧张，但实在没有必要，因为据说巨病毒不导致疾病。我们问病人是否有饮食上的偏好，比如吃寿司。病人说并没有，然而家中的自来水可能含有这种巨病毒。我们原本期待（粪便中）有更多的噬菌体，而不是现在这么少。是因为样品的准备不是在最优的条件下进行的吗？实际上，我们使用的方法是为获取大些的细菌基因组而不是小的噬菌体基因组设计的。此后，一些人表示，对一个健康的微生物组来说，噬菌体是以整合在细菌基因组里的状态存在的，而不是自由的，除非在患病的情况下。因此，这是病人肠道菌群正常化的另一个迹象。至今我们已经跟踪这个病人5年了，她没再出现过任何问题，出于其他原因她两次服用的抗生素也没产生任何危害。同时，一个系统性的实验包括对照组已经完成，实验结果在2013年被荷兰科学家发表。实验表明，粪便移植的效果甚至好于之前的报道，使这种治疗方法进一步合理化。

人们在大便中还期待些什么也许可以通过研究蝙蝠来推断。大家都知道蝙蝠携带很多病毒——很可能是它们头朝下紧挨在一起倒挂在洞穴里，下面堆着几米高的粪便的生活习惯造成的。很多生病的蝙蝠会死掉，坚韧的幸存者却不再生病，但它们会传播病毒。（一些科学家怀疑蝙蝠有不同的免疫系统，这一点需要被证实。）通过蝙蝠传播的一些病毒也是在人群中致病的病毒，比如严重急性呼吸道综合征（SARS）冠状病毒、埃博拉病毒、汉坦病毒，以及66种不同的副黏病毒，比如麻疹病毒，等等。

我在苏黎世的同事现在开始给远道而来的病人看病，他们领到了一笔约230万瑞士法郎的科研经费来调查有胃肠道疾病，如克罗恩病或者炎症性肠病的病人。粪便移植这项操作可以在家里完成，像我们那个病人在一台电视节目中解释的那样。她提到了厕所、厨房用的搅拌机和用来做滤纸的尿不湿——这些工具在每个家庭几乎都能找到。但我强烈建议有意者去咨询医生。最近，人们甚至可以从网上订购经过预检测的大便样品。如果能找到普适捐赠者的话，这方法会变得更实用。即，如果"一种尺寸适合所有人"，我们将不再需要个体捐赠者了。一些新兴的公司已经开始出售经质量控制过的（粪便）样品了。不过，我还没有听说有关这些样品的使用以及成功率的任何报道。同时，明胶包衣的大便药片正在走向市场，它们可直接吞食，无须注射。在英国辛克斯顿的桑格研究所，特雷弗·劳利（Trevor Lawley）正在开发18种细菌中最好的组合——以6种为一组——作为药物使用。在老鼠中得到的第一批结果看起来很有希望，尚未解决的问题是治疗的稳定性、可持续性及可能产生的副作用。在被报道的一个病例中，病人在治疗后体重增加。这是粪便移植造成的还是饮食习惯在治疗后发生改变导致的？一个人接受了粪便移植，但之前肠道有病变，尽管他从之后的脓毒症中幸存下来，但是有此病变的患者应该被排除在治疗之外。一次噬菌体治疗也曾被报道，该治疗只包括捐赠者大便中的噬菌体，没有细菌。酸奶厂商可能也早就用更复杂的产品来宣传自己了。

最初，没有关于粪便移植的规定。但是在2014年，美国国立卫生研究院禁止了粪便移植的操作。美国的一个病人组织提交了继续这项操作的申请，因为没有其他方法能治疗一种危及生命的感染，如艰难梭菌感染。在这种背景下，治疗被再次批准，但仅针对之前治疗失败了的患者。一份研究用新药（IND）的申请仍需要被提交，这是新的规定，瑞士监管机构已经遵守了这一规定。然而，对抗肥胖的粪便移植并未被批准——因为它是不可持续的，只具有暂时的效果。人们正在针对胃肠道疾病研究粪便移植疗法。这项操作非常简单，如果失败了还可以重复，尽管失败很少见，其成功率高于 90%。它很便宜，无痛，可以重复并在世界上所有地方使用。

在此期间，我也患上了严重的牙齿感染。在接受抗生素治疗之前，我在家收集了一勺大便样品并把它放在密封的管子里储存在冰箱里。如果加一些甘油可能会更好地保护样品不被冻坏，但当时家里并没有。我的牙医不相信我做了这些，但我相信有一天这会成为标准操作。毕竟还是会有人储存新生儿的脐带血作为他们对抗在以后的生活中可能罹患疾病的“人寿保险”——通常是由有远见的祖父母送给婴儿的礼物。然而，需要记住的是，大便中的微生物随着年龄增长是会发生变化的。

艰难梭菌感染正在以惊人的速度增长。在德国，每年有 15 万住院病例，1.5 万人死亡。在美国的 50 万名病人，其中 15%（7.5 万人）的人死亡。在日常临床实践中，（针对艰难梭菌感染）都采取什么措施呢？在我所知道的病例中——没有。有一次晚上在医院，我偶然听一个从急诊科打来的紧急电话：一个病人艰难梭菌呈阳性。这个病人正是我探望过的一个朋友。第二天，我准备了外套、手套和特殊的肥皂（因为在这种情况下以酒精为基础的消毒没有用）。但我却不被允许使用这其中的任何一样，其他人——医院员工或医生，也没有采取任何防护措施。甚至没人知道应该采取防护：“请不要引起恐慌！你是怎么发现的？”——这竟然是他们唯一关注的。我却在想，病人是在医院被感染的吗？医院是最容易感染艰难梭菌的地方。我仍受到这个亲密的朋友随后死亡的影响并感到悲痛。真的，我们需要医务人员接受更好的训练。

我们能做什么呢？洗手？还不够，当然，这是个好的开始。洗手的规则是：用肥皂清洗手掌、两侧、背部、4 根手指和拇指各 10 秒钟，然后用干净的毛巾擦干。在 2013 年，德国发起了一项特别的罗伯特·库奇医院卫生奖，然而没有护士能一天洗 100 次手……

怎样对抗肥胖

在庆祝查尔斯·达尔文诞生 200 周年的会议上，我遇到了一个老朋友。几十年前，我和她在加州大学伯克利分校一起学习分子生物学。她是一个重要会期的主席——很高的一项荣誉，并且已经编写了若干本教科书。40 年前，她曾任伯克利的生物化学教授。在那时的美国，已经有了性别“配额”：在一个男的成为教职工之前，要有个女的已经被任命。在欧洲还没有人听说过这种事情。她遭受了很差的待遇，并开始发胖。现在，她连离开她那有着纽约中央公园怡人美景的公寓都很困难。她的书架上堆满了装速食品的盒子。医生们让她回家，“锻炼”是她得到的唯一指示。她在纽约城里骑自行车，即使身为生物化学教授，她也没能成功减肥。但当我邀请她一起出去用餐时，她吃的比我想象中多得多。她说不多吃她就会感觉冷。很明显，她的代谢已经紊乱了。

另一个病例涉及我的一位前同事，他是柏林一家研究所的动物管理员，由于极度肥胖已经不能坐进飞机客舱的座椅了，还有他已胖得不能弯腰系鞋带了。他晚上有过窒息，心脏病发作过，由于体重太重他得了膝关节炎和Ⅱ型糖尿病。几年前他在电视上了解到关于胃旁路的手术。他接受了严格的检查，并被问及是否了解（手术）的后果——无法正常进食，只能吃很少的东西，这是没有回头路的。他同意了，现在已经健康生活了好多年，没有留下任何遗憾。他减掉了60公斤，感觉整个人焕然一新，并且很多健康问题包括糖尿病不到两年都消失了。他的微生物组改变了，不仅在肠道，还在胃部甚至食道。你饿吗，我问他。他说不。然而，很多人害怕做这么严重和复杂的手术。通常，这需要做一台以上的手术，因为多余的皮肤也必须被移除。因为病人体重太重，手术需要特殊的手术台和升降机——我那麻醉师的妹妹这样告诉我。

还有一个病例值得一提：来自上海交通大学的赵立平，曾经在美国的康奈尔大学学习若干年，在美国时他因为吃美式食品而增重30公斤。当他回到中国，他改回了中国式的饮食。自此，他定期监测自己消化道的微生物组成。据称，他体内的微生物需要两年的时间来适应传统的中国食物。在这两年间，他掉了20公斤体重并且他的微生物组成发生了变化，1500种微生物中的80种变得不一样了。最引人注意的是，普拉梭菌在他肠道总微生物中的百分比从0增长到14%，表明这是一种健康的微生物组成。如果这种细菌在肠道中总细菌的百分比小于5%，则意味着肥胖和疾病。像他这种情况，可能是去美国之前吃中国食物残留的普拉梭菌又生长了起来。我想，在其他情况下，这个过程可能要花更长的时间。

肥胖人群的微生物组并不能很快发生变化。人们努力改变他们的饮食习惯，尽管花了不少工夫他们仍不能减到正常的体重，即使成功减重，通常也只是暂时的，之后的反弹效应往往导致体重更快增长。这种体重的起伏被称为“溜溜球效应”。

因此，人们在讨论能否通过正常人的粪便移植来改变肥胖人群的肠道微生物组。然而，迄今为止，任何此类效果仅仅是暂时的。某些研讨会上的报告称，通常在8周以后，原来的微生物会再次长起来，尤其是在粪便移植之前没有用抗生素清除肠道微生物的情况下。但没有人想在大便移植之前彻底清除微生物——这只适用于抢救生命时，仅仅为了减肥真的不值得。所以粪便移植现在还不是一种被批准的抗肥胖的疗法。

最近得出的研究结果还挺吓人。（对于肥胖者来说）有一个无法挽回的临界点：如果一个肥胖的人的微生物变化“太多”，那么逆转是不可能的。一旦超越了这个界限，限制饮食可能无法治疗肥胖并使人回归到正常体重。正如之前所说，我们不仅拥有自己的人类基因组，也用充斥我们身体的细菌的“第二基因组”补充给自己数以百万计的基因。这些附加的基因扮演着什么角色呢？健康人群微生物基因的丰富程度是肥胖人群的 4 倍到 5 倍。这一点甚至可以用称为“基因计数”的数字来量化。瘦人和胖人的基因计数差很多。瘦人肠道中不仅有更多的细菌，而且细菌的种类更多更复杂，基因计数高达 80 万。体重大的病人的基因计数可减至 20 万。微生物组低基因计数意味着微生物的种类减少，也就是说微生物的多样性下降了。基因的丰富程度已经变成衡量健康与否的标准之一。

想要还原到一个正常的微生物组，仅靠饮食限制显然是非常困难的。在肥胖人群肠道“奢侈”的环境中，微生物变得没那么复杂并且“懒惰”。丰富的食物来源降低了微生物的代谢率和多样性。这就给噬菌体和细菌带来了压力，因此细菌就会被噬菌体裂解。噬菌体数量的上升，以及同时发生的细菌多样性的降低，是不健康微生物组的一个指标。

肥胖人群中常有的微生物能够很有效地从饮食中提取能量——导致体重增加。因此，一旦一个人到了肥胖的状态，情况就非常复杂且不容易逆转了。一旦越过了那个临界点，就失控了！胃肠道中生态失调，好的与坏的菌群的平衡遭到不可逆转的破坏，就会造成肠道永久的改变。这些新的研究结果对于那些努力减肥的人算是当头棒喝，这也解释了很多人所经历的减肥失败的原因，也可能引领大家找到新的对抗肥胖的微生物靶点。至少这是很多科研人员的目标，比如乔尔·多尔（Joël Doré），他是法国农业研究所（INRA）在食品与肠道微生物领域研究的领军人物。

另一个在微生物研究中提出的出人意料的问题是：谁是主宰，是什么控制着调控环路？是微生物组将对食物的需求强加于人，还是正相反，一个人能自由决定吃多少，以及吃什么？我认为，更有可能的是两者相互影响。这取决于“肠—脑轴”，即这两个器官之间一条沟通交流的路径。肠道中有500万个神经元，而大脑中有850亿个神经元。所以它们之间可能存在某种关系和交流。来自刺激因子的信号，比如脑源性神经营养因子（BDNF）、多巴胺、免疫刺激因子，细胞因子和肠道菌分泌的代谢产物如丁酸，在肠道和大脑之间传递。这其中，50%的快乐激素多巴胺参与调控人类睡眠、记忆、抑郁和社交行为的五羟色胺在肠道的生成。正如止痛的吗啡会影响大脑和肠道一样。肠—脑轴甚至在我们的语言中也有所贡献：当我们做决定时会基于“直觉”，当我们恋爱时会有“肚子里飞蝴蝶”的感觉，或说“小鹿乱撞”的感觉。

微生物通过宿主的饮食习惯变得专业化，它们决定吃什么和吃多少。难道肠道起初主宰，甚至之后控制了大脑吗？谁是主要的调控者？微生物组的丰富程度已经变成了调整饮食限制的一个预测因子。用作微生物和噬菌体计数的样品可以来自唾液，因为口腔和肠道是相通的。预防医学并没有人们想象中的那么简单。以德国细菌学家奥托·普洛斯尼茨命名的，之前已经提及的细菌柔嫩梭菌群的普拉梭菌是独立于基因丰富度和生态失调（坏菌群）的一个健康预测因子。如果作为主要成分的普拉梭菌在肠道微生物中成分不足，加上低细菌物种丰富度，可以成为克罗恩病患者手术成功率低的预测因素。因此，一些细菌菌株对健康很重要，正如赵立平之前注意到的那样。

复杂程度最高的微生物组最近在非洲一个非常孤立的部落中被检测到，他们以栖息地能获得的任何食物包括肉类为生。微生物组的复杂程度是生存的策略，这值得思考！然后病毒也参与到这个游戏中：肥胖人群复杂性降低的微生物组还伴随着游离噬菌体数量的显著增高。

经历“完全压力”的细菌会从溶原（长期且持续性的）状态进入裂解阶段。确实，在细菌复杂度降低的肥胖人群的肠道中，游离噬菌体的数量增加。裂解是由压力引起的，不管肥胖状态下的压力是什么。此外，肥胖导致了肠道中的慢性炎症。之后细菌和噬菌体之间的相互作用导致细菌裂解，大量的噬菌体后代被释放出来，细菌多样性就随之减少了。低噬菌体计数与健康的微生物组相关联，今天这可以在唾液中测量，作为一种快速诊断手段使用。于是我们得出结论，粪便移植成功后，在“苏黎世患者”中测量到的低病毒数量是一个好兆头：她的微生物组变得正常了。

吸烟，即使是被动吸烟，也会降低肠道微生物组的基因丰富度。肝硬化，无论是由病毒、酒精或其他什么因素引起的，都会影响微生物组的复杂性。这甚至可以被用于诊断目的，途径是通过确定患者粪便的基因丰富度——一种非侵入性的操作。如今，像心脏病这样的疾病诊断也可以基于口腔微生物进行。

我在想当我们亲吻其他人，或者不那么戏剧化，当我们握手时都交换了什么。后者是众所周知的感染途径，那么亲吻呢？亲吻可代表兄弟情谊。还记得前东德领导人埃里希·昂纳克和时任苏联领导人的勃列日涅夫那社会主义兄弟间的一吻吗？那可是真正的亲吻，并不是象征性的！我认为，亲吻就好像确定亲密关系的微生物组之间的平衡！这种说法确实不太浪漫。那么，它能持续多久呢？

这也许是另外一个研究课题。

导致肥胖的还有遗传因素，我们刚刚对此有些了解。有一种导致肥胖的基因，其编码饱腹感因子。这样的一个因子向大脑发出食物摄取足够的信号，导致饱腹感和食物摄取终止。不过，这可能要花几分钟的时间，所以一些人没有耐心等待这样的信号出现而继续吃下去。属于此类的基因有瘦素或基因 FTO（听起来像英文“脂肪”的发音，因而容易被记住），脑源性神经营养因子（BDNF）或转录因子如 IRX3（基因缺陷导致小鼠体重减轻了 30%），等等。名单上已有 20 个基因，其中一些是有争议的。它们可能对肥胖的倾向更具指示性。因此，对于肥胖的人，应该把与遗传因素同时发挥作用的其他因素考虑进去。这个领域的研究仍处于起步阶段。人们通常认为饮食习惯改变是自我控制和自律的问题。这确实是正确的——却过于简单化。因此，当我们认为肥胖的人是咎由自取的时候，我们应该谨慎下此结论。有一个用“限菌”小鼠，又叫“无菌”即不含任何微生物的实验小鼠做的令人惊奇的实验很有趣，实验中健康人群和肥胖人群的粪便被转移到这些小鼠体内。其结果表明，供体决定了小鼠的胖或瘦：肥胖人群的粪便导致肥胖的小鼠，瘦人的粪便导致瘦小鼠。被转移的粪便决定同样受体小鼠的体重。然而，当瘦小鼠和胖小鼠在同一个笼子中饲养时，瘦小鼠就被胖小鼠“传染”了。“这是有传染性的！”——胖小鼠变瘦了，而不是反过来那样。究其原因，很可能笼子里的小鼠们会吃彼此的粪便。瘦小鼠的微生物组“战胜”并主宰了胖小鼠的微生物组。而胖小鼠的微生物组更单一，不太复杂，较少大量复制，更为懒惰。相比之下，瘦小鼠的微生物群更强势，更加错综复杂，具有更高的多样性并能主宰退化的微生物群。我要问，只在老鼠身上才是这样的吗？

“好”细菌和“坏”细菌各有各的名字，比如我们从“苏黎世患者”的微生物组研究中了解到的肠道内的拟杆菌门和厚壁菌门。拟杆菌（B）利用食物的效率更低因此较少在健康人群中存在。相反，厚壁菌（F）在肥胖人群中更多，而且能更有效地从食物中摄取热量。读者们应该还记得这两种菌的比例，即F小于B更好。听起来就像好的和坏的胆固醇，二者的比例是每个人都试图记住的。通过监控（胆固醇的）比例，人们希望能预防心脏病。如今我们可能很快就会用我们戴着的智能手表上的应用程序来监视我们的微生物组了！“你的拟杆菌好吗”可能成为未来代替“你好吗”的问候语。然而，什么是“正确”的比例呢？好的细菌并非在所有情况下都是好的。所以一切都是复杂的。

有朝一日肯定会有“好细菌”的提取物或药丸出现。无论它们来自哪里——粪便或者实验室的培养基。如果它是有持续性的，就太棒了。

最近大家开始研究肠道微生物的组成能否导致精神疾病。研究结果显示，不仅像体重这种表型可以通过粪便传播，连精神特质比如勇气或者“探索行为”，以及与之相反的——焦虑，也可以通过粪便传播。比如，NIH-Swiss型的小鼠胆子大，而另一个品种（BALB/c）的小鼠则胆小。这可能受它们的微生物组和脑子里的生物化学物质所影响，因为二者可以通过肠—脑轴沟通。互相交换粪便的小鼠性格也发生了变化！勇敢的小鼠变得焦虑，反之亦然，焦虑的小鼠增加了冒险行为。这项测试是用连接在一根垂直棍子上的水平杆进行的，看上去就像中世纪时期的绞刑架。只有勇敢的小鼠才敢爬到水平杆的尖端，然后转身回去。其他的小鼠只会待在棍子的底端。同时，人们分析了（勇敢的小鼠）的神经递质，发现冒险行为与脑源性神经营养因子的高度表达相关联。因此，肠道失调（错误的微生物组成）可能会导致肠道障碍患者出现精神问题。

研究者排除了炎症是其原因之一。他们推测，带有精神疾病的炎症性肠病（IBD）患者可能会从益生菌双歧杆菌中获益，这可能使微生物群体和人的行为均正常化。因此，“直觉”确实来自我们的肠道而不是大脑！微生物组成带来的这种精神后果很难让人相信。最近我感染了诺如病毒，表现为严重腹泻、呕吐和脱水。我感觉我体内的电解质和矿物质失衡了，身体里的微生物也一样——我的大脑呢？是的，我也失去了我所有的与探索有关的兴趣！我花了很长时间才恢复过来！所以我去了巴黎巴斯德研究所的药店索要双歧杆菌，却没有成功——真是不可思议。但是我想，这个（疗法）将会很快到来！另一项新的研究结果将自闭症和微生物关联了起来，但这未经可靠证实。

总之，想要保持健康和苗条，或者富有胆识而没有精神疾病——都需要吃对的食物，但什么才是对的食物呢？看来这取决于地理位置和家庭习惯，还有个人新陈代谢和年龄，所以没有人可以对什么是“正确”的食物做出预测，最好的微生物群可能是我们不会轻易知道的。那什么是“健康食物”呢？是不是日本的食物对于日本人来说是健康食品，对欧洲人却不是呢？“健康食物”似乎是我们从小就知道的食物，表明了微生物与食物之间的共同进化。在“科学的未来”系列会议的一部分，即“营养学”会议期间——举办地是地球上最美丽的地方之一的圣乔治威尼斯岛，会场设在由伟大的建筑师安德烈亚·帕拉第奥设计的奇尼宫殿的修道院，我们了解到意大利或地中海饮食是最健康的饮食之一。几年前被称为最不易致癌的食物有：意大利面，西红柿，葡萄，奶酪，橄榄，以及红葡萄酒。但今天年轻的意大利人喜欢快餐，并多肥胖。我们是现在就需要个性化的营养配餐，还是在未来的某一天需要呢？慕尼黑的一个实验公开打广告：人们可以在网上注册并分析他们所摄取食物的成分。很快，上千名志愿者注册。显然，人们想知道什么对他们有好处！然而还没有人真正知道。

“保持苗条”是长寿的秘诀吗？这听起来像个安全的目标——但是，非常令人惊讶的是，与之相反的理论也似乎是对的：在研究衰老时常被用作生物模型的线虫中的研究显示，如果线虫过量进食，它们的寿命会更长，结果可以总结为“胖子活得更久”。一个朋友建议说：“胖者生存”，这有点太过激了。确实，线虫寿命的实验表明更大的体重可以延长寿命！这一定是错的——每个人都这样想。也许解释是这样的，并不是任何种类的脂肪都可以延长寿命，动物脂肪不行，而来自植物如玉米、橄榄（不饱和脂肪酸）的脂肪是可以的，即使它们使体重增加。我们都知道，早餐不要吃培根；沙拉上加些橄榄油也早就不是新闻了。尽管如此，“脂肪抗衰老”还是值得我们记住的。

人们存在一些传统的饮食习惯和审美标准。“以胖为美”是我一个同事对来自塞内加尔的女人的描述。在那里，较重的体重，尤其对于女人，反映了更高的社会地位。100 多年前，苍白的皮肤在德国被认为是美丽的，反映了繁荣和较高的社会地位，不同于经常晒太阳的工人阶级。在有关非洲疾病的会议上，非洲当地部落首领的妻子经常能通过体重被认出来，在国际艾滋病大会上我也注意到了这一点。一些传统的工作角色不允许女性参与，于是我看到她们在世界上最大的购物中心里忙着吃巧克力。而解放女人的政治运动减少了肥胖人群，在女人们开启了自己的职业生涯后，她们的体重指数下降了。

导致肥胖症的一个令人意想不到的因素是抗生素。它们曾经被用来增加士兵的体重，也用在动物，如猪和鸡的身上——现在已经被欧盟禁止，因为可能导致有抗药性的细菌出现，从而被传到其他动物甚至人的身上。然而，抗生素却被允许用在母牛身上。难道它们不会进入牛奶里？在有着 4 万只鸡的大规模养殖场里，生病的鸡通常不会被杀掉或者接受治疗。相反，整个食槽里都被添加了抗生素，这些抗生素可能最终会跑到我们的餐桌上。更糟糕的是在人体中使用抗生素治疗的后果，尤其是在年轻人中。青少年往往会接受几十个疗程的抗生素来对抗感染——如今已经被作为一个重要的、诱导年轻人肥胖症的因素被严肃讨论。

抗生素曾经被滥用，以帮助人们增加体重和力量，即身体质量和肌肉。它们在 20 世纪 50 年代很受欢迎！从那时起，在 60 余年的时间里，美国人的平均身高增加了约 2.5 厘米，体重增加了约 9 千克。1/3 的美国人现在被列为肥胖人群——在一定程度上取决于对“肥胖”的确切定义，有些人最近对使用身体质量指数（BMI）来界定瘦和胖表示出了异议。尽管抗生素从动物肉类向消费者转移是不太可能的，但欧盟在 20 世纪 90 年代时禁止抗生素用于动物饲养，但今天抗生素仍然被添加到成千上万只鸡的饲料中，即使在只有少数几只鸡生病的情况下。目前，我们正在欧洲讨论进口“氯鸡”（在《跨大西洋贸易及投资伙伴协定》中）。我们对抗生素最多的接触来自我们吃的药，而非我们吃的食物！美国儿童每年平均约服用一个疗程的抗生素。马丁·布拉泽（Martin Blaser）曾写过一本《失踪了的微生物》的书，显示高热量的饮食本身不足以解释正在发生的“肥胖流行病”，抗生素也有可能对此有贡献。没错，肥胖注定是一种流行病，这涉及很多的微生物，包括病毒。抗生素的使用最近已经受到了更多限制，不仅是为了减轻体重而且是为了抗击多种耐药性。我的一位瑞士同事最近得出结论认为，人——尤其是军队招募的人，不再像几十年以来那样越来越高，而是从现在开始变得更胖。

荷兰饥荒研究

谁能想象在第二次世界大战接近尾声时，科研人员能从跑到荷兰并在那里遭受饥荒（1944 年 11 月至 1945 年 4 月）的犹太难民身上对遗传学有全新的认识？尤其是怀孕的妇女，受食物缺乏的影响很大。在那 6 个月间，她们每天只摄入 400 到 800 卡路里的食物，基本上就是两片面包加一些土豆。怀孕的妇女在胚胎器官形成的关键时期，即妊娠早期，面临饥饿困扰。数十年后的今天，她们的后代正在接受研究。这些人心血管疾病、代谢疾病、糖尿病、关节炎、阻塞性气道疾病和癌症的发病率增加得令人惊讶（是一般人群相关疾病发病率的 2 倍到 5 倍）。

食物的缺乏并没有影响胚胎的遗传物质，却影响了它们的表观遗传。环境因素通过化学修饰（比如甲基化）来调节基因表达，而不是改变基因本身。之前人们认为这种变换不会传给下一代人。理由是，大自然有一个内置的安全检查机制，所有基因的表观遗传变化在新生命最开始即卵子和精子融合的时候都被消除了。精子对卵子的授精通常导致重新编程和消除表观遗传变化，将细胞还原为全能干细胞。这很必要，因为受精之后，一个全能干细胞必须抓住机会发育成人体中 200 种特殊细胞类型中的任何一种。因此，表观遗传变化通常只局限于一代人而并不会被传给下一代。这是大自然很奇妙的发明。

大自然的这种预防措施被破坏是个完全的意外。荷兰饥荒的研究表明，一些表观遗传效应从母亲传递给下一代是可能的——不是在卵子精子融合的时候，而是在怀孕后期。这对后代的整个未来生活都有影响。不仅一代人，甚至三代人都受影响：母亲、胚胎（孩子）以及胚胎的生殖细胞（孙辈）。三者同时暴露给了当时的环境因素，比如怀孕妇女的营养不良。这一点已经被荷兰饥荒研究所证实了。

另一个事件对这些结果提供了支持。在 1998 年加拿大“魁北克冰暴”期间，怀孕妇女承受的压力与荷兰饥荒时期怀孕妇女所承受的压力对下一代健康的影响是相似的。由于天气原因，大约有 300 万名魁北克人在黑暗中生活了 45 天，构成了一个充满压力的状况。这些人的后代在多年后被调查研究，发现在他们的青少年时期，有更高的患哮喘、肥胖和糖尿病的风险。

今天，一些热点新闻引起了人们的关注：不仅“胖妈妈”在怀孕期间吃什么对女儿和孙女有影响，爸爸的饮食对塑造孩子的染色质也有贡献，对后代有着终生的影响。父亲和母亲相比也许有一种不同的分子机理：极端的饮食可以改变精子中基因的组装方式，塑造胚胎和孩子的染色质，影响后代一生的新陈代谢。果蝇现在作为动物模型，被用来测试在食物供应极度充足或缺乏的情况下，雄性精子中发生了什么，还有高热量的饮食可能如何影响下一代的身体质量。值得一提的是，果蝇的研究现在支持对人类父亲的研究。

影响人体肥胖的基因之一是胰岛素样生长因子（IGF-2），其在生长和发育中起着重要作用。如果其基因显示甲基化不足，将导致 IGF-2 过表达，而太多的 IGF-2 则造成晚期肥胖。研究者讨论了身体在饥饿时期试图尽量有效地储存热量的可能性。然而，一旦食物充足时这个储存机制继续发挥作用，就产生了代谢问题如肥胖的后果。这类现象甚至被讨论过与尼安德特人有关，他们是生活在 10 万年前我们的祖先，经历了长时间饥饿，肥胖基因帮助了他们对抗饥饿。

在哺乳动物中，大概 1% 的基因逃过了表观遗传的重新编程

（甲基团通过被称为“遗传印记”的机制所保留）。这些表观遗传变化可以被传给下一代人。所以超重的女性可以将这种倾向传给她们的孙女，男性则传给他们的孙子，横跨两代人。我们并不知道这种遗传发生的频率。英国科学家马库斯·彭布雷（Marcus E. Pembrey）发现祖父在少年时期经受的饥饿会改变他的孙子的死亡率，同样一个祖母的饥饿经历会改变其孙女的死亡率。在怀孕之前或者受孕时的表观遗传变化，可以导致可继承的表观遗传，甚至男性吸烟也可能影响下一代。正如今天每个怀孕的妇女被警告的那样，酒精对胚胎的作用也可能引起表观遗传变化。

荷兰研究人员正在继续分析微生物和营养的关系。他们开展了一项新的大型研究，在 10 年中他们进行了 4000 万次观察，监测了 140 多人的饮食方案、健康参数以及粪便情况等。收集到的数据超过了他们的电脑的处理能力，所以需要寻求天体物理学家的帮助。那些每天喝酪乳的志愿者已经与一个特定的微生物组相关联了——这并不令人惊讶，除了只有荷兰人喝酪乳，此外没有人知道酪乳是什么！

食物对我们基因的表观遗传修饰的影响最近引起了极大的关注，成了研究的焦点。其中一个结果对我来说非常重要：营养对表观遗传变化和对转座元素跳跃效率有影响。转座元素的表观遗传变化影响它们跳跃的频率。

因此，从餐桌到我们基因组的稳定性有一个连接，即跳跃基因。这些变化可以导致遗传物质的改变，在几代人中都稳定。想要知道我们是否可以影响基因，甚至我们可不可以驯服基因，还有好多要学习的知识。那怎么能做到呢？我想说，我们只知道负面的或者引起疾病的影响，其他不太引人注意的却一直放在那儿（不理睬）。

甚至有可能存在更长久的表观遗传效应，继承三代以上。它遵循不同的作用方式并且已经有了一个名字，即被定义为能延续几代人的“隔代遗传”。描述这种现象的另一个名字是“副突变”。早在65年前它就被来自加拿大的亚历克斯·布林克通过对玉米的观察发现，与麦克林托克发现表观遗传大概在同一个时期，即1950年左右（请看第7章）。

这个现象最近在线虫中被证实，表现为这些线虫会在性激素集中的地方聚集。这种行为已经遗传50代了。意外的是，即使没有性激素的信号，当气味消失的时候，相继很多代的线虫也会聚集在同一个地方，而并不需要其他外界的刺激。类似的实验，如用乙醇作为信号来研究酒精成瘾也被做过了——线虫确实能记住这个信号长达20代之久。这些线虫是怎么记住的呢，并且这只限于交配吗？令人十分不解。此外，这些信息进入线虫的基因里了吗？据我们所知并没有。这种机理涉及一小段RNA，它是通过精子遗传下来的。（此种RNA英文写作PIWI-interacting RNA，简称piRNA，其中PIWI是基因沉默过程中的分子剪刀。）其在多代遗传中的稳定性归因于染色质一些长期的改变。

从肥胖到持久的遗传，从具有调控性的RNA到生殖细胞中作为传播因子的piRNA—— 这将会成为新的研究领域。一个爷爷会影响到他的孙子辈和曾孙辈吗？但也许仅在身体质量或性行为方面？我们还不知道。

我有一个知名的高祖父（建筑师戈特弗里德·森佩尔），但遗憾的是，我不认为他传了任何或者至少能被注意到他的表观遗传的经验或才华给我！也许他只传给了男性后代？恐怕是这样的。如果我继承了他的表观遗传或副遗传经验，将会给我省去很多麻烦，可以帮助我应付一些瑞士同事建设苏黎世联邦理工学院，这可能会改变我的生活！

厄尔巴蠕虫外包消化系统

我从没想过会遇到像厄尔巴蠕虫（Elba）这么奇怪的东西。它的肠道是暴露在外面的。潜水者在厄尔巴岛浅水区采集到的厄尔巴蠕虫，其拉丁文名称是“Olavius algarvensis”（O. algarvensis）。它是白色的，通常与深海中的栖息地颜色匹配。它没有嘴或者其他的开口处；它没有消化道，没有分泌器官，或者说什么器官都没有。它真是一种蠕虫吗，还是只是看起来像蠕虫？它的生殖器被几个坚硬的毛发包围，而且可以复制。它与细菌密切共生。它的类似肠道结构的外表布满了微生物，可以帮助它消化。这些微生物至少包括5种不同的细菌种类，组成一个帮手团队，保证食物供应、残渣的回收和废物处理。最令人惊讶的是，蠕虫与细菌的共生过程会代谢一氧化碳和亚硫酸氢盐，这些都是有毒化合物。整个共生体上下移动，当在浅水区时激活有氧代谢的细菌，在深水区时则激活硫代谢的细菌。一种细菌产生糖分，另外一种把糖分解。蠕虫是搭乘于其上的细菌的运输载体，它只是上下浮动。我们同样被细菌占据，但从另一方面来看：大多数细菌在我们的肠道内，它们也帮助我们消化食物，比如通过维生素为我们提供给养，并且帮我们实现重要的功能，比如保护我们免受外来微生物的侵害。我们的皮肤上同样布满了细菌，但它们并未给我们补充养分。厄尔巴蠕虫和细菌共生之密切以至于它们不能被物理分离。所以，整个共生体被测了序。令人惊讶的是，序列中包含很多的跳跃基因、转座子，以及有“粘贴—复制”功能的转座酶。这种多重共生可能是相对较近期的，还在进行重要的尝试和制造错误。如果产生太多的突变，跳跃基因可能是危险的，但突变对于适应新环境确是很有帮助的。这种适应是随时发生的——正如不来梅海洋微生物研究所的尼克尔·杜比勒提

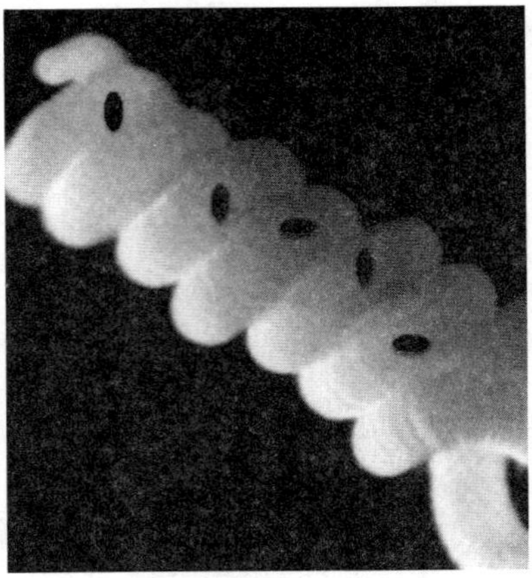

细菌在厄尔巴蠕虫的体外帮助其消化，一内一外，与我们的肠道正好相反

出的那样。这个共生体是否可以成为其他合作团体，甚至人类社会的一个榜样呢？论文作者们提出了这样的问题。它的特征或类比是什么？也许是工作上的分享，双赢、互利、共生、合作、互动、依赖、分包、外包，没有战争、没有压力、没有争斗、没有敌意？所有这一切在厄尔巴蠕虫体外和我们的肠道内都是真实存在的。这难道不应该成为人与人之间交往的典范吗？

水母的情况与此类似。在菲律宾的帕劳有一个水母湖，数百万金色水母与藻类共生，这些藻类构成水母重量的 10%。藻类与阳光发生光合作用产生氧气、糖分，以及水母的食物，而水母为了获取食物运输这些藻类。巨大的水母成群地绕圈游着，吸引研究人员研究这种独特的生物系统，它始于生命的早期阶段，那时氧气很少。我们已经提到过，不仅水母，还有病毒和海绵动物，对光敏感并驱动它们宿主的向光性。这种多重共生系统是否频繁发生呢？厄尔巴蠕虫、水母、海绵动物，以及像我们人类这样的生态系统？

玻璃球中的生态圈

我有几个小室友——4 个活泼的小螃蟹——居住在一个玻璃球内。用一只手就能抓住玻璃球，这是一个完整的、自我维系的世界，完全封闭，没有来自外面的食物、淡水或空气可送入的开口。里面装有水，还有一些小白石子形成地面。一些黑色的塑料树枝模拟了海底的植物。在这个封闭的玻璃球里存在着生命，这是一个水族馆，但它不需要定期清洁或投喂。但是，它确实需要阳光。这需要精确的剂量：光不能太多，也不能太少。如果光太多，绿藻就开始覆盖玻璃壁的内侧。对于这个问题，可以在外面用一个小磁铁来吸引内侧最初放置的磁铁来清理过剩的藻类。玻璃球有透镜效果因此可以放大螃蟹的模样。我回家时的第一件事就是问候这些可爱的小家伙——这样做已经有几年了。

这是 20 年前由美国国家航空航天局开发的“生态圈”。它本应该被带入太空轨道的，也许这已经发生了，只是我不太清楚。网上曾对此“生态圈”热议过，认为很残忍。然而，如果螃蟹绕着圈游泳，它们可能没有意识到自己被锁起来了。在这个神秘的球里，除了藻类和螃蟹还必须有其他的东西。一定要有细菌，当然人们看不见，自然还有病毒，人们就更看不见了。

光刺激藻类的新陈代谢，螃蟹以藻类和细菌为食，细菌消化螃蟹的残渣，再次产生养分。螃蟹和细菌产生二氧化碳，藻类需要二氧化碳产生氧气。明白了吧？这是多么好的平衡啊！藻类过多螃蟹消化不了，藻类不够螃蟹则会饿死。有一天，其中的一只螃蟹消失了。它是饿死了吗，还是缺少光？无论发生了什么，它肯定是被降解成分子了，以此再次进入代谢的循环中。

在世界各地，这种资源和废物之间循环的平衡至关重要。在一个发展中国家的一座垃圾山上，一个衣衫褴褛的小孩举着一张远在数千公里外的德国签发的Visa卡向镜头挥手！那是什么样的废物处理啊？还有，细菌分解2010年佛罗里达州海岸“深水地平线”钻井平台泄漏的石油的速度令科学家惊讶。我再次重申，只要有食物细菌就会生长，一旦清理完成细菌也就死掉了，具有自我限制的效应。然而，油块沉没会产生什么影响？大自然以意想不到的速度进行恢复——至少在海洋表面是这样的。在切尔诺贝利反应堆事件和美国圣海伦斯火山喷发之后也是如此。一个健康的生态系统明显可以在灾难中存活并且重新开始。

关于玻璃球生态系统中病毒的问题也需要一个答案。病毒肯定是有的。美国国家航空航天局没有提到它们——因为没有人知道它们。它们待在能代谢石油的细菌中，比如噬菌体，也待在我的小螃蟹的体内，在它们的肠道中和表面上。这是已知的。但是，只要一切平衡，就不会造成任何疾病，所以我们不了解它们。顺便说一下，人们可以在互联网上订购这种生态圈。

美国国家航空航天局正准备把缓步动物门（Tardigradus）中的一种微小的、移动缓慢的、类似甲虫的动物送到火星那褶皱的表面上。很多人可能没有听说过这种动物，我也是直到访问我之前待过的地外物理研究所时才认识它。50年前在那里，我写了关于宇宙射线的学位论文。第二次世界大战后，人们对火星表面的空气簇射中的基本粒子进行了分析，为了减慢并捕捉到高能运行中的主要粒子，空气簇射需要穿过一个7米厚的混凝土地堡，成分相当于地球的早期大气。现在这种缓步动物要飞到那里去。令人惊奇的是，它活了下来。一些来自北极的苔藓，在数十年前的1983年，被冷冻在日本的一个−20℃的冷库中。当最近因为科研目的而解冻这些苔藓时，竟爬出来两只甲虫，其中一只存活下来并产了卵。这些微小的生物能够忍受冻结、融化、高温和放射性刺激，而且可以活很久。它们应该也是爬行在地球上的，比如切尔诺贝利或圣海伦斯火山？当然，与玻璃球中的螃蟹相比它们有一个非常不同的生存模式。它们的基因组里也有长、短末端重复序列或真正的病毒吗？当然！

一些实验甚至没有计划，但却碰巧发生了：偶然在发泡聚苯乙烯制成的盒子中的孢子飞到月球并返回——回来的时候还活着。我会把银杏树的种子发送到太空轨道中，因为它们在距离日本原子弹引爆地点几千公里的地方存活了下来。那么试管中的类病毒如何，RNA 片段可能是那里第一个生物分子？它们将会是我最喜欢的偷渡者，也许它们会完整地返回，或者在其他地方开始新的生活。

第 11 章
用于基因治疗的病毒

对抗病毒的病毒

基因治疗的原理很简单：大自然为我们提供了携带原癌基因的病毒，病毒学家则用具有治疗性的基因替换掉这些原癌基因，所以致癌的病毒会导致疾病，而治疗性的病毒却能够治愈疾病。基因治疗遵循所有病毒都遵循的一个原则：基因转移。这是病毒在进化过程中扮演的主要角色。

病毒之所以能够导致疾病是因为它们在人体内可以复制的数量高达天文数字——然而问题来了：治疗性病毒不可以复制，因此它们没那么成功。这是人为规定的限制，因为能够复制的病毒可能会很危险。它们能进入生殖细胞并被传给下一代。我们不敢随便摆弄我们后代的基因——没有人想这样做。想要设计出在任何情况下都无法复制的病毒是非常困难的，因为病毒"学习"得很快，其中的一些就可能"出逃"。因此病毒必须被做得很安全。多数基因治疗的案例使用逆转录病毒，但很多其他病毒或者合成病毒也可以被修饰以达到安全使用的目的。

用肿瘤病毒来感染正常细胞会把细胞转化成肿瘤细胞，反过来也是有可能的：为了“治愈”一个肿瘤细胞，使它恢复正常，可以用携带治疗基因的病毒来医治。治疗基因必须能够补救突变造成的肿瘤细胞的恶性表型。其他遗传或者代谢疾病也可以通过基因治疗来修复。真正的困难是找到正确的基因和最合适的病毒。每种病毒都有它自身的优缺点。逆转录病毒仍是作为潜在的治疗病毒而被最全面研究的。尤其是在实验室中，为把基因转移到细胞中，逆转录病毒是不可替代的。世界上没有一个分子生物学实验室不用逆转录病毒载体作为基因转移的工具。其实，这也不完全正确，因为至少要达到 BSL2 级别的实验室才有这个资质。我所在的实验室曾经有过一个很珍贵的房间，专门用来合成很多不同种类的病毒。逆转录病毒能够整合到宿主的基因组里，这被当作一个很重要的优势，也被认为具有长期的有效性。然而它们还可能变得很危险，因为整合到基因组通常被认为是具有基因毒性的事件，可造成局部 DNA 的损伤，在基因治疗时可能在后期诱发癌症。这样看来，治疗癌症的方法也可能导致新的癌症。尽管如此，病人也许能够通过治疗赢得时间或者变得状况好一些。

令人想不到的是，逆转录病毒在动物中的研究表明，治疗性基因的表达并不总是长期持续的，尽管整合进了基因组，但随着时间推移会减弱。这是由于生物对外来基因的对抗反应，导致基因表达的关闭。这个现象叫作“沉默效应”，也就是说，外来基因被抗病毒防御机制灭活了。正如对玉米或者小鼠颜色基因的描述，防御机制通过表观遗传变化使基因灭活。这种沉默机制在成年人中显然更加突出，因为针对患肉芽肿病（一种儿童血管病）的儿童的逆转录病毒基因治疗治愈了两名儿童，而成年人则在治疗两年后死亡。

当然也有其他的替代方案：不用替换病变基因，基因治疗可以通过刺激患者的免疫系统来帮助他对抗肿瘤，“帮助人们自救”。免疫治疗包括使用细胞因子的基因，从而产生系统性的而非局部的效应。我们曾使用过这样一个因子，即白细胞介素 -12 基因（也称为 T 细胞刺激因子），它能够激活杀伤细胞并增加某些类型的干扰素的水平，即一整套组件来抗击癌症。

使用病毒最重要的规则是不能让它们复制。病毒不允许从一个细胞转移到另一个细胞。每个细胞对于治疗性病毒是死胡同：只允许进入，不许出去。这种病毒应该能够进入体细胞，尤其是癌细胞或者病变细胞，从而杀死或者治愈它们，但该病毒不能被释放到血液中，在那里它可能会意外地找到生殖细胞并传给下一代。如果病毒复制到很高的数量，那么它们接触到生殖细胞的概率就会增加。这应该是被严格禁止的，起初是基于科研人员的自我约束，如今，法律部门对此有了严格的规定。（病毒）不复制的话，每个肿瘤细胞都需要被一个治疗性病毒感染到。那是不容易的。一个肿瘤的大小有 1 立方厘米（1 毫升，或者大约 1 克），包含大约 10 亿个细胞。去治疗这样一个肿瘤，人们需要至少 10 亿个病毒，每个病毒都能找到一个细胞。然而，只有这个数量的 1/100 或者 1/1000 目前可以被生产出来。这是因为，如果体积太大，病毒便不能感染所有的肿瘤细胞。这基本解释了使用病毒载体用于基因治疗的限制：病毒必须复制才能有效。此外，由于（病毒）无法感染每一个细胞，总是存在“最小残留疾病”。即使只有几个细胞逃脱，它们往往可以再分裂出更多，于是肿瘤还会出现。

为了避免产生有复制能力的病毒，病毒通常会被切成小段，它们的基因被分成 3 个到 4 个亚病毒基因片段而不是一整个，然后被包装成病毒颗粒。这些片段由 DNA 质粒携带，并且每个片段只能编码一部分基因。慢病毒随后被构建出来代替更简单的逆转录病毒。慢病毒是艾滋病病毒的亲戚。这一开始听起来很可怕——不仅对于读者，对于监管机构也同样。然而慢病毒具有它的优势，它们在非分裂（如神经元）的细胞中很活跃。而且它们可以被做得很安全。保证安全的一种方法便是删除一些病毒基因，或通过分段和寻找聪明的方法防止它们转变成具有传染性的完整的病毒。这些片段可以暂时被放在一起，用于感染肿瘤，每个（病毒）颗粒仅针对单个细胞。此法是由加利福尼亚州帕萨迪纳的加州理工学院诺贝尔奖得主大卫·巴尔的摩创建的。

有一天，一名来自柏林的暑期生在苏黎世用“巴尔的摩”病毒吓到我了。他只是给在美国的巴尔的摩写了一封信，就拿到了治疗性病毒，然后把它放在背包里带着四处走，一点都不担心。为此我吓坏了！我们马上根据要求把它锁到一个安全隔间里。最有可能的情况是，带有我名字的信笺头是他拿到病毒的通行证！

基因治疗的另一个困难是治疗性病毒怎样能找到人体内的肿瘤细胞。人们尝试过使用皮下注射针，将悬液直接注射入肿瘤或其周围。这对一些肿瘤有效。我们向造成皮肤癌的恶性黑色素瘤里注入治疗性 DNA 质粒。这对于病人来说产生的副作用较小，并且局部的剂量要高于灌满整个身体的全身剂量。然而，这对于普遍化的癌细胞转移是没有用的。人们可以通过使用相当于分子地址的表面标记，尝试将病毒引导到远处的肿瘤或转移细胞，即将病毒瞄准其适当的靶细胞。艾滋病病毒通过其病毒表面糖蛋白 gp120 识别淋巴细胞表面的受体来发现靶细胞，gp120 作为受体的配体，是有限的病毒进入细胞的通行证。

一些备选方案也已经被开发了。其中一个便是分离肿瘤细胞，在体外治疗，即在实验室中生成更多的被治疗或治愈的细胞，然后将细胞重新注入患者体内。这个“离体”治疗方法比“体内”治疗更安全、更有效。

逆转录病毒的整合终究是个风险，因为整合位点是随机的，这些位点的修饰可能会伤害或破坏细胞基因。这种现象被称为“插入诱变”或“启动子插入”，指的是强病毒启动子可以引起癌症。因此，治愈癌症的过程可导致癌症。这在一些有免疫缺陷的儿童中的确是这样。巴黎的艾利安·费舍曾对18名儿童使用逆转录病毒载体进行治疗，该病毒载体表达了治疗遗传性免疫缺陷疾病“腺苷脱氨酶缺乏症（ADA）”的生长因子；这种缺乏症使孩子们对感染非常敏感，他们不得不生活在无菌帐篷里。这次基因治疗治愈了16人，然而在两个人中导致了危险的插入突变，病毒启动子引发了小儿白血病（幸运的是后来被控制住了）。因此，离体基因治疗也是有风险的。

另一个进展是诱导型逆转录病毒载体的设计。病毒携带的治疗基因可以通过增加或减少调控化合物（如四环素类抗生素）被随意开启或关闭。这样人们可以影响病毒的活性，甚至控制治疗性基因产物的剂量。这可能会减小毒性或者其他副作用。一些重组病毒一旦完成了它们的使命，就能够通过一个英文缩写为“SIN”（自我灭活）的程序摧毁自己。

还有干扰素诱导的基因，这是我的一个同事乔万·巴夫洛维奇（Jovan Pavlovic，他是干扰素发现者的学生）在苏黎世医学病毒学研究所开发的。这成为大众基金会深入研究可诱导转基因小鼠的焦点。在这些小鼠中，人们可以用干扰素开启和关闭基因的表达。培育这样的小鼠花了3年的时间，对我这位同事来说这些项目并不是很有吸引力。如今，新的高效率的方法CRISPR/Cas9已被开发。相较而言，今天造出这样的小鼠只是几个星期的事。

了解肿瘤形成的机制仍然是一个重要课题，特别是在转基因小鼠中。还有一个问题即原癌基因蛋白 Ras 和 Myc 是如何配合诱导肿瘤的——尽管 30 多年来这两个致癌基因一直被认为是引起癌症的重要原因，但到 2015 年为止人们仍未得到答案。这令人十分费解。然而，这两种强致癌基因不容易在小鼠中形成肿瘤，同样没人知道为什么。那么还需要哪些其他的因素呢？这在使用小鼠作为肿瘤模型时打了一个问号。

除了逆转录病毒，腺病毒也正在被开发用于基因治疗。它们的优点是可以感染许多不同的宿主细胞类型而且不整合，因此不会产生基因毒性副作用。它们还可以繁殖到更高的数量，例如每毫升 10^{11} 个病毒，能够实现更好的治疗效果。在 1999 年时的费城，即基因治疗时代刚兴起的时候，一名并未患绝症的年轻患者接受了腺病毒基因治疗。医生给了他 10^{15} 个病毒颗粒，希望他接受更多的病毒从而使治疗效果更好。然而相反的情况发生了，这个叫杰西·盖尔辛格（Jesse Gelsinger）的男孩最终死于自己免疫系统的过度反应，即“细胞因子风暴”。这是因为，他的免疫系统之前已经含有抗治疗性病毒的抗体了。随之，整个基因治疗领域也受到了冲击，主要研究者被免除了职务。人们所吸取到的教训是，患者应该处于天然状态，即不含有抗治疗性病毒的抗体。

大多数人在一生中总会受到无害的腺病毒感染并且产生抗体，这就是干扰杰西·盖尔辛格治疗的抗体。因此，今天人们用的腺病毒不是人源的，而是来自其他灵长类动物，因为大多数人从来没有被这些腺病毒感染过。腺相关病毒（AAV）近来一直在被使用，这是因为它能够非常专一地整合在 19 号染色体上的一个位点，因此可以避免非特异性整合及其所带来的风险。遗憾的是，基因治疗的载体 AAV 经常丢失这个优势，但却被进一步发展成为一种非常有用的载体。

目前，癌症研究中最前沿的领域是溶瘤病毒，它感染、复制，然后裂解肿瘤细胞（如其名称所示）。正常细胞不允许这种病毒复制，因此保持健康。此外，被杀死的肿瘤细胞释放大量的病毒。所以，这种方法克服了上面提到的复制缺陷病毒固有的问题。溶瘤病毒可以被注射到人体内，并且会找到全身的肿瘤或者转移的癌细胞。此外，病毒本身对免疫系统的刺激可以作为额外的免疫治疗。长期以来，人们对“病毒疗法”这个领域的了解仅仅基于分散的治愈案例，其中包括一些毫不相关的疾病在非特异性的病毒感染后或者疫苗接种后得到了改善。这种治疗方法尚未明确，并且曾经被摒弃，但现在则作为溶瘤病毒疗法的一个组成部分回归了。

使用溶瘤病毒抗癌是一种非常优雅的方法，许多实验室都在对此进行研究。弗兰克·麦考米克（Frank McCormick）大约 20 年前在他自己的公司开发了这种疗法。他使用遗传修饰过的腺病毒，使它们仅在肿瘤细胞中复制并且裂解肿瘤细胞——即使它们感染了正常细胞，但通常也不会复制。这其中的奥秘是使治疗性病毒对正常细胞中的肿瘤抑制因子敏感，而这种因子在肿瘤细胞中是缺失的。

同时，约有 20 项相关的临床试验正在进行中，包括针对相对绝望的病例如胰腺癌和脑肿瘤患者。几年前，一种抗头颈癌的此类药物在中国得到了批准。抗恶性黑色素瘤的药物于 2016 年也接近获得批准。德国海德堡的癌症研究中心正在开发运用麻疹病毒的方法。当然也可以使用其他病毒，如细小病毒、脊髓灰质炎病毒或修饰的疱疹病毒，但无论怎样它们都是溶瘤病毒。让我们继续抱有希望，拭目以待吧。

美国安进公司（Amgen）是靠卖促红细胞生成素起家的，其能够诱导红细胞的复制，除了合法的用途，它也常常被滥用作体育运动的兴奋剂。安进花了数十亿美元收购了奥尼克斯制药公司

（Onyx），所以现在是第一家获得批准使用溶瘤病毒的公司。

如今，奥尼克斯制药公司正在研发抗结肠癌的Raf激酶抑制剂。就在最近，它获得了大量资金来开发原癌基因*Ras*的抑制剂——尽管许多制药公司在此研究上花费了大量金钱和数十年的努力，但还没有人取得成功。突变的*Ras*是癌症中最常见的致癌基因之一，但它有太多的下游靶标，到目前为止每一个涉及它的治疗都会有副作用产生。以后人们将需要不同疗法的组合：双重或者三联疗法。

“大制药公司购买小生物技术公司”——这已经成为新的商业策略。该策略对于不能开发用于临床应用的药物，并满足所有监管要求的小公司来说是有益的。所以小的生物技术公司更乐于被大制药公司吞并，这是一个有利可图的快速退出的策略。小公司更具创新性和灵活度，更愿意并且能够承担风险，不计较输赢。而大公司则不知怎么就变成了投资机构，它们不再进行大量的研究——也许做的研究只为能跟上市场需求，为将来接手其他公司做准备。

弗兰克·麦考米克不止一次获得成功。他是1999年在苏黎世大学我组织的第一届生物技术会议上的主要演讲者，当时我还在柏林的马克斯·普朗克研究所担任科研职务，并且还在美国生物技术公司做兼职。在这次会议上，仍然充斥着很多对生物科技的恐惧、对商业左右科学的恐惧，以及涉及金钱和专利的恐惧。科学以前是公开的、自由的、没有附加条件的，不公开结果被认为是不可接受的。我记得瑞士国家经费申请表格中的最后一段问了这样一个问题：你如何计划把你的结果付诸实践？我的同事不明白这个问题的意义，他们认为应用于药物研发还很遥远！以前这在生物医学中完全闻所未闻，但在化学或工程领域则是常见的。不夸张地说，麦考米克的生物技术公司是最成功的公司之一。我们虽从他那里学到了东西，但要取得与他类似的成功也许还差得远。

没关好的门、利比赞马，以及学术道德

在美国费城，我作为一家名为阿波罗的生物技术公司的首席科学官（CSO），负责指导开发一种抗 HIV 的疫苗。它是基于一个新的原理进行开发，使用裸 DNA 质粒（“裸”指没有外壳或被包装成病毒颗粒的 DNA）。在 20 世纪 90 年代的瑞士苏黎世和美国费城，该疫苗在受 HIV 感染的志愿者身上进行了测试。疫苗就是 DNA 质粒，环状双链 DNA，它可将其携带的基因转移到肌肉中。在患者体内它会模仿病毒感染，并导致艾滋病病毒抗原的产生，然后像我们希望的那样，机体随之产生保护性抗体。这是此类疫苗首次在欧洲投入使用，历时 3 年没发现任何副作用。安全性对于疫苗来说是非常重要的，因为它通常用于健康的或年轻的人群。一次，我们给一位患者注射了“错误”的艾滋病病毒疫苗，即与他所感染的病毒毒株不相匹配。起初我们很震惊，好在第一阶段临床试验仅用于测试疫苗的安全性而不是其功效，所以没关系，但这还是挺令人尴尬的。现在这种疫苗与另外一种针对艾滋病病毒的疫苗一起，正在接受美国陆军的研究调查，原因是这种 DNA 疫苗本身不是非常有效。

我们还将这种方法应用于患恶性黑色素瘤的癌症患者中，在其肿瘤部位注射表达免疫刺激物（白细胞介素 -12）的 DNA，辅助患者的免疫系统抗击恶性黑色素瘤。我们在小鼠中确认了良性肿瘤的缩小——甚至在白马中。监管机构要求提供两个动物模型，于是我们选择了白马，因为白马会得恶性黑色素瘤，尽管它们不会因此死亡。肿瘤在我们的治疗下缩小，实验动物也免于被杀。为此我们

受到了奥地利皮贝尔白马养殖农场的邀请，那里是维也纳城堡里利比赞马育种的地方。但是我们只能减少个体肿瘤，不能提供全身治疗——这真是难以令人满意。

为了治疗效果最佳，必须使用符合药品生产质量管理规范（GMP）的材料，这使得生产材料非常昂贵。这是新疗法的瓶颈。瑞士伯尔尼的伯纳公司亲自给我们提供材料，但却重复生产了两次——因为第一次关门的方式不正确，这既浪费时间又浪费钱，然而大家还是要遵守规则。一些患者体内的肿瘤减小了，一位患者免于截肢保住了一只脚——这都是显著的治疗成果。我们在拥有专利权的罗氏公司（Hoffman-La Roche）面前对我们的成果略感自豪，然而令人失望的是，他们对后续的研究并不感兴趣。罗氏以前用过这种化合物，浓度有千倍之高，发现会令病人死亡。我们了解这个高浓度的问题，并成功避免了它。但即便如此，没有人想再碰这种化合物了。

之后又出现了更多的麻烦。令人吃惊的是，科研人员竟然忽略了被挑选出来的 12 名患者中 1 人的年龄限制——虽然只差几年，但足以造成与瑞士权威机构之间的严重冲突。科研人员为满足患者的要求做了这个决定，却违反了临床试验方案，因此遭到严厉谴责。不经过伦理委员会的许可，我们是不能从病人身上取一滴眼泪、唾液、精液或尿液进行研究的！规则就是这么严格。（我们最近使用科学界同行赠予的匿名精液来测试我们正在开发的杀微生物剂的效果——我们花了几个月的时间与法律机构就此达成协定，才能够使实验结果的审核过程继续下去，并最终发表。）

之后，一位同事因欣赏我们抗皮肤癌的临床试验结果，将此疗法提供给阿联酋的一些酋长——然而却没有通知我们，即使我们是发明者。这件事被公开时，我们团队便终止了与这位同事的合同，尽管这是非常可惜的。紧接着，对论文作者权的争夺开始了。一个“调解员”（我以前并不知道这个角色是什么）被大学任命来解决问题。我把一个美丽的夏天花在了处理一堆病人协议和数据中，把它们全部整理出来用于发表。问题解决了，然而进一步的研究却没有了下文，因为欧洲药物评审组织（EMEA）的规定已经发生了变化，对于我们这样的研究型临床试验而言，这些规定已经变得过于严格，同时费用难以承受。将来，所有的病人分析都必须单独支付，每个病例10万美元——令人绝望。另外，在柏林的夏里特医学院，我们没能达成一个费用更低的协议，4年的时间白白浪费了。从那以后，在严苛的GMP规范下制成的宝贵化合物被储存在冰箱中，因为我下不了决心把它扔掉。

值得一提的是，在2015年到2016年很快发展起来的针对埃博拉病毒和寨卡病毒的新型疫苗就是这种类型的DNA疫苗。除了这种疫苗通常相对弱的免疫原性，以及可能需要额外的免疫刺激成分，它们安全、稳定，便于运输，并且易于存放在偏远的地方。

至于谈到论文——《它们为什么这么重要》，一些读者可能会问。论文是评判科学研究成功与否和是否决定申请更多资金的基础。论文的评估通常基于有高度争议性的标准。论文的质量通常受到接受它的期刊声望的保证，因为需要经过匿名审稿人的严格审查，审稿人姓名从不会被公开。（少有的几个期刊试图通过“公开的同行评审”来改变这种规则。）审稿的过程通常需要一年时间，参与论文的同事可能都已经离开，研究组的重点也可能已经改变——这会引发问题的。期刊按所谓“影响因子”进行排列，从1到60，这是每年被其他论文所引用的平均次数，《自然》、《细胞》、《科学》和一些医学期刊排名最高。论文的质量可以通过杂志的“科学引文索引”量化。期刊一般会公开这个数字，以吸引科学家选择该期刊投稿。（h 因子反映了作者获得引用的数量，较少被使用。）这些参数必须在从博士后到教授的工作申请中注明，并且是科研资金申请的前提。不是每个人都能那么幸运地从米尔德雷德·舍尔（Mildred Scheel）博士本人那里获得一大笔癌症研究的“核心资助”。她是德国一家癌症援助机构创始人的妻子，她自己因患癌症去世，令人伤心。我有幸在一次电视采访之后获得瑞士一位银行家给的艾滋病研究资金支票，而不需要像以前那样写经费申请了。

这里想提到一些数字：多年来，我每年写 8 个提案，假设每个提案有 50% 的机会得到约 20 万美元或 30 万美元的资助。在我研究领域里的一篇论文的花费均超过 60 万美元，而且平均需要两年时间的深入研究。纳税人正在资助很大一部分我们的研究——也是我的兴趣爱好！我非常感激。

要成为正教授，需要提供 50 到 100 篇论文，其中还要有几篇影响力高的论文，以及在未来有希望有所建树的研究领域。而成为 15 篇论文的第一或通信作者才能让申请人获得特许任教资格（德语国家在大学教书的资格）。过去，女性比男性需要拿出更多的文章，现在她们拿到教职并不需要那么多文章了！（论文中）作者名单很少是按首字母顺序排列的，但在物理学中通常是这样排的。为实验做出最大贡献的科学家排第一位，研究组长则是最后一位。提供资金已不再是成为共同作者的标准，实验室老板也不再自动成为最后一位作者。每个作者都应该了解所有的研究内容，不仅是他有所贡献的那部分和更正的部分 ——这是作者减少学术造假的一个新的责任！近年来，在论文的最后一段标明每个作者的贡献以及宣布任何商业利益已经成为一项惯例。我再说一件事：作者应该正确对待（已发表过的）文献。省略竞争对手的贡献是非常“有用”的

（但确实是科学上的不端行为），并希望审稿人不会发现——从而获得不合理的高影响力的发表，好像结果是个新发现一样！我已经提到了我经历过的几件事情，希望大家以此为鉴。获得科研经费对于在大学获得教职很重要。在职的每个人都要对大学的科研事业出一份钱，大学的基础设施通常也包括在内，来自公司的赞助多少会带来一些顾虑。（在职人员）教学也需要被评估，通常由学生投票，然后那就——祝你好运吧。我希望成功拿到教职的人不会受到输家的报复——这些人通常对大学的结构和人际关系有更好的了解，并且会花更多的时间来竞争。至少这发生在我身上了：歧视，虚假的匿名指控，直接的威胁，甚至来自那些拿过大奖的出色的同事。我知道我在说什么，祝大家好运。

“为蚊子接种疫苗”来对抗病毒

基因治疗最近也开始针对蚊子了。注意，我不是指那些在温暖的夏日夜晚靠近湖泊或静止的水面骚扰我们烧烤聚餐的蚊子。那些蚊子通常没有危险，但其他的蚊子则不然！这其中有一种是传播登革热病毒（DFV）的“黄热病蚊子”（*Aedis aegyptii*），还有传播其他引起西尼罗热（WNF）、黄热病和基孔肯雅热（主要限于法国留尼汪岛）的病毒。最近，寨卡病毒被发现也是由黄热病蚊子传播的。这些蚊子喜欢湿热，所以我们在北欧还算安全。尽管如此，一种带条纹的“虎蚊”（*Aedis albopictus*）作为病毒的载体最近在法兰克福被发现。

人们偶然了解到，感染细菌的蚊子可能产生可以杀死病毒的抗病毒物质。（细菌可能携带噬菌体而产生毒素。）怎样做到呢？通过显微注射——听起来完全不现实。对蚊子做这件事确实不容易，但人们却做到了！我们希望这些被修饰过的蚊子是足够多的，并且比其他蚊子繁殖得快。然而，这样的“设计师昆虫”通常生长得更慢。用一种叫沃尔巴克氏蚊的“设计师蚊子”对抗登革热病毒的项目在澳大利亚得到了比尔和梅琳达·盖茨基金会的资助，其他很多国家如越南、泰国、印度尼西亚和巴西，对为了保护在越战中“受苦”的美国士兵也表示出了兴趣。在德国，每年有5000万人因病毒感染生病，并且出现了一个新的趋势：虎蚊从南欧经瑞士来到德国——比以往任何时候飞得都更靠北，这主要归咎于全球气候变暖。我们已知有4种类型的登革热病毒，二次感染可增加更为严重的副反应风险，比如出血热，这可是致命的。虽然我用了“为蚊子接种疫苗”这个字眼，但实际上却是错误的。这并不是接种疫苗，而是用携带噬菌体的细菌感染蚊子来让其产生毒素。该方法成本低廉，不需要用到可能导致有抗性病毒的农药。这将会取得多大的成功还有待观察，不过在澳大利亚取得的最新成果看起来令人振奋。

今天人们正在使用基因操纵来培育不孕的雄性蚊子，它们交配但不繁殖后代，于是整个种群应该就会绝种。这被称为不孕昆虫技术。可惜的是，不孕的雄性比野生的懒惰！人们还在尝试培养“基因蚊子”，让雄性的基因影响雌性的基因，使其只能产生雄性后代，进而阻止繁衍生育。人们同时正在研究一种能杀死蚊子幼虫的真菌。除了喷洒杀虫剂外，哪一种方案会被用来对付寨卡病毒的威胁呢？

值得注意的是，杀虫剂虽然经常被使用，但从长远来看，往往会失败。携带能产生毒素的DNA质粒的苏云金芽孢杆菌（Bt），在欧盟被授权作为杀虫剂投入使用，因为毒素是完全可以生物降解的，但会导致耐药性的产生。

蚊子居住在雨水收集池、浇水罐，以及墓地的花瓶中——这其实是欧洲“公众科学计划”实地考察新方法的一种测试，即鼓励民众采集蚊子并送去进行特征描述。这样的计划能够给出关于蚊子迁徙的流行病学答案，比如它们来到法兰克福北部了吗？

一种与对付虎蚊类似的方法也被用来对付传播疟疾的疟蚊。

最近，人们在小鼠中测试了一种含有 DFV 蛋白的疫苗。疫苗由 DFV 的重组非结构蛋白（NS1）组成，从而帮助小鼠抗击病毒。这种蛋白被研究人员发现能够造成血管渗漏，长期以来这可能一直被忽视。

自 2015 年埃博拉疫情暴发，针对热带病的疫苗可能会更快地被生产出来，这是在德国埃尔盟（Elmau）举办的 G7 峰会后的决定，也很有可能用于对抗寨卡病毒。

为植物治病的病毒

未来，怎样才能喂饱地球上所有的人呢？100 年前，弗里茨·哈伯（Fritz Haber）在柏林发明了氮固定和合成肥料的方法，如今它们对于食物的生产至关重要。为了人类的生存，我们需要另外一种发明。转基因作物是我们的未来吗？我们已经遗传改造了玉米和番茄，很多欧洲的消费者在理论上抗拒但仍然购买是因为这些产品更便宜。试问，我们能够抵制这种抗拒多久呢？欧盟已经决定允许生产和种植携带抗虫毒素的苏云金芽孢杆菌改造的玉米，并已经公开了这个决定。之后又有了抗除草剂的玉米，它们不会受除草剂的影响。还有特殊的含淀粉丰富的土豆，并非食用，而是为了工业目的，作为基因改造作物或重组产品（转基因生物）获得许可。最近，关于转基因生物的种植不再完全取决于欧盟，而是由各个国家来决定。记住，喷洒在土豆上的噬菌体会增加作物产量达 5 倍。这会成为未来食品生产中的一项选择？对此我是欢迎的。

植物的基因治疗可使用特殊的细菌，它们能够引起植物肿瘤。植物能长肿瘤是挺让人吃惊的。确实，有着根癌农杆菌这个有意义的名字的细菌使植物长出“冠瘤”。这种细菌被噬菌体型的 DNA 所感染，即能够诱导肿瘤产生的 Ti 质粒。这些环状 DNA 质粒不整合到细菌基因组中，但却被细菌转移到植物细胞中，整合到植物基因组中，并诱导肿瘤产生。基因治疗师可以通过用治疗性基因取代肿瘤基因来扭转局面。比如将携带原癌基因的逆转录病毒变成携带治疗基因的病毒。

类似地，Ti 质粒中的肿瘤诱导基因可被治疗性基因替换，例如产生抗植物寄生虫的毒素的基因。这种遗传修饰作物（GMOs）使很多农民和消费者感到害怕，并也促使法律权威机构尽快拿出令人接受的规定。在美国大约 80% 的大豆、棉花和玉米是转基因作物，它们的产量有着显著增加。《跨大西洋贸易与投资伙伴协议》（TTIP）将强烈影响转基因技术的应用。

现在传来一个惊人的消息：以转基因玉米为食物的大鼠在两年内长出了肿瘤。这和人们期待的正好相反，尽管 Ti 质粒名副其实地在大鼠中诱导出了肿瘤。这个结果不仅使人们认识到一些转基因植物的风险，同样包括以 Ti 质粒为治疗性基因载体的基因治疗的整个系统。然而，人类是否会遇到和大鼠一样的问题还不能立即判断出来。也许大鼠被过量喂食，食物单一且过量，所以致癌。这是可能的，但这是药物开发的常见检测手段，其定义为“最大耐受剂量”。实际上，没有人会吃那么多食物。所以，吃一点转基因玉米是不是危险呢？检测最大剂量风险的人群包括儿童、老人、生病的或者体弱的人。减少玉米中治疗基因的剂量将会成为一个选择吗？这是一个很好的问题。也许育种者过度表达了毒素，才导致麻烦出现。

报道玉米在大鼠中诱发肿瘤的那篇文章引发了一个丑闻。抗议者指出，统计数据不够多，认为被测试的动物数量太少，以致数据不足以支持这一结论。没多久，作者被告知撤回文章——但他们并没有这样做。作者辩称，他们的手稿已经得到了科学的评价，而且审稿人也接受了手稿的发表，为什么他们要撤回呢？争议一直在持续，最后杂志社宣布撤回已发表的那篇论文。是哪里出了问题？数据，统计数字，还是审稿人无能？的确，结论缺少了一些对照！这是一个特别的案例。那么，幕后发生了什么？涉及胁迫吗？这是科学还是商业行为？消费者开始怀疑了。

最新的修饰基因和治愈疾病的方法基于 CRISPR/Cas9 技术开发，它是细菌对付噬菌体的抗病毒系统。基因在很短的时间内就能被修饰——尽管不是通过插入或重组一段 DNA，而是提供一段导向序列然后让细胞通过读取这个导向序列进行自身序列的矫正，这个过程被定义为“编辑”。其中不需要重组技术，正如转基因生物法案定义的那样。那么，针对这个新科技需要推出一个新的法案吗？在法案还未生效前，很多被修饰过的物种可能已经做出来了！我认为，法律权威机构还没有注意到这个漏洞。

病毒能够拯救栗子树和香蕉吗

栗子树正死于真菌感染。它们能被救活吗？病毒能够帮助它们免于死亡吗？在德国北部荷尔斯泰因州的诺伊施塔特，这个我童年曾居住过的城市，有着百年树龄的榆树被砍伐殆尽，只留下了一个巨大而荒凉的市场和裸露着红色方砖的哥特式教堂，教堂的大小之前没有引起过人们的注意。除此之外，城里波罗的海沿岸的巷子也是光秃秃的，完全失去了往日的魅力。在孚日广场

（Place des Vosges）、皇家宫殿（Palais Royale）、巴黎大道（Avenue Parisienne），处处都有的公园里只清晰地留有砍伐的痕迹而不见树。“拿破仑榆树”死于 1977 年，好在至少有一小部分进入了波恩的博物馆。橡树已经不见了，山楂树也会继而消失吗？榆树到底是怎么走到这一步的呢？答案是由甲虫带来的一种真菌造成的，这种甲虫即榆树甲虫。它们撬开树皮，带着真菌的孢子钻到树里面去。然后，当甲虫的幼虫在树的内部钻洞并开辟通道的时候，真菌的毒素开始起作用了。毒素堵住树液通道，所以没有水或养分可以向上输送，最终树木窒息而死。这种真菌在上个世纪初，从亚洲来到美国再传到欧洲，造成了严重的破坏。是在废旧汽车被运往欧洲的时候，真菌藏在了报废轮胎的积水中吗？不管起因如何，人们除了把树木砍倒，还能做什么呢？栗子树的死亡是同样的遭遇，这种病被称作“栗树疫病”。美国在 100 年前就经历了这种病的大流行。栗树疫病在美国摧毁了 40 亿棵树，乃至整个森林。栗树是美国东海岸标志性的树种。一些俱乐部和树木爱好者开始采取行动，试图拯救栗树。栗疫病菌（*Cryistertria parasitica*，简称 *C. parasitica*）是 1904 年从中国进入的。无论有没有甲虫钻洞，其也能成功地摧毁几米粗的树。鸟、昆虫、雨滴或风可将孢子运送到下一棵即将受害的树。人们曾经尝试过很多方法试图阻止这场灾难：使用杀菌剂、硫黄气体，以及辐射，甚至还举行了一些仪式。也许玛雅人在农业上也存在同样的问题，于是为了取悦神而牺牲人类。

2015 年，一种新的超级昆虫突然在奥地利出现，即亚洲蜱虫，为了防止它们蔓延，很多枫树都被砍掉了——我亲眼见证了这场灾难。蜱虫是通过托盘迁移的，这些托盘应该之前被消毒，但没有。目前，人们正在训练专门能嗅出这些虫子的狗。

在中国，板栗树是具有抗性的。它们的基因组被测了序并确认了抗性基因。这个基因现在由 Ti 质粒被转移到一种叫作根瘤土壤杆菌（*A. tumefaciens*）的细菌中。此外，来自爪蟾的毒素被克隆到质粒中用来杀死真菌。同样，菠菜的苦味基因也会被 Ti 质粒通过水平基因转移来消灭真菌。

瑞士科学家已经研制出一种用于栗子树的基因治疗的病毒，称为低毒性病毒（hypovirus），它能使树中的真菌功能瘫痪。这种奇特的病毒相对不为人所知。（它由裸露的双链 RNA 组成，没有真正的外壳，只有一个或两个编码基因，并且是专门抗真菌的基因。）可惜的是，这种病毒只在真菌内繁殖且只在真菌之间转移。因此，被病毒感染的真菌可以用来治疗树木。人们希望树木里的病毒能转移到真菌体内并杀死它们——如果可能的话，杀死所有的真菌！每棵树都需要单独的治疗方法，即树的个性化医疗！即使对于瑞士环保主义者来说，这也很麻烦。中国的研究人员正在试图用类似的方式拯救他们的玉米和油菜种子免受真菌感染，即通过散播被病毒感染的真菌。

然而，最安全的方式还是老式的杂交方法，即用具有抗性的中国栗树种与美国的濒危栗树种进行杂交。中国树种中 6% 的基因就足以给美国树种带来抗性。即使这样，它们并不像中国的树种，它们没有长毛的叶子，这是美国人不喜欢的。然而，这个过程需要时间。在德国，我们也会看到棕色的栗树，担心它们的健康，但是“开通道”在这里并不是那么糟糕，因为只有树叶而不是树干被感染，所以只有叶子脱落，整棵树并没有死。围绕着布赖滕巴赫广场的红色栗树，造就了典型的 5 月前后的柏林，现在还没有那么濒危。柏林真的很幸运：无须用带有毒素的 Ti 质粒或菠菜基因来治疗栗树，而抗真菌的唯一措施是老套的——在秋天收集落叶，然后马上烧掉它们。

香蕉是很重要的食物，它们也受到了真菌的威胁。已经被测序过的香蕉基因组非常大，有约32000个基因，比我们人类的基因组还要大（人类大约有20000个基因），这是因为其中有很多重复的基因。其中，人们只检测到少有的几个抗真菌基因。在非洲的植物每年被杀虫剂处理达50次之多，但却任由一种由尖孢镰刀菌引起的疾病蹂躏。杂交和育种因香蕉的无性繁殖而变得没有可能。因此，带有Ti质粒的根瘤土壤杆菌是唯一的希望，它已经在非洲被试验过了。然而，在世界范围内，食物中有细菌是不太能被接受的。所以，一个新的治疗版本是使用一种手段把Ti质粒直接注射到植物体内，而不需要使用细菌来转移质粒。基因枪就是一种选择——我们曾经用它将DNA质粒注入癌症患者的肌肉中，并取得一些成功。我们手中带有针头的注射器其实更有效，和那些制造商送来的装在昂贵的盒子中价格不菲的基因枪一样有效。

转基因食物还包括基因修饰的鱼。胰岛素样生长因子（IGF-1）被插入鱼的基因组中，因此它们虽摄取更少的食物但长得更快了。然而，没有人想吃这样的巨型鱼，可以说它几乎就是一个大的肿瘤，是普通鱼的10倍大。制药业现在正在使用它来测试新的治疗方法——似乎这些鱼可以作为动物模型使用。“转基因食品”是一个被热烈讨论的话题。德国诺贝尔奖获得者福尔哈德与一位专业的美食大厨就基因改造食物进行了公开讨论。在2016年，她再次表明基因改造食物是将来喂饱人类的唯一途径。近期有100多名诺贝尔奖得主联合签署了支持转基因食品的请愿书，尽管仍需要更多的研究和透明度。如今，基因改造的西红柿已经被做成了廉价的番茄酱——消费者并不在乎科学上的争议，而是奔着较低的价格去的。

所以，我们应该记住噬菌体。

真菌交配取代了病毒

那么真菌呢，它们携带病毒吗？当然，真菌同样含有病毒！在我们的地球上没有生命是不携带病毒的。在苏黎世，我的办公室就在苏黎世大学校属酵母实验室旁边。在那里，研究人员“只”可以鉴定大约1000种酵母类型，而事实上自然界存在着几百万种酵母。有位皮肤科医生曾说过“大多数的酵母不会使我们生病”。因此，都是同样的结论：真菌、病毒、藻类和细菌通常不会导致疾病。当然，确实有一些致病的真菌感染。这些有时是很不令人愉快的，当它们出现在阴道或者脚指甲里的时候，人们就想摆脱它们。真菌也会造成肺部感染，每年全世界150万人的死亡即由此造成。真菌还可以让厕所、地窖和冰箱以及美国约瑟米蒂公园小木屋里长出霉菌。对付它们的措施是保持新鲜空气的流动，这也是公寓内每日必做的事情。考古学家们不就是在几千年以来第一次打开埃及金字塔时，由于吸入真菌的孢子而死的吗？金字塔里总也不通风。真菌用于自我传播的孢子对庄稼也会有害，这就是中世纪时造成“圣安东尼之火”的原因。科尔马伊森海姆祭坛上的一些中世纪的绘画，描绘了当时患者祈祷求助的场景。坚果也被发现会被真菌污染，尤其是花生、风干的水果和香料。病毒和真菌的组合，特别是来自烟曲霉的有毒黄曲霉素，可能是造成人类癌症的元凶。

真菌也会影响政治，当爱尔兰遭受导致1845年大饥荒的“马铃薯枯萎病”袭击时，有200万名爱尔兰人移民到美国，也有很多人饿死。人疱疹病毒（EBV）与真菌一起导致了远东的鼻咽癌，并与乙型肝炎病毒一起导致一种肝癌——肝细胞癌（HCC）。果酱或面包上的黄曲霉素是不健康的，这些食品如果受到污染，应该扔掉。然而，我们还是需要某些真菌的，如单细胞面包酵母，可用于面包和啤酒的发酵——还有葡萄酒酿造。不要忘了：真菌为我们提供了青霉素。

要给真菌分类很难。它们是真核（含有细胞核）微生物，接近高等生物，更接近于动物而不是植物。伟大的系统分类学家卡尔·冯·林奈（Carl von Linné）不知道该把它们放入分类方案的哪一类里。它们与植物、动物、原生生物和细菌王国中的生命体是分开的。

真菌可以很小并且是单细胞的，比如酵母，它们也可以是我们所见最大的活着的有机体。真菌的根可以延展至足球场那么大，有几吨重。真菌非常善于合作，几乎与所有的植物共生，并帮助植物们从土壤中汲取养分。与病毒一起，它们可以使植物耐热，让它们能够在干旱的环境中生存得更久。自然界有一种病毒被称为热耐受性病毒，它与真菌和植物三者共生，使植物在65℃的温度下存活。用病毒来应付全球变暖应该引起人们的注意！我认为，这应该被广而告之，也许它可以帮助我们节约化石水（古地下水）。加利福尼亚州的农民正在钻探数千米深的地下，使用珍贵的化石水灌溉杏树，尽管这水源是不可替代的资源。我们要知道，全世界有40亿人将很快遇到缺水问题。我不再购买杏仁了，因为每个杏仁都需要4升的水（长成）。

真菌可以非常古老，单个真菌存活可达2400年（也许在埃及金字塔里面就有）。它们能够产生孢子，使它们成为地球上最长寿的物种，甚至可能也是其他地方最长寿的物种。它们抗辐射、高压、真空、高热和严寒，在地球上也许已经存活150亿年了。而孢子已经被封闭在琥珀中3000万年了，据称一些孢子正在（从休眠中）复苏过来——如果这种说法是真的。有些学者并不相信，认为这可能是实验室污染造成的。阿波罗 12 号在去月球的路上偶然带了一些装在发泡胶制成的盒子里的孢子。它们活着返回到了地球，尽管曾暴露在可以导致遗传物质突变的真空和宇宙射线下。

面包酵母在 1996 年被选中进行了测序，因为其基因组仅包含 1300 万个核苷酸。据此发表的论文，其标题是：靠 6000 个基因生存（我们有 20000 个）。这些基因分散在 16 条染色体上。面包酵母和人类大约在 10 亿年前从一个共同的祖先进化过来，共有着几千个相似的基因。大约 25% 的面包酵母的基因和人类的基因相关。因此，酵母被用作研究真核生物的生物模型。在一个叫合成生物学的新领域，近 500 个酵母的基因已经逐个被人类的基因替换。尽管存在很大序列上的分歧，但这些基因被发现在代谢途径中履行类似的功能。这令人非常意外。酵母将成为一个“微型实验室”，生产人体所需的营养物质，还有抗乳腺癌的紫杉醇或抗疟疾的青蒿素等药物。未来，人们可以通过“人化”酵母来替换整个化合物的生产、分析和药物筛选的途径——用酵母来取代小鼠或人类！那样既简单又快速。与细菌相比，酵母具有许多优点：更安全，其成分更容易分离，其产量可以扩大。

真菌病毒是非常不活跃的，它们永远不离开宿主，它们没有蛋白质外衣，它们几乎不复制，而是依赖于宿主的细胞分裂存活。很少或者根本没有自由的病毒颗粒生存在细胞外。它们基本上没有细胞外的生活，而是坚守在细胞里面。真菌即使不复制也可以传播病毒。单细胞的面包酵母被裸露核糖核酸病毒（Narnaviruses）感染——正如它们的名字，其含有 RNA。它们很小，只有脊髓灰质炎病毒或小核糖核酸病毒一半的大小，包含 2900 个核苷酸。裸露核糖核酸病毒由单链 RNA 组成，有着稳定的发夹环结构，并且每个末端由三叶草结构所保护。它没有衣壳，只编码唯一的一个多功能蛋白质，用于复制、包装和保护 RNA，是一种出人意料的简约且多功能的病毒变种。

酵母细胞里什么都有，包括之前被逆转录病毒感染而获得的序列和转座子，酵母的 Ty 元件用缩写的 y 来表示。 Ty1 到 Ty5 元件是反转录转座子，Ty3 与逆转录病毒非常相似（含有长末端重复序列、组织特异性抗原、反转录酶，以及核酸酶和整合酶但没有外壳），类似于昆虫中的反转录转座子，如果蝇或植物中的“吉普赛病毒”。酵母 Ty3 元件可能是通过水平基因转移进入它们现在的宿主（昆虫和植物）的祖先体内的。Ty5 是一个研究端粒结构及整合机制的模型，因为染色体末端的端粒与逆转录酶相关（见第 3 章）。一种解释是，酵母中的转座子是逆转录病毒的前体——这在 20 世纪 80 年代由逆转录酶的发现者之一霍华德提出。另一种解释则正相反，认为转座子是由逆转录病毒退化而来。

近来，出芽面包酵母中的移动因子被用于抗艾滋病病毒药物的研发，由此产生了 60 种新的主要化合物作为潜在的药物，正如加州大学欧文分校的桑德迈尔教授所述：与移动因子相互作用的蛋白质中的 120 个，会影响移动因子并潜在地影响艾滋病病毒。它们是人类宿主细胞中的因子，也可以与艾滋病病毒相互作用，由此可作为潜在的药物靶标。可见，面包酵母和人类细胞之间有着多么惊人的密切关系，以至于酵母可以用于抗 HIV 药物的筛选。当我们吃面包或喝啤酒时，应当记住这一点！

来自纽约埃尔姆赫斯特的酵母专家库尔乔曾跟我解释为什么病毒在酵母细胞中如此少见。酵母细胞（雄性或雌性）交配极其频繁，不断产生新的后代和新的遗传物质。在许多其他有机体中，更新基因库的任务通常由病毒完成，它们是进化的驱动力，在酵母中则不是这样。人们因此可以为酵母得出结论：由于它们的细胞更频繁地发生性行为，因此酵母中含有更少的病毒。

几乎每个实验室都做“酵母双杂交实验”，这是一种寻找与目标蛋白相互作用的未知蛋白的巧妙方法，即可以用一种蛋白质作为“诱饵”，选择与之结合的未知蛋白质作为“猎物”。如果结合足够强，将会激活带颜色的信号——这是一种找到新的相互作用蛋白的安全的方法。然而，当确定一种新的蛋白质被找到时，才是艰辛工作的开始，科研人员需要对其进行更深入的研究。然后论文手稿的编辑和审稿人通常会提出所有可能的问题，并期待得到全部答案。随之而来的是数据量的增长，以及与此同时，涉及的同事人数的增加。最终，当那些同事排着队等着被列入出版物的作者名单时，没有人愿意再做这个项目了。那时，你就需要变身为一个有交际手腕的老板了。

干细胞＝肿瘤细胞吗

人类的梦想之一是永葆青春，或者再次年轻——得到另一次机会，重新开始，尝试另一种人生。我记得有一幅中世纪的绘画，描述了老年人在一个池子中洗澡后重获了青春。一个希腊神话甚至描述了器官的再生：普罗米修斯用黏土创造了人类，后来因为他的傲慢自大触怒了天神宙斯，被锁在一块石头上作为惩罚。一只鹰每天被派去吃他的肝，他的肝每天晚上又会长回来。数千年前，希腊人是如何知道肝脏确实是人类最容易再生的器官的呢？在苏黎世一家博物馆的干细胞展览中，参观者被问及：你有没有想过你多大了？你身上唯一和你出生证上年龄一样的细胞是眼睛的晶状体和一些肌腱，即不需要血液供应的细胞。其余所有的细胞都更年轻，并不断在更新：皮肤细胞几天就更新一次（死细胞大量脱落）；头发每周生长 1 厘米，指甲每年生长 4 厘米，白细胞只存活一天，而红细胞能存活 100 天。其他器官中的细胞，甚至大脑，都会更新。这就使人们产生了一个疑问：我是在不断变化吗？我是谁？在以提出“忒修斯悖论”闻名的《忒修斯传》中，正是这个问题被提了出来：如果一艘船的所有部分都被新的零件完全替代，那么它还是同一艘船吗？同样，日本的木制寺庙在结构上是古老的，但是建造它们所用的木材已经在数百年内不断被更新了。

越来越长的头发或指甲算是自我更新吗？这里一定有干细胞的参与。从皮肤上拔出一根毛发，一簇细胞会粘在它的底部。其中一些是可以发育成成体细胞的干细胞。干细胞隐藏在毛囊底部的生长锥中。在迁移到皮肤表面的过程中，干细胞受到其周围环境分泌物的刺激而分化。此外，人类的胚胎是人胚胎干细胞（ES）的来源。它们是最全能的，适当刺激可以使之发育成任何类型的成体细胞。它们甚至可能发育成一个全新的人！然而，它们只能从体外受精过程中剩下的、未经移植的人类胚胎中获得。因此它们的分离是很有争议的，在一些国家受到限制或禁止。研究这些细胞的科学家有时不得不搬到允许此类实验的其他国家居住。在德国，能被使用的胚胎干细胞必须是在 2007 年之前分离出来的。多能干细胞能够发育成多种不同的器官或细胞类型，如肝脏。专能干细胞能替代器官中的细胞使之再生，并且只能长成某种类型的细胞，它们起源于皮肤、骨髓或脐带血。心脏和大脑很少会更新，几乎没有干细胞。从骨髓或血液中分离出来的造血干细胞，可以移植给病人，已经成功治疗一些白血病病例。干细胞与癌症发展的联系也在被关注：它们是否参与其中，以及它们在治疗中可能扮演什么角色仍有待研究。“肿瘤发起者”或“前体细胞”是人们用来取代“肿瘤干细胞”更受青睐的名称。一个令人惊讶的事实是，一些家长储存新生儿的脐带血细胞几十年，作为潜在的“健康保险”，用来治疗孩子后期可能罹患的疾病。

人类干细胞研究的突破来自一种鸡尾酒。其成分可以重新编码已经分化的成体细胞，使之成为干细胞。因为这种鸡尾酒可以将成年小鼠细胞变成胚胎细胞，预示着人类的梦想因此可以实现。鸡尾酒可以“重新编码”成体细胞使之“重新开始”。所需要的是作为鸡尾酒组成部分的 4 种蛋白质，即 c-Myc、Oct4、Sox2 和 Klf4。它们都是转录因子，而且它们中的每一个都可以调控很多的基因，事实上会有上百个。将经鸡尾酒处理过的细胞植入母鼠证明了成体细胞能够再次成为胚胎细胞，从而发育成新的小鼠。这个实验真的很神奇：一个完全有专门职能的细胞被转化回具有胚胎性的、多功能的细胞。这确实是有可能的，因为每个细胞（包括成体细胞）包含所有的基因，但是其所携带的细胞编码导致只有某一些基因被活跃表达。成人体内 200 种不同的细胞类型有着 200 种不同的编码。使细胞还原的因子必须能够破坏所有的这些编码，并重新激活所有的基因，使细胞变成多功能的。由于这 4 个因子“诱导”了这种状态，所以这种细胞被命名为“诱导多能干细胞”，或简称“iPS 细胞”。这些细胞可以重新开始，并且能够通过特定的分化因子发育成体内 200 种不同的细胞类型中的任何一种（对人而言）。一个简单的方法是将 iPS 细胞放在想要再生的组织附近。例如，现有的肌肉细胞通过分泌的肌肉特异性刺激因子帮助 iPS 细胞变成新的肌肉细胞。这是再生医学的基础。iPS 细胞系统是由日本京都大学的山中伸弥（Shinya Yamanaka）研发的。他系统地检测了哪些因子可以做到这种逆转，并以各种组合测试了 24 个因子。结果就是上述那 4 个转录因子可行。逆转录病毒载体将这些因子的基因转移到成人皮肤成纤维细胞中并激活数百个基因。转录因子 c-Myc 刺激细胞生长，驱动细胞开始细胞周期和细胞分裂。然而，c-Myc 也存在于许多肿瘤细胞，如脑癌或肺癌中，并且如上所述，最初是作为逆转录病毒所携带的原癌基因被发现的。因此，如果 c-Myc 基因失调，产生太多的基因产物，细胞就可能变成肿瘤细胞。这阐明了干细胞所存在的问题。它们与癌细胞极其危险地相似。那么如何阻止干细胞？最初人们想要让细胞生长，最终又想让细胞停止生长。能够以准确的方式开启或关闭 4 个因子的技巧还有待开发——它们也需要被控制和表达正确的剂量。这将减少肿瘤发生的风险。

山中伸弥于 2012 年因“发现成熟细胞可重新编码成为多能干细胞”获得诺贝尔奖，这就是将成体分化的细胞变成 iPS 细胞。他与年龄大他一代人的约翰·戈登（John Gurdon）共同获奖，后者在 1962 年将青蛙的肠细胞核移植到青蛙的卵细胞，使之发育成一只真正的青蛙。我记得很清楚，这个实验引起了质疑，甚至一些人的反感。后来它为克隆羊、猫、狗奠定了基础。我们都知道世界上最著名的羊——克隆羊多莉，它是一只没有父亲的羊。多莉于 1996 年在苏格兰，由伊恩·维尔穆特（Ian Wilmut）从一只 6 岁绵羊的乳房细胞中克隆出来。维尔穆特取出乳房细胞的细胞核并植入一个去核的卵细胞中，多莉就诞生了。然而，到 2002 年多莉的遗传物质已经存在 6 年了。因此，它的染色体末端的端粒已经缩短了，就像老羊一样，返老还童没有实现。多莉很快就出现了因年老导致的疾病如关节炎，并于 2003 年去世。它的死因是绵羊病毒感染——一种与约在 4000 万年前帮助人类胎盘形成的病毒很相近的逆转录病毒（绵羊逆转录病毒，英文缩写为 JSRV）造成的。（我很惊讶，这个病毒今天还存在！）多莉终究还是有后代的。人们可以想象，维尔穆特可能会和山中伸弥、戈登一起去了斯德哥尔摩。波士顿怀特黑德研究所的鲁道夫·贾尼施（Rudolf Jaenisch）是多年前我在汉堡的一位朋友，帮助我们了解胚胎干细胞的重新编码，他因此也获得了许多奖项。

iPS 细胞使人胚胎干细胞的分离显得过时了。如今，成体细胞可以重新编码为 iPS 细胞，同时许多技术上的改进正在研究中。

干细胞有着特殊的分裂机制，通过不对称分裂，细胞的一部分仍然附着在“小生境”内，而另一部分则暴露给生长因子或分化因子，从而变成新的细胞被释放出来。人们可由此联想到北冰洋上的一块冰从冰山上断裂下来的情景。留下的细胞，其特点是能够自我更新，并且经历了无数次的分裂。被释放出来的干细胞可以被诱导分化为人体 200 种专能的细胞。

直到最近人们才意识到这样一个事实，即生殖细胞能永远传下去，似乎有着永恒的生命。在线虫中，这正在被研究。如果动物因突变而变得不孕，生殖细胞必须具有恢复的机制，但这种恢复却是致命的。人们的目的是要找出哪些化学途径可能导致生命重生和不朽。

将这种技术投入未来应用的梦想激发了科研人员的研究热情。人们希望能生产出身体的备用部件，比如新的心脏瓣膜，新的椎间盘以治疗腰的毛病，更好的髋关节，更年轻的大脑或烧伤事故后新的皮肤——这一切都可能从 iPS 细胞做出来。带色素的人造皮肤现在已经被开发出来了，但患者等待新皮肤长出来的时间还是太长。免疫系统不会抗拒“自己的”细胞，自然也不会有排异反应，因为病人本身就是捐献者。此外，皮肤或毛囊细胞捐献不会使任何人不安，需要器官移植的人也不再需要等待别人出交通事故致死和因其他原因死亡了。

但是，在这些方法发展得足够成熟以至于可以应用于人体之前，我们还可以想到一些更简单的应用。人们可以在实验室条件下将来自患者的 iPS 细胞培养成特定的细胞，如脑、肝脏、心脏或肿瘤细胞，并用它们来测试患者对药物的反应。研究人员可以决定一个特定的病人是否可以耐受某种药物，并且决定这种药物是否可以帮助到他。在实验室进行这种实验可能需要花上数天，但可以降低潜在的风险和昂贵药物的使用成本，其中一些抗肿瘤药的成本高得离谱。这也是未来个性化医学的一个方面。在美国，每年大约有 5 万人不仅未被医疗手段治愈，反而由于治疗不当而死亡。在英国，医疗保险公司在承保极其昂贵的治疗之前已经开始要求做预先测试了。

将 iPS 细胞直接注入病人的心脏可以走些捷径，在那里 iPS 细胞依靠相邻细胞提供的特定分化因子而变成心肌细胞。直接注射入心脏的方法，避免了长时间的组织培养，并已经在小鼠中被证明是成功的。心脏病发作后的瘢痕组织是再生的焦点。也许将一个带有转录因子如 c-Myc 的注射器，直接注射到瘢痕组织，再加上局部分化因子配合就足够了？如果是这样，那就太好了。再生医学充满了希望，其中心脏病学科是一个重点，因为心脏病是西方国家人口一个主要的死亡原因——但是这还需要时间。

与一家名为纽尔奥尼克斯（Neuronics）的美国公司一起，我们分析了在培养皿中的多能干细胞，并研究了分化因子在激活特定细胞程序中的作用。我们认出了神经元，我们看到了像心脏一样跳动的细胞！但是治愈肿瘤的方法却远没有实现。该公司的创始人长了脑瘤，并一直试图支持新疗法的研究。他把他得肿瘤归因于早期手机的过度使用，当市面上刚有手机时，我记得在使用过程中我的耳朵变热了。也许，这刺激了细胞的生长，可能会导致癌症。

我记得在20世纪60年代，德国的火车上发传单宣传“新细胞疗法”，并传言当时很年迈的联邦德国总理康拉德·阿登纳以及罗马教皇正在接受从牛犊或者羊羔体内获得的细胞提取物的治疗。如果牛和人类的激素足够相似的话——其中的几种也许相似，这可能更像是一种“激素替代”治疗，而不是干细胞替代治疗。这种疗法如今已被禁止，因为会传播疾病。

据最近的媒体报道，人类干细胞疗法在旧金山获得成功。然而，最终证实这居然是一个骗局！日本也发生了同样的不良行为。为什么两个涉及干细胞应用和研究的欺诈行为接连发生？难道它们立即会被发现，是因为每个人都在试图重复实验结果？伪造者是狂热分子还是病态狂？这样的事情曾经发生过。小鼠曾经被用黑墨水欺骗性地整只涂黑，在另一个案例中，有人用记号笔在放射自显影图上伪造信号点。我所知的一个案子中，涉案的研究人员可能最终沦落到去卖汽油。在美国的一次学术会议上，晚餐时在我旁边坐着一位年轻的博士后，他是研讨会上的成功人士——他的实验结果占满了会议手册的封面。不过在我看来，他不太正常，比天才更显病态。的确，他曾经使他的上级——一个著名的生物化学家，陷入真正的麻烦并退出科学界。我曾经在圣诞节假期偷偷在实验室里查看同事的实验记录和操作规程，分析数据并确保它们没有被篡改。幸运的是没有发现什么问题。但是，即使在苏黎世的联邦技术大学（ETH）这样精英扎堆的地方，篡改数据的情况也经常出现。计算机上的篡改特别难以察觉，因为我不懂如何运行一些高级的电脑程序。后来我决定，我不再去做那些我自己无法掌控的生物统计学的论文的通信作者，因为无法保证每个细节的正确性。我在想，我是不是唯一一个对这个并不新鲜的问题存有顾虑的科研人员？

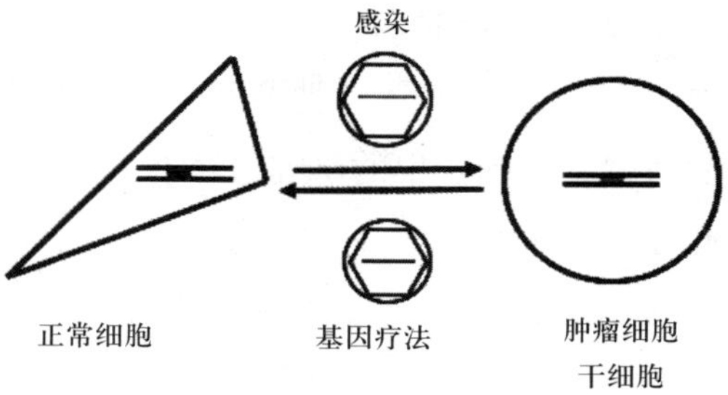

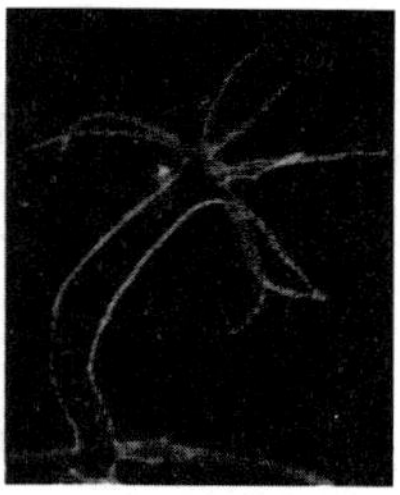

被病毒感染的正常细胞会变成肿瘤细胞，这个过程可以通过病毒基因疗法来逆转。肿瘤细胞和干细胞有一定的相似性，如果 *Myc* 这个原癌基因就能造成脑肿瘤，那么其也可以促进水螅长出新的头来

水螅的新脑袋

水螅有什么令人兴奋的呢？水螅（俗称九头蛇）出现在希腊神话中，故事里赫丘利的十个任务之一就是必须把九头蛇的头砍掉。但是，每次他这样做的时候，几个新的头又重新长了出来。

这个古老传说的背后倒有些知识可寻。人们即使将水螅这种动物切成两半，这种小的淡水珊瑚虫的每一半都会重新生长出失去的另一半。就算水螅被切碎得能通过筛子，每一小部分都能够长成为一个完整的活水螅，是不是很惊人？！水螅也可以再生一些神经细胞，尽管它们比我们的细胞更为原始。那么触手是如何再生，从而形成新的头或脚的呢？我们今天对替换或重生我们身体的某些部位非常感兴趣，这是 iPS 细胞和组织 / 器官再生的主题。是的，我们需要新的备用部件，但貌似只有肝脏在细胞再生和归巢方面表现得好。“归巢”是指如果将一个肝细胞注射到手臂的静脉中，它会找到到达肝脏的路径。

阿尔弗雷德·吉雷尔在图宾根的马克斯·普朗克分子遗传学研究所庆祝了他 80 岁的生日。他最喜欢的研究对象就是水螅，它们只有几毫米长，经常粘到水族箱的四壁上。水螅可以追溯到5亿年前。据报道，一种“头部激活因子”（神经肽）在产生新头再生方面发挥了作用。激活因子在图宾根的研究已经有一段历史了，Spemann-Mangold 激活因子首次在青蛙中被发现。吉雷尔预测了生长因子的分布是呈梯度的，这可能启发了后来的诺贝尔奖获得者——吉雷尔在图宾根办公室的前邻居克里斯蒂安·纽斯莱因－沃尔哈德，他是研究苍蝇幼虫头和尾形成的科学家。因子的梯度分布是形态发生的关键，正面和负面的信号调控分化很可能也发生在水螅中，但是仅此就够吗？也许水螅从未“成年”，始终保持在一个胚胎的状态，因此可以重新长出缺失的部分（我的猜测）。我们成年人就没那么幸运了，无法重新长出失去的部分。

我本可以师从吉雷尔完成我的博士工作任务，但那时我没有足够的勇气或远见，最终去了隔壁的病毒学系。后来，吉雷尔还审过我写的关于逆转录病毒的论文。类似的逆转录病毒的因子在水螅中也起一定作用。水螅基因组的完整测序由查普曼等人与加利福尼亚州的克雷格·文特尔研究所一起，于2010年完成，共有70位作者和20个研究小组参与其中。测序结果是我在这本书中加入水螅内容的原因。首先，论文的标题值得一提：水螅的动态基因组。水螅的基因组也在不断变化，进行着很强的基因跳跃活动。约有57%的水螅基因组由逆转录因子组成，遵循“复制—粘贴”的规则，并需要逆转录酶的帮助通过复制来扩大基因组。这些逆转录因子不仅活跃在几百万年前，今天它们依然活跃着。如比较简单的DNA转座子，它们执行着“剪切—粘贴”，构成水螅基因组的20%左右，也一直活跃到今天。读者现在对这一切都有所了解了！在水螅中有3个时期是跳跃基因异常活跃的时候，之前这对我来说是新东西。这些时期可能对应着特定的地球历史事件。到底发生了什么事呢——火山爆发、冰河时代降临还是陨石撞击？那时水螅的数量经历了一个巨大起伏，很多水螅死掉了，只留下少数将特殊的性状传递给它们的后代。跳跃基因补充了基因组，至今，它们（基因组）的大小增加了 3 倍，达到了大约 10 亿个碱基对（约为人类基因组 1/3 的大小）。此外，研究发现水螅与一种以前未知的细菌有着密切接触。研究人员在测序时无法分离它的序列，这是一个稳定的共生关系。因此，水螅在这方面可能与之前提到的厄尔巴蠕虫类似，即共生细菌帮助宿主消化食物。

那么人们知道水螅是怎样长出新头的吗？水螅不具有 iPS 细胞生长所需的所有 4 种转录因子，它仅有 Myc 一种（更精确地说是 c-Myc）。然而，它却有 4 种不同的 Myc 蛋白——这对研究 Myc 的专家来说很有意思。这几种 Myc 蛋白可以帮助水螅长出新头吗？或者说，这是水螅的秘密武器吗？ Myc 从另一方面来看，是人脑肿瘤的一个指标，肿瘤中过量产生达 10000 倍的神经类 Myc 或 N-Myc。 Myc 刺激生长，所以有助于人类脑部肿瘤的恶性生长。因此，在新的头部和病态的头部之间只有一条很窄的界限，这两者都受到 Myc 的调控。此外，还有其他的信号通路在水螅中被激活，这也是从癌症研究中得知的，例如在小鼠的乳腺癌中起作用的“Wnt”途径——非常奇怪！这些基因无处不在，在水螅、老鼠和人中，都是相关联的！（Wnt 也是一种致癌基因，作为人类干细胞中的原癌基因起作用。）

我们仅从 DNA 还无法读懂水螅如何长出一个新的头，但是转录组，即所有活性基因的转录物，可能很快就会告诉我们答案。水螅还有另外一个独特的属性：不衰老，它永远活着。水螅细胞主要是还是全是干细胞呢？基尔的研究人员最近在水螅中发现了一个永生的基因，即“Methuselah 基因”。它是转录因子 Foxo3 的变体，

Foxo3 也存在于线虫中，更重要的是在长寿的人类中也存在。据报道，地球上最古老的活体动物已有 1 万岁。所以它的寿命是海龟的 10 倍，许多人认为海龟是动物中寿命最长的，要知道，达尔文养的海龟刚死不久！它就是深海中的一块海绵体，代谢量不多，过着一个非常有限和单调的生活，且仅由 3 种细胞组成。这些细胞一定与干细胞有一些共同之处。这样说来，一种枯燥乏味的生活方式似乎能换来长寿。这是真的吗？并且能用来预测我们的寿命吗？

就像水螅一样，涡虫类动物最近吸引了人们的注意力，因为它们也能从碎片的形态重新长起来。人们更熟知的蜥蜴，可以重新长出尾巴。其中涉及的基因还不为我们所知——Myc 是否对此有帮助？我打赌有！像鳄鱼和鲨鱼可以重新长出牙齿也将是一个有趣的研究课题。在人类中，智齿会偶然出现。它是从牙根顶端的正在变成肿瘤但恰好拐了一个弯变成一颗新牙齿的干细胞中生长出来的吗？

不久前，电视节目里出现了一个小婴儿，他失去了手指的指尖，随后接受了源自细胞外基质的粉末的治疗。细胞外基质是一种建立细胞间接触的物质。医生们非常惊讶：指尖再次长了出来，甚至长了指甲。它可能同之前一样，是由生长因子或分化因子的梯度刺激的。一位有批判性的记者问到那种粉末是否为最关键因素，却没有得到答案。然而，手指的再生可能是由于婴儿还足够小以至于有残留的胚胎干细胞。也许 4 种转录因子的混合物会比那种粉末更好，或者其只是粉末中的 1 种因子？在基因治疗研究中，儿童的治疗效果也比成年人好，成人中治疗基因常被关闭。我们需要了解分化程序并重新激活它们，作为治疗成人手指断裂的一个可能的新开始。我们需要的不仅仅是备用手指，我们可能更想了解长寿的秘诀。

第 12 章
病毒与未来

合成生物学：试管中诞生的狗或猫？

2002 年，长岛石溪的艾卡德·维默上了新闻头条，这令他自己也很惊讶。为什么呢？他在实验室完成了脊髓灰质炎病毒基因组的全面合成，并发表了他的工作成果。合成的病毒具有传染性并能够复制。然而，公众并不认为这是科学的进步，外行人士和科学家都尖叫着抗议："这样的论文不应该发表！""这就是一本生物恐怖主义的烹饪书！"实验所有使用的试剂都可以在没有许可或限制的情况下通过商业途径购买到，即使是脊髓灰质炎病毒的序列在互联网上也有免费提供。现在，任何人都可以复制合成这种病毒，并将其作为生物武器散播——所以公众非常不安。实际上，这种合成当然不是一件容易的事。但有时候如果科学家不满意的话，或者他们用光了科研经费，或者他们感到挫败或者发了疯的话，甚至会成为生化恐怖分子。事情就是这样，当一个生化恐怖分子通过邮件发出炭疽孢子时，他一定是一个愤怒的炭疽病专家。

脊髓灰质炎病毒很小，只含有7500个核苷酸。为了使它的合成简单，维默将病毒基因组合成为DNA，因为DNA更稳定，并且所需的RNA在细胞内将自动以DNA为模板复制。与此同时，从蝙蝠中分离出来的非常危险的、含有29700个核苷酸的类SARS冠状病毒，已经完全被合成了。随后通过引入突变使其“人源化”。这种分离出来的毒株便可以人传人——这一直令人恐惧。脊髓灰质炎病毒是相对无害的，那么重建合成3500万年前就开始存在的逆转录病毒“凤凰”呢？流感病毒也同样可以通过合成生产，甚至比通过细胞培养，或者鸡胚繁殖更快，它们可以突变成更危险的分离物，尽管目的是用合成流感病毒研制未来的疫苗。对于疫苗，人们试图“利用密码子去优化”病毒序列，并插入27个突变，以减慢病毒复制速度并降低风险。一种非常成功的、拯救生命的脊髓灰质炎疫苗只含有一个突变，可以“回复突变”成危险的野生型。尽管人类几乎已经消除了脊髓灰质炎病毒感染，但根据现代标准，这种疫苗被认为太危险了。今天它将永远不会被权威机构批准使用，不太有效但更安全的灭活疫苗仍然是首选。比尔·盖茨夫妇正在支持新的脊髓灰质炎病毒根除计划。合成的人工突变病毒疫苗不仅适用于脊髓灰质炎，而且适用于流感或其他病毒。这种方法被称为SAVE，即“合成减毒病毒工程”。

合成生物学尚处于起步阶段。合成一个真正的活细胞、最小的细胞，是有远见的克雷格·文特尔的最高优先级目标，他总是比他同时代的人略胜一筹。他从最小的细菌生殖器支原体开始，逐步减少基因的总数，以确定一组最基本的基因。在实验对象的482个基因中，可以减少100个，只剩382个。减少的基因组中有1/3没有已知的功能，约有206个基因与其他物种相关。这些基因调节复制和生存。文特尔和他的同事在体外合成了DNA，然而令每个人都感到奇怪的是，没有长出活的细菌。必须将合成的DNA插入“掏空的”细菌宿主中——这是作弊！至于细菌细胞里游动的是什么东西，新闻报道竟然称此为人造生命或合成生命，甚至称其为“扮演上帝的角色”。这是错的！文特尔本人更为实际，他称这次努力为“转化”：从狗里造出一只猫来。它也被称为基因组移植。文特尔使一个空的细菌重获生命，仅此而已。然而，谁也没有质疑这是不可能的。要知道，细菌的DNA比脊髓灰质炎病毒DNA约大了100倍。因此，这不是一个简单的技术挑战。文特尔还必须掌握技巧，使受体细胞中的防御机制失活，其中的限制性内切酶会降解外来的DNA。文特尔把他的这种生物形容为“认计算机为父母的第一个物种”。现在，确实有了第一个真正的活的合成生物：2016年，文特尔成功地用含有473个基因（编码438种蛋白质和35种RNA）53.1万个碱基对的合成基因组在实验室培养基中养出了第一个最小的细菌细胞。它看起来很丑，一团大小不一、不对称且没有自我组织结构的东西——论文作者称其外观“多态”。同样，有149个基因的功能未知。它每3个小时复制1次，比原来的有机体慢一点，所以仍缺少一样重要的东西。该团队使用了一种新的方法，即“转座子诱变”，这在将来会看到结果。作者强调，并没有真正的“最小细胞”，因为这取决于环境。生长培养基越丰富，细胞越简单！

一旦制成有功能的合成细胞，人们就可以研究用其生产有价值产品的方法，如有诸多应用的药物或工业化学品。生命是什么？它的化学成分将很快得到解释。

顺便说一句，克雷格·文特尔这篇惊天动地的最新论文的第一作者克莱德·哈奇森（Clyde Hutchison）已经77岁了，这使我对自己65岁要被强制退休这件事有些想法。

2014 年，60 名本科生参与了纽约大学杰夫·伯克（Jef Boeke）组织的“建立基因组”的项目。在 7 年的努力中，他们将小的合成 DNA 片段拼凑成 1000 个碱基对。他们使用酵母细胞代替细菌细胞装载合成 DNA，并插入新的合成基因。酵母是一种真核生物，与人类细胞更为接近，比细菌复杂得多：它的细胞核含有 16 条染色体，其中只有一条天然的染色体被人工的替代。细胞仍可以生长，并被证明迄今为止没有犯下任何错误。只有 3% 的酵母 DNA 是合成的。此外，还包括约 500 个突变。作为安全措施，研究人员从 31.7 万个核苷酸中去除了 5 万个，以防某些酵母细胞不经意地被释放到环境中。首先，所有东西都是在电脑上设计的，然后进行合成生产。因此，该酵母是“人源化的”。人类基因与酵母基因虽不完全相同，但它们足够相似，因此适用相同的代谢和信号转导途径。这让我感到惊讶，这是未来替换人类细胞的突破。这将有助于未来筛选抗人类疾病的药物，很赞！

文特尔也希望使用他量身定制的细菌进行代谢研究、药物筛选和生产生物气体，这将是用细菌生产能源的奠基石。他还设想将其应用于生产疫苗或治疗制剂，以及降解垃圾。另外，也希望可以用其生产食物。

一些对未来的憧憬包括经特殊设计的细胞不仅可以检测，而且还能生产新的化合物，如抗疟疾的青蒿素。还有一个新的愿望是“编辑”，通过噬菌体来源的 CRISPR/Cas9 系统对缺陷基因进行遗传修饰和纠正。这可能有助于抵抗多重抗药性细菌，但它也可能导致迈向“精品设计婴儿”的第一步。人胚胎细胞的遗传修饰已经开始，但是只要不触碰生殖细胞，遗传还是行使着非常严格的责任。

未来，我们可能会吞咽不是预先制成的药片，而是能决定需求以及“生产”药物，即根据患者的要求按需提供治疗，比如可以在需要时自动供应合适剂量的胰岛素。工程师、医生和进化研究者将不得不合作，因为新的概念是多学科的。最重要的是他们必须与真正的自然相契合。大自然已经通过几十亿年发展出了某种平衡，来对抗未知的或不熟悉的人为影响。即将出台的新专利法规定，生物组件要具有“自由操作”的属性，不包括构建（新的）生物组件的方法。说白了，该趋势就是自然存在的基因不能获得专利，而人造的可以。事实上，美国麻省理工学院的合成生物学家卢冠达（Timothy Lu）正在构建带有基因的病毒或者噬菌体作为生物机器，用于破坏细菌层，即生物膜，此膜耐药性是自由微生物的500倍。它们布满医院设备，从导尿管到水管。他还想把噬菌体转移到细菌或细胞中以产生某种物质。这也许有一天可能会被皮下注射自动供给胰岛素的针头所取代。卢冠达也开始调控肠道中的拟杆菌以感应和响应刺激。他把细菌当作“硬盘”（记者是这样形容的），作为信息的存储器。刺激可以导致突变，能够被保存长达12天，然后被读取和量化。有一天它们会指示我们“停止进食”吗？这甚至可能是一件容易的事情！卢冠达设计的“能够自我构建的生物材料”几乎就是一种生物3D打印机！他瞄准了多重耐药细菌——一个最迫切需要解决的问题。

我们将吞下传感器、纳米工具、机器人以及显微操作器，并希望它们能够做所有的事情——这只是一个愿望！请记住，病毒是出色的压力传感器，疱疹病毒能在神经纤维上爬动并激活化学反应，例如唇疱疹。因此，病毒在特殊情况下可以完成大部分工作。它们是好的发明家和老师，供我们效仿。

50多年前，具有高度创造性的思想家和诺贝尔奖获得者理查德·费曼（Richard Feynman）已经预见到了这一切。他说：“我不能创造我搞不明白的东西”——这要让克雷格·文特尔再忙一阵了。

费曼的伟大愿望是：把医生吞到肚子里！现在我们几乎快要做到了吧？

先有病毒还是先有细胞

在2013年瑞士达沃斯RNA年会上我曾提出过这个问题。我和我的同事以及许多病毒学家还有RNA和化学进化方面的先驱进行了交谈。他们都给出了同样的答复，同几乎所有的教科书、我发表在国际期刊上的文章的审稿人，也许还有读者说的一样。对此问题他们都立即回答：先有细胞，因为病毒需要细胞。我对RNA和核酶的顶级研究人员这样说感到失望，因为核酶是第一个可以复制、进化、切割和连接的活性生物分子。核酶是核糖体的核心，因此是蛋白质合成的关键分子，前面提到的circRNA和近期受到关注的piRNA是基因的主要调节者。

核酶是类病毒，类病毒是病毒，所以是先有病毒的——或者稍微谦虚地讲：病毒从生命的初始到今天一直存在。（在一次讨论中）我被其他一些科学家和一帮年轻学生围住，他们好奇地听着，感到颇为惊讶。我跑了题，强调许多巨病毒比细菌更大，几乎能做和活细胞一样多的事。实际上并非一样多，但是它们已经很接近了！它们可以藏匿其他病毒。巨病毒甚至“几乎”可为肉眼所见！比许多细菌和病毒更大的病毒成为病毒的宿主——很多人直到最近才听说。可以说，病毒和细胞之间没有了清晰的界限。

“我们在讨论什么，病毒还是细胞？”学生们感到惊讶，他们从来没有听说过这些。我们地球上有10^{33}个病毒，算是地球上最成功的生物体，也是最大的生物种群。所有的生物体都含有病毒，甚至就在它们的基因组中——我敢打赌是这样的！所以病毒一定从一开始就存在，仅仅依靠之后的感染不可能达到这种效果。我的“快速演讲”是否说服了听众，还有汤姆·切赫呢？先有病毒？——我不知道他们最终是否同意。

“先有病毒”引起了更多的争论。最近的序列分析表明，尽管一些病毒基因与细胞基因具有相似性，但病毒基因要远多于细胞基因。加利福尼亚州欧文病毒研究中心的路易斯·维拉瑞尔是研究病毒在生命进化中的作用的领跑者。他将我们这个星球上病毒的优势地位描述为“virosphere”（病毒的世界），并将“replicator”（复制者）一词用于形容原始RNA，即第一个复制的RNA生物分子。生物信息学专家尤金·库宁进行的序列比对支持了这个说法。病毒的世界——更确切地说，最先有的是RNA病毒世界，随后是逆转录病毒元件，再后来出现了DNA病毒。巨病毒的发现者把巨病毒放在了生命之树的根部，但是这些病毒对于作为生命的起源来说太大了，这个论点还没有被普遍接受！噬菌体的发现者费利克斯·代列尔直观地将噬菌体置于生命之树的根部。这种进化的发展可以被称为“自下而上”，即从简单到复杂、从小到大或被称为“先有病毒的假设”，表明病毒是第一个生活在益生元世界的物质。这个想法的主要挑战是要接受“最初的病毒可以离开细胞生活在小生态中”，即达尔文的“温暖的小池塘”或者一些含有无机成分的隔室，或许还有黏土作为催化剂。是的，能量是必需的，但此时既没有蛋白质合成也没有细胞，因为化学能是足够的！

新的化学分析证实生命的三大组分是核苷酸、氨基酸和脂质，它们可以在达尔文的“原始汤”中由周围环境提供能量被合成。英国化学家约翰·萨瑟兰德可以用氰化氢、磷、硫化氢、水和紫外线等简单的前体物质，在一个试管内生产所有这三个生命组分。这可能就是生命的起源。只有当细胞出现时，病毒才改变它们的生活方式，并成为细胞内寄生虫。这是一个众所周知的依赖环境条件的进化趋势。细胞为了干扰争夺细胞资源的对手，建立了早期的原始抗病毒防御机制，即细胞免疫系统。病毒甚至可能为第一个真核细胞提供了细胞核。

与经典病毒学教科书中所述的“病毒是寄生的并依赖细胞”的定义相比，我已经修改和扩大了病毒的定义。不同的是，我把类病毒、多DNA病毒、质粒DNA，甚至朊病毒都称为“病毒”，或者至少是病毒样的。另外，从纯RNA到RNA/DNA，到含有或不含有蛋白质的DNA，再到只有蛋白质这一过程都含有病毒——这是我的意见。那么，什么是病毒呢？病毒是一个可以复制、进化和相互作用的实体。它的信息往往是（储存在）遗传物质中的，但也储存在结构中，因此我不在病毒定义中加入“遗传”一词。今天病毒大多是寄生式的，但最初却不是这样。我觉得这很合乎逻辑且容易理解，但并不是所有人都同意，我也不想对此很教条。这种阐述反映了进化的时间表，即从病毒、细菌和古细菌到共生组合体，最终促成了复杂的哺乳动物细胞。而且，非常令人惊讶的是，我们基因组的大部分竟然来自远古的病毒世界。

现在我们来描述与前面相反的一个理论：先有细胞，后有病毒。根据这一理论，病毒来自细胞，大结构变小，即“自上而下”。这是最常被接受的概念，即病毒就是由“细胞退化”来的“卫星”，这个理论也被形容为“逃跑”理论。病毒是细胞的一部分，它们分离并“窃取”细胞基因。一段带有基因的DNA被包裹在作为保护壳的蛋白质或细胞膜中，成为一个病毒。确实，今天的一些病毒，特别是哺乳动物中大的DNA病毒如疱疹病毒，似乎都支持这一理论。肿瘤病毒同样从细胞中获取癌基因。（病毒也会把癌基因带回细胞，所以遗传信息来回传递。）“减少假说”解释了这种现象，即病毒是由自由的活细胞产生的。

然而这存在一个问题，即没有足够多的基因：细胞的序列较小，而病毒的序列是巨大的。病毒“所知道的”比能从细胞中获得的信息更多。有太多病毒基因没有细胞对应物。病毒是善变的，可以通过错误复制增加其序列的复杂性。但这仍不能解释病毒基因为何非常丰富。自然界中的信息比病毒所携带的要多得多，细胞携带的则更少。

很重要的一个问题是：第一个细胞从哪里来？由文特尔做出的第一个也是最简单的微型细胞实际上是极其复杂的，它包含数百个基因和超过 20 万个核苷酸。那很大了！ 所有的这些信息是从哪里来的？持“先有细胞”学说的人们无法提供任何解释。病毒却提供了一些解释。

弗里曼·戴森在他的书《生命的起源》中提出了两种生命起源假设，他将代谢和遗传信息、机器和程序、硬件和软件结合起来考虑后，更倾向于第二种生命起源的说法。他将基因编码信息增加的这种情况归为“Schlamperei”，这是一个德文单词，意为“混乱”。戴森会说德语，特别喜欢用小孩子说的词汇，因为他的妻子来自柏林，他们必须应付一个有 5 个女儿和 1 个儿子的混乱家庭。戴森的意思是：大自然并不精确，“一般好”的东西可以改进变得越来越好。大自然尝试一切，这增加了遗传的多样性。

马克斯·德尔布鲁克还使用了“马虎”这个词，意思就是错误、不精确、试错，是作为创新的基础。我们有时把自己的马虎称为“具有创造性的混乱”。曼弗雷德·艾根称其为“准种”，即许多物种同时存在，从适应到不适应。也许“云”也是一个描述这个的很好的词。总之，进步是从错误演变而来的，甚至连查尔斯·达尔文也指出了错误的重要性。

我的信条是这样的：易错的逆转录酶是最成功的“发明者”之一，它很“马虎”！它犯“错误”。由于逆转录酶的保真度较低，每轮复制的突变率为10/10000个核苷酸，从而导致从外部获得新的信息——就像读报纸一样。而且它很丰富，几乎存在于所有的生物体中，包括细菌和古细菌，以及酵母（在某些DNA病毒或噬菌体中不存在或不复存在），并在浮游生物中起重要作用。确实，“塔拉号海洋采样实验”最新的结果表明：13.5%的浮游生物蛋白质是逆转录酶，而在人类基因组中逆转录酶只占5%，而逆转录酶是所有蛋白中数量最多的。为什么海洋中的单细胞真核生物含有那么多这种特定的酶？丰富的逆转录酶源于许多反转录转座子。海洋中生物的创新和生存需要这么多的反转录转座子吗？是否有很激烈的环境变化对此产生了影响呢？

我们前面讲过，在有些情境下，病毒负责水平基因转移（HGT）。基因和病毒水平移动，用于运输基因。我们知道从病毒到细胞和从细胞到病毒这两个方向都存在水平基因转移。这将对应许多平行的水平线，这不可能是一开始就存在的，一定是后来才有的。

正式来讲，另一个变种在理论上是可能的：病毒和细胞在许多平行的垂直线上同时出现，并进化。因此它们应该有多种起源。来自巴黎的帕特里克提出了生命的3个起源。他称含有核糖体的被病毒感染的细胞为“ribovirocells”（核糖病毒细胞），它产生蛋白质和病毒。病毒独立发明了存在于生命三域系统里的DNA。那么RNA细胞是如何出现的呢？

是否曾经存在一种“初始病毒”或“原始病毒”，即一种“原病毒”，作为所有病毒起源的单一的祖先病毒，与约翰·沃尔夫冈·冯·歌德的“原始植物”相似？这个问题经常被提出来。它可能是以类病毒形式存在的最原始的RNA，但是类病毒没有特定的序列，只有 50 个核苷酸长的 RNA 允许 4^{50}（或 10^{30}）种可能性序列，所有可能性序列的总和可以构成准种。然而那并不是一种真正的初始病毒。序列空间即所有可能序列的总和，也被称为“基因库”，到目前为止它还没被我们星球上所有生物系统的总和所完全利用。我们刚刚了解到 RNA 可以很容易地在试管中合成，正如萨瑟兰德的实验所示。但是这不是一个含有单一序列的初始 RNA 病毒。

《自然评论：微生物学》2009 年的一篇文章提出了一个极端的假设：从生命之树中排除病毒的 10 大理由。这篇文章以其挑衅性的标题激起了强烈的反对。文章的 10 位作者中没有一位认同这个标题。

那么，在此呈上我个人对病毒最终的颂扬。管风琴演奏者对约翰·塞巴斯蒂安·巴赫（Johann Sebastian Bach）创作的前奏曲后面的赋格部分很熟悉，后者以所有声部和音量的叠加而结束，并使尽可能多的管子发声，即“大合唱”。以下便是我的大合唱——一个关于病毒的总结：

从一开始作为最初的生物分子，病毒如类病毒就以复制体的形式存在了。它们尝试了一切，并通过复制重组和自身相互作用而进化，产生了具有多样性的准种。我们可以比对今天所有病毒的序列并找到距离我们最近的进化阶段。最令人惊讶的是，在这期间几乎所有的生命和物种都已经灭绝了。病毒基因组比所有细胞加在一起涵盖的信息还多。病毒的基因组结构比任何其他物种的更复杂，包括所有的 RNA 和（或）DNA——单链、双链或两者都有，线性、环状或片段化的、结构化的，以及编码的、非编码的。与这种多样的基因组结构相比，人类的双链 DNA 结构简直简单得令人惊讶。DNA 是病毒作为最具想象力的实验者传承下来的被稳定保存的、成功的产物。DNA 并不是一个稳定的“终极产物”，因为转座元素保证了进化将永无止境地进行。另外，病毒的复制方式，以及复制的调控也是多种多样的。许多机制首先在病毒中被发现，然后才是细胞，比如剪接、逆转录酶、分子剪刀、移码，等等。类病毒可以履行与人类细胞中数百种蛋白质相同的功能，如复制、切割、连接、进化、防御。病毒基因组跨度超过 5 个数量级（约 10 万至 250 万个核苷酸），病毒颗粒大小的范围从分子大小、未包裹的 RNA 片段到如细菌大小的巨病毒，所包含的基因数量则从 0 到 2500 个。具有“零基因”的是类病毒，它还不能“编码”蛋白质，但可以在没有遗传密码的情况下履行许多功能，暗示它们在遗传密码出现之前就已经存在。它们有必要进化出蛋白质和代码。另一个极端是潘多拉病毒，它含有的基因数量比许多细菌的还要多 5 倍。此外，有人提到了几种怪异的嵌合病毒，有的是奇怪的残骸或过渡形式，见证着病毒发展的各个阶段。在这其中包括非常罕见的逆噬菌体（retrophage）或类逆转录病毒（retroviroids），以及有着“被忘记的”RNA 尾巴的奇怪的蛋白质。病毒是进化的驱动力，是人类基因组的设计师——我们的组建者。

病毒和细胞之间相互学习，交换基因，并重组它们——在两个方向上，共同进化。近年来，我们不止一次地惊讶于不同的生态系统中并没有爆发“战争”，包括从人类的肠道到海洋的微生物组成。我听了埃里克·卡森蒂于 2016 年作的海洋考察报告。他对海洋微生物群落内部的和平共处感到惊讶——“我惊奇地发现，73% 的海洋和人类肠道微生物包括病毒与噬菌体在功能上是相关的，并且最丰富的蛋白质是逆转录酶。”

容易犯错的逆转录病毒或逆向元件的逆转录酶可能是新信息最慷慨的提供者。最新的证据支持这样的观点，即逆向元件是逆转录病毒的前体。逆向元件占据了 75% 的玉米基因组和 50% 的水稻基因组。有了外壳，它们便可以移动，能够离开细胞。逆转录酶和核糖核酸酶 H（RNase H）是世界上最大的蛋白质，而酵母、细菌、浮游生物、植物、哺乳动物或人类中各自的逆转录病毒的结构几乎没有差异。

令我个人感到惊讶的是，我见证了逆转录酶的发现及其 45 年来的重要性，而且我对分子剪刀 RNase H 的研究使我从逆转录病毒研究领域进入整个进化和免疫防御系统的研究领域。病毒构建了抗病毒防御系统。整合的逆转录病毒和 DNA 原病毒，可作为即时抗病毒防御系统的细胞基因。

整合的逆转录病毒和 DNA 原病毒都使用相同的工具。病毒组分可产生抗病毒效应，例如 RNA 干扰、RNA 沉默、干扰素和免疫球蛋白，所有这些都通过与 RNase H 型分子剪刀高度相关的机制作用。逆向元件是进化的驱动力。甚至连真核细胞的细胞核都有可能起源于病毒，即病毒可能产生了真核生物。最后我要说，病毒复制的速度比任何其他复制过程快 100 万倍。世界上有这么多的病毒，无疑它们是非常成功的。

那么，病毒是活着的吗？几乎是，更倾向于“是”！这其中并没有清晰的边界。于是到这里，我的“风琴演奏”就快结束了。

快跑者和缓慢的进步者

病毒在物种中的分布是奇怪的：RNA 和 DNA 病毒分布不均匀，在植物中 RNA 病毒（主要是单链）占主导地位；在细菌世界中的噬菌体几乎都含有双链 DNA，类似于藻类中的巨病毒或古细菌中的 DNA 病毒。但仍需要承认，这些“规则”是有一些例外的。

人类含有许多不同的病毒类型。为什么植物含有 RNA 病毒，而噬菌体主要为DNA病毒？在宿主或病毒中是如何产生这种偏好的？没有人可以给我解释清楚这一点，病毒学教科书甚至都不讨论这个问题。国际病毒分类学委员会（ICTV）发表了一张显示病毒分类的彩色海报——一个椭圆形的、展示着宿主及其病毒的分段，几乎在世界各地的所有病毒学研究所的门上都可以看到。我打电话给海报制作人了解编写的基础是什么，答案竟是“品位与空间”，即艺术家的个人品位、审美，而不是科学。

也许以下内容可以提供一个解释：如果RNA首先在地球上出现，然后是DNA，那么DNA病毒必定征服了RNA的世界。DNA病毒最初可能是RNA病毒，然后变成DNA病毒，脱离了早期的RNA世界。RNA病毒是“缓慢的进步者”，而DNA病毒则是“快跑者”。那么有没有这方面的证据呢？也许是有的：复制的速度，即DNA病毒及其宿主倍增的时间。确实，基于营养物质和生长条件，细菌及其DNA噬菌体可在约20分钟至数小时内复制一次。相反，植物可能需要3500年才能长成原来大小的两倍（像美国的巨型树），甚至更长时间（如银杏树或挪威云杉，树龄可达9500年）。植物病毒主要是RNA病毒，它们可以一直存活在树木中，不离开宿主而慢慢复制。细菌作为宿主的倍增数量比植物可能多百万倍，时间则短太多。细菌和病毒的增长可用一组数字来表明：地球上有10^{30}个细菌和10^{33}个噬菌体，主要是DNA基因组。在我们的生物世界中，没有什么比海洋中、土壤中、我们的肠道中，以及人体的生态系统和总生态系统中的DNA病毒和细菌更成功的了。它们甚至活跃在我们的基因里！感染藻类的巨病毒也适合这个基于复制的模型。藻类是植物，所以它们应该主要携带RNA病毒，但是很多藻类都是单细胞的生物体，生长速度很快因而数量很高，所以DNA病毒由于其繁殖速度快而最终胜出。单细胞浮游生物（纳米浮游生物）可以快速分裂，并且携带双链 DNA 的巨病毒。因此，各物种中 RNA 和 DNA 病毒偏好的共同点，似乎是复制速度和分裂数量。RNA 是首先出现的，经过复制的代数越多，成为 DNA 的概率就越大。

我们——作为哺乳动物，处在两个极端的中间。我们有 RNA 和 DNA 病毒，这是我的假设。

还有另一个提议来解释为什么植物不含有 DNA 病毒，而主要是 RNA 病毒。因为 DNA 太大而且僵硬，不容易在细胞间移动。植物中的运输系统（通过小的胞间连丝）不允许 DNA 的通过。这是尤金·库宁提出的，我没有亲自检查过（胞间连丝）的直径。但是，某种适应性的变化是不是已经产生了呢，比如更小的病毒或者植物内更粗的管道？所以它可能已经被解决了。

人们可以找到更多的证据来支持这样的说法：不仅植物病毒，植物本身的进化似乎都是缓慢的。它们仍含有活性的“剪切—粘贴”DNA 转座子，这主要存在于植物中，而不再存在于高等生物体中。在玉米或水稻等植物中，85%—90% 的基因是活跃的跳跃基因。郁金香也是如此。它们频繁的交配使它们有着非常大的基因组，比人类基因组大 10 倍。然而，植物的生存方式对适应新的环境条件并不是特别有效率，也不是很快。植物不会四处移动以获取新的信息，此外，它们的病毒也不是很活跃。在大多数情况下，它们不能形成病毒颗粒，而且移动性也不是很强。相反，它们是长期的、持续性病毒，并不积极复制。甚至压力也不能够激活隐藏着的病毒。因此，能够产生两个切割位点的 DNA 转座子在植物中可能有利于创造新的信息。逆转录转座子在 DNA 中仅导致一个切割位点，它们在我们的基因组中占优势，但也在植物中大量存在。但是逆转录转座子和 DNA 转座子存在的频率我们还不是很清楚，其总是在一个可变的很宽泛的范围内。

DNA 转座子或逆转录转座子的跳跃是何时开始发生的呢？在人类中，DNA 转座子的跳跃在大约 3500 万年前停止。在我们的基因组中，只有 3% 来源于 DNA 转座子，那是很久以前的事了。我们有活跃的逆转录转座子——主要在人类胚胎发生的过程中——可能导致癌症或孕育出天才。

根据这里提出的概念，来自细菌或藻类的、含有 DNA 的病毒是进化过程中的快跑者，而 RNA 病毒与植物一起是慢步者。人类病毒位于这两者之间，在细菌病毒和植物病毒的两个极端之间，倍增时间约为 30 年。自公历历法创立以来，约有 50 代人已经成为过去。人类的一轮繁殖对应着约 100 万个细菌的倍增。与人类的“平均”病毒相比，即从 RNA 植物类病毒样的丁型肝炎病毒到大型双链 DNA 病毒的痘病毒，噬菌体已经进入了 DNA 世界，可能已经脱离了之前的 RNA 世界。在我们新陈代谢和复制的关键位置有许多 RNA 分子，我们处于 RNA 和 DNA 世界之间的某个地方。RNA 在 DNA 世界中的一些地方仍然十分重要，例如作为 DNA 复制的起始者，作为蛋白质合成的位点，或作为基因调控的安全备份。DNA 和蛋白质产生得越多，我们发育得就越快。RNA 的剪接仅靠 ncRNA 就可以自主完成——但在人类中这一过程需要 100 个蛋白质。然而，人类的剪接体更快速并且可以执行更多特殊的功能，例如胚胎发育或基因调控。

具有调控性的 RNA 可包含核酶、类病毒、circRNA、piRNA，它们在功能和结构上都是相关的，其特质从 RNA 世界开始到今天，在我们所有的细胞中几乎保持不变——真是令人十分惊讶。它们的结构非常坚实。也许早期世界的原始汤是最危险的环境，因此促成了这种类型分子的产生，它们是永远的适者！

诺贝尔奖获得者西德尼·奥尔特曼与汤姆·切赫一起发现了催化性RNA（核酶），随即抗议当今生命概念中蛋白质的主导地位，强调RNA的重要性。他把我们的世界定义为一个“RNA—蛋白质”的世界，对DNA的定义要比对RNA和蛋白质的定义少。DNA是记忆保存者，但不要忘记，DNA可以跳跃，产生创新——这一点需要铭记在心。

试管中的怪物

两个极端的进化过程是令人惊讶的：细菌和噬菌体进化的座右铭是“小，多，快，简单”，哺乳动物和人类则是“大，少，慢，复杂”。为什么会出现这种差异？微生物、噬菌体、病毒或细菌是否是以最优的方式存在，它们的复制如此成功，所以复杂性不会增加？我们复杂的人类是怎样的，以及为什么出现的呢？为什么我们不像细菌和噬菌体那样小？我的推测性答案是：在进化过程中，有两种力量，一种趋向复杂性增加，另一种相反，趋向复杂性的降低。那么是什么决定哪一种占上风？我寻找过这个问题的答案，最后得出了结论：环境。

甚至有实验支持我的这一论点：如果能让噬菌体“Qbeta”的RNA及其复制酶在试管中增多，那么接下来会发生什么则取决于生长条件。在奢侈的条件下，噬菌体会变小，并且丢掉一些基因，复制得越来越快。这是怎样做到的呢？它们以草率的方式从丰富的供应库中挑选出并掺入不正确的核苷酸，积累错误。有些基因由于错误率太高而消失。这就是曼弗雷德·艾根所描述的错误灾难。当然，基因的数量不会减少到零，但是会减少到对于复制来说已经足够的最小数量。这种生长得越来越快、变得越来越小的情况，就是所谓的“斯皮格尔曼的怪物”。在试管中进行了几百轮的复制之后，这个怪物从大约4500个核苷酸缩小到了大约200个——它变成了一个侏儒！最令人难以置信的是，在这个过程中，RNA变成了非编码RNA。由于没有核糖体读取遗传代码，所以它丧失了三重编码的能力。在短短几天内，进化向相反的方向进行，直到回到起点。一切都是从非编码的RNA开始的。奇怪！大约50年前，索尔·斯皮格尔曼在纽约市首次进行了Qbeta噬菌体在试管中的复制和进化实验。哥廷根的曼弗雷德·艾根又进一步推动了实验进展，通过省略RNA简化了它，即仅在试管中加入核苷酸及复制酶。经过一段时间，RNA自动形成，复制并进化；核苷酸组装形成RNA链。在混乱的状态下，第一个RNA分子产生了，斯皮格尔曼的怪物创造了自己。这是两个巧妙且伟大的实验，即减少和增加复杂性。

对于这些实验来说，实验条件是至关重要的。只有在天堂般的条件下，基因减少才有可能。生长进一步加速，更多的基因被摒弃，变得“小就是快”。如果把这个概念延伸到另一个极端，那么“复杂性就会变慢”，最终将会出现最复杂的系统——人类，即作为另一个极端。“不再会有的乐园”——《圣经》是这样告诉我们的！人类通过复杂性的增加来适应艰难的生活条件和环境——“大即是慢”。饥饿迫使人类个体学习新的技能，获得新的基因，变得有分工，以保证生存。我们知道，古细菌在适应新的环境条件的过程中是具有高度创造性的。然而，它们需要开发新的途径，这需要时间，所以它们小而慢！

在这里，我冒昧地插入一件逸事：英年早逝的斯皮格尔曼于40多年前在冷泉港举行的会议上做了非常出色的演讲。他的朋友，来自苏黎世的会议主席查尔斯·魏斯曼将他介绍给大家，他们都是

Qbeta 噬菌体的专家。魏斯曼以他著名的笑话开场：一名来自华沙的拉比（犹太人中的一个特殊阶层，常指智者）介绍一位来自罗兹的拉比同事，称赞他的智慧、受教育程度和慷慨品行，当时一名访客即刻摸了摸他的袖子，在耳边低声提醒说，“别忘了谦虚”。通过这个典故，魏斯曼告诉他的朋友斯皮格尔曼不要忘了谦虚，和魏斯曼一样睿智敏捷的斯皮格尔曼马上回答魏斯曼“你也一样”。他们整个晚上都在比谁知道的笑话更多。我作为一个年轻的学生目睹了这一切，非常惊讶于科学家们在派对上也如此争强好胜！魏斯曼确信他会赢，最终他赢了。魏斯曼在 50 年后给我写的一封电子邮件中，谈起了此事并将拉比的笑话送给了我！

斯皮格尔曼的“谦虚”表现在《美国科学院院报》的一篇论文中，他试图证明逆转录病毒可以通过母乳喂养来传播癌症。不过他有一点“作弊”行为，图示中显示的一个单位是“每分钟 10 次”，而不是大家普遍接受的“cpm”（每分钟 1 次）——希望没有人会注意到这一点，这使他的结果看起来比之前好 10 倍。不管怎样，他的结果是错误的。我对于两位非常杰出和有创造力的科学家的回忆就到这里吧。

当我在写供应充足的条件下系统复杂性降低的相关内容时，我想起了我们团队研究肠道微生物群的最新数据，在与肥胖相关的研究中也观察到相似的结果。丰富的食物导致完全相同的现象，微生物复杂性减少了——基因数量降低了。相反，在食物供应不足、饮食受限的情况下，微生物复杂性增高。这种复杂性和基因数量，几乎是如今健康微生物群体的一种衡量标准。一个非洲土著人的部落显示了很高的肠道微生物多样性——他们食物匮乏，需要吃高度多样化的食物。这是怎么回事呢？复杂性的丧失是受到病毒调控的！肥胖时病毒通过丢掉抑制因子而逃离整合位点，并裂解细胞。在海洋中也一样，局部生物种群病毒组具有高度多样性，可能是由于食物供应不足造成的。

让我们回到复制速率：人类似乎“复制”得相当成功，到2016年世界人口达到了74亿。然而，与天文数字的病毒和细菌相比，这还是非常少的。微生物们将赢得生存竞赛，当人类消失时，它们仍然会存在。在生物世界中，没有什么比病毒和细菌更有效。

基因的减少或增加通常是通过共生实现的。生长在反应容器中的巨病毒，其基因丢失的速度快得令人吃惊——这也许可以成为一个有趣的、丰富生长介质中基因减少的模型系统？简化通常会导致专职化和峰值性能。我们的线粒体提供了一个熟悉而重要的例子，它专职于细胞的能量生产，是细胞的发电厂，它把90%的基因都交给了细胞核。或者想想那些天才，他们高度专业化，但在日常生活中却经常出错。

我们能够长到多大呢？与最小的活细胞相反的极端是什么——最大的细胞或有机体吗？这里只能对限制因素、大小进行推测。阿米巴虫是最大的细胞之一，因此在以下方面存在着限制，如信号转导分子必须经过的距离、骨骼的稳定性，以及其脚手架蛋白的功能、设计、几何形状、形态以及天敌等。伽利略在他1638年被软禁时写下的著名的《对话》一书中对此进行了思考，他写了一篇关于什么能够限制形式和大小的文章——“引力”就是他的答案。更大的动物需要相对更粗的骨头。如果引力更低，树木则会长得更高。火星上的引力是地球上的1/3，所以这会让树木或动物长得更高大吗？根据立方幂律，质量会增加，按平方定律，高度也会增加。因此，最大型动物的重量最终会压断它们的腿，它们会跌倒。有没有人替人类算一下呢？为什么我们没有通过共同进化发展出更强壮的骨头呢？恐龙的骨骼是否更强壮？这是一个严肃的问题，但只是很多严肃问题中的一个。

隔断的形成是生长的重要因素，可以克服其中的一些限制。在进化过程中，大小则被多细胞取代。举个例子，我新买的大旅行箱有很多隔间，我用袋子来避免混乱。阿米巴虫是最大的细胞吗？看着是这样的，同时它还携带我们所知道的最大的病毒。这很明显吗？而这些巨型的病毒反过来还承载更小的病毒！什么是最小的和最大的生物——细菌、纳米级浮游生物最小，恐龙最大？由于地中海海平面上升，食物变得短缺，西西里岛上的大象变小了。人们可以扭转此现象吗？更多的食物可以带来更大的动物，我们可以从迄今为止发现的最大的恐龙中得出此结论，它现在正在柏林被展出，有 14 头大象那么大！是的，确实有这样一种理论，恐龙之所以变得如此之大，是因为它们是顶级的食物掠夺者。它们的大小也可能是由遗传决定的。它们的头不那么重，使它们能够到高处。这并不是我个人的推测，而是一个严谨的理论。真是这样吗？似乎长颈鹿也很大！

充足的食物会导致生物无限变大吗？人类在几十年内长高了约 10 厘米。我们身体大小的决定性因素是什么？苏黎世大学最近的研究数据显示，在招募的被试者中，人们个头儿增长的速度在减慢，并有着超重的趋势。最近的一个理论指出，跳跃基因的缺乏限制了生长。这意味着缺乏创新和调整能力变慢。两种力量相互抵消优化：过于精准导致不够创新，但过于草率又导致太多错误从而产生故障。在这两个极端中间有一个中庸之道：过多的错误会使复制太不精确，产生致命的结果；过高的保真性又显得太僵硬，不足以创新，会因为缺乏适应能力而导致死亡。跳跃基因的转座子活性受到表观遗传学、环境因素，甚至营养的影响。因此，在有限的生长条件下，我们可能会激活转座子并进化出新的生存策略。这是一个很好的预测，应该有助于消除对人类未来的担忧。不过，一些生长极限却很难更准确地预测：人类最大年龄为 120 岁，世界人口最多为 120 亿——谁知道呢？

恐龙的灭绝由另外一种灾难，即尤卡坦陨石造成。只有小型动物幸存了下来。啊哈！大的确是有风险的，可我们却很大！

目前为止还算幸运，但世界末日呢

都有谁在预测未来呢？教会？也许也有政客？还有美国的太空组织美国国家航空航天局（NASA）肯定也在做这件事！NASA 早在 1982 年就率先成立了一个研究威胁人类生存的危险事件，比如行星和小行星影响地球，以及我们如何能够保护自己的代表大会。不过，几乎没有人注意到它或加以认真对待。计算结果显示，地球周围有 50 万颗小行星，其中的 8000 颗与地球的距离近得危险，每个月会有 70 颗威胁到我们——它们被称为近地天体。大部分小行星的直径在 10 米到 100 米间。1908 年，一颗直径 40 米的陨石在地球外爆炸，产生的压力波摧毁了西伯利亚的一个直径达 40 千米的区域，包括 8000 万棵树。1913 年，一颗陨石在廷布克图伤了约 120 人。2013 年 2 月 15 日，一颗小行星撞击了俄罗斯，它直径 18 米，时速 7 万千米，在地球上空 20 千米处爆炸——还好只是几个窗户玻璃被震碎。航天员最近在南非发现了一个直径为 30 千米的火山口，这之前并没有被发现。NASA 目前担忧一颗正在接近地球的小行星，因为我们只能在碰撞前十年才知道。到那时我们就得赶快去拯救我们的星球。

对于未来我们做了一些设想。我们可以尝试把地球安放在其他地方，以躲开威胁到我们的行星或小行星。用 10^{15} 吨炸药推动，地球可以像太空飞船一样移动。人们可以把地球轨道移动50万千米，陨石就会错开我们。我们可能已经拥有足够的原子弹来做到这一点。瑞士天体物理学家弗里茨·兹威基（Fritz Zwicky）早在50年前就已经有了使用炸弹来移动整个太阳系的愿景。弗里曼·戴森同样为一个他称为“猎户座”（Orion）的太空飞船制订了计划，这艘太空飞船和一艘大型蒸汽船一样大，可容纳数百人。

如果这些天才对此发表公告，那么我们该多么严肃地对待这个问题？毕竟，戴森完成了量子电动力学（QED）的计算，并帮助其他人获得了诺贝尔奖。时任美国总统奥巴马想要建一个猎户座飞船，但戴森坚持说这并非他设计的那种。兹威基发现了数以百计的未知超新星，并计算出质量的缺失——缺失的质量仍然没被找到，被称为暗物质。苏黎世的一位天体物理学家本·摩尔（Ben Moore）建议我们应该迁徙到另一个星球。我对此一点都不信，但也许他已经通过在苏黎世街头组织“爱情游行”开始演练了。

前航天员卢杰（Edward Lu）成立了一个名为B16的基金会（让人想起安托万·德·圣-埃克苏佩里的“小王子”），作为早期发现小行星的研究组织。据称，直径为270米的“Astrophys”将在2020年袭击地球。近期，一颗直径为15千米的陨石刚好错过了地球，它肯定比在6500万年前撞击尤卡坦岛，摧毁75%以上或几乎所有生物物种，直径达10千米的那颗陨石要糟。并非所有的生命都因此灭绝，因为小型动物幸存了下来，而人类最终从它们进化而来。由火山爆发造成的5次大规模灭绝事件，称为“五大事件”，从5.4亿年前开始相继发生。最近的一次是7.1万年前在印度尼西亚发生的多巴灾难。有些理论认为，人类种群经历了一个瓶颈期，数千名幸存者形成了具很高同质性的印度人口。可以说，人类不止一次幸存下来。

有一个正在进行中的研究项目试图搞清楚生命如何在地球上灭绝。纽约附近的绿湖是其中一个模型。它的名字颇为讽刺，因为那里既没有生命，也没有氧气，有的只是有毒的臭水泡，研究人员穿着安全工作服才能接近它进行分析。在前东德的一些湖泊中，鱼死于缺氧，吓人的白色鱼肚皮朝上翻着。然而，令人惊喜的是，这些湖泊的再生只花了 5 年时间——通过使用曝气器。苏黎世湖以同样的方式得到了再生。一个很不寻常的实验证明了海洋的运动：一个集装箱于 1992 年在太平洋从船上落水并破裂，散落出 2.6 万只黄色塑料鸭子玩具。7 个月后，它们在距夏威夷 3500 千米以外的海域——北极的漂流冰附近出现。没有人会想到这样一个有趣的实验，它不仅信息量非常丰富，而且操作起来成本低。可见，海洋的运动很重要。人们正在深入调查水流，以记录和预测气候变化。如果没有墨西哥湾暖流，欧洲会是什么样子？也许那些鸭子玩具可以帮助人们追踪由厄尔尼诺或秘鲁寒流造成的变化。最近，研究人员又启动了这样一个实验项目，即在全球所有的海洋中散布 1500 个黑球，称为“漂移体”，并在其上面装备了大量的探测器。至于结果如何，我们拭目以待。

我们可以通过推断过去，以及分析各种文明的灭绝来预测人类的未来吗？由陨石、其他星体威胁或火山爆发等引发的大灾难，至今已经有大约 20 个，有些人甚至说地球已经经历 50 个冰河时代了。一些观点认为，人类幸存的可能性很小，因为他们不能很快地调整适应。不过别忘了，古细菌发展出新的生存方式也很慢。当然，有些生命可以就地被保护起来，就像 6500 万年前那样，然后重新开始。39 亿年前的一幕还有可能重演吗？那么 140 亿年前的宇宙大爆炸呢？

“社交”病毒

以下的想法可能会令你困惑：病毒展示社交行为。我拒绝在这里使用“战争”这个词汇。对病毒的行为做人性化的描述也是不当的，因为不能被粗暴地定义为是好的或者坏的。生命只是简单的生存和复制，伴随着适应或者突变和进化。病毒是这方面的专家，它们直接而简单的反应使它们的行为容易被理解。然而，对病毒作为机会主义者、极端主义者，还有我认为最重要的——极简主义者，确有着详尽的描述，在理查德·道金斯（Richard Dawkins）著名的《自私的基因》一书中，病毒被认定为是自私或利己主义的。实际上，病毒是互惠互利的，常常体现为病毒对宿主生存的贡献，也可因此增加病毒的后代。在我的研究中，最常用的病毒类型是“帮手”病毒，所有的癌症病毒都是有缺陷的，需要帮手来提供外壳，使之可在细胞之间或宿主之间传播。如前所述，病毒可以如“母亲般”喂养外来昆虫的后代，通过修复遗传缺陷来保障宿主的生存，保护一些植物免受气候干燥的困扰——为了他人也为了它们自己的利益，病毒常常是互助或共生的。病毒甚至可以修复死亡宿主的缺陷基因，这同样是为了它们自己的利益——可以根据环境进行调整然后产生后代，就像所有的生命一样。典型的病毒行为可以用分子定义来描述，例如互补、相互作用、干涉、反式支配、合作以及成为宿主一部分的能力。病毒有两种与宿主相互作用的模式——整合或裂解。这两种极端情况通过“压力”联系起来，缺乏食物或空间会导致长期或持续被感染细胞的裂解，并终止病毒整合。

两种病毒比单独一种病毒表现得更好，比如与丁型肝炎病毒做伴的乙型肝炎病毒或者常与百合斑驳病毒为伍的郁金香碎色病毒。这里，“更好”指的是它们一起造成宿主的死亡。然而，在病毒摧毁宿主之前，它们会找到新的宿主，基于统计学上的原因，它们不会消除所有的宿主，因为如果没剩下几个宿主，它们也根本找不到下一个宿主。最重要的是，病毒在被提到的几种动物模型中是无害的——记住，SIV 病毒不会杀死猴子。而在其他种群中，我们又可以推断出什么呢？

病毒和宿主如何相互作用是值得思考的。噬菌体与细菌或者病毒与藻类宿主具有相关联的生命周期。进入某些种群的入侵者有两个潜在的结果——要么发生整合，这是一个持久或长期的共存；要么裂解，造成宿主的破坏和后代的释放。这两种机制都有可能，取决于宿主是“消极的”还是不易被感染的。同时这也取决于环境因素，如缺乏营养或生存空间的话，慢性感染可能导致应激诱导的溶解反应。那么，这又如何延伸到人类社会呢？

人们甚至在死的物质中也可以观察到“社会行为”，一直到可以结合、排斥，保持稳定或相互作用的分子层面。如果生命始于 RNA，那么 RNA 必须能够传递某种有用的信息。的确，如果竞争相同的资源，RNA 可以通过碱基配对识别并摧毁其他 RNA（核酶就是这样做的）。我们知道，分子或原子的相互作用都存在吸引和排斥。人类个体中的微生物也许是社交活动的一个促成因素。接吻可能使两个伴侣之间的微生物组达到平衡——多么迷幻！从信息传递到社会行为是一个很大的跳跃，但有可能是一个合乎逻辑的结果。微观世界和宏观世界之间的相似之处已经被提及。比如三叶草叶子的结构类似于转移 RNA（tRNA）的结构，具有“手”或“手指”结构的肿瘤抑制因子 p53 能够识别突变并为细胞修复争取时间！

那么伪装现象呢？如士兵们穿着与周围环境接近的装备来迷惑敌人。“病毒会展现出这种行为吗？”我曾经问过。是的，真是这样，而且假装成另外的东西几乎是病毒的标志。人们可以称之为

“欺骗”。病毒进入细胞的过程通常依靠模仿正常的细胞结合步骤或组分。举个例子，HIV 与受体 CCR5 的结合，好像病毒是其常规配体一样。病毒通过利用正常的细胞机制和模仿细胞基因产物与宿主细胞相互作用。伪装是几乎所有病毒与宿主相互作用的基础。

RNA 可以通过序列同源性区分相关 RNA 和外来 RNA。被一种 RNA 占据的细胞不允许其他的 RNA 进入，如前面提到的核酶、类病毒，作为抗病毒防御系统。我们是否能将自己的想法实践于纳米世界，来讨论从宏观到微观世界里结构或者伪装的相似性？大原则看起来是一样的，我们都是相联系的。

奇妙的新“遗传学”

临近本章的尾声，我想提出一些希望，描述一些奇迹和奇思妙想的新发展——这些反映着我们的现状，也暴露了我们知识的缺乏。

肥胖妈妈有肥胖的女儿，吸烟的祖父会影响他的孙子。

我们已经了解了表观遗传学，其并不由遗传变化或突变引起，而是决定于影响我们基因活性或表达的环境因素。毒素、热量或食物会导致某些 RNA 产生，进而激活某些化学修饰（DNA 或组蛋白甲基化、乙酰化）和被修饰基因的表达。这超出了遗传学的概念，因此被称为表观遗传学。这种情况通常在交配过程中被消除，下一代可以重新开始。所以这个过程至多是一个终身学习的阶段，而不会传给下一代。

然而，事情并没有结束。我们很快就了解到，有些东西是可以从祖母传给孙女、从祖父传给孙子的。祖父母吃的东西可能会使他们的孙子辈的基因发生变化。这种信息的传递最有可能被限制在怀孕期间的某些时间点。荷兰饥荒的研究表明，怀孕的母亲的表观遗传修饰能传递给她的胚胎和胚胎的生殖细胞，算起来能影响三代人。

现在已经影响两代人了，这并非由带基因突变的遗传，而是由更持久的表观遗传造成的。麦克林托克将玉米粒的颜色描述为表观遗传变化。当她描述表观遗传效应的时候，玉米粒再一次证明了这种现象，并表明其效果不仅是终生的，而且是可持续好几代的。加拿大植物遗传学家亚历山大·布林克在1956年就已经观察到了这一点，他称之为“副突变”（paramutation），指一个生命周期中并没有真正的突变，也没有表观遗传效应。现在我们也将这种现象描述为跨代效应，因为之后的几代人都会受到影响。

难以理解？那我们举一个例子：一种突变的小鼠尾巴上有白色的条纹，如果给这种小鼠交配，白色的条纹表型不再遵守遗传定律。人们其实可以越过交配小鼠这一步，直接从白尾巴的小鼠体中取出RNA，并将其注射到黑尾小鼠的静脉中。黑尾小鼠的后代中就可能有白色的尾巴——这是一个意想不到的结果，即仅通过RNA！这种RNA被称为“piRNA”，而（影响尾巴颜色的）基因叫作“kit”。这个基因是癌基因研究人员所熟知的，它是一种原癌基因，一种干细胞受体的酪氨酸激酶，也是一种信号分子。这个信号分子被证实能通过精子来传递到下一代。它也可以从精子中被分离出来。2006年，来自尼斯的科学家，也是我的同事和朋友——米努·拉苏尔扎德根（Minoo Rassoulzadegan）证明了这一点，她仍然在努力说服她的怀疑者相信这令人惊讶的结果。她预计，1万个小鼠基因中约有200个有这样的表现。它们对繁殖会有主要影响吗？我认为有！

白色条纹是斑马和斑马鱼的典型特征。德国诺贝尔奖获得者克里斯蒂安·纽斯莱因－沃尔哈德研究了它们的发育特性。条纹不是由病毒或环境影响引起的，而主要是由两种或三种细胞类型造成的，而且是基于遗传。突变的斑马鱼可以呈现垂直条纹，转了90度！就连斑点也可能由突变引起。

达尔文认为色彩可以增强性吸引力并对繁殖有影响。颜色也扮演着社会角色，非洲部落的土著人通过人体彩绘来标记他们的社区成员。我们人类只有使用颜料、制服以及着装规则等诸如此类做标记，因为（我们的皮肤上）没有图案，有的只是展现浅色或深色皮肤的黑色素细胞，或许造成红头发的是另一种细胞类型。由遗传学或表观遗传学引起的所有条纹，涉及形成激活剂和抑制剂的周期性模式。以破解第二次世界大战期间德国潜艇的恩尼格玛机而闻名的著名英国数学家阿兰·图灵（Alan Turing），以及普林斯顿大学的约翰·默里（John Murrey）在他的文章《猎豹的花纹是怎么来的》中描述了图案是如何产生的。讲到这里我就很兴奋，因为有一种郁金香碎色病毒可造成有条纹的郁金香，土豆或木瓜环斑病毒能造成条纹、斑点、环斑、杂色，甚至小型类病毒也参与到了图案游戏中，如马铃薯纺锤块茎类病毒。也许突变以及副突变与病毒感染都有一些共同的特点，包括“沉默”在内的分子机制我们尚不清楚。

植物中也存在跨代效应。人们可以在种植西红柿或土豆时，将毛毛虫放在它们的叶子上，于是它们产生毒素来对抗这些毛毛虫，而这两种植物的下一代即使没有遇到危险的毛毛虫，也会分泌毒素。即使是弱小的小麦植物拟南芥也能记得如何应对土壤中太多的盐分或热量长达数代。这些都是几代生命体的快速反应和记忆。这样的快速瞬间校正是在长期记忆之前出现的吗？那么三代以后呢？

最后，我们可以对一些“奇迹”做些许猜测。比如，我们虽然不明白，但仍想知道的事情。秀丽隐杆线虫在实验室的培养皿中会被一滴信息素，即性和交配信号所吸引。现在出现了这样的奇迹：几代后，它的后代在相同的地方相聚，即使信息素的气味早已消失，却丝毫不需要提示。长达 50 代的线虫都表现出了这种行为，这听起来很不可思议。另外一个实验也支持了这一点：秀丽隐杆线虫喜欢生活在果园里，比如在有着线虫研究场所的巴黎附近。苹果成熟后会跌落在果园中，线虫便以腐烂的苹果为食，而烂苹果含有一些酒精。酒精“上瘾”的线虫记住了培养皿中乙醇曾经洒落的地方长达 30 代之久！

至此，一个小 RNA 成了被怀疑的对象，它可能会造成染色质的变化，并存储这些信息。这种行为让我提出了孙子是否会找到和拜访他们祖父经常光顾的小酒馆的问题。不过我认为不会！人类太复杂了。酒精成瘾的线虫也许不只是一个例外，而能成为研究其他生物体的模型生物。

蜜蜂以它们强大的社会构造而闻名，现在人们正在分析蜜蜂体内是否存在能够被传递的 RNA。只有蜂王才能拥有蜂王浆。据报道，蜂王浆中含有影响下一代社会行为的成分：蜂王浆的成分目前正在被解析，以寻找 piRNA。我们可以在德国超市花 5 欧元买到蜂王浆——这样就可以实现更好的社会行为了吗？那太简单了。但是导致跨代效应或副突变的食物的存在已经在植物和蠕虫中被可靠地证明了，而对于人类来说，这些效应并不会那么长久。

精子 RNA 已经有了一个名字，叫作“PIWI 相互作用的 RNA”或“piRNA”，表明 RNA 可以与 PIWI 蛋白——类似 RNase H 分子剪刀——相互作用。这里，剪刀是剪什么的呢？转座子、跳跃基因、逆转录转座子的 RNA 被“沉默”了，即剪断。piRNA 比 siRNA 长一些，具有生殖细胞特异性，负责“驯服”跳跃基因，是我们生育所必需的生殖细胞基因组的“守护者”。也许它可以防止产生太多突变的“错误灾难”的发生。它也对学习和记忆有影响——作用于脑细胞及神经元上，以及对学习和社会行为的继承还有寿命也有影响？那么最后我想说，它是否与性、交配，以及繁殖后代有联系呢？我怀疑是有的。（年轻的科研人员可以参与这方面的研究，其中的一个好去处便是英国剑桥的埃里克·米斯卡实验室。）

piRNA 可能无处不在，但也可能只专职于物种的交配和存活——这有待进一步的研究证实。

这使人想起了法国植物学家和动物学家让·巴普蒂斯特·德·拉马克（Jean Baptiste de Lamarck）所宣传的后天获得性状的遗传问题，他的著作《动物学哲学》（1809）与查尔斯·达尔文，及其以选择适应为基本论点的著作《物种起源》（1859）发生冲突。这一冲突再次被激烈地讨论起来，也许两者之间的矛盾可能不如看起来那么戏剧化：有没有这种可能，即那些后天获得的性状、副突变，经过数代后在遗传上被固定下来而变成了真正的突变？我们早已经知道，RNA 可以变成 DNA，神奇和无所不在的逆转录酶在助它一臂之力。

也许这也可以发生在 piRNA 上，但仅仅是我疯狂的猜测。这为从原始前 RNA 或类 RNA，到类病毒 RNA，到核酶，到 circRNA，再到现在的精子 piRNA 的进阶画上了一个句号。所有这些 RNA 都带有发夹环的结构——如此坚固的结构抵御了从原始到现在约 38 亿年间的所有危险。同时，也将为我的这本书画上一个句号。

但仍有许多问题没有答案。一些奇怪的现象，比如在各种动物中用于信息存储和导航的“全球定位系统”到底是什么？海龟为什么花 20 年时间独自游过 12000 千米，在一个特定的沙滩上产卵？并且它们的后代将遵循相同的路线，在同一个海滩上产卵，完全没有可能从它们孵化前就死掉的母亲那里获得任何信息。在柏林动物园里，动物饲养员知道不能移动海龟笼子里的任何一块石头，否则海龟就不会繁殖。每到春天，鹳都会从非洲一路飞到柏林附近的一个小村庄利努姆找到它们的巢穴，雄鸟先到，然后是雌鸟，随后它们便能找到彼此。当黑脉金斑蝶习惯交配的树木被砍伐时，它们就会死掉。我们都知道鳟鱼或鲑鱼记得在哪里产卵和释放精子。从 38 亿年前的生命开始，磁性、气味、化学趋化性、光或偏振光、颜色、食物或敌人，所有这些环境因素可能都会对生殖和繁衍后代有所贡献。除了以 DNA 形式存在的基因之外，piRNA 能否参与精子对卵子授精的第一步？RNA 从最开始就一直存在，piRNA 是一种变体，在 RNA 世界里信息以 RNA 的形式被传递下来，虽然后来变为 DNA，但是 RNA 一直与我们同在。

病毒预测未来？

我们能从病毒和噬菌体及其宿主那里了解到人类未来生命的延续和人类的终结吗？传染性疾病是地球上造成死亡的主要原因。在第一次世界大战期间，约有 1 亿人死于灾难性的流感。迄今大约有 3700 万人，主要是在发展中国家，死于艾滋病。全世界每年有 1500 万人死于传染病，约 1000 万人罹患癌症，其中 150 万癌症病例跟病毒有关。一个新的“流行病”是肥胖症，影响了大约 3 亿人，一些研究人员预测，很快全球高达 1/3 的人口就会出现肥胖，而且没有任何已知的“感染因子”。病毒并不被认为是病因，但是细菌呢？毕竟，抗生素可以增加动物的体重。据估计，今天的青少年在他们的一生中会接受十几个周期的抗生素治疗，这改变了他们肠道中的微生物。这是否可以解释目前为止成因不清的肥胖症的快速增长呢？这似乎已经变成了一种流行病。这个可能性正在被认真地讨论。目前已知，肥胖可增加癌症和改变肠道干细胞的分化。从长远来看，一个人的生态系统中细菌的组成能导致什么样的潜在后果呢？如果细菌受到影响，病毒/噬菌体自然也会受到影响，因为它们在压力条件下会裂解细菌，比如肥胖症人群肠道中的微生物组。那古细菌和酵母呢？没人知道。

我多次说过，如果我们的身体是一个均衡的生态系统，微生物不会使我们生病。但是这样稳定的系统并不会永久存在，否则我们永远不会生病。我们甚至偶尔要靠生病来训练我们的免疫系统，如果我们不想让虫子来做这件事的话。

平衡会变得不稳定。由于人类和动物的相互靠近，缺乏空间、氧气和营养物质可能难以避免，这些会产生压力。压力可以激活病毒。传染病是发展中国家人口的主要死因之一。然而微生物或传染病不会使人类灭绝，在NASA的研究中，甚至它没有被作为人类面临的危险之一。不过，其可能会调节人口密度。

微生物和病毒肯定会比我们哺乳动物和真核生物存活得更久。38亿年以来，它们早在我们之前就出现了。

人类很迟才出现，大约320万年前，露西走出非洲。只有那些能够适应现有环境中微生物的个体才能幸存下来。我们甚至需要微生物并依赖于它们。我们是细菌和噬菌体世界的入侵者，而不是反过来说的那样。它们帮助我们消化食物，占据我们的身体，并保护我们免受不熟悉的细菌的侵害。生命本身不需要我们就能够以微生物的形式存活下来。细菌和噬菌体是自主的，微生物不需要我们，但是我们需要它们。最通用的元素是病毒、细菌，也许还有古细菌，后者至少让我们了解到生命可以存在的极端条件。它们都可以在某些威胁生命的灾难后重生——可能已经这么做了很多次。然而，使人类成为像嗜极生物那样，能够承受高温、高盐分、毒素或其他极端条件，等待的时间将会很长。我们太复杂、太慢、太大，以致无法很快适应。

人类可能足够聪明和具有创新性，以避免厄运。我们可能够聪明，但也许太自我，不够互利。行为学研究表明，人类不会在 150 人以上的群体中表现出互惠性，这大概是一个大家庭算上朋友和邻居的人数。当人类生活在特大城市里时，正如许多人对世界人口的预测一样，微生物和病毒能否摧毁我们并消灭整个人类呢？这里我用一个例子来回答这个问题：当新墨西哥州的汉坦病毒由于环境的变化找不到更多的老鼠作为它们的宿主时，它们反而跳到了人身上。只要有可替代的宿主，就可以一直生存下去。正如我们在 SARS 冠状病毒中看到的那样，人们移动频率的增加加速了新宿主的被发现。因为该病毒从香港传播到温哥华只需要十几个小时。但是如果没有更多的宿主可用，将会发生什么？微生物会去哪里？它们会改变策略，即如果没有新的宿主，它们就不再掠夺甚至杀死宿主，而是为适应做出改变并发展共生。这是一直在不断发生的。例如，抗 SIV 病毒的猴子和抗长臂猿白血病病毒（GALV）的考拉，它们将感染病毒内部整合到自己的基因中，在那里病毒不仅被耐受，而且保护宿主免受外界的侵害。病毒样序列进入真核生物基因组后可以作为对外界病毒的保护。它们曾经就是外来病毒，就像重建的"凤凰"病毒所证明的那样，"凤凰"病毒已经变得内生并曾经保护我们免受外来病毒的侵害。所以说微生物对人类来说不是致命的危险，它们从我们出生之日起就在保护我们免受威胁。人们可以把这种病毒行为延伸到人类群体中，让敌人成为朋友是最好的还是唯一的生存方式？如果我们害怕流行病，这是个好消息。起初死亡人数可能很高，但不会是无限度的。

有人曾分析过人类未来生存的概率，预测我们的现代文明是无法持续存在的。其中一项从 2014 年开始的研究——被称为

“HANDY”（人类与自然动力学研究），讨论了几种最坏的情况，如人口密度增加、缺乏资源（水、食物、能源）、发生气候变化等自然灾害，最后是由经济不平等、贫富差距过大造成的社会不稳定。这些因素被认为是历史上不少政权灭亡的主要原因，比如罗马帝国、玛雅，以及高棉。预测的结果是：现代文明的沦陷是不可避免的。这项研究使用微分方程来预测未来的情景。即使对于美国国家航空航天局来说，这也过于悲观，于是人们退一步重新考量这个预测。

有趣的是，这项研究没有考虑到微生物。它们不在我们星球上威胁生命因素的名单上，疾病、微生物和传染物质都被排除在外。人口密度是列出的第一个，它将对传染病产生强烈的影响，但是对本地比对全球范围影响更大。

那么食物呢？这里涉及病毒。由于过去100年的技术进步，营养成分的产量翻了一番。首先是德国化学家弗里茨·哈伯，他在1915年开发了一种将氮固定为肥料的方法，这种方法至今使人类能填饱肚子。我们需要新的技术，幸运的是我们已经成功地进行了一项重要的创新，即转基因食品。我们很幸运它已经存在了，但是我们需要学习如何正确使用它。因此，我们可能不需要像弗里曼·戴森所论述的那样“吃石块”，或者再次长出皮毛并且需要较少的热量。吃昆虫或藻类也不会那么糟糕。有些预测说，120亿人口即是全球人口增长的极限。这样的预测没把创新的步骤算进去，是不可靠的。请记住，100年前有预测说马粪会堵塞柏林的街道，但后来汽车出现了，根本没有了马粪灾难！于是，汽车又引发了新的预测。

在宇宙尺度上，太阳终将终止一切。首先它会变得对我们来说太热，对微生物来说也太热。作为一名曾经的核物理学家，我认为最终太阳会爆炸，遵循恒星周期（赫兹罗素图），首先成为“红巨星”，最终变成一颗“白矮星”。这个红巨星会烧毁我们的地球。距离那个时刻的时间已经过去一半，所以我们还有 40 亿年的时间——但只有在其他宇宙事件没有提前灭绝人类的前提下。

但是，我们可以把争论转个向吗？如果我们想一想，微生物的世界会存有更多希望。每年秋季，对人口动态和养分循环有贡献的病毒可以终止海洋里的藻类和细菌的过度繁殖。然而总是会有幸存者，即使最初的数量很小，随后仍会呈指数级增长。如果有足够的养分，来年的夏天藻类会再次长起来。这可能是某种希望吗？即使许多物种会死亡，不同物种的亚种也可能通过人口密度的瓶颈——转座子被激活，从而帮助发展新的属性。在之前的数十亿年间，这样的现象可能发生过 5 次。有史以来最大的石油泄漏事故“深水地平线”事件向科学家们展示了微生物的生长，它们降解了石油并在石油耗尽时由于缺乏食物便消失了。同样，在切尔诺贝利事件发生后，一些植物在放射性污染的土壤上生长得更好。以后可能会有更多的惊喜，突变在不断发生。我们曾经学会了喝牛奶，我们可能会吃不同的食物，腿可能退化或者长出更多的手指来使用电脑。我们已经失去了 6000 个嗅觉和味觉的受体，只剩下 60 个，因为我们只靠这么少的受体也可以生存。

世界是非常混杂的，它提供了生命可以隐藏和保存的地方。因此，藻类和赤潮会发生的世界将如何对待人类呢？藻类过度生长之后是病毒诱导的破坏，但在下一个季节又会重新开始。类似的情况也发生在尤卡坦半岛——生命没那么容易被完全毁灭。

援助我们生存的是病毒，它为我们提供了新的基因。包括移动元素在内的病毒具有创新性，它们在未来将继续为所有生命的适应、生存和生物多样性做出贡献。我们应该记住，我们可以通过影响促进或抑制转座元素跳跃活动的环境因素来影响病毒。我们是有责任的，逆转录转座子的跳跃活动差异很大。

仅在海洋中，病毒与宿主之间每天就能交换 10^{27} 个基因。我们可以获得许多新的基因，高度的病毒突变率和频繁的基因交换将帮助我们生存下去。病毒，主要是逆转录病毒及其相关元件，促进了生命的进化，促进了地球上所有物种的生存。没有病毒，我们不会有这样的进步，以及这种多样性，甚至我们都不会存在。感谢病毒！

“上帝在哪里？”一个星期天早上，在瑞士电视台对我进行有关病毒的采访的最后，向我提出了这个问题。这个问题令人意外。我当时的回答是，现在依然也是：无论什么时候我们遇到“未知”，我们都倾向于相信上帝。奇迹也许可以用科学来解释。但是每个解决方案都会带来新的问题，并指向新的奇迹。无论我们积累多少知识，总会有不为我们所知的奇迹发生。我坚信这一点。

第 13 章
新型冠状病毒大流行*

“我感冒了”

每年冬天，我们都有可能患上季节性流感，伴有发烧、咳嗽、打喷嚏、关节疼痛和头痛的症状，通常都是同时出现的。我们应该对打喷嚏采取一些保护措施，但是几乎没有人会用手帕了。如果用纸巾，则需要正确使用，不应将其扔入废纸篓中，而是应放到带有盖子的垃圾桶中。电视节目也经常会演示如何弯曲手臂、用肘部遮挡喷嚏。

这时你应该待在家里。否则，你的同事及在同一楼层工作的人很快就会被传染。在瑞士，我一直试图避免在临床环境中与人握手。但是，由于握手是西方常用的问候和欢迎方式，我无法避免握手，否则就会被认为不太热情或者不太友好。但是现在，握手已经完全被摒弃了。大多数呼吸道疾病是通过飞沫传播的，飞沫可以传

* 2020 年初，新冠肺炎疫情暴发后，作者从病毒学家的角度写了对此病毒认识的专章。——编者

播 30 厘米的距离，一个喷嚏能携带 105 个病毒颗粒，并且可以通过手传染给其他人。

“着凉了”，可以称作对一个人生病过程恰当的描述。如果我们周围的环境发生变化，比如被冷风吹、穿湿衣服或湿鞋，都会影响我们的健康，而病毒就会被激活。我们与微生物生活在同一个生态系统中，因为我们拥有免疫系统，病毒从而受到抑制。病毒不必特意来找我们，事实上它们一直在我们的鼻子或喉咙中，它们所需要的只是使它们具有毒性的某种条件，而这就意味着病毒开始了复制。燥热的室内或霜冻的室外的干燥空气会加强病毒的激活和复制。每个冬季，成年人都会被病毒感染 2 到 4 次，儿童甚至会被感染更多次，而且通常携带的病毒数量要比成年人高很多。

要知道，病毒善于短距离传播。公共交通工具、大型室内活动场所、购物中心和学校等为病毒传播提供了便利。

目前为止，我所描述的内容适用于任何季节性呼吸系统疾病，比如在秋季或冬季由于病毒感染造成的疾病。

由流感病毒造成的传染会更加糟糕。这是一种非常严重的感冒，起病急骤，会突然让人发高烧、身体疼痛甚至失去意识。得了流感的人会虚弱得下不来床。

本章的主角新型冠状病毒（新冠病毒）不同于流感病毒，它被称作 SARS-Coronavirus-2 或简称 CoV-2。由它造成的疾病被称为 COVID-19，即“ 2019 年新型冠状病毒肺炎”（它首次出现的年份）的英文缩写。非典（SARS）一词指的是由 2003 年肆虐全球并引发大流行的冠状病毒引起的“严重急性呼吸系统综合征”。在这一系列危险的冠状病毒中还有第三名成员，它能引起“中东呼吸综合征”（MERS），并于 2012 年首次出现在沙特阿拉伯。

新冠病毒之外的冠状病毒

季节性流感在每个冬季反复出现，引起它的病毒是呼吸道病毒，现有大约200种不同的毒株。其中最常见的是多达100种类型的鼻病毒，30%至50%的感冒是由鼻病毒引起的。还有4种冠状病毒，它们是导致大流行的3种冠状病毒的无害亲戚，15%至20%的冬季感染是由它们引起的。我们经常会忽略它们。我们甚至不清楚，从抗体应答的角度讲，它们在血清学上是否与新型冠状病毒CoV-2有联系。这4种冠状病毒是人类冠状病毒229E型（HCoV-229E）、OC43型、NL63型和HKU1型，229E型与中东呼吸综合征冠状病毒有关。此外，还有呼吸道合胞病毒（RSV），在引发冬季感染中占15%至20%。其他的还有副流感病毒、肠病毒，以及在儿童中流行的人偏肺病毒。有时中招流感后会出现眼部感染，这可能是由腺病毒引起的。

上述这些病毒大多是单链RNA病毒。由于是单链，它们可以快速变化，比双链RNA或DNA病毒传播起来快得多。双链能够阻止病毒的变化和突变，并提高了病毒的遗传稳定性。单链RNA病毒可以发生快速突变，具有创新性，并可逃避我们人体的免疫反应。

其他的流行病模型

如果有新的疫情暴发，病毒学家或政客有两种可能的选择：要么亲自调查病毒流行的发展史，要么参考该疾病在其他国家的蔓延情况，比如2020年初新冠病毒在中国肆虐。然而，人们对此病毒仍知之甚少。因此，1918年在西班牙大流行的流感，即“西班牙流感”，可以作为潜在的模型来进行仔细研究。西班牙流感是在极差的生活条件、混乱的战场、寒冷的冬天以及恶劣的卫生条件和饥荒下暴发的，造成5000万至1亿人丧生。它曾出现了三个传播高峰：第一个高峰在夏天结束，流感消失了，但是随着冬天的来临病毒又回来了，且第二个高峰远远超过了第一个。后来又出现了第三次高峰，但比较弱。这对于新冠肺炎疫情来说，是个有效的、可以参考的模型吗？可怕的是，我们不知道答案。另外，我们不知道新冠病毒是否像其他呼吸道病毒一样对夏季温度敏感——至少目前来看不是。北半球处在夏季时，流感病毒会在南半球传播，因为那里是冬季，那么新冠病毒也会这样吗？不过，西班牙流感期间人们的生活条件很差，远远无法和今天相比，如果继续采取当下的防控措施，我们是可以防止下一个传播高峰出现的。

《国家地理》(2020年3月)的一篇文章已经发表了瘟疫流行的模型，其中显示了美国多个城市在1918年西班牙流感横行时的感染情况。我们获得的重要信息是，感染率曲线“平坦”，很可能会引发第二次传播高峰，而防控措施的退出策略对第二个高峰的时间跨度以及高度起着重要作用——这是进行预测的基础。甚至有模型预测出多个高峰，具体数量取决于模型参数是严格还是宽松。我们现在针对CoV-2采取的所有措施，也许会消灭第二个传播高峰。

比较

我们也许可以与2003年非典冠状病毒首次暴发或者2009年中东呼吸综合征流行做个比较。这两次疫情持续时间都很短，但引起了极大震动。非典是在2003年从中国的华南地区开始流行的。该病毒源自蝙蝠，蝙蝠将病毒传给了市场里的中间宿主灵猫。其后，病毒从灵猫传给人类，并在人与人之间进行传播。仅用了6个月，它就传播到了全球 29 个国家。

香港的一座摩天大楼被称为“传播者”，因为在那里，病毒通过气溶胶和接触快速传播。在全球范围内，确诊人数为 8098 人，死亡人数为 774 人，即死亡率约为 10%（数据来源于世界卫生组织发布的报告）。直到今天，我们仍不是很清楚该病毒是如何消失的。我们知道的是，该病毒还没有回来。它丢失了一个基因片段吗？——尽管病毒的消失不能归因于此，但同样没有人知道。非典病毒在当时引起了极大震动，有些人可能在最近新冠病毒出现时又想起了它。那么，新冠病毒也会那样突然消失吗？

中东呼吸综合征冠状病毒还是“物种跳跃者”，是一种人畜共患病病毒。它同样起源于蝙蝠，然后传播给中间宿主单峰骆驼。一名酋长和他的儿子从单峰骆驼那里感染了病毒，继而死亡。后来，该病毒传播到了韩国，人们可能在想，为什么韩国在疫情暴发初期能较好地控制新型冠状病毒肺炎的传播，也许与韩国人民 21 世纪以来经历了两次大流行病有关。2009 年，共有 2465 人患中东呼吸综合征，其中 850 人死亡。该病毒并未消失，仍然会在局部出现，死亡率依然很高，约为 36%。中东呼吸综合征冠状病毒在哪里藏身呢？它与蝙蝠中的冠状病毒相似，然而后者那时尚未引起严重的疾病，但在季节性的冬季流感中出现了。我们需要时刻保持警惕吗？

可以用于进行比较分析的另一种流行病是艾滋病，自 20 世纪 80 年代初以来已造成 3000 万人死亡。这是一种性传播疾病，也可以通过血液和血液制品传播。因此，该疾病有不同的传播途径。埃博拉病毒也许值得一提：在当今众多病毒中，埃博拉病毒的致死率最高，达到约 90%。大多数埃博拉疫情的暴发是局部的，并且由于感染者发病无法旅行而一直有限传播。这种病毒同样起源于蝙蝠，并通过血液、粪便、尿液和唾液传播。葬礼仪式也很大程度上促进了该病毒的传播。利用从感染幸存者的血清中回收抗体来挽救埃博拉病人，对抗击病毒来说是个很好的例子。

采取的措施

欧洲在观望中国的情况。中国的新冠肺炎疫情暴发比德国早 1 个月左右，意大利则比德国早 1 个星期。新冠病毒传播到英国和美国，可能比德国晚 1 个月左右。位于北京的中国疾病预防控制中心主任高福描述了中国控制新冠肺炎疫情暴发的一系列举措。高福参加了新冠病毒基因组的首次测序，并接受《科学》杂志著名记者乔恩·科恩（Jon Cohen）的采访（2020 年 3 月 27 日）。

至于什么样的措施最有效呢？总结如下：1. 保持社交距离，其被作为一种“药物前策略”（因为没有有效的治疗方法）。2. 立即隔离确诊病例，追踪和识别他们的联系方式，并让他们待在隔离区。3. 不集会，不聚集，禁止人员流动和旅行。4. 封锁社区和公共场所，强制民众佩戴口罩并测量体温。让人想不到的是，有些地方由于口罩短缺，竟然制造假新闻来质疑口罩的有效性——毋庸置疑，戴口罩总比不戴口罩好。

保持社交距离正好反作用于病毒传播的需求。病毒更喜欢短距离传播，例如在市场、各种交通工具里，以及有许多人参与的活动中，如足球比赛或节日庆典，人与人通常都挨得很近。人们必须切断病毒传播可能采取的所有途径，即封锁或关闭。同时必须隔离或“稀释”感染者，以使病毒无法继续传播。此外，必须找到感染者的亲密接触者，并将其隔离。许多国家正在开始或考虑利用移动电话的行踪记录以追踪密切接触者。

隔离自古以来就广为人知，例如麻风病，通常在没有医学诊断或者获得医学诊断之前的情况下实施，以防止疑似患者传播疾病。1665年，隔离措施被用来对抗鼠疫。那时在进入威尼斯之前，商船和水手都需要隔离。他们一般被隔离40天（因此我们将其称为“quarantine”，即英文“隔离”的意思，其中quar代表“四”）。港口城市尤其容易发生外来疾病的输入，这等同于当今拥有庞大机场枢纽的大城市。事实证明，隔离对老年人极为重要，由于免疫力降低和继发性疾病数量增加，他们需要更多保护。如今，关于关闭学校的讨论正在进行中，除瑞典外，大多数国家的学校都关闭了。这些都遵循着一个重要的概念，即在受监管的教育系统中，可以更有效地控制儿童的接触和感染链。儿童间的传染性尚不完全清楚，但他们会被成年人传染。

当人们被隔离时，病毒传播速度会减慢，或者病毒逃离现宿主去寻找新的宿主。甚至在动物园的一头狮子体内也发现了新冠病毒！这种病毒具有非常强的适应性，我们希望它可以在进化中降低适应性——在此使用一下从伟大的进化论者查尔斯·达尔文那里学到的术语。

病毒正在加速进化。人们可以实时追踪突变的发生和程度。冠状病毒在其单链RNA基因组中约有3万个碱基，与许多其他病毒相比，它的基因组很大。以产生病毒后代为目标的基因组复制，需要整个基因组被拷贝，然而负责进行拷贝的酶则容易——出错。因此，这种病毒的突变率很高，如果出了太多错，该病毒将灭绝。实际上，新冠病毒是唯一已知的具有校正系统的病毒，称为“校对”，该系统可以去除错误的碱基，进而防止错误传给病毒后代。也就是说，新冠病毒比其他病毒更不容易出错，这为成功研制疫苗和治疗方法带来了希望。

诺贝尔化学奖得主、物理学家曼弗雷德·艾根对病毒的进化非常感兴趣，他甚至想到了一种抗病毒治疗方法，该方法可以通过将病毒复制推向无法容忍的高错误频率并迫使其死亡而起作用。他为HIV尝试了这一方法，但后续没有可用的治疗方法问世。

我们可以期待新冠病毒的适应性下降吗？今天，我们仍然不知道2003年的非典是如何消失的。SARS病毒的基因组中丢失了一个片段，但无法推断出其与病毒消失有关联。此外，病毒不是单一的物种，而是一大群，也被称为“准物种”。也就是说，并非该群中的所有病毒都具有同样的适应性，其中一些甚至可能因适应性太低而遭到淘汰。

病毒是机会主义者

病毒是机会主义者，它们通过挑选免疫功能下降的老人和其他人来达到最短时间和最快复制的目的。实际上，不仅病毒，包括人类在内的几乎所有生物都是机会主义的：比如我们在商店中看到便宜货，无论是否需要，我们都会购买。

这就是为什么病毒会选择人口密度高的大城市，以及客满的交通运输工具，如飞机、火车、地铁和邮轮。今天，不超过24小时人们就可以完成一次环球旅行。这就是为什么首先要禁止空中交通的原因。流动性和人口密度是病毒大流行的两个主要驱动因素。

对抗这类疫情的基本要素是对感染传播，即感染链的追踪和识别。人们需要知道并且重建一系列事件的联系，以阻止传播事件发生，涉及的人员将被隔离。

在中国，“保持社交距离”的规模达到了前所未有的程度，尽管正逢家庭团聚的传统新春佳节，仍有不计其数的人宅在家里。事实证明该策略非常成功。但这是专门根据中国的情况做出的决定，因为在中国，一个很小的城市街道内汇集了众多高楼大厦，每栋建筑物里有成百上千的人，公寓与公寓之间也离得很近，而其他地方则人口相对较少。在中国，要让人们自由流动而不增加病毒传播的风险是不可能的，即使只是使用电梯也可以传播感染。后来，这种封锁策略在欧洲的许多大城市如罗马、巴黎、马德里和维也纳也都被效仿，尽管其必要性有所不同。那么，这种效仿是对中国的错误解读吗？在欧洲，是否可以通过不那么严苛的措施来保持社交距离？德国没有实施如此严格的限制，而是允许人们户外活动。在其他国家，某些别的因素可能加剧了该病的严重性，例如雾霾。雾霾的元凶是尘埃颗粒，这些尘埃可增强病毒感染。同样，在意大利的伦巴第，空气污染也很可能加重了病毒的传播。

口　罩

在美国和欧洲，防疫最大的失误是未能确保足够的口罩供应。如果是佩戴松脱的口罩，也能够吸收含有病毒的飞沫。新型冠状病毒肺炎是一种呼吸系统疾病，且正是通过飞沫传播的。口罩通常在病毒学研究所和牙科诊所中被使用到，“口罩不能防止医生将疾病传染给病患”！某些政客就是这么说的。这些政客之所以这么讲，就是因为没有足够的口罩供应！但民众仍可以使用自制口罩。病毒可以通过打喷嚏、说话、唱歌甚至呼吸来传播，所以我们建议人与人保持 1.5 米至 2 米的安全距离。在餐厅或装有空调的地方，这个距离必须更长。在空调开启着的餐厅里，人们在距离病毒源头 6 米外的一张桌子上竟发现了病毒。

新冠病毒感染我们的喉咙，可以从那里释放更多的病毒。检测人员通常使用咽拭子进行病毒检测。该病毒可能会在喉咙中复制（然而这一点是有争议的，尤其对于儿童来说），并从那里向外传播。一个喷嚏会释放约 10^5 个病毒颗粒。感染的概率和严重程度取决于初始病毒剂量和暴露时间。感染 1 周后，该病毒可从喉咙下移并感染肺部。新冠病毒偏爱肺上叶，肺细胞表达一种被称为血管紧张素转换酶 2（ACE2）的表面受体，可作为病毒的入口。这种受体有助于调节血压。新冠病毒通过其刺突蛋白的特定区域，即一个被称为受体结合域（RBD）的氨基酸序列，与 ACE2 受体进行结合。非典病毒和新冠病毒均能与该受体结合。新冠病毒与 ACE2 结合的紧密程度要比非典病毒高 10 倍，这就解释了为什么新冠病毒具有更高的致病性。在 RBD 的旁边，有一个由 4 个基本碱基组成的多碱基片段，这是细胞弗林（Furin）蛋白酶的酶切位点。切割可能会增加病毒的致病性。这个病毒结合的酶切位点，也正是疫苗中和病毒并防止细胞被感染的靶标。

希望接种过疫苗的人或从感染中康复的人产生免疫，不会被再次感染。

ACE2 受体通常与酶结合以调节血压，是治疗心血管疾病的靶标。这个受体也存在于许多其他类型的细胞（肠道、心脏、肾脏、大脑和动脉）的细胞膜上，进而被病毒利用，从而导致多种疾病。除肺外，肠道也会受到新冠病毒的影响，因此感染症状可能始于腹泻。最初的症状还可能是嗅觉或味觉的丧失。

在欧洲国家，戴口罩是很少见的。因此，当最初提出佩戴口罩的建议时，有人赞同，有人反对，引起了极大的争议。我则坚信，戴任何形式的口罩总比不戴要强。如果没有口罩，则可以使用围巾或披肩。在我撰写本章时，人们在公共场所和公共交通工具内都被要求佩戴口罩。病毒不仅通过小液滴传播，而且还能借助比小液滴更小的气溶胶颗粒进行传播。小液滴的大小约为 5 微米（百万分之一米），气溶胶颗粒则小于1微米。附着在气溶胶上的病毒可能会穿透自制口罩，因此在重症患者呼出大量病毒的临床环境中，甚至在病患吸氧的过程中，可能需要佩戴有过滤层的外科口罩和医用面罩。即使戴着口罩，保持社交距离也是必要的，因为没有什么是百分百可靠的。

室内通常比室外含有更多的病毒，尤其是在空调正常运转的情况下，因为空调仅交换空气而不过滤空气。目前尚不清楚空调带来的风险有多大。想要去除病毒，人们可以使用在实验室中常用的高效微粒空气（HEPA）过滤器。这些过滤器价格高昂，需要定期维护。对于飞机和火车，干净的空气将是一个需要重点关注的问题。

在室外，病毒的浓度低于室内。我一直相信：阳光杀死病毒，空气稀释病毒。太阳光中含有的紫外线（UV），不仅可以破坏病毒基因组，还可以通过增加维生素D的吸收来提高人体的免疫力。实验室都使用紫外线灯，其中的杀菌作用主要是通过短波长的紫外线C来实现的。人们经常会在夜间的大学校园里看到蓝光，对吧？人们应该安装更多紫外线灯来对物体表面进行消毒。但是，时间长了紫外线灯会损坏、老化，需要定期更换。

在欧洲，另一个经常被忽视的问题是发烧，80%患新型冠状病毒肺炎的人会发烧。发烧时体温会升高，浑身发冷也可以成为一个发烧的指标。然而，尽管存在假阳性和假阴性，体温往往可以作为一种症状来判断疾病。这个标准在2003年非典的诊断中就非常重要。2003年，各大机场里安装了热传感器用来监测旅客的体温，现在我们应该再次使用它们。

感　染

新冠病毒一个惊人的特性就是很高的传播和感染率。人们可以在生病之前和仍然没有症状的情况下成为病毒携带者，而不知道自己可能已具有传染性。实际上，在症状出现之前的 2 至 3 天，其传染性最高。佩戴口罩可以减少这种传染的风险。在疾病症状出现之前的传染性上，冠状病毒疾病和流感有所不同。在后者中，高热是在疾病一开始时就发生的。儿童易患的水痘具有相似的传染性（德国昵称是“风痘”，即传播得像风一样快），它的医学名称是水痘带状疱疹，由于接种疫苗，它是大多数儿童不会感染的疱疹病毒。然而，该病毒可以被重新激活并且在老年人中以带状疱疹的形式发病。在世界范围内，每年发生约 1.4 亿例水痘和带状疱疹病例。新冠病毒的传播类似于水痘病毒！

新冠病毒的病毒载量在人出现症状前 2 至 3 天最高，然后持续约 4 天后下降。少量病毒会在体内存活更长时间——2 至 3 周，尽管很可能没有很高的传染性。

潜伏期（从感染到出现症状的时间）约为 5 至 7 天，有时 2 至 14 天。出于安全考虑，隔离时间（接触感染者到疾病发作之间的最长时间）应为 14 天。隔离期设置得如此长且严格，以确保被感染的人被检测到。那么这个时间可以短一点吗？德国当局已发布了两个隔离期，对医务工作者而言为 8 天（特别针对为医疗系统正常运转做出相关贡献的人），对其他人则为 14 天。

发　病

流感发病开始时会高烧、肌肉疼痛、关节痛、流鼻涕、头痛和病毒载量迅速增加，病毒学家称病毒载量为滴度。因此，必须在发病第 1 天就立即服用一种抗流感药物——达菲，它能够阻断神经氨酸酶，并阻止病毒离开被感染的细胞，否则病毒滴度会变得很高，以至于药物剂量不再足以对抗病毒。流感的一大特点是，流感疫苗和治疗药物的作用经常被夸大。事实上，许多人没有接种疫苗，而且药物治疗窗口期也很短。但是，这仍与新冠病毒不同，因为我们现在没有可以对抗新冠病毒的特效办法。

在发病初期约 80% 的患者会发烧。这是否是一个有用的指标（在亚洲经常使用，但在欧洲却被普遍忽视），尚存争议。发烧时体温可能会波动，甚至会低于正常水平。那么这时的检测结果就可能是“假阴性”。其他指标包括干咳、呼吸急促、关节和肌肉酸痛，以及头痛和喉咙痛。这些症状与流感一样，但流鼻涕和鼻窦堵塞的情况较少见。

该疾病始于非典型肺部疾病。有些人从腹泻和恶心开始，并持续一段时间。最近发现，有时味觉和嗅觉丧失是唯一的早期症状。此外，脚趾上出现蓝点也被认为是感染的早期指标，尤其是在年轻人中。

发病大约 1 周后，患者的病情可能会改善或突然恶化，恶化时伴有呼吸急促或呼吸困难（极度呼吸困难）。这些患者很可能已经清除了病毒最初的攻击，但随后发展为威胁生命的肺部高炎症状态。（对抗病毒时）产生的免疫反应会引发所谓的“细胞因子风暴”，而炎性细胞因子的释放远远超出了免疫反应所需要的水平。因此，患者可能会死于被病毒激活的免疫系统过度反应。

相关的风险因素尚不清楚。不过可以通过血清铁蛋白血液测试来诊断细胞因子风暴，对其的治疗可能涉及抗干扰素 -γ 和白介素 -6（IL-6）的抗细胞因子药物。然而，对病毒感染患者使用免疫抑制药物可能很危险，需要控制好度。细胞因子风暴是 1918 年西班牙流感大流行中的主要死亡原因。发生细胞因子风暴的患者可能需要呼吸机并在重症监护病房进行治疗，有时需要长期插管。这可能对肺部有损伤，加上机械压力或肌肉萎缩，导致约 25% 的患者在治疗时死亡。

肺部的“呼吸树”的末端是微小的气囊（称为肺泡），新冠病毒这种气囊富集病毒，使用的是 ACE2 受体。通常情况下，氧气穿过肺泡进入毛细血管，但是这种氧气的传送被病毒和攻击病毒的免疫系统所破坏，但氧气仍是必需的。临床治疗时发现，一部分患者（约 20%）患有心血管病变和心律不齐，其他一些人的血凝块程度很高，血凝块可能会到达肺部，阻塞动脉并导致肺栓塞。病理学家首先指出了这个问题，他们冒着被感染的风险，对尸体进行了检测。血栓形成可能是主要的死亡原因，所以在治疗时必须使用抗凝剂。此时此刻必须要判断风险收益率，因为减少凝血也可能导致大出血。因此，血管而非肺泡可能是问题的关键。患者自身的风险因素十分复杂，包括高血压、糖尿病、肥胖以及心血管疾病，甚至肾脏和大脑也可能受到影响。简言之，患者死于自己对病毒的免疫反应，而不是死于新冠病毒本身！

《华盛顿邮报》（2020 年 4 月 25 日）一篇文章的标题是《新型冠状病毒肺炎中青年（非易感人群）病患，死于中风》。另一个相关且出人意料的观察出现在德国汉堡的一家正在治疗新型冠状病毒肺炎的癌症诊所：接受免疫抑制药物的癌症患者仅出现较弱的症状，表明免疫应答低可能是具有保护性的。医生们甚至猜测，这是否也可能是儿童不容易生病的原因——他们的免疫反应尚处于较低水平。目前对我们来说，有太多可能的未知机理存在，所有这些都需要系统的分析，而不仅仅是病例报告，即使后者可以为潜在的疗法提供重要的信息。

新型冠状病毒肺炎发病后期的严重程度与流感不同，患者承受很大的痛苦并给医护人员带来沉重的负担。这就是为什么要采取封锁措施来使新增病例曲线保持平坦的原因。新型冠状病毒肺炎常被用来与2018年的流感相比较，当时德国有2.5万人死于流感，30万人受到感染。即使这样，无论是在媒体上还是在公众中，都没有引起太多关注。根据世界卫生组织的数据，每年的季节性流感导致全世界平均出现300万至500万例严重疾病，以及30万至65万例呼吸道疾病引起的死亡——这几乎没有引起公众任何注意！不同于新型冠状病毒肺炎之处在于，大多数流感患者在1到2周后就会痊愈，不像新冠肺炎患者那样要依赖呼吸机。

年老的新型冠状病毒肺炎患者的病情更容易恶化。在70岁至80岁的感染者中，有14%是重症。这些患者通常还患有其他疾病，例如冠心病、糖尿病或肺部疾病。其中有6%需要接受重症监护治疗。意大利死亡患者的平均年龄约为79岁，其中87%的死亡人员年龄超过79岁。目前有10%的住院患者没有严重症状，其余80%（平均年龄为45岁）的症状要轻得多，甚至没有症状。这个年龄段的人对维持经济稳定可能起着重要作用。而且，他们可能是或应该是建立群体免疫的主力军。患病的儿童很少，而且传播病毒的效率可能比最初设想的要低。

季节性流感的死亡率约为0.1%至0.2%。世界卫生组织在2020年3月中旬估计，新型冠状病毒肺炎的死亡率为0.7%至2.9%，具体情况取决于病患所在地（城市或农村地区）、年龄和并发症等因素。我认为一个重要的参数可能是感染初始的病毒量，这仍需要证实。据推测，有大量的未曾被检测过的无症状感染者存在，而可能的感染人数是我们目前统计的人数的10倍之多。人口的初始感染率与感染指数增长曲线的斜率高度相关。意大利和西班牙的大流行可能始于足球比赛时感染的传播，导致最初的病例数很高，随后感染率急剧上升。相反，德国却很幸运，在病例为零的时候，就立即采取了行动。

新冠病毒的历史

新冠病毒导致的非典型肺部疾病最早在2019年11月出现，有新闻报道是2019年11月17日。一开始有人认为那是某种类似于非典的疾病，武汉的眼科医生李文亮就是其中的一位，他马上提醒他的同事要注意。之后不久，李文亮医生患病去世，年仅34岁。中国政府在2019年12月31日首次向世界卫生组织报告武汉市出现的一组非典型肺部疾病病例，在此前无患者死亡。患者体征有发热、干咳、气短和呼吸困难，等等。

在武汉分离出的病毒毒株1月7日被开始测序，到1月12日，病毒基因组序列就向全世界公布。武汉只花了不到一周时间就完成了这一切，速度令人惊讶。中国最顶尖的一个病毒研究所就在武汉，即武汉病毒研究所，它是全中国生物安全等级最高的一家实验室。从病毒基因序列的角度看，该病毒和蝙蝠的冠状病毒很类似。有了病毒的基因序列，人们就可以开发出采用聚合酶链式反应（PCR）的诊断试剂盒。这是一种常规的实验技术，用于检测许多疾病的致病病毒、微生物以及遗传病。病毒的基因序列也让我们可以开发出更多检测手段和基因疫苗。武汉在1月18日举行了一个隆重的节日庆典（万家宴），到20日就传出消息称病毒可以人传人。看来，病毒真的很危险！

在春节这个传统节日到来之前，中国政府从1月23日开始对武汉市实行封锁，并逐步对周边城市进行必要的管控。在春节期间，人们都要回家，与亲人团聚，每年规模最大的人口迁移正当此时。实行封锁后，很多人被隔离在家，一些机场关闭，交通中断。法国隔离了 3 名从中国回来的旅客，并启动调查以追踪沿途可能接触过的人员。随后澳大利亚报告了第 1 例确诊病例，亚洲其他国家也报告称收到病例。德国政府在 3 月 6 日建议关闭边境，这样隔离病毒防止传播的成功率高达九成。一位去慕尼黑的中国旅客，向公司汇报了感染情况，德国方面立即行动起来，追查接触人群并要求密切接触者做出两周的隔离。相比别的欧洲国家，德国最早采取行动。而此时别的国家仍然在举行各种易于病毒传播的活动，比如足球赛、教堂礼拜活动、街道游行以及旅游胜地的冬季体育活动，等等。德国方面在 3 月 18 日宣布要求社交隔离、采取卫生防疫措施、关闭学校、限制旅行，并用电话和传真来追踪可能与确诊患者接触过的人员。德国的封闭措施对人们的影响和别的国家相比要小一些。不少欧洲国家的首都陷入瘫痪状态，美国也步其后尘。封城这个举措是必需的吗？还是参考了中国模式？我们知道，武汉有非常多的高楼大厦，局部人口密度会比别的地方大很多。

意大利伦巴第地区上演了一个典型的疫情暴发过程：一开始出现了几个病例，受感染的人员参加了一场足球比赛，导致感染人数呈指数级上升，最终导致大流行。当然还有很多额外因素，比如空气污染、家庭人口结构、高度工业化园区里的临时工频繁流动以及高人口密度等。在很多新闻报道中，意大利的情况被描述得像恐怖片那样，而且很快会传播到德国。但是实际上，德国的情况比意大利好很多。意大利的死亡率较高，部分原因可能是 70 岁到 80 岁这个年龄段里的患者本身就患有基础疾病，再加上新冠感染最终导致死亡。别的国家还存在一些其他的风险因素，比如冠心病、哮喘和肥胖——大约 40% 的美国人有肥胖症。这些因素都会加剧新冠病毒造成疾病的程度。2020 年 4 月 8 日，在长达两个多月的封城之后，武汉市宣布解除离汉通道。然而在市内，人们仍然戴着口罩，街道依旧空旷。在一些国家，旅客的行迹可以借助手机来追踪，并协助阻止进一步的传染。这也是韩国较好控制住病毒的一个原因。德国也设立了热线电话，并通过电话和传真来追踪密切接触者的行踪。

值得一提的是，2009 年中东呼吸综合征疫情暴发时，韩国就受到了冲击。也许两次经受过大流行病冲击后，让韩国比别的国家更具有警惕性。

在欧洲，受到经济下行压力影响，不少国家已经采取了解除封锁的决策。德国推出了一个巨大的经济保护伞计划，一上来就提供 1550 亿欧元以刺激本国经济发展，而且这个数字还在不断增加。

与此同时，这个大流行病席卷了印度，有大约 1.4 亿人在封城之前赶回各自的家。南半球在所难免，南非的行动很快，他们牢记了艾滋病肆虐的经历。南美洲也没能独善其身，特别是巴西，复活节岛和封闭的原住民部落都出现了确诊者。虽然非洲和南美洲的卫生系统不那么发达，但是相对来说年轻的人口结构也许会对新冠病毒有更好的防御效果。

新冠病毒最有可能是从蝙蝠病毒演化而来，也就是说它最先是在动物间传播，之后才传给了人类。中间宿主也许是穿山甲，这是一种身披硬甲的食蚁哺乳动物，曾在武汉华南海鲜市场有售。动物间传染病往往需要一个中间宿主，才能把病原体传给人。中科院高福院士在著名学术期刊《新英格兰医学》撰文指出，第一个被感染的患者与海鲜市场没有直接接触。也许海鲜市场周围曾经有密集的传播，也有可能是通过无症状感染者进行的传播。新冠病毒的宿主菊头蝠是一种特殊的蝙蝠，主要栖息地在云南（距武汉 1000 多公里），而且在新冠肺炎疫情暴发的时候，菊头蝠还在休眠。

蝙蝠是许多病毒的宿主。它们的免疫系统很奇特，抗病毒的干扰素激活了另一种因子，可以使免疫系统的功能翻一倍，从而达到抵抗病毒的效果。正因如此，蝙蝠是许多病毒的携带者和传播者，但它们自己却不会生病。中国有大约1500个蝙蝠栖息的洞穴，里面生活着数百万只蝙蝠。蝙蝠很少直接把病毒传给人类，但不少著名的病毒，比如埃博拉病毒、马尔堡病毒的源头都是蝙蝠。2003年流行的非典的源头也是蝙蝠。类似这样的情况会不会再次发生呢？

2015年，武汉病毒研究所建立了最高安全等级的密闭实验室（P4实验室），是中国大陆第一个此等级的实验室。早在2003年非典暴发后，该实验室就被批准筹建。非典疫情后，实验室开展了大量科学研究，以理解病毒的生物机制，提出防止再次传播的解决办法。武汉实验室以法国里昂一所P4实验室为蓝本，由法国专家设计并帮助建设。2004年中法就防止、控制传染病传播达成协议。直到2014年，该实验室才建成。武汉实验室已经对埃博拉病毒、拉沙热病毒、亨德拉病毒、尼帕病毒进行了科学研究（非典病毒的研究不需要在如此高级别的实验室中进行），研究内容包括病毒是如何演化变成新的细胞株并导致疾病，以及开发基于抗体和小分子药物的治疗方法。

一个值得关注的问题是，像非典和埃博拉这样的动物传染病，究竟是如何传染给人类的呢？为竭力避免发生意外传播，生物安全实验室采取了多种安全措施：使用高效微粒空气过滤装置（HEPA）来过滤空气；室内气压比室外低，这样可以保证所有的病毒颗粒不会随着气流逃逸出去；研究人员穿着全身防护服，自带空气供给，并且一直会佩戴口罩。实验室里还有带玻璃罩的通风工作台，工作台上有空气滤网，并能提供上下垂直的气流，形成“空气窗帘”把研究人员隔离保护起来。

2015 年，科学家在美国北卡罗来纳大学的一个实验室里研究蝙蝠病毒，并且制造了一种可以感染人类肺细胞的重组病毒。研究者表示，只有研究这样的病毒，我们才能进一步了解在人类中传播的病毒。然而，人们都害怕病毒，他们也表示不会再生产类似的病毒嵌合体。当时，他们利用一种名为“获得突变”的技术，让病毒获得新的特性。使用该技术产生的病毒，会有很高的传播风险，所以政府禁止了所有后续实验的进行（见《自然·医学》2015 年第 21 期）。该实验的参与者来自美国、中国和瑞士，美国的研究团队提供了包括研究经费在内的必要费用。2020 年发表的一篇文章认为该合成病毒不大可能是本次新冠流行病的源头。

对非典病毒的研究不需要在 P4 实验室进行，在 P3 实验室就可以，对此我表示很惊讶。也许在条件许可的情况下，还是有 P4 实验室参与了研究。《自然·医学》杂志在 2020 年 3 月 17 日发表的一篇文章中指出，“对新冠病毒从实验室中泄漏出去的可能，完全不存在”（《自然·医学》2020 年第 26 期）。新冠病毒在刺突蛋白中有一段富含碱性氨基酸的序列，十分独特，在别的冠状病毒中都不存在。那么，这段氨基酸序列从何而来？它正好是弗林蛋白酶的切割位点，在流感病毒中存在，而且可以增强流感病毒的致病性。最近有研究发现，这段序列在蝙蝠病毒中也存在。

1918 大流感

科学家复现了 1918 年西班牙大流感暴发前的一些情况。最开始，一个美国农场主感染了这种流感，他在自家农场里养猪养鸭。我们现在都知道，流感病毒之间会交换遗传物质，病毒学家给这个过程起了个名字叫“基因重排”。这个过程会导致更加危险的病毒毒株产生。回到这位农场主的故事，他应征入伍成为炊事班的一员，并被派遣去了欧洲。他被认为就是西班牙流感的第 1 例患者。“西班牙”这个词其实用错了，虽然人们习惯用首先发现某个病毒的地方来给这个病毒命名，但这回，病毒真的不是来源于西班牙，而更可能是美国。现在我们已经不再沿用这种命名方法。当时，欧洲沐浴在“一战”的战火中，生活环境很差，助长了病毒的传播，导致大约 5000 万到 1 亿人死亡。亡故者里面有非常多的年轻男子，让人觉得奇怪的是，这里面可能有多种原因。20 世纪 90 年代，科学家在阿拉斯加的永冻土层里找到一个女子的尸体，这个女子应该是在 1918 大流感期间被埋葬的。科学家从中取了一些生物样本，用来提取病毒基因组，并在美国亚特兰大的疾控中心进行了测序。对病毒基因序列的研究发现，1918 流感病毒会引起罕见的细胞因子风暴，导致被感染的年轻士兵的免疫系统过度反应（《自然》2005 年第 27 期）。这也许可以解释为什么年轻人的死亡率特别高。从患病的严重程度和死亡率来讲，1918 流感病毒和新冠病毒比较类似，都可能是通过过度激活免疫反应，以及细胞因子风暴造成的。从那时开始，科学家就一直担心流感病毒会卷土重来，就像这次的新冠肺炎疫情一样严重。还有一些科学家认为，它更可能是类似于非典的冠状病毒。比尔·盖茨制作了一系列短片，多次警告人们要注意病毒，特别是流感病毒和冠状病毒。他也对病毒的研究提供了很多赞助。

2020 年 3 月，《国家地理》杂志整理了多个美国城市的 1918 大流感始末资料。死亡率最高的城市是费城。费城没有采取任何防护措施，死亡率呈现一个很高的钟形分布，而且没有发生第二波传播。其他的 20 余个城市都采取了针对性措施来对抗病毒传播，病毒的传播呈现出两个高峰，类似于骆驼的两个驼峰。这两个峰型的大小以及相对距离在各个城市都不大一样，最重要的影响因素是——解封策略，即在第一轮传染暴发后过多久才能解除限制性的措施。病毒在全世界的传播造成第二个峰型，比第一个要高和宽得多，之后还会有第三次传播。怀着对1918大流感第二波疫情的恐惧，人们对2020年新冠肺炎疫情也十分担心。到底要采取怎样的解封策略才能避免第二波疫情冲击呢？流行病学家借助高性能计算机，构建了多种模型来模拟可能发生的情况。但所有的模型都基于一些初始假设，所以模型推演的结果不会非常靠谱。伦敦帝国理工学院的学者提出了一些模型，认为可能会有第二波和第三波疫情，甚至讨论了将来会产生多次小规模疫情的可能性。

在这些模型中，一个重要的参数是R_0值，它代表平均一个患者会传染给几个人。如果一个患者可以传染两个人，那么R_0值就为2。R_0值在本次疫情早期可能是7，在一些特殊的情况下，甚至会高达59。当R_0值小于1的时候，疾病流行就会慢慢停止。如果R_0值等于3，那么要避免再次出现疫情的话，需要人群中2/3的人被感染并康复，并且产生对抗病毒的抗体。

1918大流感也激励研究人员去探索动物病毒传染给人的过程。有两位科学家研究让禽流感病毒（不少科学家认为1918大流感的罪魁祸首是禽流感病毒的一个变种）转变成可以传染人的流感病毒（H5N1株）的基因突变，竞争得难解难分。其中一位是在日本和美国都有实验室的河冈义裕先生，另一位是在荷兰鹿特丹伊拉斯姆斯研究中心的荣·弗切尔先生。他们都尝试鉴定出那些让流感病毒在人类细胞里生长的关键突变。这正是前文提到的“获得突变”技术，在研究冠状病毒的时候也被使用过。由此产生的“超级病毒”如果操作不当就可能在全球形成瘟疫流行，两位科学家都尝试把研究结果公之于众。然而他们的论文被扣住60天，由22位世卫组织科学家组成的委员会审核，这是因为文章中提到的技术可能会被恐怖分子利用，属于“双重使用”范畴（可以为“科学研究”和“恐怖行径”所利用）。

令人惊讶的是，世卫组织和论文作者想的一样，认为这些信息公之于众产生的价值要比可能带来的风险大，人们可以从中了解到将来如何采取预防措施。然而，将来这类的研究需要在监管下才能进行。两篇论文的删减版最终还是刊发在《自然》和《科学》杂志上了。该研究发现的 3 个危险突变位点，其实已经在自然界中的一些流感病毒中存在。因此，我们应该更加小心，因为再有一个突变就会使那些流感病毒变得非常厉害，导致大瘟疫流行。我们能否从中学到些什么，来降低未来的风险呢？

检　测

新冠肺炎疫情影响了许多人的生活。受影响的人数多到什么程度呢？到现在为止，我们还没有办法生产出足够多的病毒检测设备。现在是有一些检测手段，但美国疾控中心生产的检测设备一开始并不靠谱，这多多少少让人感到意外。同时，检测试剂也开始紧缺。不是每个人都可以得到检测，只有那些高风险的人才会得到有限的检测。这里高风险的意思是，在两周内和确诊患者有过接触。只有通过检测，我们才能了解疫情的发展情况，有多少人被确诊，多少人死亡，多少人康复，以及有多少人携带抗体从而不会被感染。

现在使用的检测手段基于聚合酶链式反应技术，它是医学中常用的一种标准检测技术，用来识别和确认病毒或其他病原体的基因序列，以及人体和肿瘤内基因组上的突变。从逆转录病毒中，科学家分离出一种酶，可以把 RNA 转变成 DNA。我们给这种酶起了个名字叫“逆转录酶”，而使用逆转录酶的生物技术就叫作“逆转录聚合酶链式反应技术”。这个技术简单来说是这样的：首先选择一段与某种疾病相关的 DNA 序列，在其两端各设计一段特殊的引物，作为扩增这段 DNA 的起始。加上与之相适合的试剂，链式扩增反应就可以开始了。这与病毒在试管里的扩增很像。链式反应需要用到一种叫温度循环仪的设备，它可以控制将反应温度从热变冷，再从冷变热，循环反复。温度高的时候，DNA 双链分离，形成两条单链；温度低的时候，DNA 单链在引物的帮助下合成对应的双链。周而复始，以指数级倍增。现在大家都了解病毒复制增长的速度了吧！值得注意的是，引物序列的特异性需要验证一下才行。

聚合酶链式反应需要几个小时才能完成，样本运输也需要一些时间，所以一般来说，一项检测可能要花上两天甚至更久。在检测中心，温度循环仪都在满负荷运转，试剂也很紧缺。

整个检测过程可以实现全自动化，人为误差可以完全避免。但是咽拭子样本的质量参差不齐，与病程有关，与取样的位置也有关系。最近，瑞士一家公司生产了一种更大的仪器，可以同时进行更多的检测。这可以加快病毒检测的进度，然而逆转录酶聚合链式反应测试只能检测到病毒 RNA 是否存在于患者体内，却不能告诉我们病毒是否能进行复制，以及是否有传染性。比如，我们在一些商场的购物车、门把手和楼梯扶手上都检测到了病毒，但我们不知道它会不会传染。人们对这种检测产生了很多争论。我们尚不清楚到底有多少人被感染，这个数字相当重要，因此我们也没法准确计算患病后的死亡率，现在只能给出一个大约的估计，病死率在 0.65% 到 11% 之间。

国家与国家之间的死亡率不能直接比较。我们需要快速的检测手段，可以当场给出结果，这样我们就知道谁被感染了而谁没有。对于艾滋病，我们有这样的检测手段，对防止疾病传播有很大的意义。比如，可以阻止被感染的旅客登上火车或飞机。这样的检测技术可以做到一张纸条上：把抗体固定在纸条上，在一个特定的地方再放一些带有荧光标记的二抗。当咽拭子带有病毒抗原的时候，它就会和抗体结合，再和二抗结合从而显色，这样我们就知道受试者是否携带病毒了。

抗　体

很多患者在感染新冠病毒后康复，他们体内肯定有抵抗病毒的抗体。存不存在抗体可以利用一些检测技术来判断：在纸条上固定病毒抗原，在和康复患者血液中的抗体结合后，可以显现出不同的颜色。免疫球蛋白 G 之类的抗体，通常会在病毒感染两周后产生（原文为“康复后两周产生抗体”，或为笔误——译者注）。科学家认为这样的抗体如果足够强的话，可以保护携带者不会再次受到感染。有一些看法认为人们从未接触过这次的新冠病毒，因而不会天生带有抵抗性的抗体。事实可能并非如此，此前人类多次接触到季节性的冠状病毒，尤其在冬季，一些抗体说不定会对新冠病毒有作用。最新数据表明，在一些地方，比如纽约市，15% 到 20% 的人群已经携带抗体，其中一部分人是患病后康复的，而另一部分人并没有生病。这就提出了一个新问题：他们是感染了新冠病毒并康复但在整个过程中毫无知觉，还是既往的冠状病毒感染产生的抗体对新冠病毒也有抵抗力？要回答这个问题，我们需要做更大规模的检测。感染者的总数决定了有多少人携带抗体并对新冠病毒有抵抗力。

抗体是有了，但会不会因效果太差以至于毫无保护效果呢？或者抗体的有效期太短？又或者抗体会不会对人体有害？从以往的经验我们知道，有些病毒会让人体产生出有副作用的抗体，再次受到感染时会加重病情。登革热就是这样一个例子，这个现象我们称为“依赖抗体的感染恶化”。这个情况在新冠病毒上发生的可能性很低，但是对后续的免疫功能至关重要。疫苗真的能帮助人们不被感染吗？它们真的安全吗？我们尚不能下结论。

在有合适的疫苗之前，抗体检测会非常有用：快速检测，结果立等可取。这样人们才能安心地旅行、上课和工作，没有被感染的担心。然而这些检测相对都很初级，有时候并不够准确，而且操作必须要完全合规才能产生正确的结果。相对较高的误检率可能会影响到它的商业化进程。目前，一些不太准确的检测已经悄然流行。

群体免疫

隔离和保持社交距离是国际上公认的可以有效阻止新冠肺炎疫情传播的措施。一个问题在于它会导致人群中受到感染的比例很低，而且缺少带有抗体的康复患者——这是让 R0 降到 1 以下的重要因素。R_0 小于 1 的意思是，平均下来，每个患者只会传染给小于 1 个人。假设 R_0 是 3 的话，那计算表明，当人群中 66% 的人携带抗体的时候，疫情就会中止。

隔离的另外一个隐患是，病毒可能仅仅是藏了起来。当隔离措施逐步取消，人们互相接触增多的时候，病毒就又出现了。现在还没有疫苗，那么增加免疫力的方法只有一个，那就是病毒学里经典的“群体免疫”。这个概念经常会被曲解：它不是一个需要去执行的既定方针；相反，它是一个既成事实。尤其是发生在年轻人中，因为相对而言年轻人不会病得那么重，即使感染也容易挺过来。群体免疫可能是热带国家或低收入国家应对疫情的唯一办法，这些地区人口密度非常大。此外，难民营里可能也是如此，那里年轻人居多。但是年轻人有年轻人的风险，比如结核病、艾滋病、糖尿病和污染带来的一些问题。即便如此，在没有充足的医疗援助和卫生建设下，群体免疫可能是唯一可行的法子。群体免疫听起来问题多多，但是效果可能还真不差。瑞典就采取了这样的策略，虽然瑞典的人口密度很低，而且每个瑞典人都被告诫要保持社交距离。英国首相鲍里斯·约翰逊也打算采取同样的措施，但是被群起而攻之，于是他只好放弃。理论计算表明，群体免疫会导致一大波感染，但是随后的第二波、第三波疫情出现的可能性则大大降低。尽管如此，根据对以往流感疫情的研究，采取群体免疫后患病死亡的人数可能要比现在高出一倍。

英国政治家面临着两个极端选择：要么和欧洲大陆一样，采取封城措施来尽可能地挽救最多患者的生命；要么和美国总统特朗普一样，不封城来保持经济不萎缩。美国的福奇博士警告说，特朗普的政策会导致高达 100 万人死亡。于是特朗普改变策略，在两个极端之间重新决策。

目前，我们不知道欧洲国家的“社交隔离”政策是否在中年人群里阻止了群体免疫。让我们看看解除隔离后会怎么样吧！

疫　苗

我们用疫苗来消灭病毒有着相当成功的经验。虽然案例不多，但每次都要付出巨大的努力。消灭脊髓灰质炎（小儿麻痹症）就是一项丰功伟绩，每年的 10 月 24 日被定为“世界脊髓灰质炎疫苗日”，甚至连战争也在这一天停火。现在只有零星的一些病例出现。天花疫苗可以说是医学史上最伟大的一项发明。现在只有年纪较大的人，上臂还会有两个在小时候接种天花疫苗留下来的疤痕。针对麻疹也有很好的疫苗，虽然总有一些人反对。流感疫苗稍有不同，需要随着病毒的基因变化而每年重新设计。通常来说，一剂疫苗可以对抗好几种流感病毒。而且就算疫苗没有完全对应上当季流行的病毒，疫苗也可以降低症状的严重程度。国际上有专门的组织，预测下一个季度可能流行的流感病毒，并提出最佳疫苗组合。针对一个季度的流感，需要 6 个月的时间来生产出足够的疫苗。至今还没有针对艾滋病的疫苗，其原因在于艾滋病病毒有相当高的突变率。不过我们可以用多种药物的组合来治疗艾滋病，现在已经有多达 30 种有效的组合药物。从这个角度来说，艾滋病病毒相当特殊。

当前，数十家创业公司投入新冠病毒疫苗开发中来，各显其能。这其实很重要，因为我们不清楚激发自身免疫到底是强一点好还是不那么强好。一种实验中的疫苗采用了灭活病毒，这是一种经典的制备疫苗的方式。然而用这种方法大规模生产疫苗可能会有安全隐患，万一没有彻底把病毒灭活，那问题可就严重了，毕竟没有什么是百分百可靠的。

另一种制备疫苗的思路是只取病毒的一部分而不是整个病毒——病毒颗粒的表面蛋白，特别是刺突蛋白。抗体结合刺突蛋白后，会阻止病毒入侵细胞，也就阻止了病毒的增殖。还有一类新的基因疫苗，从病毒基因组序列开始设计，然后在几天内靠人工合成出来。刺突蛋白同样也是基因疫苗针对的靶点。疫苗由合成出来的病毒 RNA 或 DNA 构成。病毒 RNA 可以从合成的 DNA 质粒表达出来，从而可以大批量生产。虽然迄今为止，还没有临床或动物试验使用过 RNA 疫苗，但多国的监管机构都紧急批准了 RNA 疫苗作为“新型研究型疫苗”的使用。为了加快这一进程，以往的“先细胞实验再临床试验”的必备流程也被更改为“细胞实验和临床试验同步进行”。我们使用 DNA 疫苗则有 30 多年的经验，对于艾滋病病毒而言，我们已经开发出针对艾滋病病毒外膜蛋白的疫苗，还有针对病毒能激发免疫原性区域的疫苗，这两个区域从遗传上来说更稳定（突变更少）。在苏黎世大学的时候，我参与了相关疫苗的设计，以及临床一期和二期的试验。美国军方仍然在使用这样的基因疫苗，并辅以别的佐剂。我们在苏黎世的研究团队开发出一种“纯 DNA”抗肿瘤药物，它通过表达“白介素 -12”来治疗恶性黑色素瘤。按照规定，我们先在小鼠和白马这两种动物模型（它们也会得恶性黑色素瘤）上测试了我们的药物，然后给 12 位病人做了治疗，取得了一定的成效。这样的“疫苗”其实是受试患者自己产生的：先自己产生一个病毒抗原蛋白，再自己产生抗体来对抗这个病毒抗原蛋白。在我们的实验中，DNA 产生的抗体总量很少，但是很长效。从 RNA 开始产生蛋白质要比从 DNA 开始少一个步骤，而且是直接在细胞胞质中产生。所以说，RNA 疫苗可能更加出色。

还有一种可行的方式，那就是用基因技术来合成病毒，再通过一些脂质体、类病毒颗粒或无害的病毒这样的方式来递送新冠病毒表面蛋白。有一种疫苗是基于改造安卡拉病毒疫苗（MVA）并富集新冠膜蛋白形成的，这种技术仿照了经典的天花疫苗制备方法，相当安全，有数十年的制备经验。有的疫苗把形状像子弹一样的水泡性口炎病毒（VSV）进行改造，使之搭载刺突蛋白。还有的疫苗则使用腺相关病毒（AAV）。

我们一定可以设计出针对冠状病毒的疫苗。和别的 RNA 病毒不一样的是，冠状病毒的突变并不是很多。新冠病毒的基因组由 3 万个碱基组成，比别的病毒要大一些。病毒在复制的过程中会犯一些小错误，使用了不匹配的碱基，就引入了突变。新冠病毒基因组很大，那么它就有一定的概率会在突变中积累太多的错误，导致自身的消亡。但是新冠病毒有一个修复机制来修复这些错误，这样一来，它的基因组就比别的病毒要稳定得多。每一个匹配错误，就是一个新的突变，通常会让病毒更有效地避开宿主细胞免疫系统的追杀；突变得越快，那就越可能活下来。然而，过多的突变则有可能导致病毒本身的消亡。这个理念是德国诺贝尔奖得主曼弗雷德·艾根提出来的，他给这个过程起名为“误差灾难”，即可以通过迫使病毒产生过多的突变，以至于病毒丢失了必需的遗传信息从而灭亡。不过，这个想法实现起来并不那么成功。随着越来越多的新冠病毒毒株被发现，自然而然，新冠病毒的突变数也越来越多。有一些突变则让病毒有更强的致病性。看来，我们还需要面对疫苗将来的问题。

还有一种正在研究中的方法，它在美国对抗埃博拉疫情里也使用过。曾经有一名美国人，在感染埃博拉病毒之后回到美国本土。那次疫情十分惨烈，受感染的患者 90% 都死亡了。幸存者携带有抗体，科学家从他们血液里分离出抗体，来尝试治疗新被感染的患者。那名美国患者很幸运，他挺过来了。人们对新冠康复患者也做了同样的研究，提取他们的抗体，但是这并不能拯救全世界的人类。

上百名科学家加入疫苗或药物的开发中来，他们来自方方面面的领域，有病毒学家、分子生物学家、生物化学家、化学家、遗传学家、分子设计学家以及生物信息学专家，这令人兴奋。初创公司有很多原创性的和创新性的想法，而把产品推向市场需要获得更多的资源，那么大型药企也得加入这个行列。此外，我们还需要大规模的生产设施和世界范围内的供给、分发设施。实现这一切都需要时间。

然而，我们迫切地需要一个哪怕是过渡阶段的解决方案。

治　疗

一直以来我们都没有什么针对病毒的成功疗法。就拿流感来说吧，有效的药物几乎就没有。艾滋病则不一样，我们有 30 多种药物可用，简直有点儿夸张。3 种药物联用的鸡尾酒疗法至今仍非常有效。这 3 种药物针对不同的分子靶点，在艾滋病病毒复制周期的不同阶段进行阻断，有效防止了耐药性的产生。药物联用的方法在别的疾病治疗中也有用到，比如肿瘤，而越来越多的肿瘤对药物产生出了耐药性。

虽然冠状病毒突变得不那么快，但我们还是需要多种药物。一个热门的抗病毒药物靶点是病毒的蛋白酶。许多病毒都有这种酶，来把它们自己生成的大型蛋白质切割成小片段的功能蛋白。病毒需要自己特有的蛋白酶，这样它自己的蛋白就不会被宿主细胞的蛋白酶错误切割。科学家合成了对付非典病毒的蛋白酶抑制剂。人们为此还做了一座雕塑，刻画了一个蛋白酶抑制剂分子模型黏附在非典病毒的蛋白酶上的场景，放在新加坡展出。我们很快也可以设计出针对新冠病毒的抑制剂。蛋白酶抑制剂对付艾滋病也很有效。现在全世界有几百种不同的药物在新冠临床试验中。最快的途径就是用以往有效的药物来尝试治疗新冠，试一试治疗埃博拉、艾滋病、疟疾等疾病的药物，加快试验的进程。在一些研究中，核苷酸类似物也可以作为病毒抑制剂，一旦它们被病毒利用来合成 RNA，RNA 的合成就会中止，从而杀灭病毒。然而新冠病毒有一个修复机制，可以纠正这样的错误。幸运的是，每天都会有新的药物进入试验。

值得注意的是，一些救命药并不直接消灭病毒，而是针对感染并发症。比如抗凝血和减少过强的免疫应答，也可以减少长时间使用呼吸机带来的负面影响。

病毒：是友非敌？

我为什么要加一个关于新冠病毒的章节？本书通篇没有关注病毒导致的疾病，却一直强调要去理解病毒的重要性和它对于世界的积极角色，从地球环境到物种演化，从推动创新到组成我们的基因（人类基因组的一半由病毒组成）。病毒在我们的基因组里扮演了一个保护者的角色，帮助我们抵抗外来的感染，并保护胎儿不受母体免疫系统的攻击。在微生物和人类、动物和植物之间，有一种微妙的平衡和紧密的共存关系。微生物从亘古时代就存在于地球上，而我们才是外乡人。细菌和病毒是人类存在所必要的，离开它们我们根本活不下去：微生物帮助我们消化食物，适应周遭环境，甚至在海洋里帮助食物链循环。噬菌体，也就是感染细菌的病毒，可以把随着季节生长的海洋细菌清扫干净。

人类在相当晚的时候才来到这个世界上，我们还需要学习怎样与它们互动。

一个有着微妙平衡的生态环境十分复杂，弄不好就会失控。如果失控了，那我们就只能怪自己，是我们引发了战争、贫穷、饥荒、不卫生以及自然资源枯竭。这些问题都有一个根源，那就是人口密度和人口迁徙。短期内我们可能没法解决这个问题，也许我们也无意去解决。但那样我们就要付出代价，我们现在已经在付出代价了。

希望读者在阅读本书的过程中，体验到病毒世界里的精彩并保持健康。

附录

相关用语对照表

Acidianus Two-tailed Virus（ATV）	酸菌双尾病毒（ATV）
Adenovirus	腺病毒
Adult T-Cell Leukemia（ATL）	成人 T 细胞白血病（ATL）
Alu element	Alu 元素
Avian Erythroblastosis Virus（AEV）	禽红细胞增多症病毒（AEV）
Agouti Maus	刺豚鼠
Aicardi Goutières Syndrom（AGS）	阿拉吉那综合征（AGS）
AIDS	艾滋病
Akt-Kinase	Akt 蛋白激酶
Alu element（Arthrobacter lutens）	Alu 元素（藤黄节杆菌）
Amino acid	氨基酸
Amoeba virus	阿米巴病毒
Anophelis mosquito	疟蚊
Angiogenesis	血管生成
Anthrax	炭疽病
Antibiotics	抗生素
Apoptosis	细胞凋亡

Arabidopsis thaliana	拟南芥（植物）
Archaea	古细菌
Argonaute（PAZ，PIWI）	Argonaute 蛋白质（包含 PAZ 和 PIWI 两个结构域）
Antisense	反义
Aspergillus flavus	黄曲霉
Asteroid	小行星
Avian Myeloblastosis Virus（AMV）	禽成髓细胞瘤病毒（AMV）
Bakteriophage	噬菌体
Bakterium	细菌
Banana	香蕉
Berlin Patient（Tom Brown）	柏林病人（汤姆・布朗）
Bilharziosis	血吸虫病
Biosafety laboratory	生物安全实验室
Bioterrorism	生物恐怖主义
Bird flue	禽流感
Black death	黑死病
Black smoker（hydrothermal vent）	黑烟囱（海底热泉、海底热液喷口）
Bone Morphogenic protein	骨形态发生蛋白
Borna virus	玻那病毒
Borrellia burgdorferi	伯氏疏螺旋体
Bovine Spongiforme Encephalitis（BSE）	牛海绵体脑炎（BSE）
Bunyavirus	布尼亚病毒
Burkitt-Lymphom（BL）	伯奇氏淋巴瘤（BL）
Caterpillar	毛毛虫
Cervix-carcinoma	宫颈癌

Cell cycle	细胞周期
Chaperon	伴侣
C. diff（Clostridium difficile）	艰难梭菌
C. elegans	秀丽隐杆线虫
Central Dogma	中央教条
Chestnut tree	栗子树
Cholera	霍乱
Chronic Myelogenous Leukemia（CML）	慢性粒细胞白血病（CML）
Circovirus	圆环病毒
Cliff	悬崖
Coelacanth	腔棘鱼
Condom	避孕套
Copy-and-paste	复制和粘贴
Creutzfeld-Jacob-Disease（CJD）	库兹菲德－雅各氏症（CJD）
CRISPR/Cas9	CRISPR/Cas9 抗病毒防御系统
Cut-and-paste	剪切和粘贴
Cytokine	细胞因子
Deleted-in-Colon-Cancer（DCC）	结肠癌缺失蛋白（DCC）
DNA	脱氧核糖核酸
DNA-vaccine	DNA 疫苗
DNA-Oligo	DNA 寡核苷酸
DNA-Polymerase	DNA 聚合酶
DNA prime—virus boost	DNA 基础免疫—病毒加强
DNA-Provirus	DNA 原病毒
DNA-Prophage	DNA 原噬菌体
Ebolavirus	埃博拉病毒

Elite Controller（EC）	精英控制器（EC）
Erasmus Medical Centre-Virus（EMC-Virus）	伊拉斯谟医疗中心病毒（EMC 病毒）
Emiliania huxleyi-Algen（Eh）/Eh-Virus	赫氏圆石藻病毒
Encephalitis	脑炎
ENCODE Project	ENCODE（DNA 元件百科全书）项目
Endogenous retrovirus（ERV）	内源性逆转录病毒（ERV）
Endogenous Virus	内源性病毒
Epigenetics	表观遗传学
Epstein-Barr-Virus（EBV）	爱泼斯坦—巴尔病毒（EBV）
ERK	ERK 蛋白
Entero Haemorrhagic Escherichia coli（EHEC）	肠出血性大肠杆菌（EHEC）
Eukaryote	真核生物
Evolution	进化
Exon	外显子
Fecal transfer	粪便转移
Fence	篱笆
FDA，Food and Drug Administration	美国食品药品监督管理局（FDA）
Foamyvirus	泡沫病毒
Foot and Mouth Disease	口蹄疫
Gag	Gag 蛋白
Gene	基因
Genome	基因组
Gene regulation	基因调控

Gene therapy	基因治疗
Gibbon-Ape-Leukemia-Virus	长臂猿白血病病毒
Giant virus	巨病毒
Gigavirus	巨大病毒
GMO，Gene Modified Organism	转基因生物（基因改良生物）
GMP（Good Manufacturing Practise）	良好生产规范或生产质量管理规范（GMP）
Global Viral Forecasting Initiative（GVFI）	全球病毒预测计划（GVFI）
Hepatitis-Virus	肝炎病毒
Hepatitis-B-Virus（HBV）	乙型肝炎病毒（HBV）
Hepatitis-C-Virus（HCV）	丙型肝炎病毒（HCV）
Hepatitis-D-Virus（HDV）	丁型肝炎病毒（HDV）
Hepatocellular Carcinoma（HCC）	肝细胞癌（HCC）
Herceptin	赫赛汀
Herpes-Virus	疱疹病毒
Human Endogeonus Retrovirus（HERV）	人类内源性逆转录病毒（HERV）
Horizontal Gene transfer（HGT）	水平基因转移（HGT）
Human Genome Project（HGP）	人类基因组计划（HGP）
HIV	人类免疫缺陷病毒
Horse shoe crab	鲎
Humanes-T-Cell-Lymphotropic-Virus（HTLV-1）	人类 T 淋巴细胞病毒（HTLV-1）
Human Microbiome Project（HMP）	人类微生物组计划（HMP）
Human-Papilloma virus（HPV）	人乳头瘤病毒（HPV）
Hydra	水蛭

Immune system（adaptive，innate）	免疫系统（适应性，先天性）
Influenza virus	流感病毒
Integrase	整合
Interferon	干扰素
Intron	内含子
iPS（induced Pluripotent Stem）cell	诱导性多能干细胞（IPSC）
Jelly fish	海蜇
Jumping gene（Transposable element）	跳跃基因（转座因子）
Kaposi-Sarcoma-Associated-（Herpes）-Virus	卡波西肉瘤疱疹病毒
Kinase	激酶
Kinase kaskade	激酶级联反应
Koala	考拉
Koi	锦鲤
Lactose intolerance	乳糖不耐受症
Lentivirus	慢病毒
Long Interspersed Nuclear Element（LINE）	长散在核元件（LINE）
Long-term-non-progressor（LTNP）	长期不进展者（LTNP）
Long Terminal Repeat（LTR）	长末端重复序列（LTR）
Latest Universal Common（or Cellular）Ancestor（LUCA）	最后共同祖先（LUCA）
Lymphoma	淋巴瘤
Lysis/lytic	裂解
Lysogen/temperent	溶原 / 温和

Maize	玉米
Ma virophage	独特噬病毒体
Malignant Melanoma	恶性黑色素瘤
Marburg-Virus	马尔堡病毒
Marseille-Virus	马赛病毒
Measles	麻疹
Mouth and Foot disease	口蹄疫
Megavirus chilensis	巨大病毒
Multiple therapy	多种疗法
MEK	MEK 蛋白
Middle East Respiratory Syndrome （MERS）	中东呼吸综合征（MERS）
MERS Coronavirus	MERS 冠状病毒
Metastasis	转移
Microbiome	微生物组
Microbicide	杀菌剂
Mimivirus	拟菌病毒
Mississippi-Baby	密西西比婴儿
Mitochondrium	线粒体
Mononucleosis	单核细胞增多
Mu-Phage	Mu 噬菌体
Mutant	突变体
Mutation	突变
Myc-Oncogene/-Protein	*Myc* 癌基因 /Myc 蛋白质
Mycobacteria	分枝杆菌
Myelocytomatosis-Virus MC29	髓细胞瘤病毒 MC29
Nef（Pathogenicity factor）	Nef（致病因子）

Next-Generation-Sequencing（NGS）	下一代测序（NGS）
Norovirus	诺如病毒
Nucleic acid	核酸
Nucleotide	核苷酸
non-coding RNA，ncRNA	非编码 RNA 或 ncRNA
Oncogene/Oncoprotein	癌基因 / 基因蛋白
Obesity	肥胖
Paget-Syndrome	佩吉特综合征
Pandoravirus	潘多拉病毒
Papillomavirus，Human Papillomavirus	乳头瘤病毒，人乳头瘤病毒
Papovavirus	乳多空病毒
Paragenetics	副遗传
Paramutation	副突变
Para-Retrovirus	拟逆转录病毒
Parasite	寄生物
Parvovirus	细小病毒
PAZ	PAZ 基因 / 蛋白
Polymerase Chain Reaction（PCR）	聚合酶链式反应（PCR）
PDZ-Protein	PDZ- 蛋白
Permafrost	永冻土
Pest	虫害
Phage	噬菌体
Phoenix	"凤凰"病毒
Photograph	照片
Potato	土豆
Prophage	原噬菌体

Protis	原生生物
Provirus	前病毒
Phytoplasm	植原体
Pithovirus	阔口罐病毒
PIWI	PIWI 蛋白
PKB，Protein Kinase B	蛋白激酶 B（PKB）
Plasmid	质粒
Plant virus	植物病毒
Poliovirus	脊髓灰质炎病毒
Poly-DNA-Virus（PDV）	多 DNA 病毒（PDV）
Polyomavirus	多瘤病毒
Polymerase	聚合酶
Polyproteine	多蛋白
Post-exposure prophylaxis（PEP）	暴露后预防（PEP）
Post Treatment Control（PTC）	后处理控制（PTC）
Poxvirus	痘病毒
Praunitzii bacterium	普拉梭菌
Pre-exposure prophylaxis（PrEP）	预暴露预防（PrEP）
Prion	朊病毒
Prokayote	原核生物
Promoter	启动子
Prostata-Carcinoma	前列腺癌
Protease	蛋白酶
Proto oncogene	原癌基因
Protein	蛋白质
Protein domain	蛋白质域
Psyche	精神，精神上的

Q beta phage	Q beta 噬菌体
Quasispecies	准种
Q-tip	棉签
Raf（Rat Fibrosarcoma）	大鼠纤维肉瘤基因（*Raf*）
Ras（Rat sarcoma）	大鼠肉瘤基因（*Ras*）
Ras-Raf-MEK-ERK	Ras—Raf—MEK—ERK 通路
Raf-kinase	Raf 激酶
Regulatory RNA	调控性 RNA
Rabbit Endogenous Lentivirus Type K（RELIK）	兔内源性 K 型慢病毒（RELIK）
Resistence	抗性
Respiratory-Syncytial-Virus	呼吸多核体病毒
Retinoblastoma	视网膜母细胞瘤
Retrotransposon	反转录转座子
Retrovirus	逆转录病毒
Reverse Transcriptase（RT）	逆转录酶（RT）
Receptor-Tyrosine kinase	受体酪氨酸激酶
Rhino virus	犀牛病毒
Ribonucleoprotein	核蛋白
Ribosome	核糖体
Ribozyme	核酶
RISC	RNA 诱导沉默复合物
RNA	核糖核酸
circRNA	环状 RNA
catalytic RNA/Ribozyme	催化 RNA / 核酶
lncRNA	非编码长 RNA
messenger（mRNA）	信使 RNA

ncRNA/non-coding	非编码 RNA
piRNA，PIWI interacting RNA	与 PIWI 蛋白相互作用的 RNA
regulatory（ncRNA）	非编码调控 RNA
silencer（siRNA/RNAi）	沉默子（siRNA/RNAi）
tRNA	转运 RNA
RNA-Polymerase	RNA 聚合酶
RNase H/Ribonuklease H	核糖核酸内切酶 H（分子剪刀）
Rous Sarcoma Virus（RSV）	劳斯肉瘤病毒（RSV）
Sarcoma-Gene	肉瘤基因
SARS（Severe Acute Respiratory Syndrome）	严重急性呼吸综合征（SARS）
Saccharomyces	酵母
Swine flue	猪流感
Scrapie	羊瘙痒病
Sigma faktor	Sigma 因子
Simian Virus 40（SV40）	猿猴病毒 40（SV40）
Shotr Interspersed Nuclear Element（SINE）	短散在核元件（SINE）
Single Nucleotide Polymorphisms（SNPs）	单核苷酸多态性（SNPs）
Silencing	沉默
Sloth-Endogenes-Foamy-Virus（SloEFV）	树懒内源性泡沫病毒（SloEFV）
South Africa	南非
Sperm	精子
Spleen-Focus-Forming-Virus（SFFV）	脾脏聚焦形成病毒（SFFV）
Splicing	剪接
Spliceosom	剪接体

Src-Protein	Src 蛋白
Stellenbosh	斯泰伦博斯
Stop codon	终止密码子
Stem cell	干细胞
Symbiosis	合作关系
Syncytia	合胞体

TARA Ocean project	塔拉海洋采样项目
Tamiflu	达菲
Taq-Polymerase（Thermus aquaticus）	Taq 聚合酶（水生栖热菌）
TE（Transposable elements）	转座因子（TE）
Telomer	端粒
Telomerase	端粒酶
Temperent	温和的
Telomerase Reverse Transkriptase （TERT）	端粒酶逆转录酶（TERT）
Tick-borne encephalitis	蜱传脑炎
Ti-Plasmid	Ti 质粒
Tobacco mosaic virus（TMV）	烟草花叶病毒（TMV）
Transgenerational	隔代的
Transcription factor	转录因子
Transcriptom	转录
Transposable element	转座因子
Transposon	转座子
Triple therapy	三联疗法
Triplett	特里普利特
Tropical Spastic Paraparesis（TSP）	热带痉挛性下肢瘫痪（TSP）
Tuberculosis	结核

Tulip	郁金香
Tulipmania	郁金香狂热
Tumor suppressor	肿瘤抑制因子
Vaccine	疫苗
Vancomycin	万古霉素
Vascular-Endothelial-Growth-Factor（VEGF）	血管内皮生长因子（VEGF）
Vector	载体
Viroid	类病毒
Virophage	噬病毒体
Virostat	Virostat（公司名）
Virus，endogenes（ERV）	病毒，内源基因（ERV）
West-Nil-Feaver-Virus	西尼罗河病毒
Wheat	小麦
Worm therapy	蠕虫疗法
Xenotropic Mouse-Retrovirus（XMRV）	异嗜性小鼠白血病病毒相关病毒（XMRV）
X-Protein	X- 蛋白
Yeast	酵母
Zoonosis	动物传染病
Zurich patient（Fecal transfer）	苏黎世病人（粪便转移）

参考文献

序

Brockman, J., *The Edge*, Annual Question 2005: What do you believe is true even though you cannot prove it?

Blaser, M.J., *Missing Microbes* (Oneworld Publications, 2014).

Chin, J. (Ed.), *Control of Communicable Diseases Manual*, American Public Health Association, 2000.

Crawford, D.H., *Deadly Companions: How Microbes Shaped Our History* (Oxford University Press, New York, 2007).

Domingo, E., Parish, C., and Holland J. (Eds.), *Origin and Evolution of Viruses* (Academic Press, London, 2008), p. 477.

Dyson, F.J., *The Sun, the Genome and the Internet* (Oxford University Press, New York, 1999).

Dyson, F.J., The Scientist as Rebel, *The New York Review of Books*, 2006.

Dyson, F.J., *Origins of Life* (Cambridge University Press, 1986).

Eigen, M., *From Strange Simplicity to Complex Familiarity, A Treatise on Matter, Information, Life and Thought* (Oxford University Press, 2013).

Frebel, A., *Auf der Suche nach den ältesten Sternen* (S. Fischer Press, 2007).

Fischer, E.P., *Das Genom* (S. Fischer Press, 2004).

Flint, J. *et al.*, *Principles of Virology* (ASM Press, 2000).

Mahy, B.W.J., *The Dictionary of Virology* (Academic Press, 2009).

Moelling, K., Are viruses our oldest ancestors? *EMBO Reports*, 2012; 13:1033.

Moelling, K., What contemporary viruses tell us about evolution — a personal view, *Archives Virol.* 2013; 158:1833.

Napier, J., *Evolution* (McGraw-Hill, 2007).

Ryan, F., *Virolution* (Spektrum Akademic Press, 2010).
Science special issue: HIV and TB in South Africa, *Science* 2013; 339:873.
Schrödinger, E., *What Is Life?* (Cambridge University Press, 1967).
van Regenmortel, M. and Mahy, B., *Desk Encyclopedia of General Virology* (Academic Press, 2009).
Villarreal, L.P., *Viruses and the Evolution of Life* (American Society of Microbiology Press, 2005).
Watson, J.D., *The Double Helix* (Norton Critical Edition, 1980; Atheneum, 1980).
Wagener, Ch., *Molekulare Onkologie* (G. Thieme Verlag, 1999).
Witzany, G., A perspective on natural genetic engineering and natural genome editing. Introduction, *Ann. N. Y. Acad. Sci.* 2009; 1178: 1–5.
Witzany, G. (Ed.), *Viruses: Essential Agents of Life* (Springer, 2012).
Zimmer, C., *Parasite Rex: Inside the Bizarre World of Nature's Most Dangerous Creatures* (Free Press, 2000).
Zimmer, C., *A Planet of Viruses, 2nd ed.* (University of Chicago Press, 2015).

第 1 章

Katzourakis, A., Gifford, R.J. *et al.*, Macroevolution of complex retroviruses, *Science* 2009; 325:1512.
Ziegler, Anna, *Photograph* 51, theatre play.
Maddox, B., *Rosalind Franklin: The Dark Lady of DNA* (Harper Collins, 2002).
Watson, J.D., and Crick, F., Molecular structure of nucleic acids: A structure for DNA. *Nature,* 1974; 248:765.
Crick, F., Central dogma of molecular biology, *Nature* 1970; 227:561.
Eigen, M., Error catastrophe and antiviral strategy, *PNAS* 2002; 99:13374.
Patel, B.H. *et al.,* Common origins of RNA, protein and lipid precursors in a protometabolism, *Nat. Chem.* 2015; 4:301.
Sweetlove, L., Number of species on Earth at 8.7 million, *Nature* 2011, doi:10.1038/news.2011498.
Splicing: Sharp, P.A., The discovery of split genes and RNA splicing, *Trends in Biochemical Sciences* 2005; 30:279.

第 2 章

Influenza: Taubenberger, J.K., Influenza viruses: Breaking all the rules, *MBio.* 2013; 4: p.ii: e00365-13.
Fouchier, R.A.M., García-Sastre, A., and Kawaoka, Y., H5N1 virus: Transmission studies resume for avian flu, *Nature* 2013; 493:609.
Vaccination: Don't blame the CIA, *Nature* 2011; 265:475.
Bioterrorism: Lane, H.C., La Montagne, H.L., and Fauci, A.S., Bioterrorism: A clear

and present danger, *Nature Med.* 2001; 7:1271.

HIV: Cohen, J., AIDS research. More woes for struggling HIV vaccine field, *Science* 2013; 340:667.

Naked DNA: Weber, R., Bossart, W. *et al.*, Moelling, K., Phase I clinical trial with HIV-1 gp160 plasmid vaccine in HIV-1-infected asymptomatic subjects, *Eur. J. Clin. Microbiol. Infect. Dis.* 2001; 11:800.

Lowrie, D.B. *et al.*, Moelling, K., Silva, C.L., Therapy of tuberculosis in mice by DNA vaccination, *Nature* 1999; 400:269.

Schlitz, J.G., Salzer, U., Mohajeri, M.H. *et al.*, Moelling, K., Antibodies from a DNA peptide vaccination decrease the brain amyloid burden in a mouse model of Alzheimer`s disease, *J. Mol. Med.* 2004; 82:706.

Microbicide: Haase, A.T., Early events in sexual transmission of HIV for interventions, *Annu. Rev. Med.* 2011; 62:127.

Matzen, K. *et al.*, Moelling, K., RNase H-mediated retrovirus destruction in vivo triggered by oligodeoxynucleotides, *Nat. Biotechnol.* 2007; 25:669; *Commentary*: Johnson, W.E., Assisted suicide for retroviruses, *Nat. Biotech.* 2007; 25:643.

Wittmer-Elzaouk, L. *et al.*, Moelling, K., Retroviral self-inactivation in the mouse vagina, *Antiviral Res.* 2009; 82:22.

HIV Future: Hütter, G., Transplantation of blood stem cells for HIV/AIDS?, *J. Int. AIDS Soc.* 2009; 12:10.

Faria, N.R. *et al.*, HIV eipdemiology. The early spread and ignition of HIV-1 in human, *Science* 2014; 346:56.

第 3 章

Reverse transcriptase: Baltimore, D., RNA-dependent DNA polymerase in virions of RNA tumour viruses, *Nature* 1970; 226:1209.

Temin, H.M. and Mizutani, S., RNA-dependent DNA polymerase in virions of Rous sarcoma virus, *Nature* 1970; 226:1211.

Mölling, K. *et al.*, Association of viral RT with an enzyme degrading the RNA of RNA-DNA hybrids, *Nat. New. Biol.* 1971; 234:240.

Moelling, K., RT and RNase H: In a murine virus and in both subunits of an avian virus, *CSH SyQB* 1975; 39:269.

Moelling, K., Targeting the RNase H by rational drug design, *AIDS* 2012;26:1983.

Moelling, K. *et al.*, Relationship retroviral replication and RNA interference, *CSH SyQB* 2006; 71:365.

Simon, D.M. and Zimmerly, S., A diversity of uncharacterized RTs in bacteria, *NAR* 2008; 36:7219.

Lampson, B.C., Inouye, M., and Inouye, S., Retrons, msDNA, bacterial genome, *Cytogenet. Genome Res.* 2005; 110:491.

Moelling, K. and Broecker F., The RT-RNase H: From viruses to antiviral defense,

Ann. N.Y. Acad. Sci. 2015; 1341:126.

RNase H: Tisdale, M. *et al.*, Moelling, K., Mutations in the RNase H of HIV-1 infectivity, *J. Gen. Virol.* 1991; 72:59.

Broecker, F., Andrae, K., and Moelling, K., Activation of HIV RNase H, suicide a novel microbicide?, *ARHR* 2012; 28:1397.

Song, J.J. *et al.*, Structure of Argonaute and implications for RISC slicer, *Science* 2004; 305:1434.

Malik, H.S. and Eickbush, T.H., RNase H suggests a late origin of LTR from TE, *Genome Res.* 2001; 11:1187.

Crow, Y.J. *et al.*, Jackson, A.P., Mutations in genes encoding ribonuclease H2 subunits cause Aicardi-Goutière syndrome and mimic congenital viral brain infection. *Nat. Genet.* 2006; 38:910.

Cerritelli, S.M. and Crouch, R.J., Ribonuclease H: The enzymes in eukaryotes, *FEBS J.* 2009; 276:1494.

Nowotny, M., Retroviral integrase superfamily: The structural perspective, *EMBO Rep.* 2009; 10:144.

Arshan Nasir, A., Sun, F.-J., Kim, K.M., and Caetano-Anolles, G., Untangling the origin of viruses and their impact on cellular evolution, *Ann. N.Y. Acad. Sci.* 2014; 1341:61.

Telomerase: Greider, C.W. and Blackburn, E.H., A specific telomere terminal transferase, *Cell* 1985; 43:405.

Skloot, R., *The Immortal Life of Henrietta Lacks* (Crown Publishing Group, 2010).

Nandakumar, J. and Cech, T.R., Finding the end: Recruitment of telomerase, *Nat. Rev. Mol. Cell. Biol.* 2013; 14:69.

Budin, I. and Szostak, J.W., Transition from primitive to modern cell membranes, *PNAS* 2011; 108:5249.

第 4 章

Sarcoma saga: Martin, G. S., The hunting of the Src, *Nat. Rev. Mol. Cell. Biol.* 2001; 2:467.

Yeatman, T.J. and Roskoski, R. Jr., A renaissance for SRC, *Nat. Rev. Cancer* 2004; 4: 470.

Oncoproteins: Donner, P., Greiser-Wilke, I. and Moelling, K., Nuclear localization and DNA binding of Myc, *Nature* 1982; 296:262 and Moelling, K. *et al.*, *Nature* 1984, 312:551, Myb, *Cell* 1985; 40:983.

Axel, R., Schlom, J., and Spiegelman, S., Presence in human breast cancer of RNA homologous to MMTV, *Nature* 1972; 235:32.

Raf-kinase: Moelling, K. *et al.*, Serine–threonine PK activities of Mil/Raf, *Nature* 1984; 312:558.

Zimmermann, S. and Moelling, K., Phosphorylation and regulation of Raf by Akt, *Science* 1999; 286:1741.

Rommel, C. *et al.*, Differentiation specific inhibition of Raf-MEK-ERK by Akt,

Science 1999; 286:1738.
Zimmermann, S., Moelling K., and Radziwil, G., MEK1 mediates positive feedback on Raf, *Oncogene* 1997; 15:1503.
Dummer, R. and Flaherty, K.T., Resistance with tyrosine kinase inhibitors in melanoma, *Curr. Opin. Oncol.* 2012; 24:150.
Das Thakur, M., *et al.*, Modelling Vemurafenib resistance in melanoma, *Nature* 2013; 494:251.
Holderfield, M. *et al.*, Targeting RAF kinases for cancer therapy: BRAF-mutated melanoma and beyond, *Nature Rev. Cancer* 2014; 14:455.
McMahon, M., Parsing out the complexity of RAF inhibitor resistance, *Pigment Cell Melanoma Res.* 2011; 24:361.
Sun, C. *et al.*, Bernards, R., Reversible resistance to BRAF(V600E) inhibition in melanoma, *Nature* 2014; 508:118.
Myc: Liu, J. and Levens, D., Making Myc, *Curr. Top Microbiol. Immunol.* 2006; 302:1.
Tumor suppressor: Gateff E: Malignant neoplasms of genetic origin in Drosophila, *Science* 1978; 200:1448.
Sherr, C.J. and McCormick, F., The RB and p53 pathways in cancer. *Cancer Cell* 2002; 2:103.
Yi, L. *et al.*, Multiple roles of p53 in somatic and stem cell differentiation, *Cancer Res.* 2012; 72:563.
Wang, T. *et al.*, Retroviruses shape the transcriptional network of p53. *PNAS* 2007; 104:18613.
Metastases and cancer: Baumgartner, M. *et al.*, Moelling, K., SRC-migration and invasion by PDZ, *MCB* 2008; 28:642.
Broecker, F. *et al.*, Moelling, K., Transcription of C-terminal metastatic c-Src mutant, *FEBS J.* 2016; 283:1669.
Cancer general: Vogelstein, B. *et al.*, Cancer genome landscape, *Science* 2013; 339:1546.
Hanahan, D. and Weinberg, R.A., Hallmarks of cancer: The next generation, *Cell* 2011; 144:646.
zur Hausen, H., Papillomaviruses and cancer: From basics to clinical application, *Nat. Rev. Cancer* 2002; 2:342.
Cancer different: Han, Y.C. *et al.*, Ventura, A., miR-17-92-mutant mice, *Nat. Genet.* 2015; 47:766–75.
Prostata: Kearney, M. *et al.*, Coffin, J.M., Multiple sources of contamination in XMRV infection, *PLoS ONE* 2012; 7:e30889.
Bacteria and cancer: Salama, N. *et al.*, Life in the human stomach: Helicobacter pylori, *Nat. Rev. Microbiol.* 2013; 11:385.

第 5 章

Phages and microbiome: Suttle, C.A., Viruses in the sea, *Nature* 2005; 437:356.

Reardon, S., News: Phage therapy: Phage therapy gets revitalized, *Nature* 2014; 510:15.
Young, R.Y. and Gill, J.J., Phage therapy redux — What is to be done?, *Science* 2015; 350:1163.
Delwart, E., A roadmap to the human virome, *PLoS Pathog.* 2013; 9:e1003146.
Zarowiecki, M., Metagenomics with guts, *Nat. Rev. Microbiol.* 2012; 10:674.
Turroni, F. *et al.*, Human gut microbiota and bifidobacteria, *A. van Leeuwenhoek* 2008; 94:35.
Gut: Turnbaugh, P.J. *et al.*, Gordon, J.I., The effect of diet on human gut microbiome, *Sci. Transl. Med.* 2009; 1:6ra14.
Qin, J. *et al.*, A human gut microbial gene catalogue by metagenomic sequencing, *Nature* 2010; 464:59.
Katsnelson, A. *et al.*, Twin study surveys genome for cause of multiple sclerosis, *Nature* 2010; 464: 1259.
Mokili, J.L., Rohwer, F. and Dutilh, B.E., Metagenomics and future virus discovery, *Curr. Opin. Virol.* 2012; 2:63.
Cesarean section: Dominguez-Bello, *et al.*, Microbiota of cesarean-born infants, *Nat. Med.* 2016; doi:10.1038/nm.4039.
Endogenous viruses: Weiss, R.A. and Stoye, J.P., Virology. Our viral inheritance, *Science* 2013; 340:820.
Feschotte, C. and Gilbert, C., Endogenous viruses: Viral evolution and host biology, *Nature Rev. Gen.* 2012; 13:283.
Plants global warming: Roossinck, M.J., The good viruses: Viral mutualistic symbioses. *Nat. Rev. Microbiol.* 2011; 9:99.
Roossinck, M.J., Lifestyles of plant viruses, *Philos. Trans. R. Soc. Lond. B. Biol. Sci.* 2010; 365:1899.
Placenta: Mi, S. *et al.*, Syncytin — a retroviral envelope in human placenta. *Nature* 2000; 403:785.
Polydnavirus: Bezier, A. *et al.*, Polydnaviruses of braconid wasps derive from an ancestral nudivirus, *Science* 2009; 323: 926.
Strand, M.R. and Burke, G.R., Polydnaviurses as symbionts and gene delivery systems, *PLoS* 2012; Pathog 8: e1002757.
Prionen: Mahal, S.P. *et al.*, Transfer of a prion strain leads to emergence of strain variants, *PNAS* 2010; 107:22653.

第6章

Chlorella virus: Van Etten, J., Giant viruses; *American Scientist* 2011.
Van Etten, J., Lane, L.C. and Dunigan, D., DNA viruses: The really big ones (Giruses), *Ann. Rev. Microbiol.* 2010;64:83.
Broecker, F. *et al.*, Viral composition in the intestine after FT, *CSH Mol. Case Stud.* 2016; 2:a000448.

Moelling, K. (Ed.), Nutrition and microbiome, *Ann. N.Y. Acad. Sci.* (2016).

Mimivirus: Boyer, M. *et al.*, Mimivirus genome reduction after intraamoebal culture, *PNAS* 2011; 108:10296.

Raoult, D. and Forterre, P., Redefining viruses: Lessons from mimivirus, *Nat. Rev. Microbio.* 2006; 6:315.

Raoult, D. *et al.*, Claverie, J.M., The 1.2-megabase genome sequence of mimivirus, *Science* 2004; 306:1344.

Philippe, N. *et al.*, Pandoraviruses: Amoeba viruses with genomes up to 2.5 Mb, *Science* 2013; 341:281.

La Scola, B. *et al.*, Raoult, D., A giant virus in amoebae, *Science* 2003; 299:2033.

Mollivirus sibericus: Legendre, M. *et al.*, Mollivirus sib. 30,000y giant virus in Acanthamoea, *PNAS* 2015; 112:10795.

Sambavirus: Campos, R. K., Sambavirus: Mimivirus from rain forest, The Brazilian Amazon, *Virol. J.* 2014; 11:95.

Origin of giant viruses: Pennisi, E., Ever bigger viruses shake tree of life, *Science* 2013; 341:226.

Yutin, N., Wolf, Y.I., and Koonin, E.V., Origin of giant viruses from smaller DNA viruses, *Virology* 2014; 466–467:38.

Virophages, Sputnik: Yutin, N., Raoult, D. and Koonin, E., Virophages, polintons, and transpovirons: A complex evolutionary network of diverse selfish genetic elements with different reproduction strategies, *Virology J.* 2013; 1:15.

Fischer, M.G. and Suttle, C.A., A virophage at the origin of large DNA transposons, *Science* 2011; 332:231.

Forterre, P., The origin of viruses and their possible roles in major evolutionary transitions, *Virus Res.* 2006; 117:5.

Amoeba: Huber, H. *et al.*, A new phylum of archaea represented by a nanosized hyperthermophilic symbiont, *Nature* 2002; 417:63.

Slimani, M. *et al.*, Amoebae as battlefields for bacteria, giant viruses, and virophages. *J. Virol.* 2013; 87:4783.

Eyes: Yutin, N. and Koonin, E.V., Proteorhodopsin genes in giant viruses, *Biology Direct* 2012; 7:34.

Archaea: Stetter, K.O., A brief history of the discovery of hyperthermophilic life, *Biochem. Soc. Trans.* 2013; 41:416.

Podar, M. *et al.*, A genomic analysis of the archaeal system *Ignicoccus hospitalis–Nanoarchaeum equitans*, *Genome Biol.* 2008; 9: R158.

Mochizuki, T. *et al.*, Archaeal virus with exceptional architecture, largest ssDNA genome, *PNAS* 2012; 109:13386.

Prangishvili, D., Forterre, P. and Garrett, R.A., Viruses of the archaea: A unifying view, *Nat. Rev. Micro.* 2006; 4:837.

第7章

Endogenous viruses: Weiss, R.A., The discovery of endogenous retroviruses, *Retrovirol.* 2006; 3:67.

Phoenix: Katzourakis, A. *et al.*, Discovery of first endogenous lentivirus, *PNAS* 2007; 10:6261.

Katzourakis, A. and Gifford, R.J., Endogenous viral elements in animal genomes, *PLoS Genet.* 2010: 6:e1001191.

Dewannieux, M. *et al.*, Identification of an infectious progenitor for the HERV-K, *Genome Res.* 2006; 16:1548.

Koalas: Tarlinton, R.E., Meers, J., and Young, P.R., Retroviral invasion of the koala genome, *Nature* 2006; 442:79.

Paleovirology: Belyi, V.A., Levine, A.J. and Skalka, A.M., Sequences from ancestral ssDNA viruses in vertebrate genomes: The parvoviridae and circoviridae are more than 40 to 50 mio years old, *J. Virol.* 2010; 84:12458.

Gifford, R.J., A transitional endogenous lentivirus from a basal primate for lentivirus evolution, PNAS 2008; 105:20362.

Katzourakis, A. *et al.*, Macroevolution of complex retroviruses, *Science* 2009; 32:1512.

Crippled viruses: Lander, E.S. *et al.*, Initial sequencing and analysis of the human genome, *Nature* 2001; 409:860.

Cordaux, R. and Batzer, M.A., The impact of retrotransposons on human genome evolution, *Nat. Rev. Genet.* 2009; 10:691.

SnapSot, Transposons, *Cell* 2008; 135:192.

Singer, T. *et al.*, LINE-1 retrotransposons in neuronal genomes? *Trends in Neurosciences*, 2010; 33:345.

Pollard, K.S. *et al.*, RNA expressed during cortical development evolved in humans, *Nature* 2006; 443:167.

Finnegan, D.J., Retrotransposons, *Current Biol.* 2012; 22: R432-7.

McClintock, B.: Harshey, R.M., The Mu story: How a maverick phage moved the field forword, *Mobile DNA* 2012; 3:21.

Sander, D.M. *et al.*, Intracisternal A-type retroviral particles in autoimmunity, *Microsc. Res. Tech.* 2005; 68:222.

Epigenetic Agouti mouse: Dolinoy, D.C. *et al.*, The Agouti mouse model: An epigenetic biosensor for nutritional and environmental alterations on the fetal epigenome, *Nutr. Rev.* 2008, 66 Suppl. 1:S7–11.

Rassoulzadegan, M., RNA-mediated non-Mendelian inheritance of an epigenetic change in the mouse, *Nature* 2006; 441:469.

Sleeping beauty: Luft, F.C. *et al.*, Sleeping Beauty jumps to new heights, *Mol. Med.* 2010; 88:641.

Fish: Amemiya, C.T. *et al.*, African coelacanth genome insights into tetrapod evolution, *Nature* 2013; 496:311.

Platypus: Warren, W.C. *et al.*, Genome analysis of the platypus unique evolution, *Nature* 2008; 453:175.

Introns: Morris, K. and Mattick, J.S., The rise of regulatory RNA, *Nat. Rev. Genet.* 2014; 15:423.

Chabannes, M. *et al.*, Three infectious viral species lying in wait in the banana genome, *J. Virol.* 2013; 87:8624.

Bartel, D.P., MicroRNAs target recognition and regulatory functions, *Cell* 2009; 136:215.

Zimmerly, S. *et al.*, GroupII intron mobility, *Cell* 1995; 82:545.

Beauregard, A., Curcio, M.J. and Belfort M., The take and give RT elements and hosts, *Ann. Rev. Genet.* 2008; 42:587.

Lambowitz, A.M. and Zimmerly S., Group II introns: Mobile ribozymes in DNA, *CSH Perspect. Biol.* 2011; 3:a003616.

Galej, W.P. *et al.*, Crystal structure of Prp8 reveals active site of slicosome, *Nature* 2013; 493:638.

Pena, V. *et al.*, Structure and function of an RNase H at the heart of the spliceosome, *EMBO J.* 2008; 27:2929.

ENCODE: Biemont, C. and Vieira, C., Junk DNA as an evolutionary force, *Nature* 2006; 443:521.

Venter, C., Multiple personal genomes await, *Nature* 2010, 464:676.

Lev, S. *et al.*, Venter, C., The diploid genome sequence of an individual human, *PLoS Biol.* 2007; 5:e254.

Fukai, E. *et al.*, Derepression of the plant Chromovirus LORE1 induces germline transposition in regenerated plants, *PLoS Genet.* 2010; 6(3):e1000868.

第 8 章

RNA: Eigen, M., Error catastrophe and antiviral strategy, *PNAS* 2002; 99:13374.

Biebricher, C.K. and Eigen, M., What is a quasispecies, *Curr. Top Microbiol. Immunol.* 2006; 299:1.

Biebricher, C.K. and Eigen, M., The error threshold, *Virus Res.* 2005; 107:117.

Lincoln, T.A. and Joyce, G.F., Self-sustained replication of an RNA enzyme, *Science* 2009; 323:1229.

Doudna, J.A. and Szostak, J.W., RNA-catalysed synthesis of complementary-strand, *RNA Nature* 1989; 33:519.

Viroids: Steger, G. *et al.*, Structure of viroid replicative intermediates of PST viroid, *Nucl. Acids Res.* 1986; 14:9613.

Villarreal, L.P., The widespread evolutionary significance of viruses, *Viroids Cell Microbiol.* 2008;10:2168.

Cech, T.R. *et al.*, Hammerhead nailed down, *Nature* 1994; 372:39.

Koonin, E.V. and Dolja, V.V., A virocentric perspective on the evolution of life, *Curr. Opin. Virol.* 2013; 5:546.

Lambowitz, A.M. and Zimmerly, S., Mobile group II introns, *Ann. Rev. Genetics* 2004; 38:1.

Adamala, K., Engelhart, A.E., and Szostak, J.W., Generation of functional RNAs from inactive oligonucleotide complexes by non-enzymatic primer extension, *J. Am. Chem. Soc.* 2015; 137:483–489.

Forterre, P., Defining life: The virus viewpoint, *Origins of Life and Evolution of Biospheres* 2010; 40:51.

Moelling, K., Are viruses our oldest ancestors? *EMBO Reports* 2012; 13:1033.

Holmes, E.C., What does virus evolution tell us about virus origins? *Journal of Virology* 2011; 85:5247.

Plankton: Lescot, M. *et al.* and Ogata, H., Reverse transcriptase genes are highly abundant and transcriptionally active in marine plankton assemblages, *ISME Journal* 2015; 1–13.

Circular RNA: Memczak, S. *et al.*, Circular RNAs with regulatory potency, *Nature* 2013; 495:333.

Hansen, T.B. *et al.*, Natural RNA circles function as efficient microRNA sponges, *Nature* 2013; 495:384.

Hansen, T.B., Kjems, J., and Damgaard, C.K., Circular RNA and miR-7 in cancer, *Cancer Res.* 2013; 73:5609.

Ford, E. and Ares, M. Jr., Circular RNA using ribozymes from a T4 group I intron, *PNAS* 1994; 12; 91:3117.

Ribozymes and ribosomes: Wilusz, J.E. and Sharp, P.A., A circuitous route to non-coding RNA. *Science* 2013; 340:44.

Navarro, B. *et al.*, Viroids: Infect a host and cause disease without encoding proteins, *Biochemie* 2012; 94:1474.

Hammann, C. and Steger, G., Viroid-specific small RNA in plant disease, *RNA Biol.* 2012; 9:809.

Bartel, D.P., MicroRNAs target recognition and regulatory functions, *Cell* 2009; 136:215.

Eilus, J.E. and Sharp, P.A., A circuitous route to non-coding RNA, *Science* 2013; 340:440.

Proteins: Moore, P.B., and Steitz, T.A., The ribosome revealed, *Trends in Biochemical Sciences* 2005; 30:28.

Ma, B.G. *et al.*, Zhang, H.Y., Characters of very ancient proteins, *BBRC* 2008; 366:607.

Chaperone: Muller, G. *et al.*, NC protein of HIV-1 for increasing catalytic activity of a ribozyme, *J. Mol. Biol.* 1994; 242:422.

Clover leaf: Dreher, T.W., Viral tRNAs and tRNA-like structures, *Rev. RNA* 2010; 1:402.

Hammond, J.A., Comparison and functional implications of viral tRNA-like structures, *RNA* 2009; 15:294.

Witzany, G. (Editor), *Viruses: Essential Agents of Life* (Springer 2012), p. 414.

Plant viruses: Eickbush, D.G., Retrotransposon ribozyme and its self-cleavage site, *PLoS One* 2013; 8(9):e66441.

Webb, C.H. *et al.*, Widespread occurrence of self-cleaving ribozymes, *Science* 2009; 326:953.

Hammann, C. *et al.*, The ubiquitous hammerhead ribozyme, *RNA* 2012; 18:871.

Hepatitis delta virus: Braza, R. and Ganem, D., The HDAg may be of human origin, *Science* 1996; 274:90.

Taylor, J., and Pelchat, M., Origin of hepatitis delta virus, *Future Microbiol.* 2010; 5:393.

Flores, R., Ruiz-Ruiz, S. and Serra, P., Viroids and hepatitis delta virus, *Semin-Liver Dis.* 2012; 32:201.

Retrophage: Liu, M. *et al.*, Bordetella bacteriophages encoding RT-mediated tropism-switching, *J. Bacteriol.* 2004; 186:1503.

Doulatov, S. *et al.*, Tropism switching in Bordetella bacteriophage by diversity-generating retroelements, *Nature* 2004; 431:476.

Tobacco viruses: Buck, K.W., Replication of tobacco mosaic virus RNA, *Philos. Trans. R. Soc. Lond. B. Biol. Sci.* 1999; 354:613.

Beijerinck, M.W., Contagum vivum fluidum of tobacco leaves, Phytopathol Classics No. 7, ed. Johnson, J., Am. Phyto. Soc., 1898.

Dreher, T.W., Viral tRNAs and tRNA-like structures, *Rev. RNA* 2010; 1:402.

Hammond, J.A. *et al.*, 3D architectures of viral tRNA-like structures, *RNA* 2009; 15:294.

Apple tree: Mitrovic, J. *et al.*, Sequences of Stolbur phytoplasma from DNA, *Mol. Microbiol. Biotech.* 2014; 24:1.

Georgiades, K. *et al.*, Gene gain and loss events in *Rickettsia* and *Orientia* species, *Biol. Direct* 2011; 6:6.

Plants: Roossinck, M.J., Lifestyles of plant viruses, *Philos. Trans. R. Soc. Lond. B. Biol. Sci.* 2010; 365:1899.

Geminiviruses: Krupovic M. *et al.*, Geminiviruses: A tale of a plasmid becoming a virus, *BMC Evol. Biol.* 2009; 9:112.

Tulipomania: Lesnaw, J.A. and Ghabrial, S.A., Tulip breaking: Past, present and future, *Plant Disease* 2000; 84:1052.

Murray, J.D., How the leopard gets its spots, *Sci. Am.* 1988; 3:80–87.

第 9 章

Interferon: McNab, F. *et al.*, O'Garra, A., Type Interferons in infectious disease, *Nat. Rev. Immunology* 2015; 15:87–103.

siRNA: Baulcombe, D.C. and Dean, C., Epigenetic regulation in plant to the environment, *CSH Pers. Biol.* 2014; 6(9):a019471.

Wilson, R.C. and Doudna, J.A., Molecular mechanisms of RNA interference, *Annu. Rev. Biophys.* 2013; 42:217.

Moelling K., Matskevich A., and Jung J.S., Relationship between retroviral replication and RNA interference, *CSH–SyQB* 2006; 71:365–8.

Matskevich, A. and Moelling, K., Dicer is involved in protection against influenza A virus infection, *J. Gen. Virol.* 2007; 88:2627–35.

Song J.J., *et al.*, The crystal structure of the Argonaute2 PAZ domain reveals an RNA binding motif in RNA effector complexes, *Nat. Struct. Biol.* 2003; 10:1026–32.

Nowotny, M., Retroviral integrase superfamily: The structural perspective. *EMBO Reports* 2009; 19:144–151.

Nasir, A. and Caetano-Anolles, G., Origin of viruses and their impact on cellular evolution, *Ann. N.Y. Acad. Sci.* 2015; 1341:61.

Moelling, K. and Broecker, F., The RT-RNase H: From viruses to antiviral defense, *Ann. N.Y. Acad.* Sci. 2015; 1341:126–35.

Orsay virus: Sterken, M.G. *et al.*, A heritable antiviral RNAi response limits Orsay virus infection, *PLoS One* 2014; 9(2).

CRISPR/Cas9: Doudna, J.A. and Charpentier, E., Genome editing. The new frontier of genome engineering with CRISPR-Cas9, *Science* 2014; 346 (6213):1258096.

Jinek, M. *et al.*, Structures of Cas9 endonucleases, *Science* 2014; 343, 1247997.

Hsu, P.D., Lander, E.S., and Zhang, F., Development and applications of CRISPR-Cas9 for genome engineering, *Cell* 2014; 157:1262.

Barrangou, R. and Marraffini, L.A., CRISPR-Cas systems: Procaryotes to adaptive immunity, *Review Mol. Cell.* 2014; 54:234.

Krupovic, M. *et al.*, Casposons: Self-synthesizing DNA transposons of CRISPR-Cas immunity, *BMC Biology* 2014; 12:36.

Horvath, P. and Barrangou R., CRISPR/Cas9, the immune system of bacteria and archaea, *Science* 2010; 327:167.

Swarts, D.C. *et al.*, DNA-guides DNA interference by a procaryotic Argonaute, *Nature* 2014; 507:258.

Moelling, K. *et al.*, Silencing of HIV by hairpin-loop DNA oligonucleotide (siDNA), *FEBS Letters* 2006; 580:3545.

Zhou, L. *et al.*, Transposition of hAT elements links TE and V(D)J recombination, *Nature* 2004; 432:995.

Bateman, A., Eddy, S.R., and Chothia, C., Members of the immunoglobulin superfamily in bacteria, *Protein Sci.*1996; 5:1939.

Beauregard, A., Curcio, M.J. and Belfort M., The take and give between TE, *Annu. Rev. Genet.* 2008; 42:587.
Antisense: Isselbacher, K.J., Retrospective: Paul C. Zamecnik (1912–2009), *Science* 2009; 326:1359.
Citron, M. and Schuster, H., The c4 repressors of bacteriophages P1 and P7 are antisense RNAs, *Cell* 1990; 62:591.

第 10 章

Reardon, S., Phage therapy gets revitalized, *Nature* 2014; 510:15.
Young, Ry. and Gill, J.J., Phage therapy redux — What is to be done? *Science* 2015; 350:1163.
Viertel, T.M., Ritter, K. and Horz, H.P., Phage therapy against MDR pathogens, *J. Antimic. Chemother.* 2014; 69:2326–36.
Phagoburn: EU program: The main objective of Phagoburn is to assess the safety, effectiveness and pharmacodynamics of two therapeutic phage cocktails to treat either *E. coli* or *P. aeruginosa* burn wound infections, 2013–2016.
Vanessa, K. *et al.*, Gut microbiota from twins discordant for obesity, *Science* 2013; 341:1079.
Multiresistant bacteria: Nübel, U., MRSA transmission on a neonatal intensive care unit, *PLoS One.* 2013;8(1):e54898.
Stower, H., Medical genetics: Narrowing down obesity genes, *Nat. Med.* 2014;20:349.
Lepage, P. *et al.*, Dore, A., Metagenomic insight into our gut`s microbiome, *Gut* 2013; 62:146.
Smemo, S., Obesity-associated variants within FTO and with IRX3, *Nature* 2014; 507:371.
Blaser, M. and Bork, P. *et al.*, The microbiome explored: Recent insights and future challenges, *Nat. Rev. Microbiol.* 2013;11:213.
Transgenerational epigenetics: Tobie, E.W. *et al.*, DNA methylation to prenatal famine, *Hu. Mol. Gen.* 2009; 18;2:4046.
Bygren, L.O. *et al.*, Grandmothers' early food supply influenced mortality of female grandchildren, *BMC Genet.* 2014; 15:12.
Norman, J.M. *et al.* Alterations in the enteric virome in inflammatory bowel disease, *Cell* 2015;160: 447.
Grossniklaus, U. *et al.*, Transgenerational epigenetic inheritance: How important is it?, *Nat. Rev. Genet.* 2013; 14:228.
Pembrey, M.E. *et al.*, Sex-specific, male-line transgenerational responses in humans, *Eur. J. Hum. Genet.* 2006 ; 14:159.
Arabidopsis Genome Initiative, Analysis of the genome sequence of *Arabidopsis thaliana*, *Nature* 2006; 441:469.

Waterland, R.A. and Jirtle, R.L.,TE targets for early nutritional effects on epigenetic gene regulation. *MCB* 2003; 23:5293.

Slotkin, R.K. and Martienssen, R., TE and the epigenetic regulation of the genome, *Nat. Rev. Genet.* 2007; 8:2.

Pfeifer, A. *et al.*, Verma, I.M., Lentiviral vectors: Lack of gene silencing in embryos, *PNAS* 2002; 99:2140.

Dutch famine: Lumey, L.H. *et al.*, The Dutch hunger winter families study, *Int. J. Epidemiol.* 2007; 36:1196.

Roseboom, T., de Rooij, S. and Painter, R., The Dutch famine and consequences for adult health, *Early Hum. Dev.* 2006; 82:485.

Cao-Lei, L. *et al.*, DNA methylation triggered by prenatal stress exposure to ice storm, *PLoS One* 2014; 9:9(e107653).

Ost, A. *et al.*, Paternal diet defines offspring chromatin state and intergenerational obesity, *Cell* 2014; 159:1352.

Phage therapy: Vandenheuvel, D., Lavigen, R. and Brüssow, H., Bacteriophage therapy, *Annu. Rev. Virol.* 2015; 2:599.

Gut-brain axis: Bercik, P. *et al.*, Intestinal microbiota affect BDNF, *Gastroenterology* 2011; 141:599.

Obesity gene counts: Le Chatelier *et al.*, Richness of human gut microbiome and metabolic markers, *Nature* 2013;500:541.

Gut microbiota: Qin, J. *et al.*, Wang, J., A metagenome-wide study of gut microbiota in diabetes, *Nature* 2012; 490:55.

Cotillard, A. *et al.*, Ehrlich, S.D., Dietary intervention impact on gut microbial gene richness, *Nature* 2013; 500:585.

Ackerman, D. and Gems, D., The mystery of *C. elegans* aging: An emerging role for fat, *Bioessays* 2012; 34:466.

Fecal transfer: Broecker F., Rogler, G., and Moelling, K., Intestinal microbiome of *C. diff.* with FT, *Digestion* 2013;88:243.

Reyes, A. *et al.*, Viruses in the faecal microbiota of monozygotic twins and their mothers, *Nature* 2010; 466:344.

Gut virome: Norman, J.M. *et al.*, Alterations in the enteric virome in inflammatory bowel disease, *Cell* 2015;160:447.

Broecker, F. *et al.*, Bacterial and viral compositions of *C. diff.* patient after fecal transplant, *CSH Molecular Case Stud.* 2015; 2:a000448.

Elba worms: McCutcheon, J.P. and Moran, N.A., Genome reduction in symbiotic bacteria, *Nat. Rev. Micr.* 2012; 10:13.

Dubilier, N., Bergin, C. and Lott, C., Symbiotic diversity in marine animals, *Nat. Rev. Micro.* 2008; 6:725.

第 11 章

Viruses: Baltimore, D., Gene therapy. Intracellular immunization, *Nature* 1988; 335:39.

Ott, M.G. *et al.*, Grez, M., Correction of X-linked chronic granulomatosis by gene therapy, *Nat. Med.* 2006; 12:401.

Rossi, J.J., June, C.H. and Kohn, D.B., Genetic therapies against HIV, *Nat. Biotechnol.* 2007; 25:144.

Pachuk, C.J. *et al.*, Selective cleavage of bcr-abl chimeric RNAs by a ribozyme, *Nucl. Acids Res.* 1994; 22:301.

Lipizzan horses, malignant melanoma: Heinzerling, L. *et al.*, IL-12 DNA into melanoma patients and white horses, *Hu. Gene. Ther.* 2005; 16:35, *J. Mol. Med.* 2001; 78:692.

Mosquito vaccination: Bian, G. *et al.*, Wolbachia in Anopheles against plasmodium infection, *Science* 2013; 340:748.

Plants gene therapy: Fresco, L.O., The GMO stalemate in Europe, *Science* 2012; 33:883.

Pappas, K.M., Cell-cell signaling and the Agrobacterium tumefaciens Ti plasmid, *Plasmid* 2008; 60:89.

Thomson, H., Plant science: The chestnut resurrection, *Nature* 2012; 490:22–3.

Choi, G.H. and Nuss, D.L., Hypovirulence of chestnut blight fungus by an infectious viral cDNA, *Science* 1992; *257*:800–803.

D'Hont, *et al.*, The banana (*Mus acuminata*) genome and the evolution of monocotyledonous plants, *Nature* 2012;488:213.

Schnable, P.S. *et al.*, The B73 maize genome: Complexity, diversity, and dynamics, *Science* 2009; 326:1112.

Yeast/fungi: Goffeau, A. *et al.*, Life with 6000 genes, *Science* 1996; 274:546.

Goffeau, A., Genomics: Multiple moulds, *Nature* 2005; 438:1092.

Roossinck, M.J., The good viruses: Viral mutualistic symbiose, *Nat. Rev. Microbiol.* 2011; 9:99.

Márquez, L.M. *et al.*, A virus in a fungus in a plant: Symbioses for thermal tolerance, *Science* 2007; 315:513.

Esteban, R. and Fujimura,T., Yeast 23S RNA narnavirus shows signals for replication, *PNAS* 2015; 100, 5:2568.

Stem cells: Qian, L. *et al.*, In vivo reprogramming cardiac fibroblasts into cardiomyocytes, *Nature* 2012; 485:593.

Hydra: Chapman, *et al.*, The dynamic genome of hydra, *Nature* 2010; 464:592.

Renard, E. *et al.*, Origin of the neuro-sensory system: In sponges, *Integr. Zoolog.* 2009; 4:294–308.

Smelick, C. and Ahmed S., Achieving immortality in the *C. elegans* germline, *Ageing Res. Rev.* 2005; 4:67–82.

Third tooth: Arany, P.R., Photoactivtion of TGF-β1 directs stem cell for regeneration, *Sci. Transl. Med.* 2014; 6(238)238.

第 12 章

Synthetic biology: Hutchinson, C.A. *et al.*, Design and synthesis of a minimal bacterial genome, *Science* 2016; 351:1414.

Glass, J.I. *et al.*, Venter C: Essential genes of a minimum bacterium, *PNAS* 2006; 103:425.

Gil, R. *et al.*, A determination of the core of a minimal bacterial gene set, *Microbiol. Mol. Rev.* 2004; 68:518.

Annaluru, N. *et al.*, Total synthesis of a functional designer eukaryotic chromosome, *Science* 2014; 344:55–8.

Nystedt, B. *et al.*, The Norway spruce genome sequence and conifer genome evolution, *Nature* 2013; 497:579.

Moreira, D. and Lopez-Garcia, P., Ten reasons to exclude viruses from the tree of life, *Nat. Rev. Microbiol* 2009; 7:306.

Lu, T. and Tauxe, W., Cocktail maker proteins and semiconductors, *Nature* 2015; 528:S14.

Forterre, P., The virocell concept and environmental microbiology, *ISME J.* 2013; 7:233.

TARA Ocean and gut: Sunagawa, S. *et al.*, Structure and function of the global ocean microbiome, *Science* 2015; 348:1–9.

TARA virome: Brum, J.R. *et al.*, Seasonal time bombs: Dominant temperate viruses, *ISME J.* 2016; 10:437–49.

TARA Ocean plankton: Lescot, M. *et al.*, RT genes in marine plankton, *ISME J.* 2015; doi:10.1038/ismej.2015.

Moelling, K. and Broecker, F., The RT-RNase H: From viruses to antiviral defense, *Ann. N.Y. Acad. Sci.* 2015; 1341:126.

Retrons: Farzadfard, F. and Lu, T.K., Genomically encoded analog memory, *Science* 2014;346 1256272. doi: 10.1126/.

Front-runners and late-progressors: Moelling, K., Are viruses our oldest ancestors? *EMBO Reports.* 2012; 13:1033.

Koonin, E., Senkevich T. and Dolja, V., The ancient virus world and evolution of cells, *Biology Direct* 2006;1:29.

Koonin, E.V. *et al.*, Reasons why viruses are relevant for the origin of cells, *Nat. Rev. Micro.* 2009; 7:615.

Villarreal, L.P., The widespread evolutionary significance of viruses, in Domingo, E., Parish, C. and Holland, J. (Eds.), *Origin and Evolution of Viruses* (Academic Press, 2008), pp. 477–516.

Dolja, V.V. and Koonin, E.V., Common origins and diversity of plant and animal viromes, *Curr. Opin. Virol.* 2011; 5:322.

Monster: Spiegelman, S. *et al.*, Synthesis of a self-propagating and infectious NA with an enzyme, *PNAS* 1965; 54:919.

Oehlenschläger, F. and Eigen, M., 30 years later: A new approach to Sol Spiegelman's and Leglie Orgel's in vitro, *Origins of Life and Evolution of Biospheres*, 1997; 2:437.

Kacian, D.L. *et al.*, Replicating RNA for extracellular evolution and replication, *PNAS* 1972; 69:3038.

Lucky: Cano, R.J. and Borucki, M.K., Revival and identification of bacterial spores in 25- to 40-million-year-old Dominican amber, *Science* 1995; 268:1060.

Body size: Katzourakis, A. and Gifford R., Larger body size leads to lower retroviral activity, *PloS Pathog.* 2014, 10 (7):e100414.

Obesity and cancer: Luo, C. and Puigserver, P., Dietary fat promotes intestinal dysregulation, *Nature* 531,42–43.

Transgenerational inheritance: Rassoulzadegan, M. *et al.*, Cuzin, F., RNA-mediated non-Mendelian inheritance of an epigenetic change in the mouse, *Nature* 2006; 441:469-74; and *Essays Biochem.* 2010;48(1):101–6.

Seth, M., The *C. elegans* CSR-1 Argonaute pathway counteracts epigenetic silencing, *Cell* 2013; 27:656.

Simon, M. *et al.*, Reduced insulin/IGF-1 signaling restores germ cell immortality to *C. elegans* Piwi mutants, *Cell Rep.* 2014; 7:762.

Weick, E.M. and Miska, E., piRNAs: From biogenesis to function, *Development* 2014; 141:3458.

Sarkies, P., and Miska, E.A., Small RNAs break out: Mobile small RNAs, *Nat. Rev. Mol. Cell. Biol.* 2014; 15:525.

Shirayama, M. *et al.*, piRNAs initiate an epigenetic memory of nonself RNA in *C. elegans*, *Cell* 2012; 150:65.

Ashe, A. *et al.*, Miska, E.A., piRNA can trigger a multigenerational epigenetic memory, *Cell* 2012; 150:88.

Ng, S.Y. *et al.*, Long ncRNAs in development and disease of CNS, *Trends Genet.* 2013; 29:461.

Orlando, L. and Willerslev, E., An epigenetic window into the past, *Science* 2014; 345:511.

Finnegan, D.J., Retrotransposon, *Current Biol.* 2012; 22: R432-7.

Pembrey, M. *et al.*, Human transgenerational responses to early-life experience, *J. Med. Genet.* 2014;51:56.

Ost, A. *et al.*, Paternal diet defines offspring chromatin and intergenerational obesity, *Cell* 2014; 159:1352.

Alleman, M., *et al.*, An RNA-dependent RNA polymerase is required for paramutation in maize, *Nature* 2006; 442:295.

Lolle, S.J., Non-Mendelian inheritance of extra-genomic information in Arabidopsis, *Nature* 2005; 434:505.

Color patterns: Murray, J. D., How the leopard gets its spots, *Sci. Am.* 1988; 3: 80–87.

Honey bees: Miklos, G. L., and Maleszka, R., Epigenetic comunication in human and honey bees, *Horm. Behav.* 2011; 59:399.

Kohl, J. V., Nutrient dependent/pheromone evolution: A model, *Socioaff. Neurosci. Psychol.* 2013; 3:20553.

Ganko, E.W. *et al.*, Contribution of LTR retrotransposons to *C. elegans* gene evolution, *Mol. Bio. Evol.* 2003; 20:1925.

图片版权说明

（以下页码为英文版原书页码）

Pages 2, 37 and 137: With permission of Prof. Dr. Hans Gelderblom, Robert Koch Institute, Bundesgesundheitsamt, Nordufer 20, 13353 Berlin, Germany

Page 10: Courtesy of P. Rona, OAR/NOAA Photo Library, NURP (National Undersea Research Program); NOAA (National Oceanic and Atmospheric Administration), NOAA Library, http://www.photolib.noaa.gov/htmls/nur04506.htm Freedomdefinded.org

Page 113: *Top*: Courtesy of Prof. Dr. Curtis Suttle, Department of Earth and Ocean Sciences, University of British Columbia, Laboratory of Marine Virology and Microbiology, Vancouver, Canada.
Bottom left: Red tide, www.whoi.edu/redtide/Woods Hole Oceanographic Institutions, red tide algal bloom at Leigh, Cape Rodney, New Zealand, photo by M. Godfrey is gratefully acknowledged.
Bottom right: NEODAAS (NERC (National Centre for Earth Observation), Earth Observation Data Acquisition and Analysis Service), Cornwall coast, effect of *E. hux virus lysis*, Plymouth Marine Laboratory, UK, courtesy of Steve Groom, USGS Landsat image courtesy of https://upload.wikimedia.org/wikipedia/commons/8/86/Cwall99_lg.jpg hohe pix

Page 137: *Top left*: Retroviruses courtesy of Hans Gelderblom, see p. 2; *Middle left*: Phage hand-drawn by KM; *Bottom left*: Two archaea viruses: Haring, M., Rachel, R., Peng, X. Garrett, R.A., and Prangishvili, D., Viral diversity in hot springs of Pozzuoli, Italy, and characterization of a unique archaeal virus. Acidianus bottle-shaped virus from a new family, the *Ampullaeviridae*: Fig. 6 in *J. Virol.* 2005; 79:9904 (bought by KM from publisher), American Society of Microbiology; *Middle and right*: two mimiviruses, *Megavirus chilensis* (*middle*) and pandoravirus (*right*): Philippe N., Legendre M., Doutre G., Couté Y., Poiret O., Lescot M., Arslan D., Seltzer V., Bertaux L., Bruley C., Carin J., Claverie J.M., and Abergel C., Pandoraviruses: amoebaeviruses with genomes up to 2.5 Mb reaching that of parasitic eukaryotes. Fig. 1 and Fig. 2 from: *Science* 2013; 341:281. With permission from Copyright Clearance Centre, copyright@marketing.copyright.com to KM. The permission by Chantal Abergel, IGS (Information Genomique et Structurale), 13288 Marseille, France, for the pictures of the giant viruses *Megavirus chilensis* and Pandoravirus is gratefully acknowledged.

Page 138: *Left*: *Emiliania huxleyi* algae, Natural History Museum of London, UK, commons.wikimedia.org, science photo library; *Right*: Chalk coastal line, island of Ruegen, Northern Germany, commons.wikimedia

Page 163: *Bat*: Commons.wikimedia.org; *koala*: Commons.wikimedia.org

Page 167: Modified from Cordaux, R. and Batzer, M.A., The impact of retrotransposons on human genome evolution, *Nat. Rev. Genet.* 2009; 10:691, see also: Lander, E.S. *et al.*, Initial sequencing and analysis of the human genome, *Nature* 2010; 409:860

Page 180: *Agouti mouse*: Courtesy of Dana Dolinoy, Department of Environmental Health Sciences, School of Public Health, University of Michigan, Ann Arbor, Michigan, USA

Page 277: *Elba worm*: Courtesy of C. Lott/Hydra/ Max Planck Institute for Marine Microbiology, 28359 Bremen, Germany, courtesy of Prof. Dr. Nicole Dubilier

Page 308: *Hydra*: Courtesy of Dr. Michael Plewka, plingfactory, 45525 Hattingen, Germany, plingfactory@plingfactory.de, www.plingfactory.de, OK 21.4.2016

Note: All graphs and other photographs are produced or owned by the author.

新知
文库

01 《证据：历史上最具争议的法医学案例》[美]科林·埃文斯 著 毕小青 译

02 《香料传奇：一部由诱惑衍生的历史》[澳]杰克·特纳 著 周子平 译

03 《查理曼大帝的桌布：一部开胃的宴会史》[英]尼科拉·弗莱彻 著 李响 译

04 《改变西方世界的 26 个字母》[英]约翰·曼 著 江正文 译

05 《破解古埃及：一场激烈的智力竞争》[英]莱斯利·罗伊·亚京斯 著 黄中宪 译

06 《狗智慧：它们在想什么》[加]斯坦利·科伦 著 江天帆、马云霏 译

07 《狗故事：人类历史上狗的爪印》[加]斯坦利·科伦 著 江天帆 译

08 《血液的故事》[美]比尔·海斯 著 郎可华 译 张铁梅 校

09 《君主制的历史》[美]布伦达·拉尔夫·刘易斯 著 荣予、方力维 译

10 《人类基因的历史地图》[美]史蒂夫·奥尔森 著 霍达文 译

11 《隐疾：名人与人格障碍》[德]博尔温·班德洛 著 麦湛雄 译

12 《逼近的瘟疫》[美]劳里·加勒特 著 杨岐鸣、杨宁 译

13 《颜色的故事》[英]维多利亚·芬利 著 姚芸竹 译

14 《我不是杀人犯》[法]弗雷德里克·肖索依 著 孟晖 译

15 《说谎：揭穿商业、政治与婚姻中的骗局》[美]保罗·埃克曼 著 邓伯宸 译 徐国强 校

16 《蛛丝马迹：犯罪现场专家讲述的故事》[美]康妮·弗莱彻 著 毕小青 译

17 《战争的果实：军事冲突如何加速科技创新》[美]迈克尔·怀特 著 卢欣渝 译

18 《最早发现北美洲的中国移民》[加]保罗·夏亚松 著 暴永宁 译

19 《私密的神话：梦之解析》[英]安东尼·史蒂文斯 著 薛绚 译

20 《生物武器：从国家赞助的研制计划到当代生物恐怖活动》[美]珍妮·吉耶曼 著 周子平 译

21 《疯狂实验史》[瑞士]雷托·U.施奈德 著 许阳 译

22 《智商测试：一段闪光的历史，一个失色的点子》[美]斯蒂芬·默多克 著 卢欣渝 译

23 《第三帝国的艺术博物馆：希特勒与“林茨特别任务”》[德]哈恩斯－克里斯蒂安·罗尔 著 孙书柱、刘英兰 译

24 《茶：嗜好、开拓与帝国》[英]罗伊·莫克塞姆 著 毕小青 译

25 《路西法效应：好人是如何变成恶魔的》[美]菲利普·津巴多 著 孙佩妏、陈雅馨 译

26《阿司匹林传奇》[英]迪尔米德·杰弗里斯 著 暴永宁、王惠 译

27《美味欺诈：食品造假与打假的历史》[英]比·威尔逊 著 周继岚 译

28《英国人的言行潜规则》[英]凯特·福克斯 著 姚芸竹 译

29《战争的文化》[以]马丁·范克勒韦尔德 著 李阳 译

30《大背叛：科学中的欺诈》[美]霍勒斯·弗里兰·贾德森 著 张铁梅、徐国强 译

31《多重宇宙：一个世界太少了？》[德]托比阿斯·胡阿特、马克斯·劳讷 著 车云 译

32《现代医学的偶然发现》[美]默顿·迈耶斯 著 周子平 译

33《咖啡机中的间谍：个人隐私的终结》[英]吉隆·奥哈拉、奈杰尔·沙德博尔特 著 毕小青 译

34《洞穴奇案》[美]彼得·萨伯 著 陈福勇、张世泰 译

35《权力的餐桌：从古希腊宴会到爱丽舍宫》[法]让－马克·阿尔贝 著 刘可有、刘惠杰 译

36《致命元素：毒药的历史》[英]约翰·埃姆斯利 著 毕小青 译

37《神祇、陵墓与学者：考古学传奇》[德]C. W. 策拉姆 著 张芸、孟薇 译

38《谋杀手段：用刑侦科学破解致命罪案》[德]马克·贝内克 著 李响 译

39《为什么不杀光？种族大屠杀的反思》[美]丹尼尔·希罗、克拉克·麦考利 著 薛绚 译

40《伊索尔德的魔汤：春药的文化史》[德]克劳迪娅·米勒－埃贝林、克里斯蒂安·拉奇 著 王泰智、沈惠珠 译

41《错引耶稣：〈圣经〉传抄、更改的内幕》[美]巴特·埃尔曼 著 黄恩邻 译

42《百变小红帽：一则童话中的性、道德及演变》[美]凯瑟琳·奥兰丝汀 著 杨淑智 译

43《穆斯林发现欧洲：天下大国的视野转换》[英]伯纳德·刘易斯 著 李中文 译

44《烟火撩人：香烟的历史》[法]迪迪埃·努里松 著 陈睿、李欣 译

45《菜单中的秘密：爱丽舍宫的飨宴》[日]西川惠 著 尤可欣 译

46《气候创造历史》[瑞士]许靖华 著 甘锡安 译

47《特权：哈佛与统治阶层的教育》[美]罗斯·格雷戈里·多塞特 著 珍栎 译

48《死亡晚餐派对：真实医学探案故事集》[美]乔纳森·埃德罗 著 江孟蓉 译

49《重返人类演化现场》[美]奇普·沃尔特 著 蔡承志 译

50《破窗效应：失序世界的关键影响力》[美]乔治·凯林、凯瑟琳·科尔斯 著 陈智文 译

51《违童之愿：冷战时期美国儿童医学实验秘史》[美]艾伦·M. 霍恩布鲁姆、朱迪斯·L. 纽曼、格雷戈里·J. 多贝尔 著 丁立松 译

52《活着有多久：关于死亡的科学和哲学》[加]理查德·贝利沃、丹尼斯·金格拉斯 著 白紫阳 译

53《疯狂实验史Ⅱ》[瑞士]雷托·U. 施奈德 著 郭鑫、姚敏多 译

54《猿形毕露：从猩猩看人类的权力、暴力、爱与性》[美]弗朗斯·德瓦尔 著 陈信宏 译

55《正常的另一面：美貌、信任与养育的生物学》[美]乔丹·斯莫勒 著 郑嬿 译

56《奇妙的尘埃》[美]汉娜·霍姆斯 著 陈芝仪 译

57《卡路里与束身衣：跨越两千年的节食史》[英]路易丝·福克斯克罗夫特 著 王以勤 译

58《哈希的故事：世界上最具暴利的毒品业内幕》[英]温斯利·克拉克森 著 珍栎 译

59《黑色盛宴：嗜血动物的奇异生活》[美]比尔·舒特 著 帕特里曼·J. 温 绘图 赵越 译

60《城市的故事》[美]约翰·里德 著 郝笑丛 译

61《树荫的温柔：亘古人类激情之源》[法]阿兰·科尔班 著 苜蓿 译

62《水果猎人：关于自然、冒险、商业与痴迷的故事》[加]亚当·李斯·格尔纳 著 于是 译

63《囚徒、情人与间谍：古今隐形墨水的故事》[美]克里斯蒂·马克拉奇斯 著 张哲、师小涵 译

64《欧洲王室另类史》[美]迈克尔·法夸尔 著 康怡 译

65《致命药瘾：让人沉迷的食品和药物》[美]辛西娅·库恩等 著 林慧珍、关莹 译

66《拉丁文帝国》[法]弗朗索瓦·瓦克 著 陈绮文 译

67《欲望之石：权力、谎言与爱情交织的钻石梦》[美]汤姆·佐尔纳 著 麦慧芬 译

68《女人的起源》[英]伊莲·摩根 著 刘筠 译

69《蒙娜丽莎传奇：新发现破解终极谜团》[美]让－皮埃尔·伊斯鲍茨、克里斯托弗·希斯·布朗 著 陈薇薇 译

70《无人读过的书：哥白尼〈天体运行论〉追寻记》[美]欧文·金格里奇 著 王今、徐国强 译

71《人类时代：被我们改变的世界》[美]黛安娜·阿克曼 著 伍秋玉、澄影、王丹 译

72《大气：万物的起源》[英]加布里埃尔·沃克 著 蔡承志 译

73《碳时代：文明与毁灭》[美]埃里克·罗斯顿 著 吴妍仪 译

74《一念之差：关于风险的故事与数字》[英]迈克尔·布拉斯兰德、戴维·施皮格哈尔特 著 威治 译

75《脂肪：文化与物质性》[美]克里斯托弗·E. 福思、艾莉森·利奇 编著 李黎、丁立松 译

76《笑的科学：解开笑与幽默感背后的大脑谜团》[美]斯科特·威姆斯 著 刘书维 译

77《黑丝路：从里海到伦敦的石油溯源之旅》[英]詹姆斯·马里奥特、米卡·米尼奥－帕卢埃洛 著 黄煜文 译

78《通向世界尽头：跨西伯利亚大铁路的故事》[英]克里斯蒂安·沃尔玛 著 李阳 译

79《生命的关键决定：从医生做主到患者赋权》[美] 彼得・于贝尔 著　张琼懿 译

80《艺术侦探：找寻失踪艺术瑰宝的故事》[英] 菲利普・莫尔德 著　李欣 译

81《共病时代：动物疾病与人类健康的惊人联系》[美] 芭芭拉・纳特森 – 霍洛威茨、凯瑟琳・鲍尔斯 著　陈筱婉 译

82《巴黎浪漫吗？——关于法国人的传闻与真相》[英] 皮乌・玛丽・伊特韦尔 著　李阳 译

83《时尚与恋物主义：紧身褡、束腰术及其他体形塑造法》[美] 戴维・孔兹 著　珍栎 译

84《上穷碧落：热气球的故事》[英] 理查德・霍姆斯 著　暴永宁 译

85《贵族：历史与传承》[法] 埃里克・芒雄 – 里高 著　彭禄娴 译

86《纸影寻踪：旷世发明的传奇之旅》[英] 亚历山大・门罗 著　史先涛 译

87《吃的大冒险：烹饪猎人笔记》[美] 罗布・沃乐什 著　薛绚 译

88《南极洲：一片神秘的大陆》[英] 加布里埃尔・沃克 著　蒋功艳、岳玉庆 译

89《民间传说与日本人的心灵》[日] 河合隼雄 著　范作申 译

90《象牙维京人：刘易斯棋中的北欧历史与神话》[美] 南希・玛丽・布朗 著　赵越 译

91《食物的心机：过敏的历史》[英] 马修・史密斯 著　伊玉岩 译

92《当世界又老又穷：全球老龄化大冲击》[美] 泰德・菲什曼 著　黄煜文 译

93《神话与日本人的心灵》[日] 河合隼雄 著　王华 译

94《度量世界：探索绝对度量衡体系的历史》[美] 罗伯特・P. 克里斯 著　卢欣渝 译

95《绿色宝藏：英国皇家植物园史话》[英] 凯茜・威利斯、卡罗琳・弗里 著　珍栎 译

96《牛顿与伪币制造者：科学巨匠鲜为人知的侦探生涯》[美] 托马斯・利文森 著　周子平 译

97《音乐如何可能？》[法] 弗朗西斯・沃尔夫 著　白紫阳 译

98《改变世界的七种花》[英] 詹妮弗・波特 著　赵丽洁、刘佳 译

99《伦敦的崛起：五个人重塑一座城》[英] 利奥・霍利斯 著　宋美莹 译

100《来自中国的礼物：大熊猫与人类相遇的一百年》[英] 亨利・尼科尔斯 著　黄建强 译

101《筷子：饮食与文化》[美] 王晴佳 著　汪精玲 译

102《天生恶魔？：纽伦堡审判与罗夏墨迹测验》[美] 乔尔・迪姆斯代尔 著　史先涛 译

103《告别伊甸园：多偶制怎样改变了我们的生活》[美] 戴维・巴拉什 著　吴宝沛 译

104《第一口：饮食习惯的真相》[英] 比・威尔逊 著　唐海娇 译

105《蜂房：蜜蜂与人类的故事》[英] 比・威尔逊 著　暴永宁 译

106《过敏大流行：微生物的消失与免疫系统的永恒之战》[美] 莫伊塞斯・贝拉斯克斯 – 曼诺夫 著　李黎、丁立松 译

107《饭局的起源：我们为什么喜欢分享食物》[英]马丁·琼斯 著 陈雪香 译 方辉 审校

108《金钱的智慧》[法]帕斯卡尔·布吕克内 著 张叶 陈雪乔 译 张新木 校

109《杀人执照：情报机构的暗杀行动》[德]埃格蒙特·科赫 著 张芸、孔令逊 译

110《圣安布罗焦的修女们：一个真实的故事》[德]胡贝特·沃尔夫 著 徐逸群 译

111《细菌》[德]汉诺·夏里修斯 里夏德·弗里贝 著 许嫚红 译

112《千丝万缕：头发的隐秘生活》[英]爱玛·塔罗 著 郑嬿 译

113《香水史诗》[法]伊丽莎白·德·费多 著 彭禄娴 译

114《微生物改变命运：人类超级有机体的健康革命》[美]罗德尼·迪塔特 著 李秦川 译

115《离开荒野：狗猫牛马的驯养史》[美]加文·艾林格 著 赵越 译

116《不生不熟：发酵食物的文明史》[法]玛丽－克莱尔·弗雷德里克 著 冷碧莹 译

117《好奇年代：英国科学浪漫史》[英]理查德·霍姆斯 著 暴永宁 译

118《极度深寒：地球最冷地域的极限冒险》[英]雷纳夫·法恩斯 著 蒋功艳、岳玉庆 译

119《时尚的精髓：法国路易十四时代的优雅品位及奢侈生活》[美]琼·德让 著 杨冀 译

120《地狱与良伴：西班牙内战及其造就的世界》[美]理查德·罗兹 著 李阳 译

121《骗局：历史上的骗子、赝品和诡计》[美]迈克尔·法夸尔 著 康怡 译

122《丛林：澳大利亚内陆文明之旅》[澳]唐·沃森 著 李景艳 译

123《书的大历史：六千年的演化与变迁》[英]基思·休斯敦 著 伊玉岩、邵慧敏 译

124《战疫：传染病能否根除？》[美]南希·丽思·斯特潘 著 郭骏、赵谊 译

125《伦敦的石头：十二座建筑塑名城》[英]利奥·霍利斯 著 罗隽、何晓昕、鲍捷 译

126《自愈之路：开创癌症免疫疗法的科学家们》[美]尼尔·卡纳万 著 贾颋 译

127《智能简史》[韩]李大烈 著 张之昊 译

128《家的起源：西方居所五百年》[英]朱迪丝·弗兰德斯 著 珍栎 译

129《深解地球》[英]马丁·拉德威克 著 史先涛 译

130《丘吉尔的原子弹：一部科学、战争与政治的秘史》[英]格雷厄姆·法米罗 著 刘晓 译

131《亲历纳粹：见证战争的孩子们》[英]尼古拉斯·斯塔加特 著 卢欣渝 译

132《尼罗河：穿越埃及古今的旅程》[英]托比·威尔金森 著 罗静 译

133《大侦探：福尔摩斯的惊人崛起和不朽生命》[美]扎克·邓达斯 著 肖洁茹 译

134《世界新奇迹：在20座建筑中穿越历史》[德]贝恩德·英玛尔·古特贝勒特 著 孟薇、张芸 译

135《毛奇家族：一部战争史》[德]奥拉夫·耶森 著 蔡玳燕、孟薇、张芸 译

136《万有感官：听觉塑造心智》[美]塞思·霍罗威茨 著 蒋雨蒙 译 葛鉴桥 审校

137《教堂音乐的历史》[德]约翰·欣里希·克劳森 著 王泰智 译

138《世界七大奇迹：西方现代意象的流变》[英]约翰·罗谟、伊丽莎白·罗谟 著 徐剑梅 译

139《茶的真实历史》[美]梅维恒、[瑞典]郝也麟 著 高文海 译 徐文堪 校译

140《谁是德古拉：吸血鬼小说的人物原型》[英]吉姆·斯塔迈尔 著 刘芳 译

141《童话的心理分析》[瑞士]维蕾娜·卡斯特 著 林敏雅 译 陈瑛 修订

142《海洋全球史》[德]米夏埃尔·诺尔特 著 夏嫱、魏子扬 译

143《病毒：是敌人，更是朋友》[德]卡琳·莫林 著 孙薇娜、孙娜薇、游辛田 译